＼初めてだけど、いっぱいやりたい！／

After Effects よくばり入門

CC対応

Windows & Mac

TETERON 著

インプレス

本書について

ご利用の前に必ずお読みください

▶ 本書は、2023年1月現在の情報をもとに「Adobe® After Effects® 2023」の操作方法について解説しています。本書の発行後に「Adobe® After Effects® 2023」や各ソフトウェアの機能や操作方法、画面などが変更された場合、本書の掲載内容通りに操作できなくなる可能性があります。本書発行後の情報については、弊社のWebページ（https://book.impress.co.jp/）などで可能な限りお知らせいたしますが、すべての情報の即時掲載および確実な解決をお約束することはできかねます。また本書の運用により生じる、直接的、または間接的な損害について、著者および弊社では一切の責任を負いかねます。あらかじめご理解、ご了承ください。

▶ 本書の内容に関するご質問については、該当するページや質問の内容をインプレスブックスのお問い合わせフォームより入力してください。電話やFAXなどのご質問には対応しておりません。なお、インプレスブックス（https://book.impress.co.jp/）では、本書を含めインプレスの出版物に関するサポート情報などを提供しております。そちらもご覧ください。

▶ 本書発行後に仕様が変更されたハードウェア、ソフトウェア、サービスの内容などに関するご質問にはお答えできない場合があります。該当書籍の奥付に記載されている初版発行日から3年が経過した場合、もしくは該当書籍で紹介している製品やサービスについて提供会社によるサポートが終了した場合は、ご質問にお答えしかねる場合があります。また、以下のご質問にはお答えできませんのでご了承ください。

- 書籍に掲載している手順以外のご質問
- ハードウェア、ソフトウェア、サービス自体の不具合に関するご質問

● 用語の使い方

本文中では、「Adobe® After Effects® 2023」のことを「After Effects」と記述しています。また、本文中で使用している用語は、基本的に実際の画面に表示される名称に則しています。

● 本書の前提

本書では、「Windows 11」に「After Effects 2023」がインストールされているパソコンで、インターネットに常時接続されている環境を前提に画面を再現しています。そのほかの環境の場合、一部画面や操作が異なることがあります。

● 本書で使用する写真素材について

本書ではCC0ライセンスの写真素材を使用しています。

はじめに

動画市場が伸び続けている中、最近はモーショングラフィックス（イラストや図形、写真などに動きを加えた映像）の技術が動画制作において注目されています。モーショングラフィックスが面白いのは、実写映像では表現できない領域をアニメーションにできることです。図形や写真など本来であれば静止しているものに動きをつけて、生き生きとした幅広い表現を可能とします。感性の赴くままに自由な映像を制作できるのです。

昔は非常にハードルが高いとされていたモーショングラフィックスも、最近では技術の進歩やさまざまなアプリの登場によって個人レベルでも高度な編集が可能になり、モーショングラフィックスを制作するクリエイターを目指す人も増えてきています。

After Effectsもモーショングラフィックスが制作できるアプリの1つです。After Effectsが使えるようになれば、モーショングラフィックスを駆使した作品はもちろん、映像素材にさまざまな効果を付加した作品を作ることができます。

本書では、簡単なアニメーションの作成から合成技術まで、After Effectsのテクニックを幅広く扱っています。それでも、本書で扱っているものはAfter Effectsの機能の内のほんの一部にすぎません。多機能で、さまざまな動画制作を可能とするAfter Effectsですが、筆者なりに、見て楽しい、そしてやってみたいと思えるレッスンを考えて執筆しました。

テキストが浮かび上がってくるアニメーションや、図形が波紋のように広がる表現、稲妻が走る演出、インフォグラフィックスやスライドショーの作り方など、本書を読み終えて実戦で使えるようなテクニックもたくさん詰め込んでいます。

この本を手にした人の中には、趣味で動画を作りたい、After Effectsでクリエイターとして仕事をしていきたいという人もいると思います。これからAfter Effectsと向き合っていく中で、一番大事なのは「After Effectsを、動画制作を好きでいること」だと思っています。ぜひ楽しみながら学んで、みなさん1人ひとりの「好き」を見つけてください。

そして本書を踏み台にさらなる表現の高みへ挑戦していってください。

2023年2月
TETERON

CONTENTS

練習用ファイルについて

● 練習用ファイルのダウンロード

本書で使用する練習用ファイル、および特典ファイルは、以下のURLからダウンロードできます。

※画面の指示に従って操作してください。
※ダウンロードには、無料の読者登録サービス「CLUB Impress」への登録が必要となります。
※本特典の利用は、書籍をご購入いただいた方に限ります。

https://book.impress.co.jp/books/1121101014

本書が提供する練習用ファイル、および練習用ファイルに含まれる素材は、本書を利用してAfter Effectsの操作を学習する目的においてのみ使用することができます。ただしCC0の素材についてはCC0の利用規約に基づきます。
次に掲げる行為は禁止します。

素材の再配布／公序良俗に反するコンテンツにおける使用／違法、虚偽、中傷を含むコンテンツにおける使用／その他著作権を侵害する行為／商用・非商用においての二次利用

● SNSの投稿について

SNSで本書で作った作品を投稿する場合は「＃After Effectsよくばり入門」とハッシュタグをつけてください。

● 練習用ファイルのフォルダ構成

練習用ファイルは、各Chapterのレッスンごとのフォルダーに格納してあります。

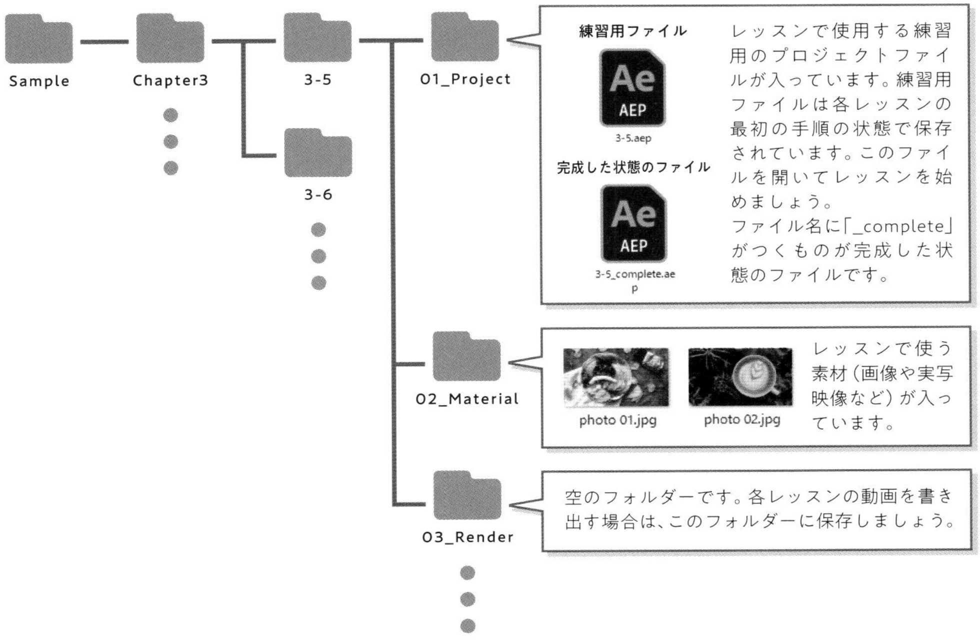

Sample
Chapter3
3-5
3-6
01_Project
練習用ファイル
AEP
3-5.aep
完成した状態のファイル
AEP
3-5_complete.aep
レッスンで使用する練習用のプロジェクトファイルが入っています。練習用ファイルは各レッスンの最初の手順の状態で保存されています。このファイルを開いてレッスンを始めましょう。
ファイル名に「_complete」がつくものが完成した状態のファイルです。
02_Material
photo 01.jpg
photo 02.jpg
レッスンで使う素材（画像や実写映像など）が入っています。
03_Render
空のフォルダーです。各レッスンの動画を書き出す場合は、このフォルダーに保存しましょう。

本書の読み方

本書の内容はWindowsとMacの両方に対応していますが、解説内容はWindowsを基準としています。Macの場合はキー操作をする際、Ctrl を ⌘、Alt を option、Enter を return に置き換えてください。

ハッシュタグ
このレッスンで学ぶ内容やキーワードです。

レッスンタイトル
このレッスンでやることをひと言で表しています。

二次元バーコード
このレッスンの解説動画にアクセスできます。

CHAPTER 4
LESSON 8

#トランジション #調整レイヤー

シームレスなトランジションを作成しよう①

エフェクトの適用やレイヤーのサイズ調整を行ってトランジションを作ってみましょう。

動画でもチェック!
https://dekiru.net/yae_408

練習用ファイル
4-8.aep

カット1

タービュレントディスプレスとスケールを使って文字と図形がゆがみながら広がる。ゆがみは次の画像に切り替わったら徐々になくなる

カット2

スケールを使って画像を一度小さくして、徐々に拡大する。小さくした際に生じる余白はモーションタイルを使って補完する

レッスン7とレッスン8を使って、カット1とカット2の切り替わりを滑らかにしながら、迫力のある演出で魅せるトランジションを作ります。このレッスン7では2つのカットにゆがみやサイズ変更のエフェクトを加えて、カットの境目にインパクトをもたせます。複数のレイヤーに同じエフェクトを適用できる調整レイヤーやレイヤーの分割方法も学びましょう。

知りたい!

● トランジションは動画の内容に合わせて作ろう

ここでは薪から焚き火のカットに自然につながるように、炎のゆらめきをイメージしたトランジションを作成します。After Effectsにはトランジションエフェクトが多くプリセットされているので、そこから適切なものを選んで使うのもありですが、場面転換にインパクトを与えるトランジションは、こだわりを持って一から制作することも多いです。

たとえば、前後のカットが煙で覆われるようにして切り替わるトランジション、グリッチ(砂嵐のような効果)で切り替わるトランジションなどもよく見ますね。トランジションは動画の雰囲気に合わせて作ることが大切です。

172

練習用ファイル
このレッスンで使用するファイル名、または、完成した状態のファイル名です。

このレッスンで学ぶこと
このレッスンで学ぶ機能やねらい、作例について説明しています。

知りたい!
もっと知りたい!
「知りたい!」では操作に入る前に知っておきたい知識や情報を紹介。「もっと知りたい!」ではレッスンで学んだことのステップアップにつながる知識やノウハウを紹介しています。

アドバイス
著者によるワンポイントアドバイスや豆知識です。

本書は、紙面を追って読むだけでAfter Effectsを使った動画制作が楽しめるように構成されています。
はじめてでも迷わず操作でき、経験者でも納得のきめ細かな解説が特徴です。

操作解説

実際の画面でどのように操作するか、ステップごとに解説しています。
各手順ごとに操作目的がひと目でわかる見出しをつけています。

ここがPOINT

操作の注意点や、便利技を
解説しています。

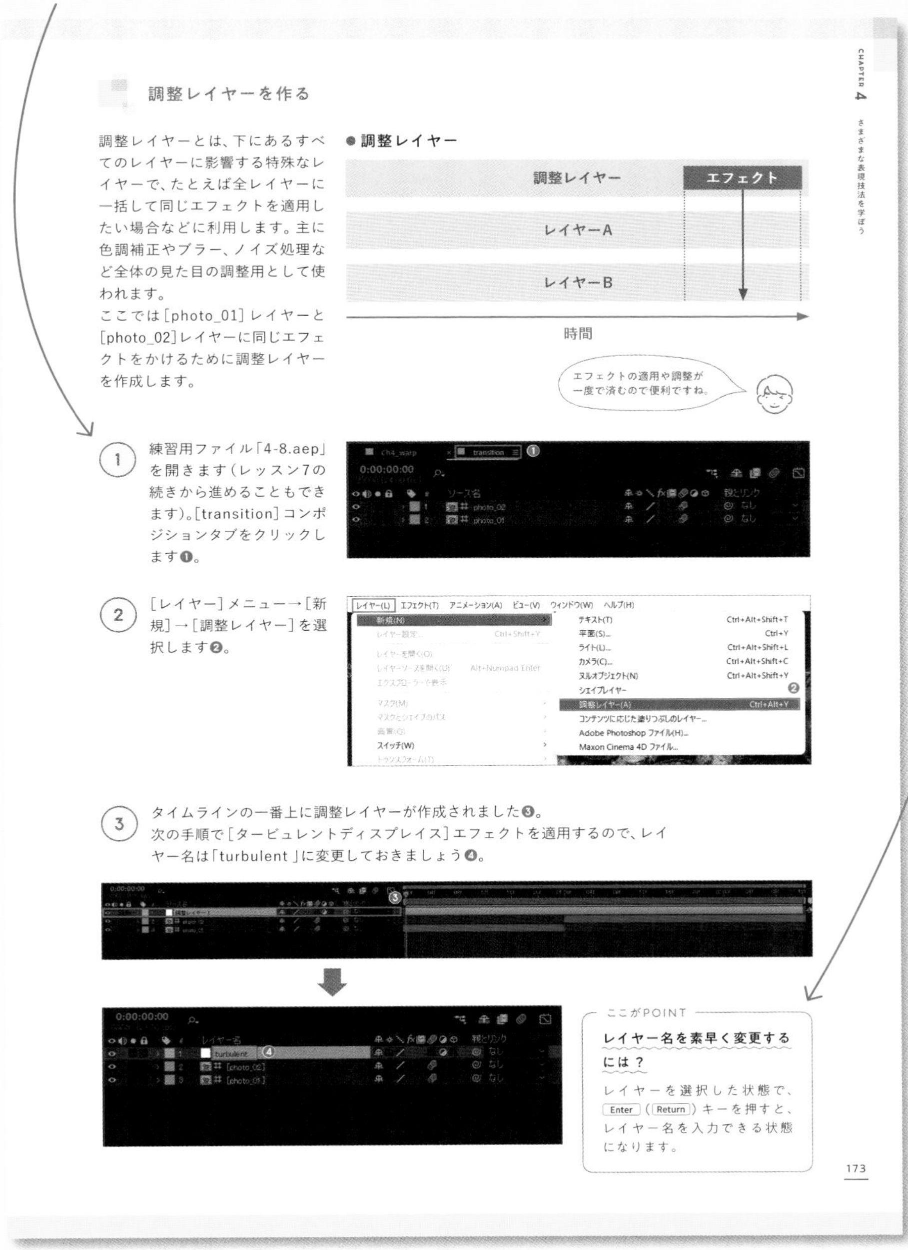
CHAPTER 4 さまざまな表現技法を学ぼう

調整レイヤーを作る

調整レイヤーとは、下にあるすべてのレイヤーに影響する特殊なレイヤーで、たとえば全レイヤーに一括して同じエフェクトを適用したい場合などに利用します。主に色調補正やブラー、ノイズ処理など全体の見た目の調整用として使われます。
ここでは[photo_01]レイヤーと[photo_02]レイヤーに同じエフェクトをかけるために調整レイヤーを作成します。

● 調整レイヤー

1 練習用ファイル「4-8.aep」を開きます(レッスン7の続きから進めることもできます)。[transition]コンポジションタブをクリックします❶。

2 [レイヤー]メニュー→[新規]→[調整レイヤー]を選択します❷。

3 タイムラインの一番上に調整レイヤーが作成されました❸。
次の手順で[タービュレントディスプレイス]エフェクトを適用するので、レイヤー名は「turbulent」に変更しておきましょう❹。

ここがPOINT

レイヤー名を素早く変更するには?

レイヤーを選択した状態で、Enter (Return) キーを押すと、レイヤー名を入力できる状態になります。

173

※ここに掲載している紙面はイメージです。
実際のレッスンページとは異なります。

本書の構成

本書は6つの章で基礎から応用、発展まで学べるように構成されています。

基礎

CHAPTER 1

After Effectsを始めよう

After Effectsでできることや、
覚えておきたい動画の基礎知識について解説します。

CHAPTER 2

After Effectの基本操作を覚えよう

アプリケーションを起動し、動画を制作して書き出すまでの
After Effectsの基本操作を解説します。

CHAPTER 3

アニメーションを作ってみよう

キーフレームの作成、コードを使ったアニメーション作成、
緩急のつけ方など、アニメーション制作の基礎を解説します。

応用

CHAPTER 4

さまざまな表現技法を学ぼう

稲妻の演出効果や、迫力のあるトランジションなど
動画の魅力を高めるテクニックを解説します。

CHAPTER 5

プロに学ぶ！こだわりのアニメーション

CMや映画で見るような、作品性の高い動画を制作しながら、
プロの技を学びます。

CHAPTER 6

ほかのアプリと連携してみよう

After Effectsで制作した動画をPremiere Proとリンクさせて
編集する方法や、PhotoshopやIllustratorなどで制作した素材
をAfter Effectsに読み込む方法を解説します。

MORE

ステップアップに役立つ知識

After Effectsの操作で困ったときに役立つ情報、
よく使うショートカットキーなどを紹介します。

CHAPTER 1

After Effectsを始めよう

動画編集アプリAfter Effectsとはどんなアプリで
どんなことができるのか、知ることから始めましょう。
また、フレームレートやフレームサイズなど、
動画に関する基礎知識も身につけましょう。

CHAPTER 1
LESSON 1

#After Effectsの概要

After Effectsとは？

Adobe After Effects（以下After Effectsと表記）は炎や雷といった効果、図形やロゴを使ったアニメーション、合成などさまざまな演出で動画を華やかに彩ることができるアプリです。

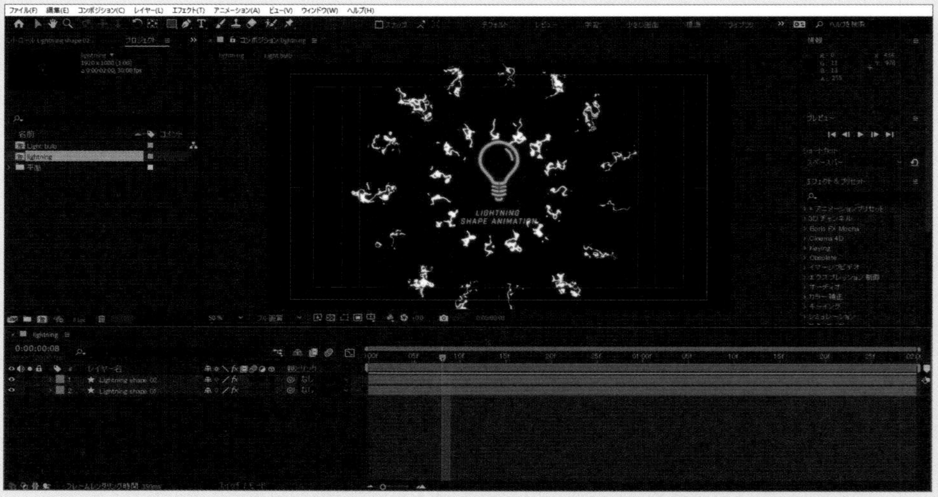

After Effects 2023（バージョン23.00）の編集画面。
電球のイラストから広がっていく稲妻の演出を追加

映像を華やかに彩るツール

テレビやCM、SNSやYouTubeなど私たちは日々たくさんの映像を目にしています。視聴者を惹きつける魅力的なタイトルアニメーション、商品が引き立つように演出効果が加えられたCM、合成やCGを駆使してリアルな世界観を表現したSF映画など、印象に残る映像にはクリエイターの手によるさまざまな工夫がされています。このように作品性の高い映像の中にはAfter Effects（アフターエフェクツ）を使って制作されたものが数多くあります。映像にさまざまな効果やアニメーションを加えて作品を華やかに彩り、より生き生きとした表現を生み出すことができるツールがAfter Effectsです。

動画編集アプリのもう1つの定番、Premiere Proとの違い

動画編集のアプリといえば、After Effectsと並んでPremiere Proが有名です。同じAdobe社のアプリですが、目的やできる作業は異なります。Premiere Proは撮影した映像や写真素材を切り貼りして1本の動画に仕上げることを得意とします。それに対してAfter Effectsは映像素材に演出効果を加えたり、図形やテキストなどを使ったアニメーションを加えたりすることが得意です。 Premiere Proで作成した動画にAfter Effectsを使ってエフェクトを加えるといった作業もよく行われます。またAfter Effectsは「0→1が得意なアプリ」ともいわれており、映像や写真素材がなくても、コンピューター上でグラフィックを生成し、作品を作れます。テレビCMで見るような躍動感のあるモーショングラフィックスも、After Effectsひとつで表現できます。

CHAPTER 1 LESSON 2

#After Effectsの概要

After Effectsでできること

After Effectsでできることは多岐にわたります。この本で学ぶ活用例を中心にAfter Effectsの動画制作について紹介します。

マスクを使ったアニメーション

マスクをかけると画像などの一部を隠して任意の箇所のみを表示させられます。さらにマスクにアニメーションをつけることで、隠れていた部分が徐々に表示されるような表現を演出できます。

➡89ページ

マスクにスライドするアニメーションをつけて画像が徐々に表示される演出

テキストアニメーション

［テキストアニメーター］という、入力した文字列専用のアニメーション機能を使って、テキストが1文字ずつ動くアニメーションを作ることができます。

➡97ページ

テキストアニメーターとマスクを利用した下から文字が1文字ずつ浮かび上がる表現

シェイプを使ったアニメーション

描いたシェイプ（図形）同士で型抜きしたり、動きのタイミングをずらしたりしてアニメーションを作れます。

➡111ページ

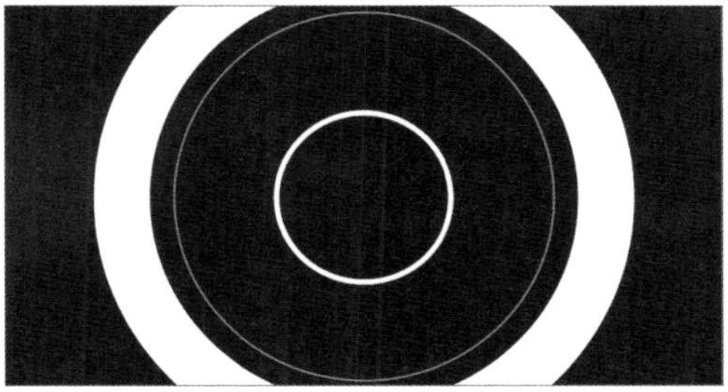

円同士で型抜きして、外側と内側の円を作成できる。それぞれの円にアニメーションをつけた波紋のような表現

エクスプレッションを使ったアニメーション

エクスプレッション（コード）を入力すると、角度や時間などを制御した複雑なアニメーションを作成できます。

➡118ページ

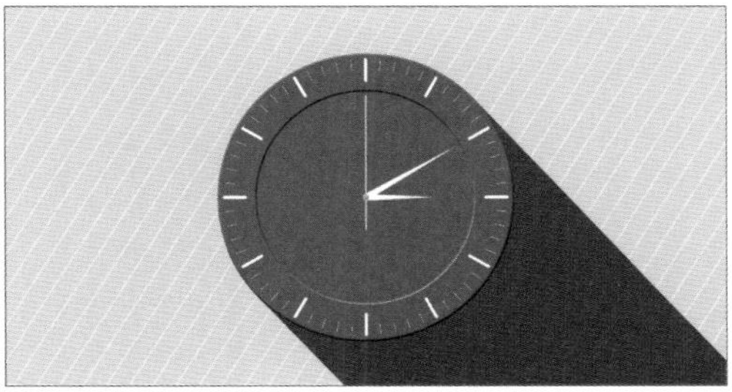

実際の時計のように針が動くアニメーションをエクスプレッションを利用して表現

エフェクト

After Effects には、動画に演出効果をつけられるさまざまな種類のエフェクトが用意されています。エフェクトを加えることで狙った雰囲気を簡単に表現できます。

➡ 123ページ

グラデーションのエフェクトをかけて、色のついたもやが混ざり合う背景を作成

トランジション

エフェクトをかけたり、スピードに緩急をつけたりして、迫力のあるシーンの切り替わりを演出できます。

➡ 163ページ

ゆがみやぼかしのエフェクトをかけたり、スピードを調整して引っ張られるような演出のトランジション

カラー調整

コントラストを調整したり、色褪せた色調やモノクロにしたり、特定の色だけを残したりして動画の作品性を高めることができます。

➡ 192ページ

花の色だけを残してモノクロにすることで印象的な映像を表現

合成

実際にそこに存在しているかのように、テキストなどのオブジェクトを実写映像に合成できます。

➡ 203ページ

実写映像のカメラの動きに合わせてテキストも動くように合成

雪や光の表現

エフェクトの適用やレイヤーの描画モードを変更して、雪や光などの自然物を表現できます。 ➡233ページ

タイトルの暗い背景に溶け込むように粉雪が舞い、柔らかい光が差し込む表現

数値とオブジェクトの連動

数値とオブジェクトのアニメーションを紐づけて動きを連動させることができます。テレビCMやPR動画で見るようなインフォグラフィックス（図やイラストを使って情報を伝える）アニメーションを作れます。

➡242ページ

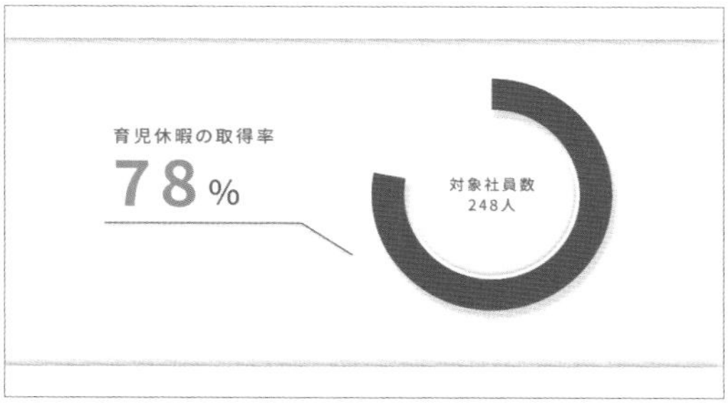

数値の変化に合わせて円グラフが動くインフォグラフィックスアニメーション

スライドショー

平面的なスナップ写真が、動画で撮影したようなアングルで次々に写真が切り替わるワンランク上のスライドショーが作れます。 ➡259ページ

ボードに貼られたスナップ写真を俯瞰して動画で撮ったようなスライドショー

Premiere Proとの連携

［Dynamic Link］という機能を使えばAfter EffectsとPremiere Proを連携させることができます。リンク元を編集すると、リンク先にリアルタイムで反映されるのでシームレスな作業が行えます。 ➡274ページ

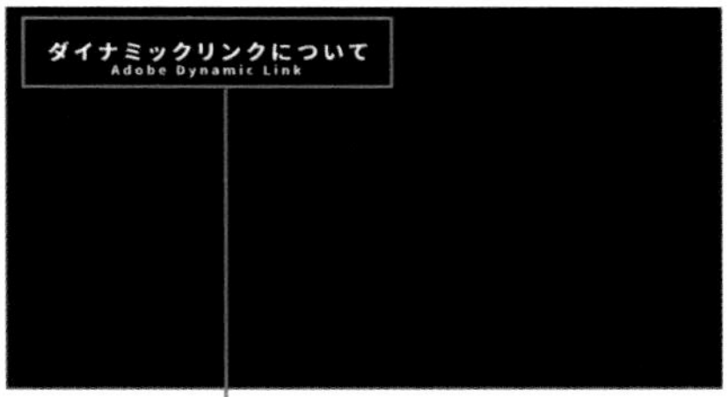

After Effectsで作成したテキストアニメーション

Premiere Proで編集中の動画に挿入する

ここで紹介したのは本書の作例の一部です。ほかにも動画のクオリティを上げるさまざまな演出テクニックを解説しています。

CHAPTER 1 LESSON 3

#フレームレート #フレームサイズ #コンテナとコーデック

動画の基礎知識を学ぼう

操作方法を学ぶまえに動画に関する基礎知識を身に付けておきましょう。

フレームレート

動画はパラパラ漫画のように静止画像（フレーム）を連続で表示させることで成り立っています。フレームレートとは1秒間に表示させるフレームの枚数のことで、単位は「fps」（frames per second）と表記されます。たとえば「30fps」は1秒間に30枚の画像を再生していることを表します。この数値が小さいほど、動画はカクカクとした動きになり、大きいほど滑らかな動きになります。データ量もこれに応じて変化するため、フレームレートの数値が大きいほどPCへの負荷も大きくなります。

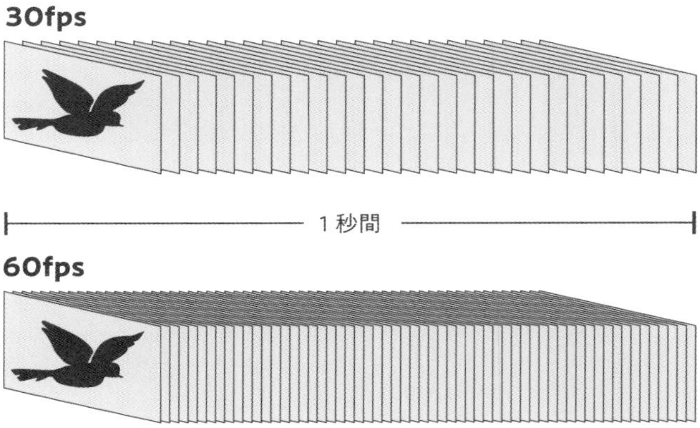

30fpsと比べると60fpsのほうが滑らかな動きになる

フレームサイズ（解像度）

フレームサイズは各フレームに含まれるピクセル（デジタル画像の最小単位）の数で表します。ピクセル数が多いほど、きめ細やかな部分まで表現できるので、高精細な映像となります。
たとえばフルHDと呼ばれるフレームサイズは、横1920×縦1080のピクセルで構成されています。3840×2160ピクセルで構成される4Kは、フルHDと比較して約4倍の解像度となり、より高精細な表現が可能ですが、その分データ容量も大きくなります。

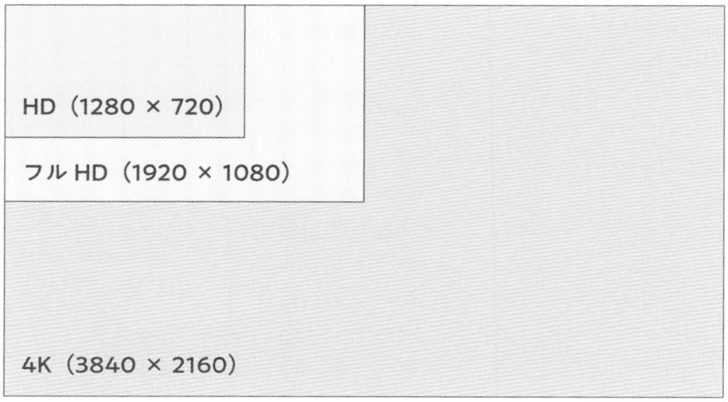

エンコードとデコード

動画はデータ量が大きいため、通常は圧縮し、目的に応じたデータに変換します。この作業のことをエンコードといいます。Webサイトに動画をアップロードするのにも、その媒体に合わせたエンコードが必要になります。エンコードされたデータをもとの形式に戻す処理のことをデコードといいます。

コンテナとコーデック

エンコードの方式を「コーデック」といいます。コーデックは映像と音声それぞれに用意されており、映像用のコーデックはH.264、音声用はMP3などが一般的で、広く普及しています。また、動画ファイルに含まれる映像や音声をまとめた入れ物のことを「コンテナ」といい、MP4やMOVなどの拡張子はコンテナの種類（動画形式）を表しています。

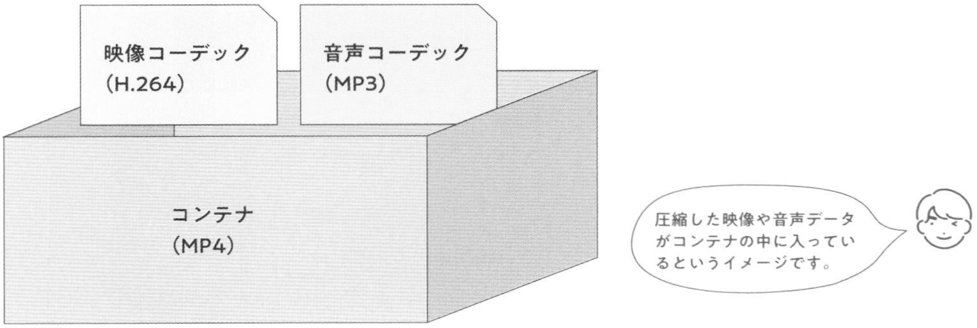

● **代表的なコンテナ**

コンテナ（拡張子）	特徴
AVI（.avi）	Microsoft社が開発したWindows標準の動画形式。昔から使用されており、汎用性が高い。
MP4（.mp4）	現在最もよく使用されている動画形式。YouTube用の動画のエンコード設定としても推奨されている。
MOV（.mov）	Apple社が開発したMac標準の動画形式。Apple社のほかの製品との相性がよく高品質で汎用性が高い。

動画制作でほかにどんなアプリやサービスを使っているの？

After Effectsのみで動画を作ることも多いですが、After Effectsとほかのアプリを組み合わせて使ったり、動画の内容によってはAfter Effectsを使わずに制作したりすることもあります。クリエイターによって使うアプリはさまざまですが、ここではAfter Effectsと組み合わせて、筆者が動画制作によく使うアプリや制作した動画を管理するときに使っているサービスをいくつか紹介します。以下で紹介しているアプリのうち、Adobe社のアプリはCreative Cloud コンプリートプランに加入していればすべて使用できます。

Adobe Premiere Pro

カット編集を得意とするアプリですが、簡単な効果やテロップの挿入なども可能です。After Effectsと比べると動作が軽く、長尺の動画を作るのに向いているといえます。YouTubeの動画制作に使っているクリエイターも多いでしょう。After Effectsとリンクさせることで、アプリ上で行った編集を相互にリアルタイムで反映させられます。

詳細➡274ページ

Adobe Photoshop

写真や画像の加工に適したアプリで、油絵や水彩画のような表現や合成、色彩調整など幅広い画像編集が可能です。Photoshopで制作した画像をAfter Effectsで読み込んでさらに編集することができます。

詳細➡287ページ

Adobe Illustrator

イラストやロゴ制作を得意とするアプリです。線や図形、テキストを使った細かなデザインや、チラシやポスター、名刺などの静止画のデザインなどさまざまなグラフィックを制作できます。作成したデータをAfter Effectsに動画素材として読み込んで、動きをつけることもあります。

詳細➡291ページ

Adobe Audition

音の編集に使用できるアプリです。動画音声のノイズを除去したり、加工したりして、音のクオリティを上げることができます。また、音楽やBGMの尺調整の目的で使うこともあります。

Adobe Portfolio

Webサイトが作成できるサービスです。自分の作った作品をWeb上にアップしてポートフォリオサイトとして公開することで、仕事の獲得にもつながります。

DaVinci Resolve

Blackmagic Design社が開発する動画編集アプリです。After Effectsと同じように、このアプリ単体で動画を作ることができます。優れたカラー調整機能があるので、MVなど作品性の高い動画を制作する際に使うことがあります。

CHAPTER 2

After Effectsの基本操作を覚えよう

第2章では、テキストが徐々に浮かび上がるアニメーションを作りながら
After Effectsの基本操作をざっくりと学んでいきます。
動画を制作するスペースとなるコンポジションの作成から、
テキストにアニメーションを設定し、書き出すまでの
流れを体験してみましょう。

CHAPTER 2 LESSON 1

#After Effectsの動画制作

アニメーション制作の流れ

第2章ではAfter Effectsにおける動画制作の流れと基本操作について学びます。このレッスンでは第2章の全体像をつかみましょう。

● テキストが徐々に浮かび上がるアニメーション

第2章では章をとおしてテキストがふわっと浮かび上がるアニメーションを作ります。文字を動かすアニメーションのことを「テキストアニメーション」と呼びます。ここではAfter Effectsの起動→動画の枠組みを作る→素材を作る→アニメーションをつける→動画の書き出しという流れを体験してみましょう。このレッスン1では第2章の流れをざっと解説します。

この章でAfter Effectsの基本を学んだら、さらに深く学べる第3章以降のレッスンに挑戦してみましょう。

動画制作の準備

このあとのレッスン2では実際に動画を作成する前の準備を行います。動画制作の際のファイル管理の方法について学びましょう。

詳細 ➡24〜26ページ

プロジェクトとコンポジションの作成

レッスン3〜4では動画の枠組みを作っていきます。プロジェクトを作成し、その中に作業するための場所となるコンポジションを作成します。

レッスン5ではワークスペースの各部の名称と機能について理解を深めましょう。

詳細 ➡27〜33ページ

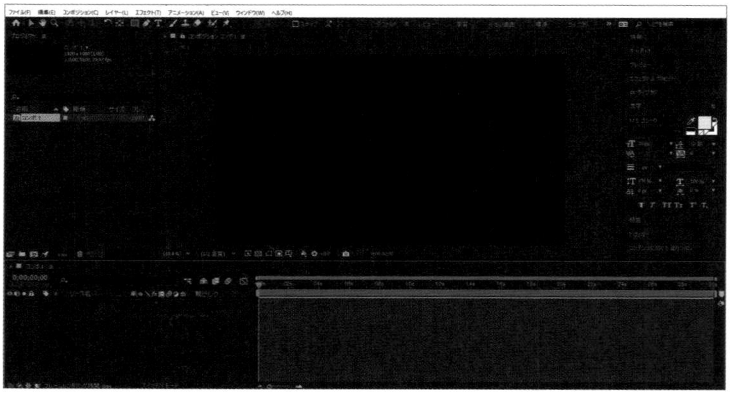

背景の作成

レッスン6ではレッスン5で作ったコンポジションに実際に素材を重ねていきます。まずはアニメーションの背景を作成します（ここでは白地の背景を作っています）。

詳細 ➡38〜39ページ

図形やテキストの挿入

背景ができたら図やテキストなどアニメーションのパーツを作成します。レッスン7ではテキストを作成して、フォントの設定や整列の方法について学びます。

詳細 ➡40〜47ページ

必要に応じて写真やイラストなども取り込みます。
➡86ページ

アニメーションの作成

パーツにアニメーション（動き）をつけていきます。レッスン8では、テキストが徐々に浮かび上がるアニメーションをつけます。

詳細 ➡48〜54ページ

作成した動画の確認と書き出し

レッスン9では、作成した動画を再生して確認（プレビュー）します。プレビューにおけるボタンの名称や機能について覚えましょう。最後のレッスン10ではMedia Encoderを使ってほかの媒体で視聴できるように動画を書き出します。

詳細 ➡55〜59ページ

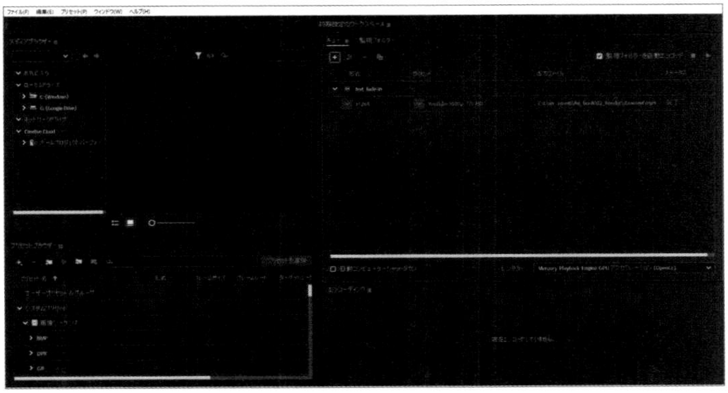

Media Encoderの画面

CHAPTER 2
LESSON 2

#素材管理 #フォルダー整理

素材を管理するフォルダーを作ろう

動画でもチェック!

https://dekiru.net/yae_202

After Effectsでは、編集している動画を「プロジェクト」というファイルで管理します。プロジェクトファイルやそれに紐づく動画や画像といった素材の管理の方法を解説します。

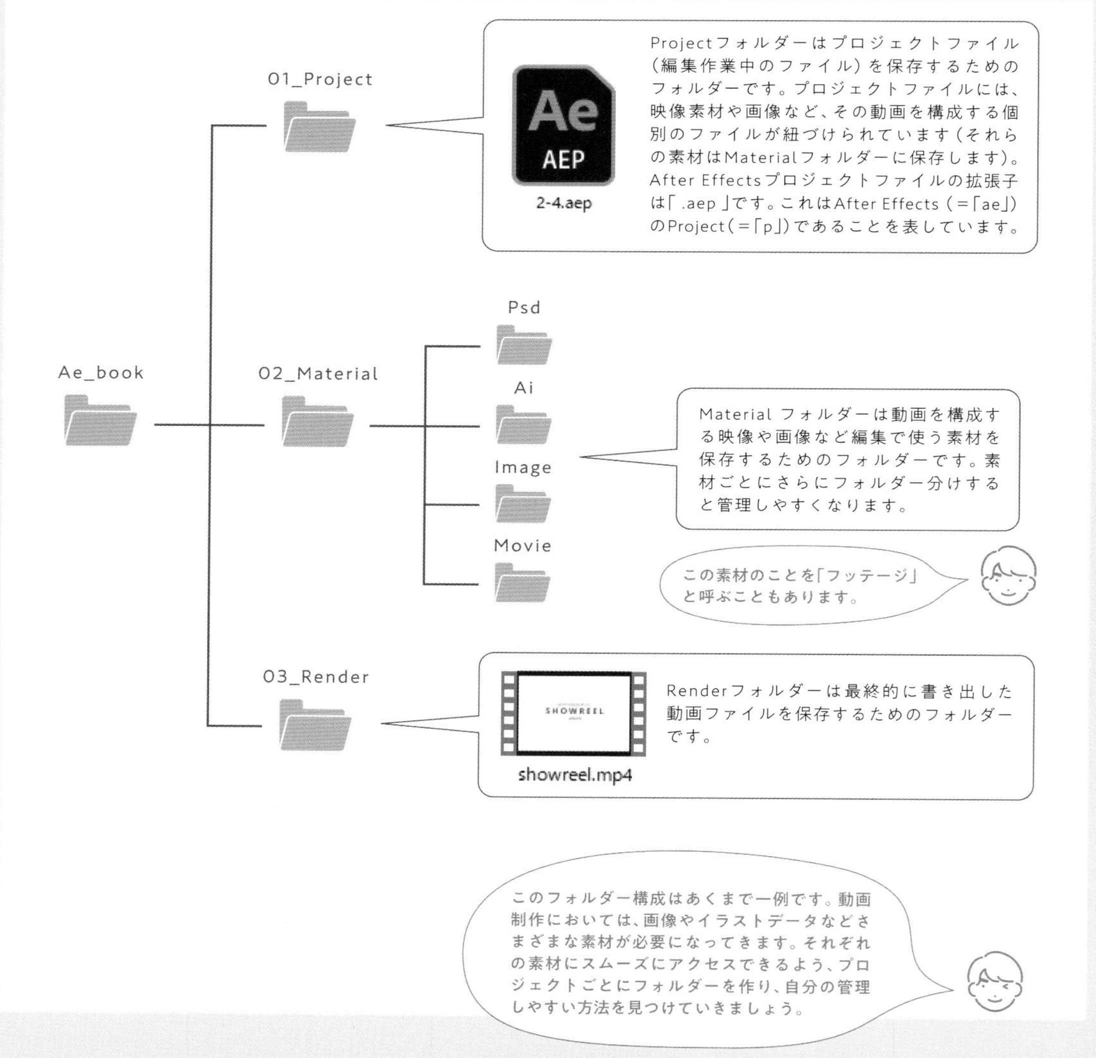

Ae_book
01_Project
Ae
AEP
2-4.aep
Projectフォルダーはプロジェクトファイル(編集作業中のファイル)を保存するためのフォルダーです。プロジェクトファイルには、映像素材や画像など、その動画を構成する個別のファイルが紐づけられています(それらの素材はMaterialフォルダーに保存します)。After Effectsプロジェクトファイルの拡張子は「.aep」です。これはAfter Effects(=「ae」)のProject(=「p」)であることを表しています。
02_Material
Psd
Ai
Image
Movie
Material フォルダーは動画を構成する映像や画像など編集で使う素材を保存するためのフォルダーです。素材ごとにさらにフォルダー分けすると管理しやすくなります。
この素材のことを「フッテージ」と呼ぶこともあります。
03_Render
SHOWREEL
showreel.mp4
Renderフォルダーは最終的に書き出した動画ファイルを保存するためのフォルダーです。
このフォルダー構成はあくまで一例です。動画制作においては、画像やイラストデータなどさまざまな素材が必要になってきます。それぞれの素材にスムーズにアクセスできるよう、プロジェクトごとにフォルダーを作り、自分の管理しやすい方法を見つけていきましょう。

知りたい!

● フォルダー名やファイル名は年月日とプロジェクト名で管理するのがおすすめ

PC内では基本的に数字や日付の小さい順に並ぶため、作成中のプロジェクトや書き出しデータなどは、[230830_プロジェクト名(半角英数字)]のように先頭に年月日(西暦下2桁+日付)を入力すると管理しやすくなります。過去のデータにスムーズにアクセスできるのでおすすめです。

またファイル名やフォルダー名は文字化けなどを防ぐため、半角英数字やハイフン(-)、アンダーバー(_)のみを使うようにしましょう。特にプロジェクトの共有や納品が必要になったときのトラブル防止につながります。

プロジェクト全体を格納するフォルダーを作成する

まずはプロジェクト全体を格納するためのフォルダーを作成します。ここでは例として、PCの［ドキュメント］フォルダーの中に、作成しましょう。

1 エクスプローラーの［ドキュメント］フォルダーを開きます❶。フォルダー内の余白を右クリックして［新規作成］→［フォルダー］をクリックします❷。

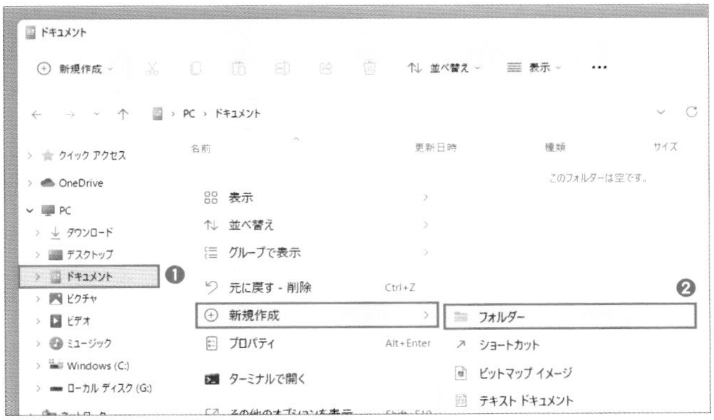

ここがPOINT

Macの場合

Macの場合はデスクトップや［書類］フォルダーなどわかりやすい場所に作成しましょう。Macでのフォルダーの作成方法は次ページの「ここがPOINT」で解説しています。

2 新しいフォルダーが作成できたことを確認し、フォルダー名を［Ae_book］にします❸。

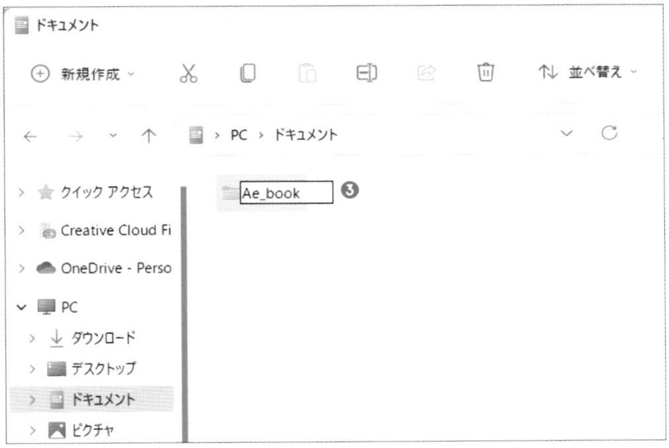

ここがPOINT

作業内容によってはHDDやSSDの使用を検討しよう

ここではPCの内蔵ストレージに保存していますが、内蔵ストレージの容量が圧迫されると、PCのパフォーマンスが落ちたり、エラーの要因になる場合もあります。
動画制作を続けていくうえで、別途HDD（ハードディスクドライブ）やSSD（ソリッドステートドライブ）などのメディアを用意することも検討しましょう。

外付けのHDD、SSD

ファイルの種類別にフォルダーを作成する

次に作成したプロジェクトファイルや書き出した動画を格納するフォルダーを作成します。

この章で作る動画では写真やイラストの画像は使用しないので、24ページで紹介したMaterialフォルダーは作成しません。写真やイラストなどを動画に入れる場合はMaterialフォルダーを作成してその中で管理しましょう。

1 [Ae_book] フォルダーを開き、中にフォルダーを2つ作ります。それぞれ[01_Project] ❶、[02_Render] という名前にします❷。

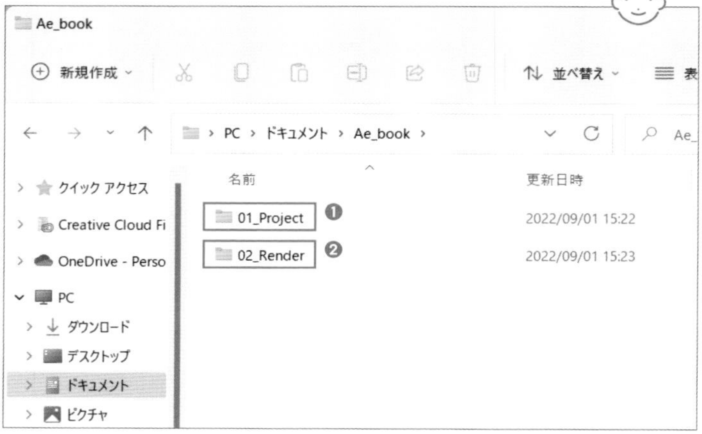

ここがPOINT

作業順に番号をつけよう

フォルダー名の先頭の01や02などの番号は、作業の順序に基づいて設定しています。フォルダーの数が2桁になることもあるので、基本的には「01」「02」というように先頭に「0」をつけるのがよいでしょう。順番に関係のないフォルダーを作成するときにあえて先頭に「99」とつけてほかのフォルダーと区別する場合もあります。

ここがPOINT

Macでフォルダーを作成するには？

[ファイル] メニュー→[新規フォルダー] をクリックします❶。新規フォルダーが作成されるので❷、名前を入力します❸。作成したフォルダーを開いて、中にフォルダーを2つ作ります❹。

もっと 知りたい！

● 拡張子を表示しよう

After Effectsで編集を始める前にファイル名に拡張子が表示されるように設定しておきましょう。拡張子とは、ファイルの種類とそのファイルが開けるアプリケーションを示す記号で、ファイル名の末尾に「.(ピリオド)」と英数字で表示されます。After Effectsプロジェクトファイルの場合は「.aep」と表示されます。

WindowsPCで拡張子が表示されない場合はエクスプローラーを開き [表示] タブをクリックし、[表示]→[ファイル名拡張子] を選択します。Macの場合は [Finder] メニュー→[設定] をクリックし、[Finder設定] ダイアログボックスの [詳細] タブで [すべてのファイル名拡張子を表示] にチェックを入れます。

CHAPTER 2 LESSON 3

#After Effectsの起動 #新規プロジェクト作成と保存

新規プロジェクトを作ろう

動画でもチェック!
https://dekiru.net/yae_203

ここから実際にAfter Effectsを起動して操作していきます。まずはプロジェクトの作成と保存の方法を学んでいきましょう。

After Effectsを起動する

1 デスクトップの[スタートボタン]をクリックします❶。表示された画面右上の[すべてのアプリ]をクリックし❷、[Adobe After Effects 2023]をクリックします❸。

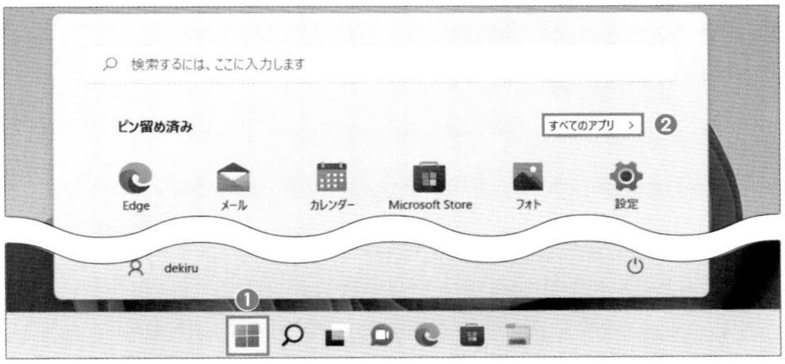

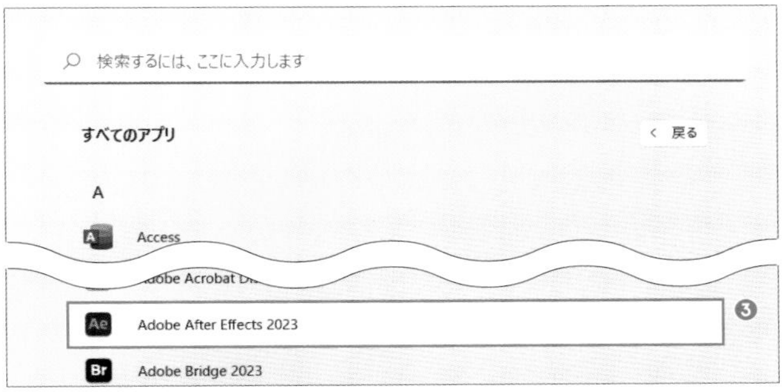

ここがPOINT

Macで起動する場合は

Macの場合は[アプリケーション]フォルダー→[Adobe After Effects 2023]フォルダーから[Adobe After Effects 2023]をダブルクリックします。

ここがPOINT

すばやく起動するには?

・デスクトップにショートカットを作成する

Windowsでは、[すべてのアプリ]の画面で[Adobe After Effects 2023]をデスクトップにドラッグ&ドロップすると❶、ショートカットアイコンが作成されます❷。Macではアプリアイコンを選択して ⌘ + control + A キーを押すとエイリアスが作成されるので、デスクトップなどに配置します。ショートカットアイコンやエイリアスをダブルクリックするとアプリを起動できます。

・タスクバーにピン留めする

Windowsでは、[すべてのアプリ]の画面で[Adobe After Effects 2023]を右クリックし、[詳細]→[タスクバーにピン留めする]をクリックすると❸、タスクバーにアプリアイコンが常時表示されます❹。アイコンをクリックするとアプリを起動できます。

・Dockから起動する

Macでは、アプリアイコンをDockにドラッグすると、Dockにアイコンが格納されます。

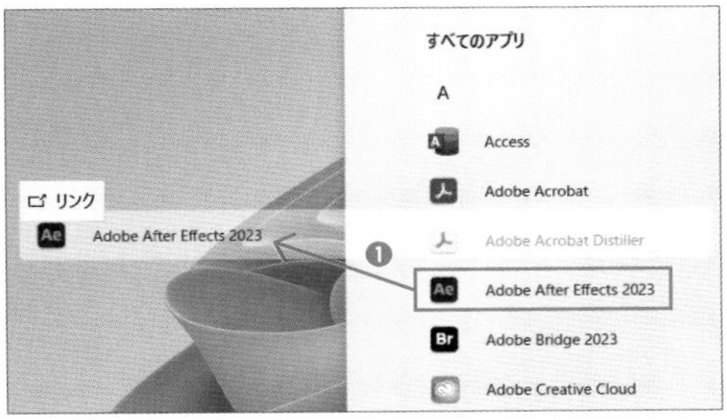

2 After Effectsの起動画面が表示されます。

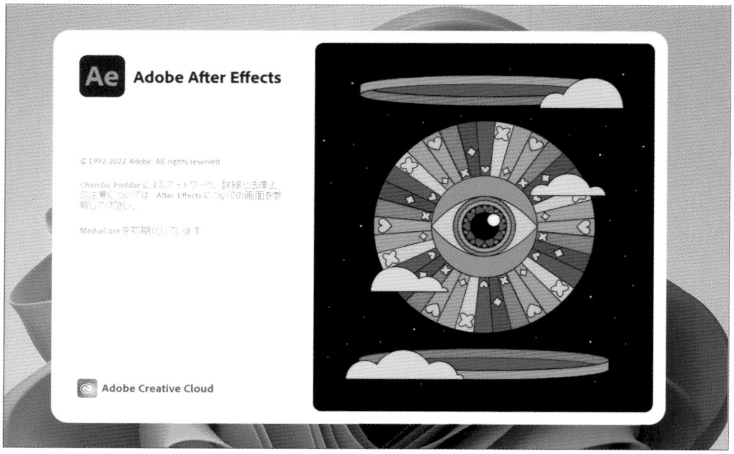

新規プロジェクトを作成する

After Effectsを起動すると最初に表示されるのがホーム画面です。この画面から新規プロジェクトを作成したり、既存のプロジェクトファイルを開いたりできます。ここでは新規プロジェクトを作成しましょう。

1 [新規プロジェクト]ボタンをクリックします❶。

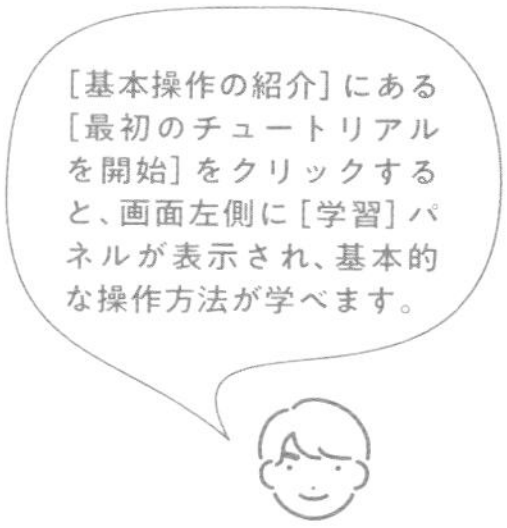

2 新規プロジェクトが作成され、編集画面が表示されます。

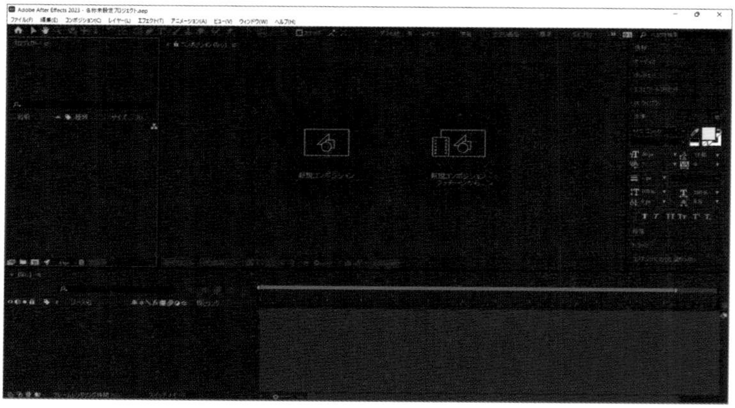

プロジェクトを保存する

作成したプロジェクトに名前をつけて保存しましょう。保存操作はあとで行うことも可能ですが、プロジェクト名や保存先を決めておくためにもまずは保存するのがおすすめです。最初に名前をつけて保存しておけば、以降は上書き保存するだけで済むため効率よく作業できます。

1 ［ファイル］メニュー→［別名で保存］→［別名で保存］をクリックします❶。

ここがPOINT

別名で保存のショートカットキー

Ctrl（⌘）＋Shift＋Sキーで［別名で保存］ダイアログボックスを表示できます。

2 ［別名で保存］ダイアログボックスが表示されます。保存先にレッスン1で作成した［Ae_book］フォルダーの［01_Project］フォルダーを指定します❷。ファイル名にプロジェクト名を入力し（ここでは「2-3」とします）❸、［保存］ボタンをクリックします❹。

できた！ プロジェクトを作成して保存できました。一度保存先を指定して保存したあとは、［ファイル］メニューの［保存］をクリックすると、データが上書き保存されます。

ここがPOINT

上書き保存のショートカットキー

Ctrl（⌘）＋Sキーで上書き保存できます。

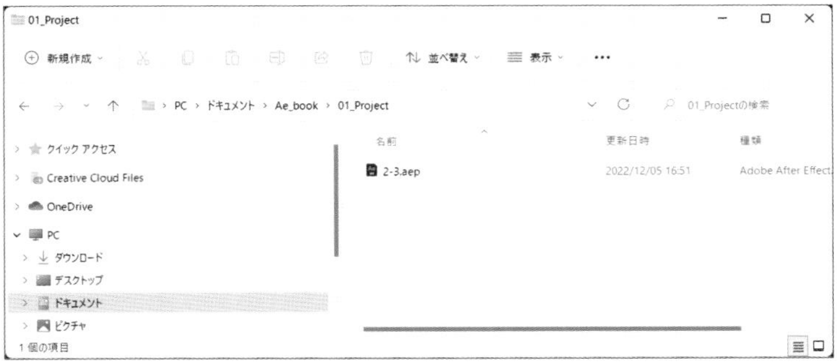

もっと

知りたい!

● 自動保存を設定しよう

After Effectsには指定した間隔ごとに自動で保存してくれる機能があります。自動保存を設定しておくと、急にアプリが強制終了してしまった場合にも安心です。初期設定では、自動保存機能がオンになっています。ここでは自動保存する時間の間隔や保存するプロジェクトバージョンの最大数の設定方法を解説します。

1 [編集]メニュー→[環境設定]→[自動保存]をクリックします❶。

ここがPOINT

Macで自動保存の設定画面を開くには

Macの場合は[After Effects]メニュー→[設定]→[自動保存]をクリックします。

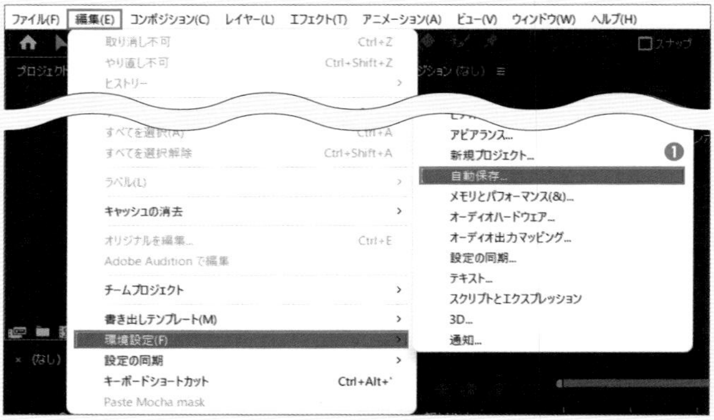

2 [環境設定]ダイアログボックスが表示されるので、[自動保存の間隔]、[プロジェクトバージョンの最大数]を設定し❷、[OK]ボタンをクリックします❸。

初期設定では[Documents]フォルダー→[Adobe]フォルダー→[After Effects]フォルダーに自動保存のデータが保存されます。任意の保存先に変えたい場合は[ユーザー定義の場所]を選択して保存先を指定しましょう。

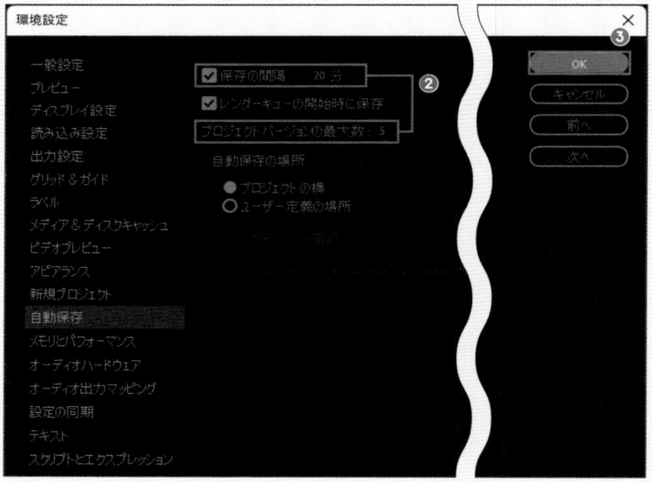

3 設定した間隔と数で自動保存データが保存されます。最大数を超えたら古いデータから削除されます。

自動保存されたプロジェクトデータは最大数までは上書きされることなく日時別で保存されるので、データをピンポイントで復元することが可能です。

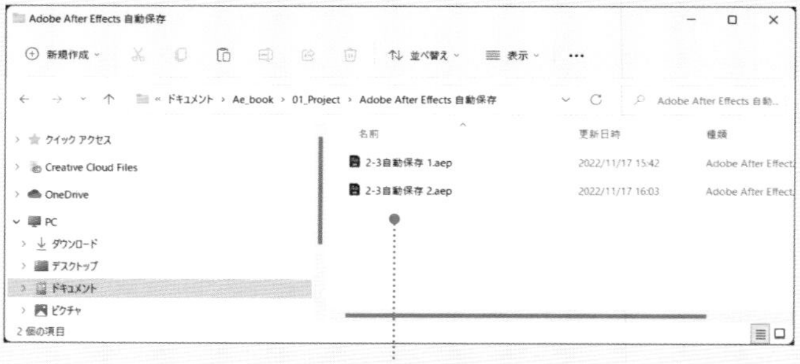

自動保存されたデータ

CHAPTER 2

LESSON 4

#コンポジション作成 #レイヤー

コンポジションを作成しよう

動画でもチェック!

https://dekiru.net/yae_204

練習用ファイル

2-4.aep

After Effectsではコンポジションと呼ばれる作業をするための場所を作り、そこにテキストや画像といった素材を加えて映像を作成していきます。

コンポジションとは？

コンポジションとは、動画を構成するさまざまな要素を入れる箱のようなものです。レイヤー（層）構造になっており、レイヤーを重ねることで動画を作成していきます。上のレイヤーほど、実際の動画では手前（前面）に表示されます。
1つのプロジェクトの中に複数のコンポジションを作ることができ、動画のカットごと、素材ごとに作成する場合もあります。

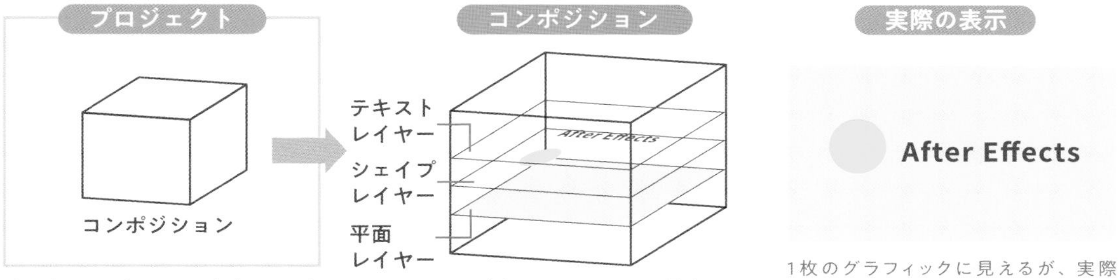

プロジェクト内にコンポジションを作成して、その中で作業をしていく（コンポジションは複数作ることができる）

コンポジションはレイヤー構造になっている

1枚のグラフィックに見えるが、実際は薄いブルーの背景のレイヤー、黄色の円のレイヤー、テキストのレイヤーが重なって構成されている

最初のうちはコンポジションのイメージがつかみにくいと思いますが、やっていくうちにわかってくるので、まずは深く考えずに読み進めましょう。

コンポジションを作成する

新規コンポジションを作成していきましょう。ここでは初期設定のフルHD用のコンポジションを作成します。

1. 練習用ファイル「2-4.aep」を開きます（レッスン3のプロジェクトを作成した手順の続きから進めることもできます）。
画面中央左側の［新規コンポジション］をクリックします❶。

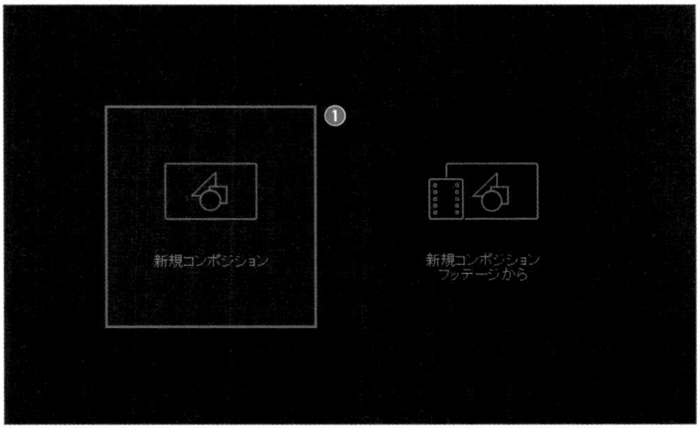

ここがPOINT

［コンポジション］メニューから新規コンポジションを作成しよう

プロジェクトを作成後、最初にコンポジションを作成する場合は前ページの手順①の方法を使いますが、それ以降新規でコンポジションを作成する場合は［コンポジション］メニューの［新規コンポジション］をクリックします。

2 ［コンポジション名］に「text」と入力し❷、［フレームレート］から［30］を選択し❸、［デュレーション］（動画の継続時間）を「00:00:05:00」に設定して❹、［OK］ボタンをクリックします❺。

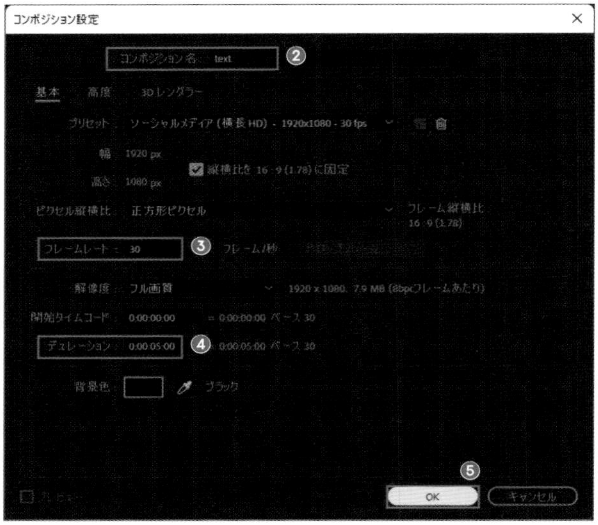

ここがPOINT

コンポジションの幅と高さ

ここでは書き出し（ほかの媒体で視聴できるように最終的に出力する）用のコンポジションを作成します。その場合［コンポジション設定］ダイアログボックスで設定できる［幅］［高さ］は、動画のサイズ（縦横比）を表します。初期設定では［幅］1920px、［高さ］1080pxとなっており、これはフルHDの動画サイズになります。このサイズは変更できるので、用途に合わせて適切なサイズに設定しましょう。

できた！ コンポジションが作成されました。
［プロジェクト］パネルに作成したコンポジション名が表示され❻、［コンポジション］パネルに黒い画面が表示されます❼。

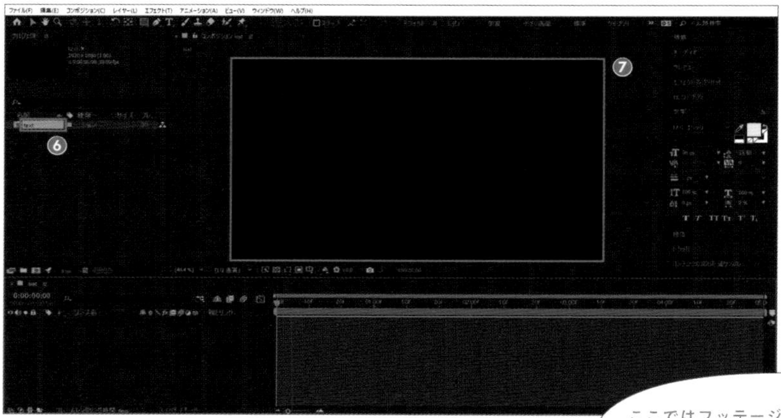

ここがPOINT

コンポジション作成のショートカットキー

コンポジションの作成のショートカットキーは Ctrl + N キーです。非常によく行う操作なので覚えておきましょう。

ここではフッテージ（素材）を読み込んでいない状態でコンポジションを作りましたが、フッテージに応じたコンポジションを作成することもできます。 詳細 ➡249ページ

もっと
知りたい!

[コンポジション設定]ダイアログボックスの項目を理解しよう

このレッスンでは[コンポジション設定]ダイアログボックスの設定は初期状態で作成しましたが、作成する動画に合わせてフレームレートやデュレーションなどを変更できます。

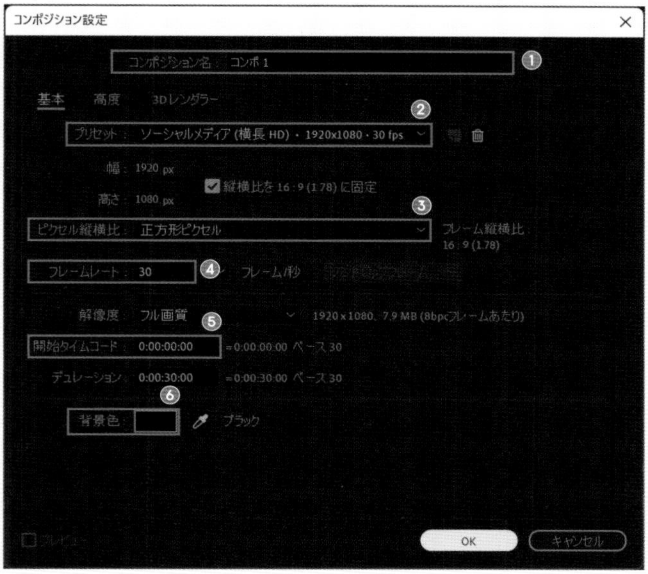

❶ コンポジション名

コンポジションの名前を設定できます。たとえば、あるサービスの宣伝用の動画を作るとします。
プロジェクト名は「20230830_案件名.aep」その中に作るコンポジション名を書き出し用は「Final_render案件名」とし、シーンごとのコンポジションは「01」「02」など番号で整理してもよいでしょう。明確なルールはありませんが、わかりやすくシンプルな名前にするのがおすすめです。

❷ プリセット

用途に合わせてサイズやフレームレートの値が設定されたコンポジションを選べます。

❸ ピクセル縦横比

画面を構成する画素の最小単位である、「ピクセル」の縦横比を設定できます。
動画の多くは、正方形ピクセルを使用していますが、プリセットにあるDV NTSC(米国規格)などは長方形ピクセルで表示されるため、誤って変更してしまうと画面が歪んで見えるようになります。

❹ フレームレート

フレームレートの数値を変更できます。作成する動画に合わせて変更しましょう。

❺ デュレーション

作成するコンポジションの継続時間を設定できます。

❻ 背景色

コンポジションの背景色を設定します。ここでの背景色は書き出しには影響せず、プレビュー時に表示される背景色です。

CHAPTER 2
LESSON 5

#ワークスペース #パネルの名称と機能

After Effectsの編集画面を理解しよう

After Effectsの作業画面のことをワークスペースと呼びます。ワークスペースの各部の名称と主な機能を解説します。

❶ メニューバー

ファイル操作や編集操作など、主だった機能にアクセスしやすいようにメニューとして分類されています。メニューをクリックすると各機能にアクセスできます。

Macの場合は[ファイル]メニューの左側に[After Effects]メニューがある

❷ [ツール]パネル

レイヤーやグラフィックを選択するツールや、テキストやシェイプ(図形)などを作成できるクリエイティブなツールなど、作業に必要なツールがまとめられています。複数のツールが1か所にまとまっている場合、アイコンの右下に三角マークがついています。クリックしたまま長押しすると、隠れているツールを表示できます。

❸ワークスペースの切り替え

ワークスペースは作業内容に合わせて切り替えられます。たとえば[>>]をクリックして[テキスト]ワークスペースに切り替えると、文字の入力や書式設定に適した[文字]パネルなどが表示されます。

[テキスト]ワークスペース

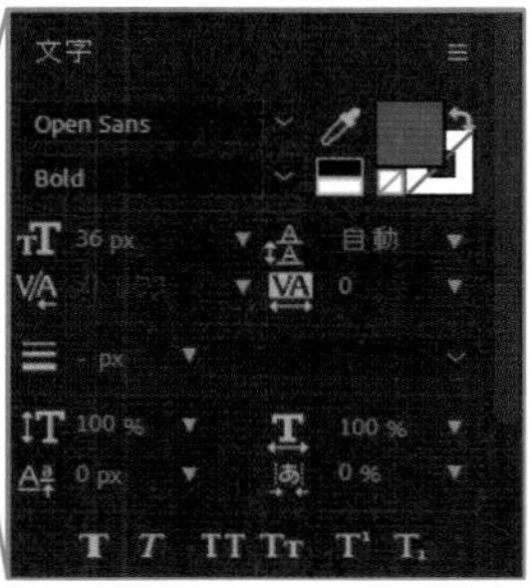

[文字]パネル

❹[プロジェクト]パネル

[プロジェクト]パネルでは、素材(イラストや画像など)の読み込みや整理が行えます。下部の[新規フォルダーを作成]ボタンをクリックするとフォルダーが作成できます。

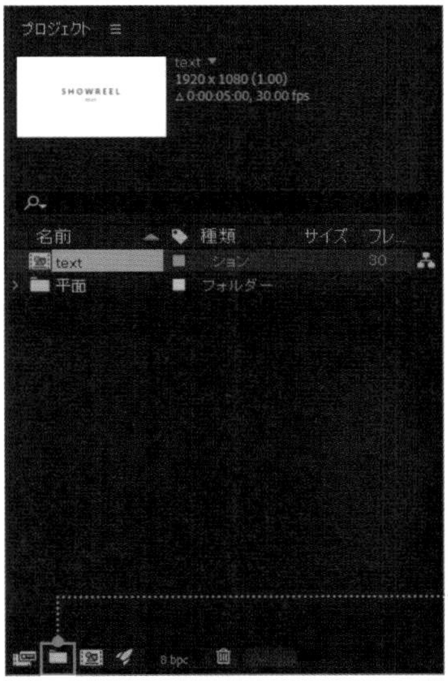

[新規フォルダーを作成]ボタン

❺[コンポジション]パネル

[コンポジション]パネルは、作成中の動画の確認を行う場所です。プレビューを確認しながらツールを使って細かいレイアウト調整もできます。パネル下部には、プレビュー解像度の調整やグリッド表示、背景透過などの機能もあります。[タイムライン]パネルと連動しており、[タイムライン]パネルの現在の時間インジケーター(青い線)の右側1フレームがプレビューされています。

❻ [タイムライン] パネル

実際にアニメーションをつける作業を行うのがこの [タイムライン] パネルです。レイヤーごとの時間軸が表示されています。時間軸は左から右へ進み、縦軸では上にあるレイヤーほど手前に表示されるようになっています。

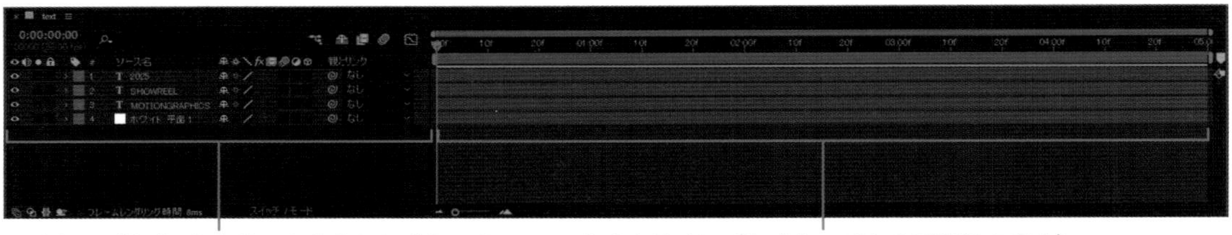

レイヤー（[>] をクリックするとレイヤーのプロパティが展開される）

タイムライン（レイヤーごとの時間軸を表す）

❼ [情報] パネル

マウスポインターのある位置の座標を表示します。RGBAは色の情報を数値で確認できるもので、Rは赤、Gは緑、Bは青、Aはアルファ(透明情報)を表します。タブをクリックして [オーディオ] パネルに切り替えられます。

タブ

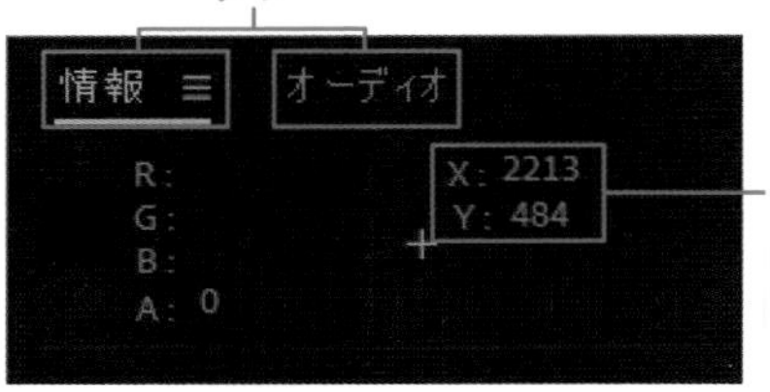

座標

❽ [オーディオ] パネル

タイムラインにある素材の音量を調整できます。タブをクリックして [情報] パネルに切り替えられます。

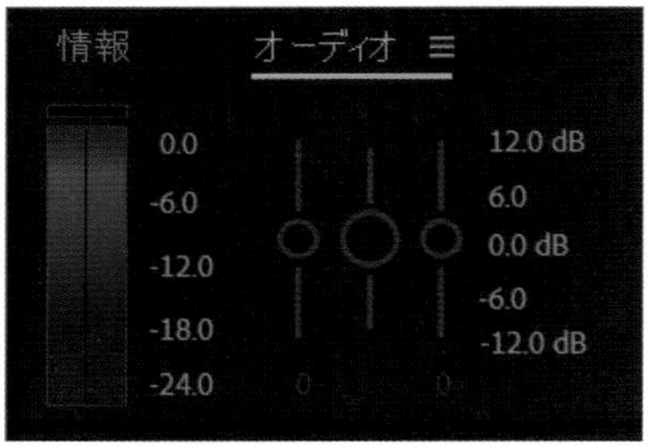

❾ [プレビュー] パネル

動画を再生するためのパネルです。再生のための設定もここで行えます。

詳細 ➡56ページ

❿ [エフェクト＆プリセット] パネル

素材に効果を与えるさまざまなエフェクトや、あらかじめ決まった値で適用できるアニメーションのプリセットを選べます。

詳細 ➡124ページ

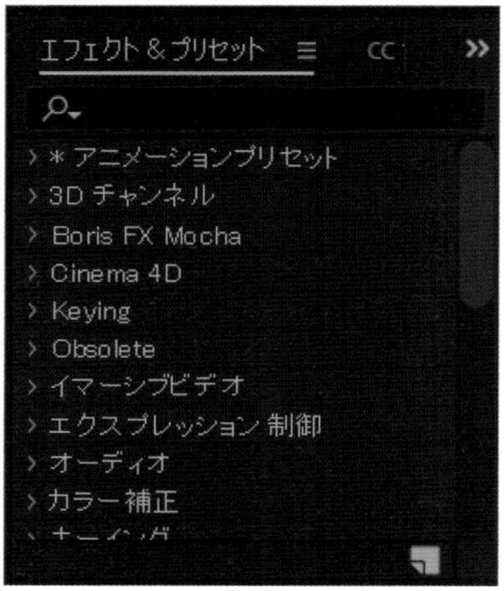

もっと
知りたい！

● ワークスペースのレイアウトをカスタマイズしよう

ワークスペースは自由にレイアウトを変えられます。編集内容に応じてワークスペースをカスタマイズしていくことで、作業効率も上がります。

パネルを閉じる

各パネルのメニューボタン☰→［パネルを閉じる］をクリックすると、パネルを閉じることができます。再度パネルを開くときは［ウィンドウ］メニューから該当のパネルを選択しましょう。

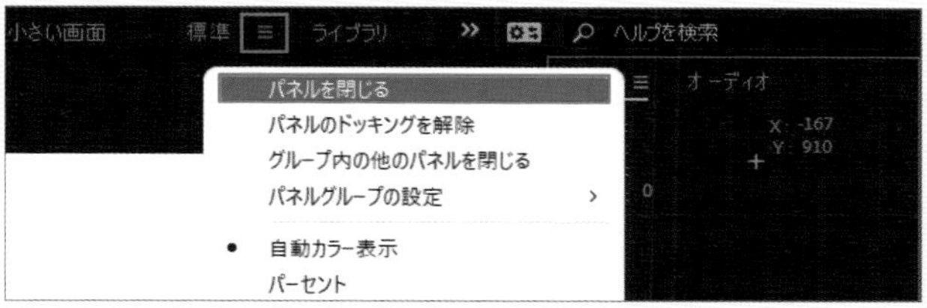

パネルを移動する

パネル上部をドラッグして別のパネルの中央でドロップすると、移動先のパネルにグループ化されます。ドラッグしたパネルをパネルとパネルの境界線でドロップすると、独立して表示されます。

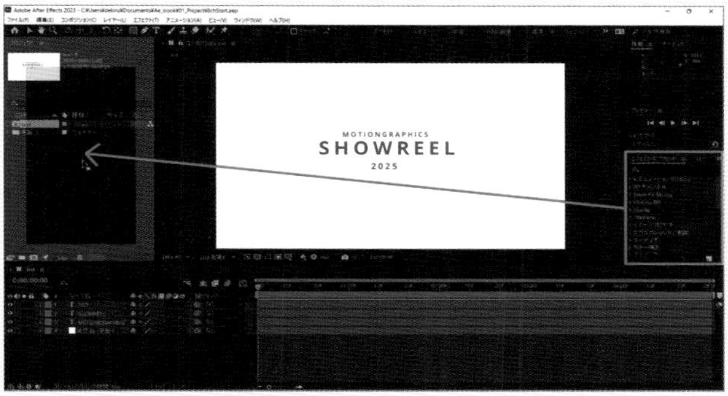

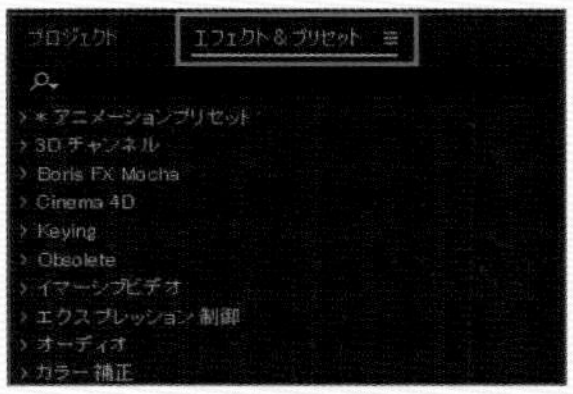

ドラッグしたパネルを別のパネルの中央でドロップするとグループ化される

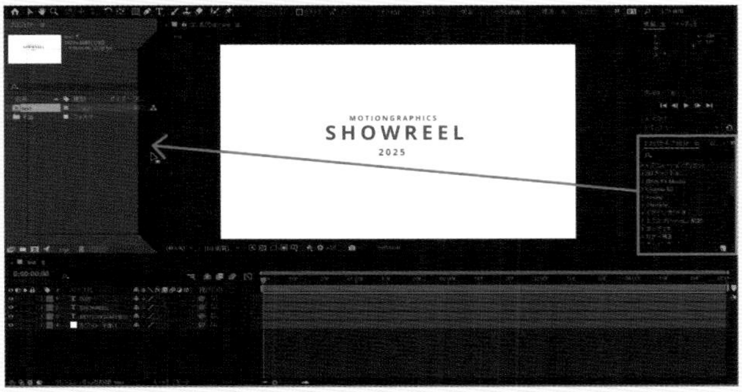

ドラッグしたパネルをパネルとパネルの境界線でドロップすると、独立して表示される

> ここがPOINT
>
> **パネルのレイアウトをリセット、保存するには？**
>
> カスタマイズしたワークスペースをもとに戻すには、［ウィンドウ］メニュー→［ワークスペース］→［「〇〇」を保存されたレイアウトにリセット］をクリックします。
>
> カスタマイズしたレイアウトを保存する場合は［このワークスペースへの変更を保存］をクリックすると上書きされます。［新規ワークスペースとして保存］を選択すれば、名前をつけてお気に入りのワークスペースを保存しておくことができます。

CHAPTER 2
LESSON 6

#新規平面レイヤー #背景の作成

背景を作ろう

動画でもチェック!

https://dekiru.net/yae_206

練習用ファイル
2-6.aep

レッスン4で作成したコンポジションにアニメーションの背景となる白地のレイヤーを作成しましょう。

平面レイヤーを作成する

レッスン4で解説したとおり、After Effectsでは素材をレイヤーという層に分けて管理します。ここでは、背景となる平面レイヤー(単色で塗りつぶした平面のレイヤー)を作成します。

1 練習用ファイル「2-6.aep」を開きます(レッスン4の続きから進めることもできます)。
[レイヤー]メニュー→[新規]→[平面]をクリックします❶。

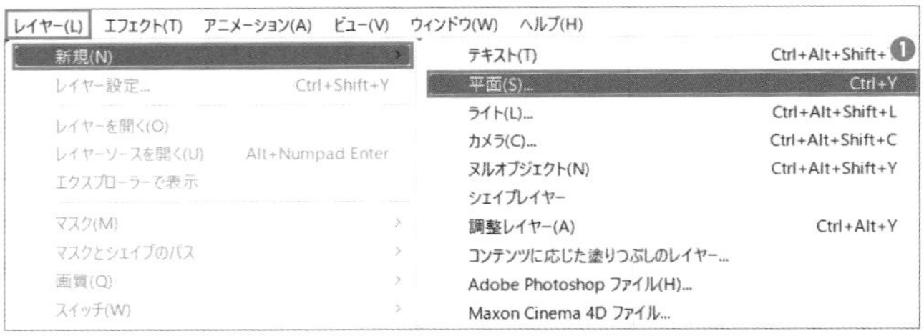

ここがPOINT

[平面設定]ダイアログボックス表示のショートカット

Ctrl(⌘)+Yキーで[平面設定]ダイアログボックスが表示されます。よく使うので覚えておきましょう。

2 [平面設定]ダイアログボックスが表示されるので[カラー]の四角をクリックします❷。

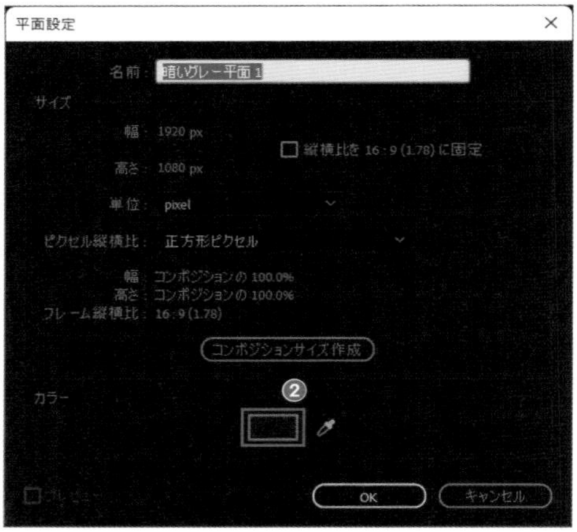

ここがPOINT

スポイトを使うと色を抽出できる

❷の四角の横にあるスポイトのアイコンをクリックして、画面上をクリックすると、クリックした位置の色を抽出し、ここから選択できるようになります。

3 [平面色]ダイアログボックスが表示されるので色を設定します。ここでは白い背景にするので、#の部分に「FFFFFF」と入力し❸、[OK]ボタンをクリックします❹。

ここがPOINT

カラーコードとは

カラーコードは色を指定するためのコードで、#に続く6桁の文字で表します。色ごとの表記が定められており、たとえば白色を指定する場合は「#FFFFFF」と入力します。

ここがPOINT

[平面色]ダイアログボックスの使い方

[平面色]ダイアログボックスでは手順③で操作したカラーコードを入力する以外にも色を設定できます。[カラースライダー]で色相を指定し、[カラーフィールド]で色の明暗と彩度を選べます。また、HSB値やRGB値を直接入力しても設定できます。

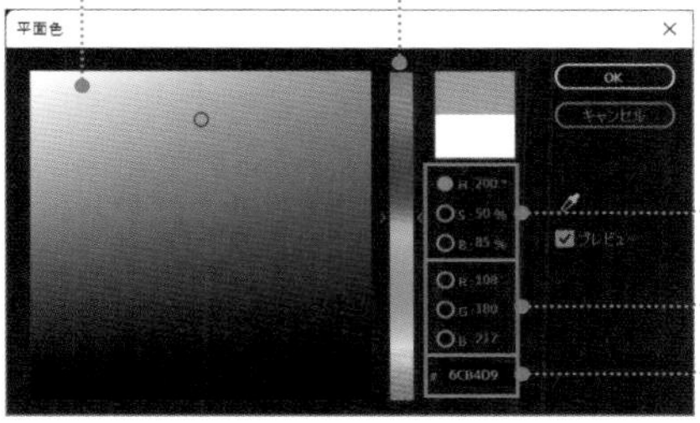

4 [平面設定]ダイアログボックスの[名前]が設定した色に合わせて変更されます❺。[コンポジションサイズ作成]ボタンをクリックし❻、[OK]ボタンをクリックします❼。

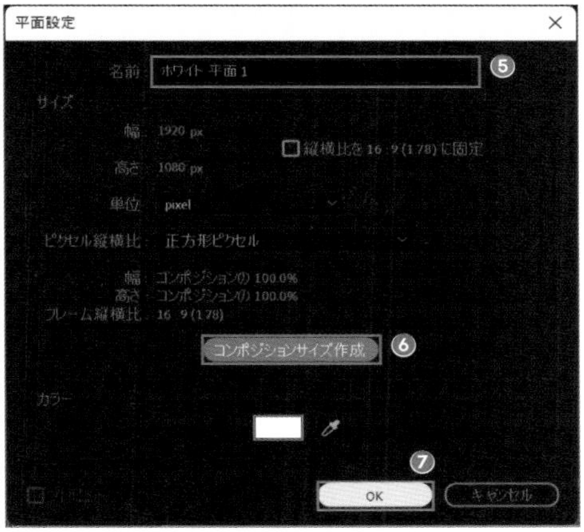

[名前]は自分で好きな名前を入力することもできます。

ここがPOINT

平面（背景）のサイズを設定する

[コンポジションサイズ作成]ボタンをクリックすると、自動的に現在のコンポジションのサイズで平面レイヤーを作成します。コンポジションとは違うサイズにしたい場合は、[幅]と[高さ]を設定しましょう。

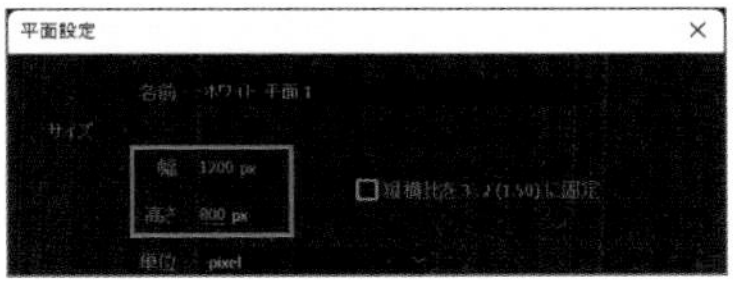

コンポジションサイズより小さい背景を作成した例

＼できた！／ 白い背景が作成できました。平面レイヤーを作成すると［プロジェクト］パネルに[平面]フォルダーが作成されます。

背景となる平面レイヤーが作成された

CHAPTER 2
LESSON 7

#テキストレイヤー #フォント #段落 #整列

テキストを挿入しよう

動画でもチェック!

https://dekiru.net/yae_207

練習用ファイル
2-7.aep

背景が作成できたら、テキストを入力してみましょう。このレッスンでは、レイアウトの調整やフォントの変更、カーニングの調整なども進めていきます。

第2章ではテキストにアニメーションをつけて動画を作成します。ここではテキストを入力し、フォントの種類やサイズ、文字間隔、色を調整します。さらにテキストの位置も[整列]の機能を使って調整しましょう。3つのテキストを作成し、メリハリをつけることでバランスのよいデザインに仕上げていきます。

ワークスペースを変更する

テキストを挿入するのに最適な[テキスト]ワークスペースに切り替えます。

1 練習用ファイル「2-7.aep」を開きます(レッスン6のプロジェクトを作成した手順の続きから進めることもできます)。
画面右上の[>>]をクリックして❶、[テキスト]を選択します❷。

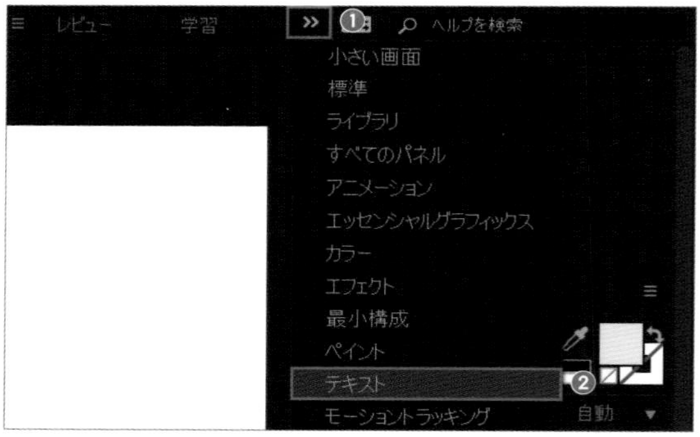

2 [テキスト]ワークスペースに切り替わりました。

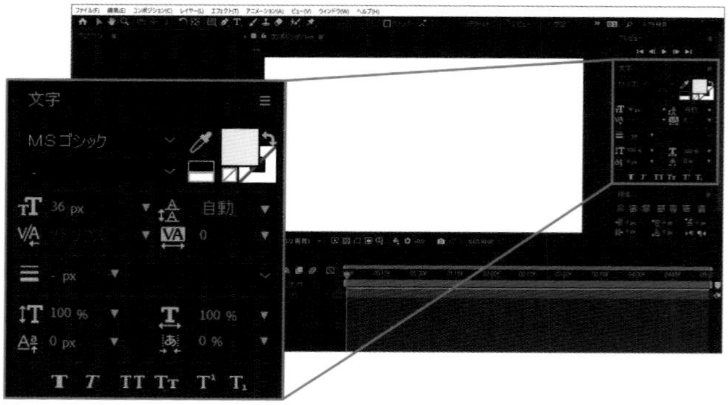

[テキスト]ワークスペースにはフォントの種類やサイズ、カーニングなどを変更するための[文字]パネルなどが標準で表示されます。

テキストの色を設定する

カラーコードを入力して、テキストの色を設定します。ここではくすみがかった青色に変更しましょう。

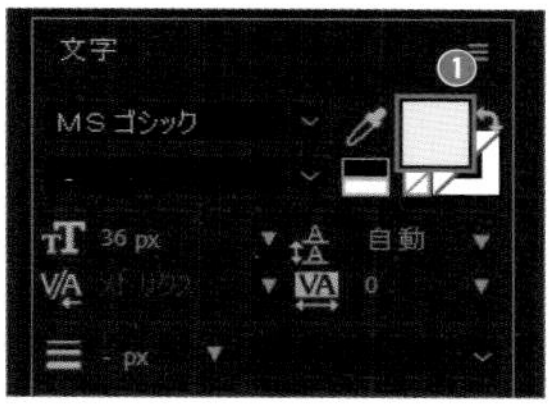

① [文字] パネルの [塗りのカラー] をクリックします❶。
[テキストカラー] ダイアログボックスが表示されるのでカラーコード入力欄に「3E567B」と入力して❷、[OK] ボタンをクリックします❸。

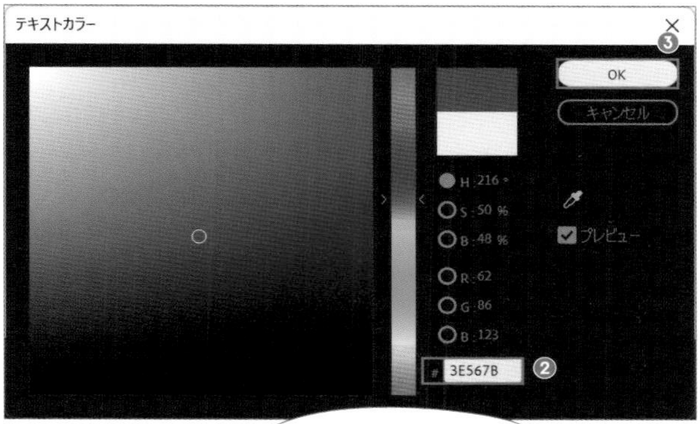

ここがPOINT

カラーコードを使うシーン

色の組み合わせを決めるときに外部のサイトを参考にする場合や、クライアントからカラーコードの指定がある場合などに使用することが多いです。

文字を入力してから色を変えてもOKです。その場合は入力した文字を選択してからこの操作を行いましょう。

テキストを入力する

レッスン6で作成した背景レイヤーの上にテキストレイヤーを作成しテキストを入力しましょう。

① ツールバーの [横書き文字ツール] を選択します❶。

[横書き文字ツール] のショートカットキーは Ctrl (⌘) + T です。

② [コンポジション] パネルのプレビュー画面をクリックします❷。

③ すると、平面レイヤーの上にテキストレイヤーが作成されます❸。

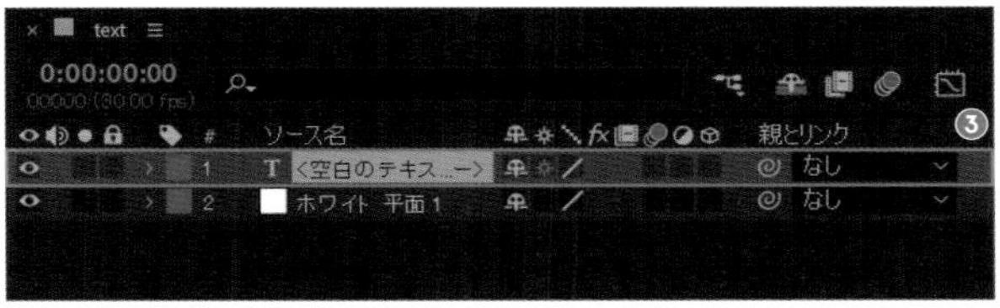

4 「MOTIONGRAPHICS」と入力します❹。

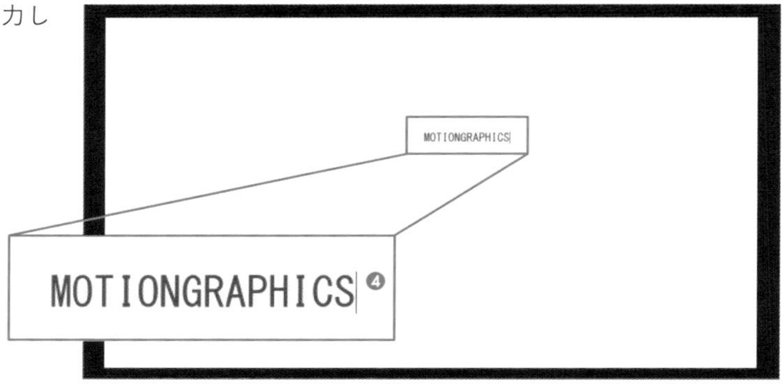

テキストの段落を設定する

作成したテキストの文字列を中央揃えに設定します。

1 ［タイムライン］パネルのテキストレイヤーを選択すると❶、文字が選択されます❷。
［段落］パネルの［中央揃え］をクリックします❸。

揃え位置を表すポイント

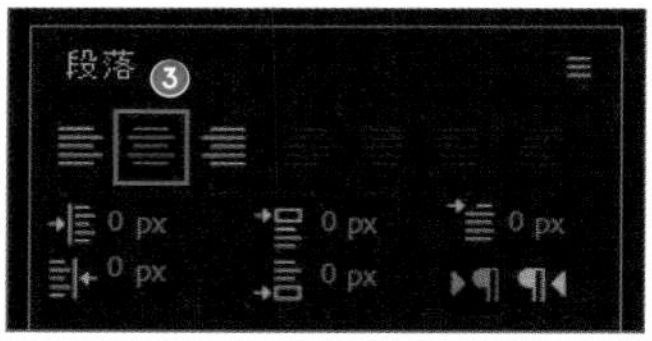

2 文字列が中央揃えになりました。

段落を中央揃えにすると、揃え位置が文字列の中心になります。こうしておくことで、この文字列の中心とコンポジションの中心の位置を揃えられるようになります。コンポジションの中心に配置する方法はこのあとで解説します。

揃え位置を表すポイントが文字列の中心になる

フォントを変更する

作成したテキストのフォントを変更します。変更する場合は、必ず対象のレイヤーを選択して操作しましょう。

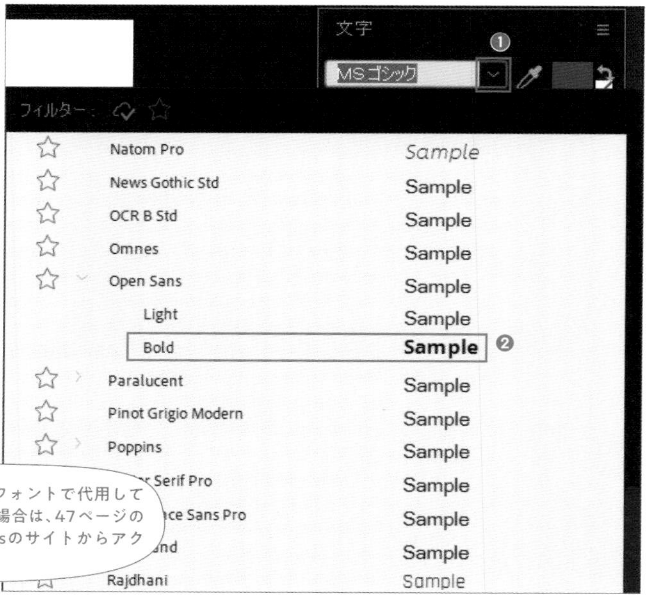

1 ［タイムライン］パネルのテキストレイヤーを選択した状態で、［文字］パネルの［フォントファミリーを設定］の■をクリックし❶、表示されるメニューから［Open Sans Bold］を選択します❷。

［Open Sans Bold］がない場合は、ほかのフォントで代用してもOKです。［Open Sans Bold］を使用する場合は、47ページの「もっと知りたい！」に従ってAdobeFontsのサイトからアクティベートして使いましょう。

2 フォントが変わりました。

フォントサイズを調整する

次にフォントのサイズを変更します。フォントを変更したときと同じようにテキストレイヤーを選択した状態で調整しましょう。

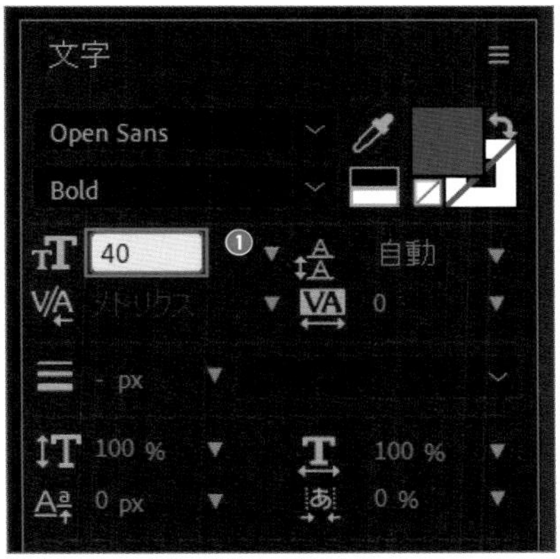

1 テキストレイヤーを選択し、[文字]パネルの[フォントサイズを設定]の数値をクリックして「40」と入力し❶、Enter キーを押します。

2 フォントのサイズが変わりました。

トラッキングを設定する

トラッキングとは文字列全体の間隔を調整する機能です。ここでは間隔を少し広げてみましょう。

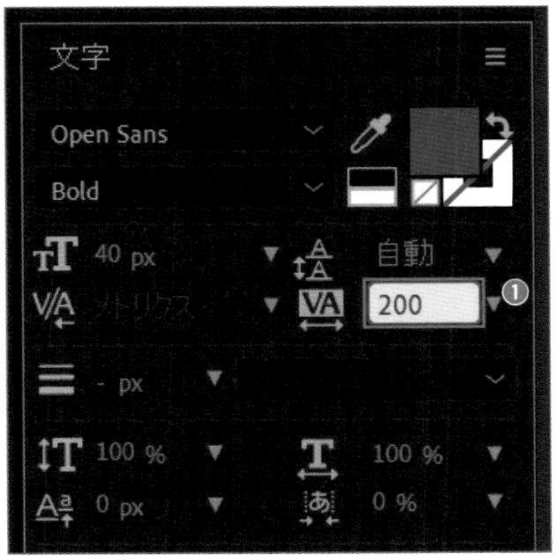

1 [タイムライン]パネルでテキストレイヤーを選択し、[文字]パネルの[選択した文字のトラッキングを設定]の数値をクリックして、「200」と入力し❶、Enter キーを押します。

2 文字列全体の間隔が初期設定よりも広くなりました。

テキストを画面の横幅の中央に配置する

文字列や図形などをそれぞれきれいに並べるには、[整列]パネルを使用します。ここではコンポジションの画面の水平方向に対して中央に整列させましょう。[整列]パネルが表示されていない場合は[ウィンドウ]メニューから[整列]を選択します。

1 [ウィンドウ]メニューの[整列]を選択します❶。

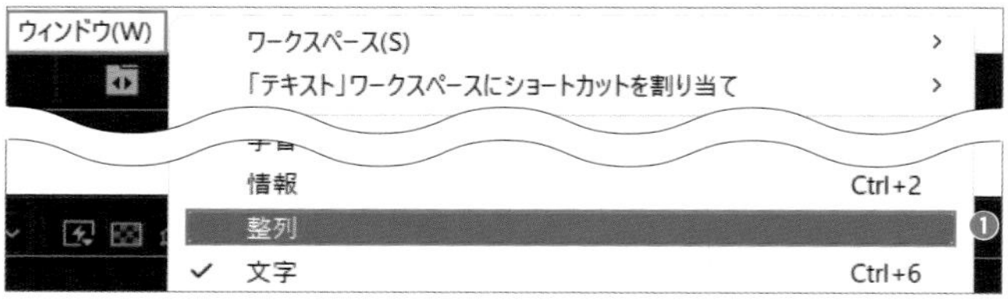

2 [整列]パネルが追加されます。テキストレイヤーを選択した状態で[整列]パネルの[レイヤーを整列]が[コンポジション]になっていることを確認して❷、[水平方向に整列]をクリックします❸。

ここがPOINT

[レイヤーを整列]とは

[レイヤーを整列]とは、レイヤーを何に対して整列するかを設定する項目です。ここではテキストレイヤーをコンポジションに対して整列するので[コンポジション]を選択します。

3 テキストが画面(コンポジション)に対して水平方向中央に配置されました。

[段落]パネルで設定した文字列の中央と、コンポジションの水平方向の中央の位置が揃った

テキストを複製して配置する

「MOTIONGRAPHICS」の下に同じフォントで「SHOWREEL」と配置します。同じフォントで入力する場合は、複製すると効率よく操作できます。

1 テキストレイヤーを選択し❶、Ctrl（⌘）+Cでレイヤーをコピーし、Ctrl（⌘）+Vでペーストします。

② すると一番上に「MOTIONGRAPHICS 2」という名前でレイヤーが複製されます❷。[コンポジション]パネル上では変化がわかりませんが、複製されたテキストが上に重なっている状態です。

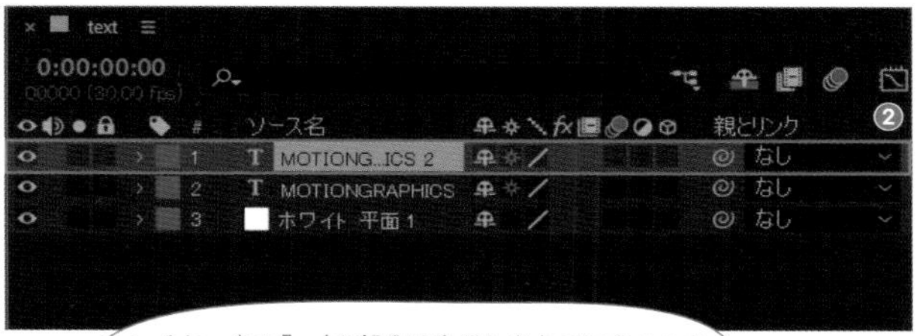

レイヤー名の「…」の部分は表示しきれていないことを表します。[レイヤー名]の枠にマウスポインターを合わせてマウスポインターが ↔ になったときに左右にドラッグすれば表示領域を増減できます。

③ 複製したテキストを移動します。[ツール]パネルの[選択ツール]をクリックし❸、[コンポジション]パネルのテキストを下にドラッグしながら Shift キーを押します❹。

ここがPOINT

[選択ツール]のショートカットキー

[選択ツール]のショートカットキーは V です。よく使うショートカットなので覚えておきましょう。

テキストの周りにある赤い四角(バウンディングボックス)はドラッグするとテキストの形が変形してしまうので、ここでは触れないようにしましょう。またドラッグ中に Shift キーを押すと、垂直方向、水平方向に制限して、移動できます。

複製したテキストを編集する

複製したテキストの文字列、サイズを変更します。

① 複製したテキストレイヤーの名前の部分をダブルクリックします❶。

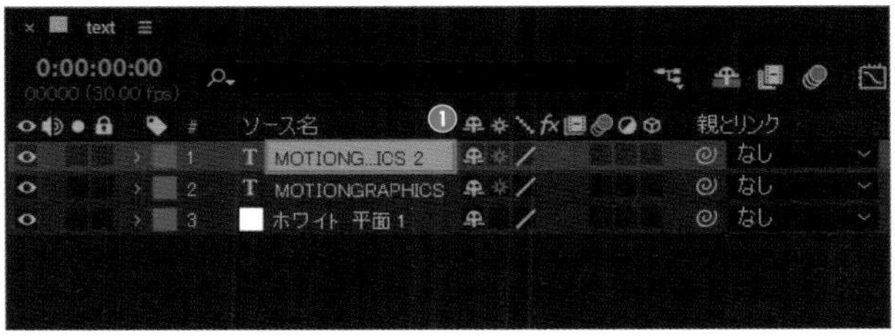

② すると、文字が入力できる状態になります❷。

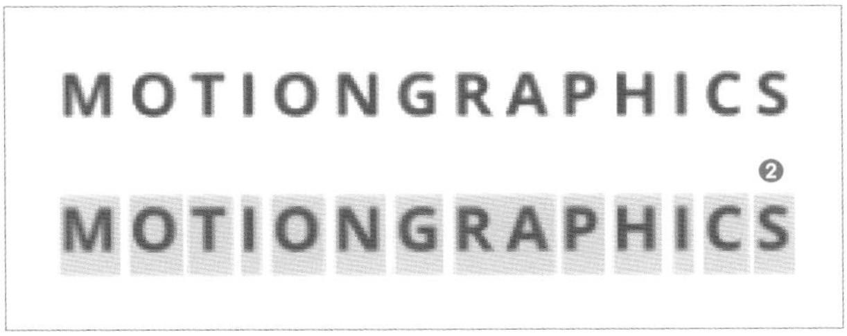

文字を入力できる状態にするには[横書き文字ツール]で[コンポジション]パネルの文字をドラッグする、または[選択ツール]で[コンポジション]パネルのテキストをダブルクリックしてもOKです。

3 「SHOWREEL」と入力します❸。

4 43ページを参考に、フォントサイズを変更します。ここでは「110」pxに設定しました❹。

5 44ページを参考にテキストを複製し、さらに「2025」というテキストを50pxのサイズで作成します❺。

6 ［選択ツール］▶で Shift キーを押しながらテキストを上下にドラッグして❻、3つのテキストを画面の中央あたりに移動します。

できた！ 3つのテキストのバランスを整えたら完成です。

ここがPOINT

メリハリをつけよう

文字を読みやすくしたり、画面を見やすくしたりするにはメリハリが大切です。見せたいものを強調したり、関係性の高いテキストの配置を近づけたりすると見やすいデザインになります。

もっと
知りたい！

Adobe Fontsを利用しよう

Adobe社が提供するフォントサービス「Adobe Fonts」には豊富な種類のフォントが用意されています。Creative Cloudを契約していれば無料で利用できるので、お気に入りのフォントを探してみましょう。なお、利用にはインターネットに接続している必要があります。

1 Adobe FontsのWebサイト（https://fonts.adobe.com/）にアクセスし、ログインしたら使用したいフォントを検索します❶。

2 検索結果から使用したいフォントの［アクティベート］をオンにします❷。

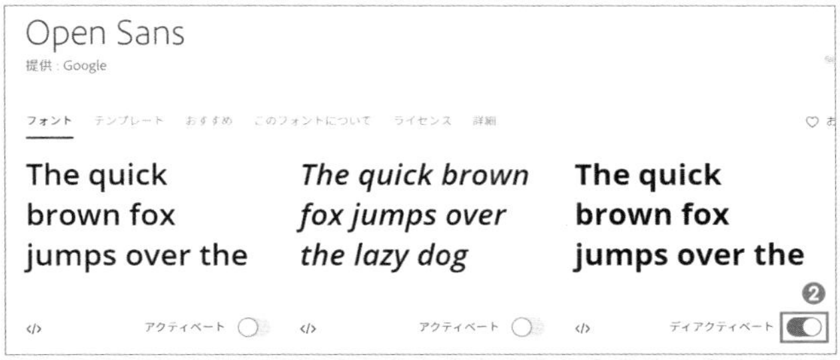

3 After Effectsの画面に戻ると、アクティベートしたフォントが使用できるようになっています。

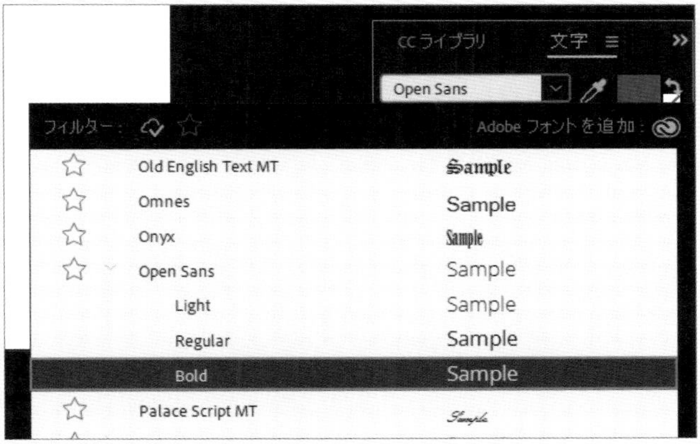

ここがPOINT

フォント一覧の画面からもAdobe FontsのWebサイトにアクセスできる

フォント一覧の右上にあるアイコンをクリックすると、Adobe FontsのWebサイトにアクセスできます。

ここがPOINT

フォント選びのポイント

フォントは動画の内容にマッチしたものを選ぶようにしましょう。欧文フォントにはセリフ体（線の太さに強弱があり、文字の端に装飾がある書体）とサンセリフ体（装飾がなく線の太さが均等に近い書体）があり、前者は上品で格式高いイメージ、後者は親しみやすい印象を持っています。和文フォントでも同じように明朝体、ゴシック体などでイメージが大きく変わるため、注意して選ぶようにしましょう。

セリフ体

サンセリフ体

CHAPTER 2
LESSON 8

#キーフレーム #アニメーションの基本 #不透明度

テキストが徐々に浮かび上がるアニメーションをつけよう

動画でもチェック!
https://dekiru.net/yae_208

練習用ファイル
2-8.aep

After Effectsでは回転や拡大縮小などさまざまなアニメーションをつけることができます。アニメーションはキーフレームを打つことで作成できます。

ここでは3つのテキストが時間差でゆっくりと出現するフェードインのアニメーションをつけていきます。タイムライン上にキーフレームを打って表示するタイミングや消すタイミング、継続時間などを工夫して作成してみましょう。

アニメーションの基本

After Effectsでは、テキストや図形などグラフィックに動きをつけることができます。この動きを「アニメーション」、動きのついたグラフィックを「モーショングラフィック」といいます。アニメーションの基本動作は、①時間軸上に始点と終点を打つ、②始点と終点に座標や形の異なるグラフィックを配置する、③始点から終点までグラフィックを連続的に変化させる、という流れです。始点から終点までに複数の点を追加することでより複雑な動きも演出できます。この点を「キーフレーム」といってアニメーションのタイミングを制御します。またキーフレームごとに「プロパティ」と呼ばれる値を設定することで、その時点のグラフィックの位置やサイズ、形などをコントロールします。

テキストが徐々に浮かび上がってくるアニメーションは、テキストの不透明度のプロパティを0%から100%に変化させることで実現します。

After Effectsでは、図形のことを「シェイプ」と呼びます。

● **不透明度が0%から100%に変化するアニメーションの例**

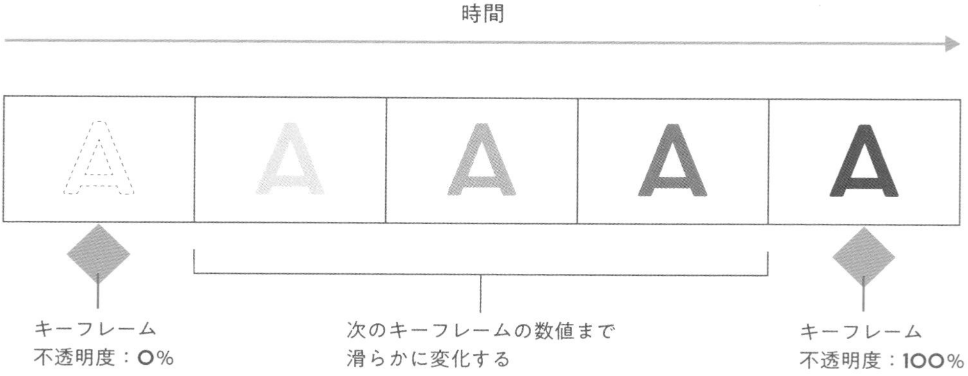

不透明度0%と不透明度100%のキーフレームを作成すると、その間の値は自動的に補間される。そのため徐々に浮かび上がるようなアニメーションができる

タイムラインの基本的な見方

[タイムライン]パネルにはそれぞれのレイヤーの右側に時間の経過を表すタイムラインが表示されています。タイムライン上の[現在の時間インジケーター]は現在の再生位置を表しており、[現在の時間インジケーター]の位置のレイヤーに表示されている内容が[コンポジション]パネルに表示されます。
タイムライン上のデュレーションバー(テキストレイヤーの場合は初期設定でえんじ色)は表示の継続時間を表しています。このバーを伸縮したり移動したりしてレイヤーを表示させる時間を変えられます。

ここがPOINT

目盛りの見方

0秒は[00:00f]、1秒は[01:00f]、1フレームは[01f]で表現されます。ただしデュレーションの設定や、タイムラインの拡大率によって1フレームなどの細かい単位のメモリは省略されます。

[不透明度]のプロパティを表示する

テキストが浮かび上がるアニメーションは、テキストを透明にしてから徐々に見えるようにすることで実現します。透明にするには、[不透明度]のプロパティを設定します。

1 練習用ファイル「2-8.aep」を開きます(レッスン7の続きから進めることもできます)。
「MOTIONGRAPHICS」テキストレイヤーの[>]をクリックします❶。

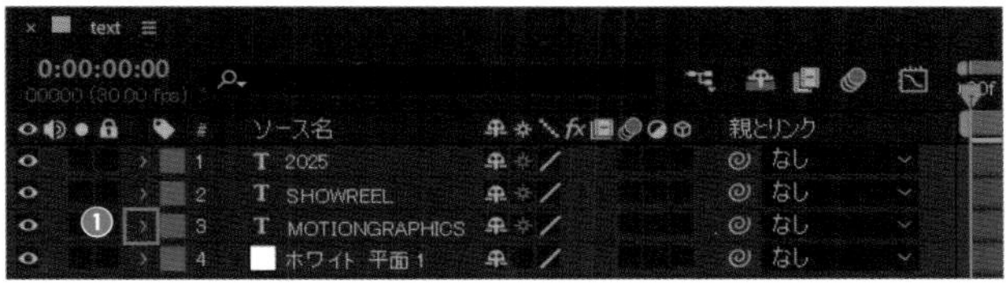

2 [トランスフォーム]の[>]をクリックして❷、[不透明度]のプロパティを表示します❸。

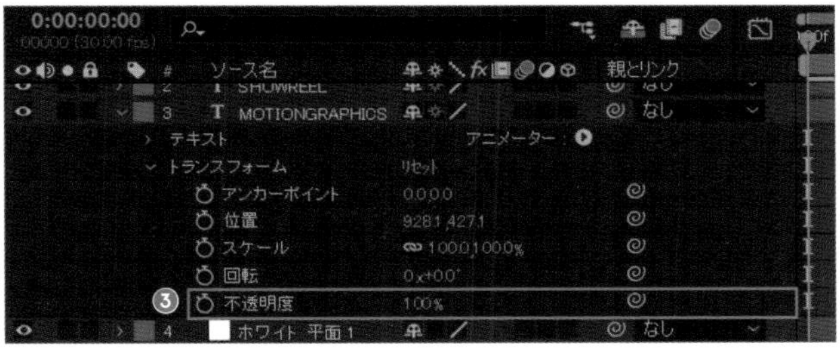

ここがPOINT

テキストレイヤーで調整できるプロパティ

テキストレイヤーを展開すると[テキスト]と[トランスフォーム]というプロパティが表示されます。テキストの位置や不透明度を変更する場合は[トンラスフォーム]の中にある各プロパティを調整します。

アニメーションの始点を設定する

ここからいよいよアニメーションをつけていきます。[不透明度]のプロパティにあるストップウォッチマーク⏱をクリックするとストップウォッチマークが青く変化し、タイムラインの[現在の時間インジケーター]の位置にキーフレームが打たれます。まずはアニメーションが始まる位置にキーフレームを打ち、不透明度を「0」%に設定しましょう。

1 [現在の時間インジケーター](以下インジケーターと表記)を左端の[00:00f](0秒)の位置に移動し❶、[不透明度]のストップウォッチをクリックします❷。

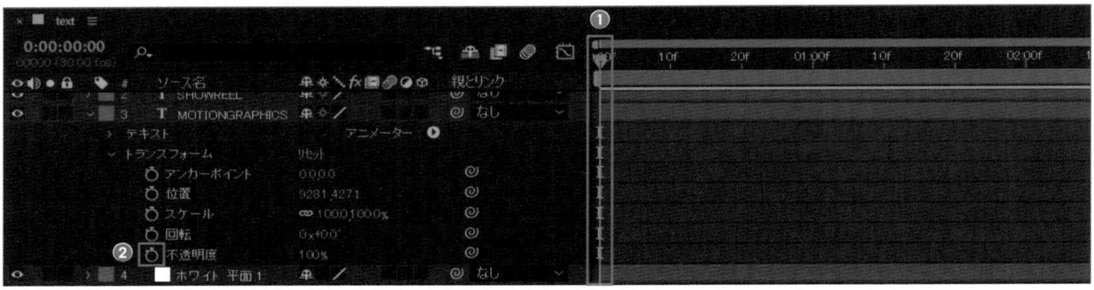

2 すると、[不透明度]のタイムラインのインジケーターの位置にキーフレームが作成されました❸。

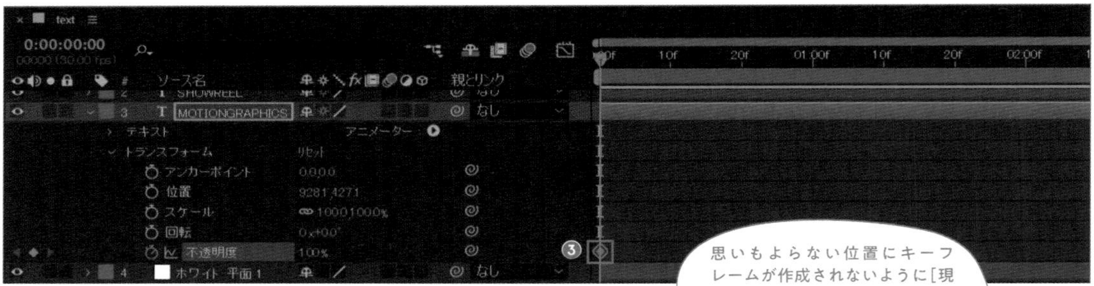

思いもよらない位置にキーフレームが作成されないように[現在の時間インジケーター]の位置に注意しながら進めましょう。

3 [不透明度]を「0」%にして❹、Enter キーを押します。

不透明度とは「透明でない度合い」なので、0%が透明、100%は完全に見えている(不透明な)状態となります。

4 「MOTIONGRAPHICS」のテキストが透明になり表示されなくなりました。

アニメーションの終点を設定し、再生して確認する

ここでは1秒かけて不透明度が0%から100%に変化するアニメーションをつけます。アニメーションを終了させたい位置（始点から1秒後の位置）に[不透明度]が100%のキーフレームを打ちます。設定したら再生して確認してみましょう。

1 インジケーターを[01:00f]（1秒）の位置まで移動し❶、[不透明度]を「100」%にし❷、Enter キーを押します。

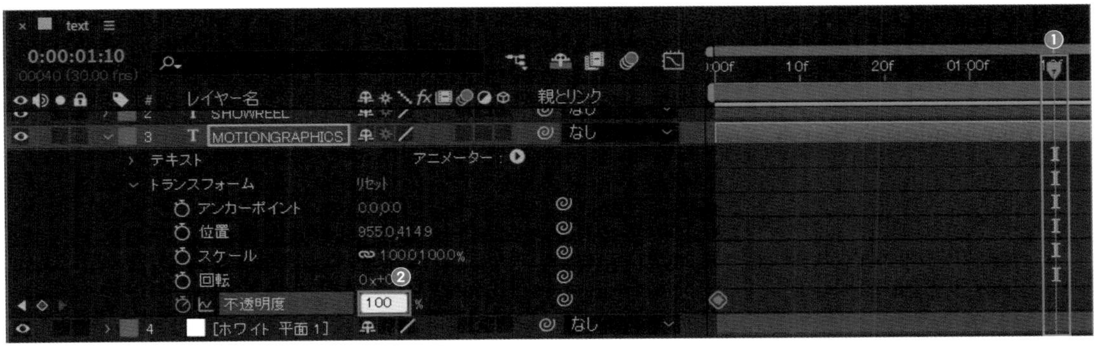

ここがPOINT

タイムコードを入力してインジケーターを移動する

[現在の時間インジケーター]は直接ドラッグして移動することができますが、タイムコードに数値を入力するとその位置に移動できます。たとえば「0:00:01:00」と入力すると、タイムラインの[01:00f]の位置に移動します。

2 インジケーターを[00:00f]に戻してから[プレビュー]パネルの[再生]ボタンをクリックして❸、確認しましょう。「MOTIONGRAPHICS」の文字が1秒かけてフェードインする（徐々に浮かび上がる）アニメーションができました。

3 確認できたら[停止]ボタンをクリックして❹、再生を停止します。

再生については56ページでさらに詳しく解説します。

キーフレームをコピー&ペーストする

「MOTIONGRAPHICS」に打ったキーフレームをコピーしてほかのテキストレイヤーにペーストします。こうすることで同じ動きをほかのレイヤーにそのまま適用できます。

1 「MOTIONGRAPHICS」のテキストレイヤーにある[不透明度]の2つのキーフレームを囲うようにドラッグします❶。2つのキーフレームがまとめて選択されます。その状態で Ctrl（⌘）+ C キーを押してコピーします。

Shift キーを押しながら2つのキーフレームをクリックしてもまとめて選択できます。

選択するとキーフレームは青色になります。

2 インジケーターを0秒の位置に移動します❷。Shift キーを押しながら「2025」「SHOWREEL」のテキストレイヤーをクリックし❸、Ctrl（⌘）+ V キーを押してペーストします。

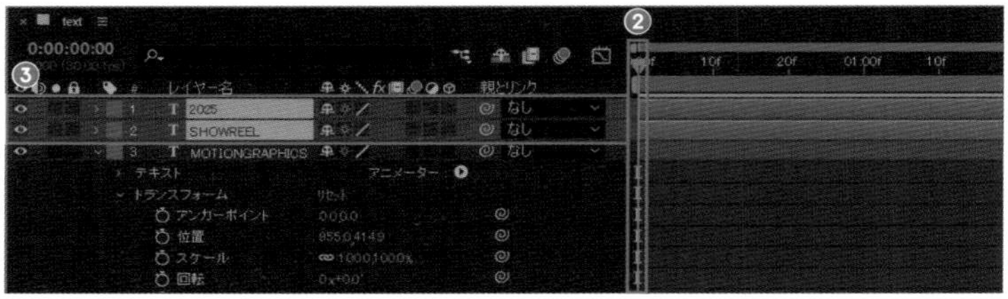

3 「2025」「SHOWREEL」のテキストレイヤーの[トランスフォーム]を展開すると、[不透明度]のキーフレームが追加されていることがわかります。

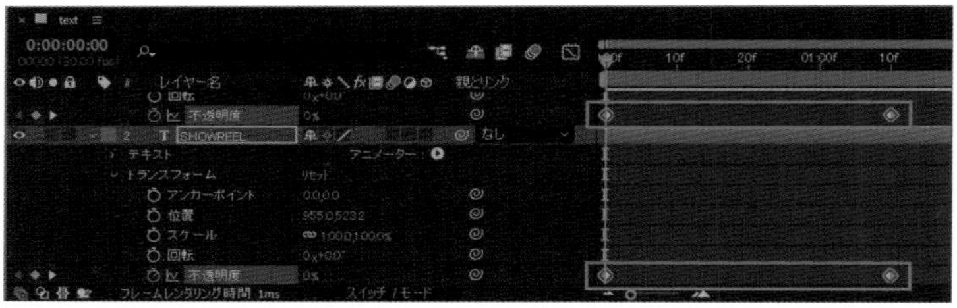

アニメーションのタイミングをずらす

3つのテキストを「MOTIONGRAPHICS」「SHOWREEL」「2025」の順で表示させるようにデュレーションバーを移動してアニメーションのタイミングをずらしていきます。

このときデュレーションバーの端ではなく上下中央あたりをドラッグしましょう。

1 [選択ツール]に切り替え、「SHOWREEL」のテキストレイヤーのデュレーションバーを「10f」（10フレーム）の位置までドラッグします❶。

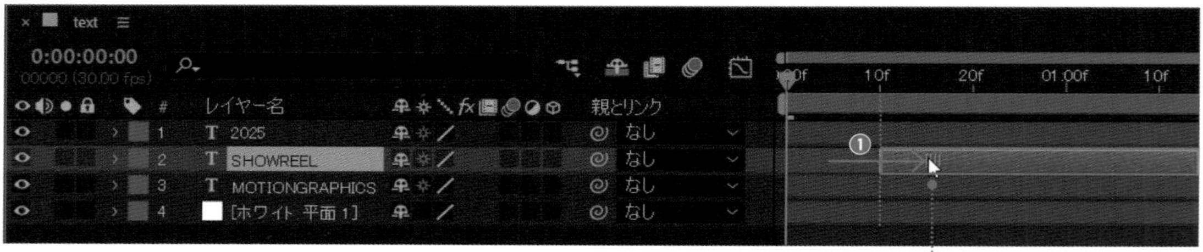

マウスポインターが白い矢印の状態でドラッグする

ここがPOINT

タイムラインを拡大しよう

デュレーションバーは1フレーム単位で細かく移動できます。わかりづらいときはタイムライン上部にあるバーの[タイムナビゲーター終了]を左にドラッグしましょう。タイムラインが拡大して、目盛りの単位が細かくなります。この状態でデュレーションバーをドラッグすると、正確な位置に移動できます。

[タイムナビゲーター終了]

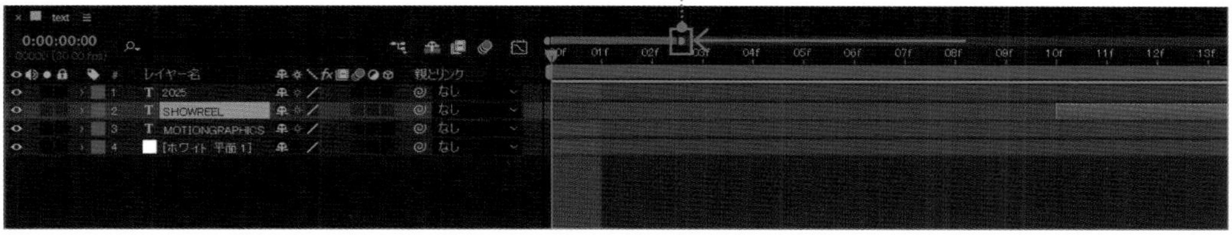

2 次に「2025」のテキストレイヤーのデュレーションバーを「20f」(20フレーム)の位置までドラッグします❷。

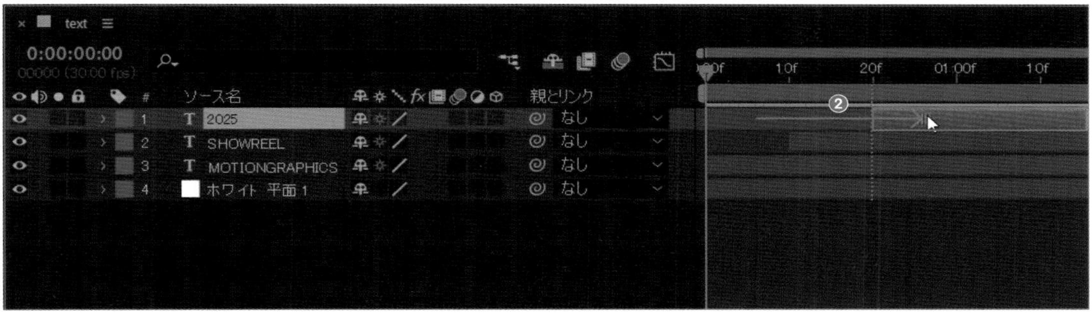

できた! インジケーターを「00:00f」(0秒)の位置に戻して再生してみましょう。3つのテキストが時間差で徐々に浮かび上がるアニメーションができました。

もっと
知りたい!

●[タイムライン]パネルの詳細を知ろう

[タイムライン]パネルには、さまざまな機能が集約されています。それぞれの機能や使い方を理解しておきましょう。ここでは本書で扱う機能を中心に解説します。

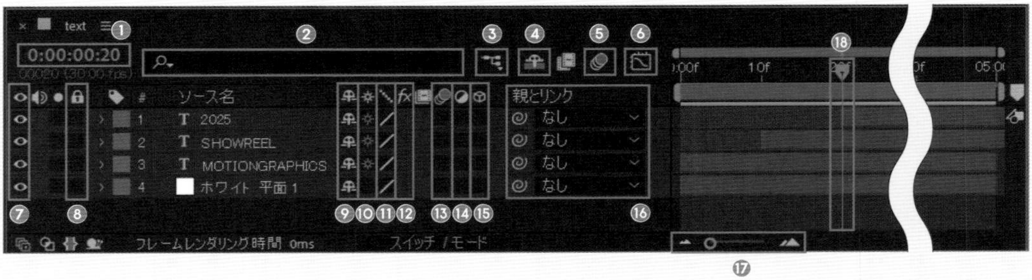

❶ タイムコード
現在の時間インジケーターの位置(「時:分:秒:フレーム」)を表します。

❷ 検索フィールド
プロパティ名を検索して表示できます。

❸ コンポジションミニフローチャート
コンポジションのフローが確認できます。そこからコンポジション間を移動できます。

❹ タイムラインウィンドウですべてのシャイレイヤーを隠す
シャイレイヤーが設定されたレイヤーを隠します。

❺ モーションブラーが設定されたすべてのレイヤーにモーションブラーを適用
オンにすると、モーションブラーが設定されたすべてのレイヤーにモーションブラーを適用します。

❻ グラフエディター
オンにすると速度や値をグラフで設定できます。

❼ ビデオ
レイヤーの映像の表示/非表示を切り替えます。

❽ ロック
オンにすると、そのレイヤーをロックし、意図しない編集を防ぎます。

❾ シャイ
オンにすると、そのレイヤーにシャイを設定できます。

❿ コラップストランスフォーム/連続ラスタライズ
オンにすると、コンポジションのレンダリング順序を変更します。またベクトルレイヤーをベクターデータとして扱えるようにします。

⓫ 品質とサンプリング
オンにすると、プレビューの品質を下げます。それによりPCの負荷が軽減されスムーズにプレビューできます。

⓬ エフェクト
レイヤーに適用されたエフェクトの表示/非表示を切り替えます。

⓭ モーションブラー
オンにすると、残像効果のモーションブラーを適用します。

⓮ 調整レイヤー
オンにすると、そのレイヤーを調整レイヤー化します。

⓯ 3Dレイヤー
オンにすると、そのレイヤーを3Dレイヤー化します。

⓰ 親とリンク
2つ以上のレイヤーを親子関係に設定し、動きを同期させます。

⓱ ズームイン/ズームアウト
タイムラインの表示を拡大縮小します。

⓲ 現在の時間インジケーター
現在の再生位置を表します。

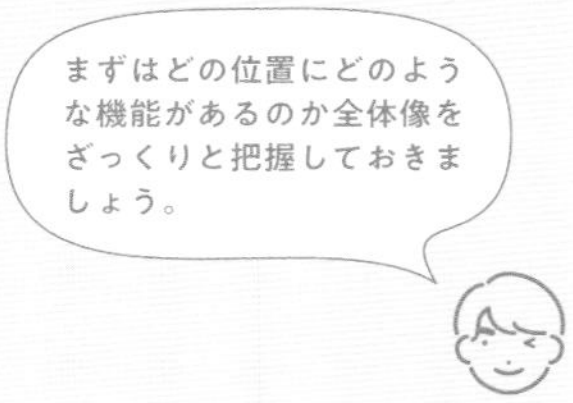

CHAPTER 2
LESSON 9

#再生／停止 #前のフレーム #次のフレーム
#現在の時間インジケーター

動画をプレビューしよう

動画でもチェック!

https://dekiru.net/yae_209

練習用ファイル
2-9.aep

編集中の動画は、[プレビュー]パネルで再生して確認することができます。このレッスンでは[プレビュー]パネルの基本的な機能を解説します。

● [プレビュー]パネル

[プレビュー]パネルの下部にマウスポインターを合わせ、⇕の状態で下にドラッグすると、隠れている部分が表示される

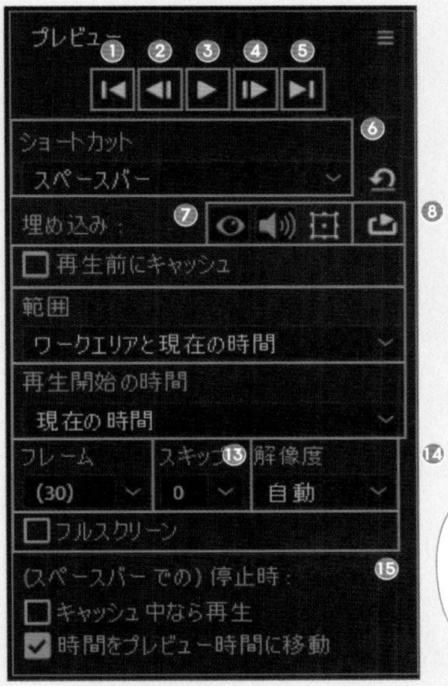

ワークスペースにパネルがないときは[ウィンドウ]メニューから選択しましょう。

❶ 最初のフレーム
[現在の時間インジケーター]が最初のフレームの位置に移動します。

❷ 前のフレーム
[現在の時間インジケーター]が1フレーム前に移動します。

❸ 再生／停止
動画を再生／停止します。再生中はボタンが[■]に変化し、その状態でクリックすると停止します。

❹ 次のフレーム
[現在の時間インジケーター]が1フレーム先に進みます。

❺ 最後のフレーム
[現在の時間インジケーター]が最後のフレームの位置に移動します。

❻ ショートカット
[再生／停止]ボタンに任意のショートカットキーを割り当てられます。
初期設定では Space キーに設定されています。

❼ 埋め込み
プレビューで再生する対象を選択できます。左からビデオ、オーディオ、グリッドやガイドとなっており、オンオフを切り替えます。スムーズにプレビューされない場合は再生対象を必要最小限にします。

❽ ループ
アイコンがの状態で繰り返し再生されます。

❾ 再生前にキャッシュ
再生するフレームをあらかじめ読み込んでおき、再生をスムーズにします。

❿ 範囲
プレビューする範囲を設定できます。

⓫ 再生開始の時間
再生開始の位置をプレビュー範囲の先頭と[現在の時間インジケーター]のどちらかに設定できます。

⓬ フレーム
フレームレートを選択して再生速度を設定できます。

⓭ スキップ
レンダリングと再生をスキップする(とばす)フレーム数を設定します。スキップすることで再生負荷が軽減されます。

⓮ 解像度
プレビューの解像度を設定します。

⓯ フルスクリーン
チェックを入れると、フルスクリーンで再生されます。

動画を再生する

1 練習用ファイル「2-9.aep」を開きます（レッスン8の続きから進めることもできます）。
［プレビュー］パネルの［再生］ボタンをクリックすると❶、インジケーターの位置から動画が再生します。再度クリックすると動画が停止します。

51ページでも再生の手順を解説しましたが、もう一度復習しておきましょう。

インジケーターの位置から再生する

ここがPOINT

再生／停止のショートカットキー

再生と停止は Space キーで操作できます。キーを押すごとに再生と停止が切り替わります。

ここがPOINT

タイムラインの上部に緑のバーが表示されたら再生しよう

タイムラインを編集するたびに表示されるカラーバーの色でスムーズに再生できるかが判断できます。緑色のバーはスムーズに再生できることを表しているので、緑に変化したら再生しましょう。

緑色は、そのフレームがキャッシュ（事前に読み込み）されたことを表しています。

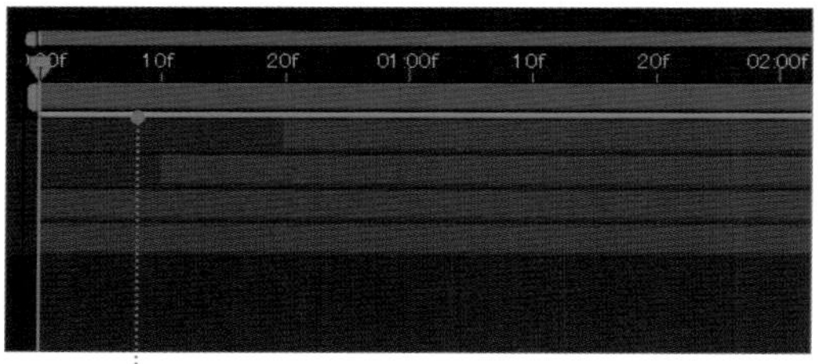

カラーバー

インジケーターを移動プレビューする

フレームごとの動きなど、より細かく確認する場合はインジケーターを手動で動かしたり、［前のフレーム］ボタンや［次のフレーム］ボタンをクリックしましょう。

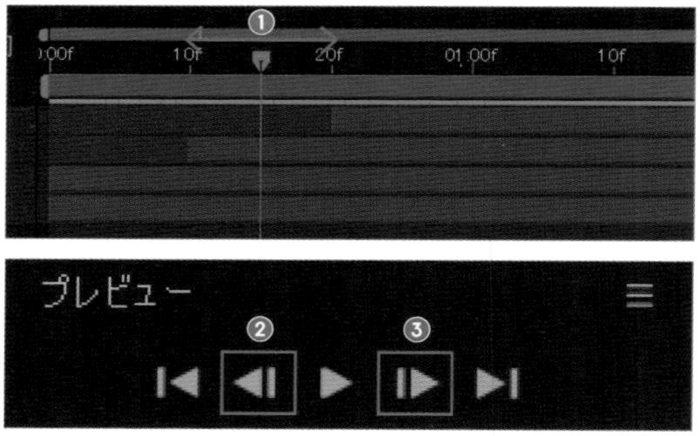

1 タイムラインのインジケーターをドラッグすると❶、ドラッグした範囲の映像が［コンポジション］パネルで確認できます。
1フレーム前の映像を確認したい場合は［前のフレーム］ボタンをクリックし❷、1フレーム先の映像を確認したい場合は［次のフレーム］ボタンをクリックしましょう❸。

ここがPOINT

前のフレーム／次のフレームのショートカットキー

Ctrl（⌘）+ ← キーを押すと、1フレーム前に戻ります。Ctrl（⌘）+ → キーを押すと、1フレーム先に進みます。

CHAPTER 2
LESSON 10

#書き出し #Adobe Media Encoder #終了

動画を書き出そう

動画でもチェック!
https://dekiru.net/yae_210

練習用ファイル
2-10.aep

書き出しとは、プロジェクト内のコンポジションを指定した形式のファイルに変換する作業です。書き出すことでスマートフォンやPCなどさまざまなデバイスで再生できるようになります。

Adobe Media Encoderを起動する

ここまでのレッスンで作成したアニメーションを書き出してみましょう。ここではAdobe Media Encoderを使って書き出します。

1 練習用ファイル「2-10.aep」を開きます(レッスン9の続きから進めることもできます)。
[タイムライン]パネルの書き出すコンポジションのコンポジション名をクリックし❶、[ファイル]メニュー→[書き出し]→[Adobe Media Encoder キューに追加]を選択します❷。

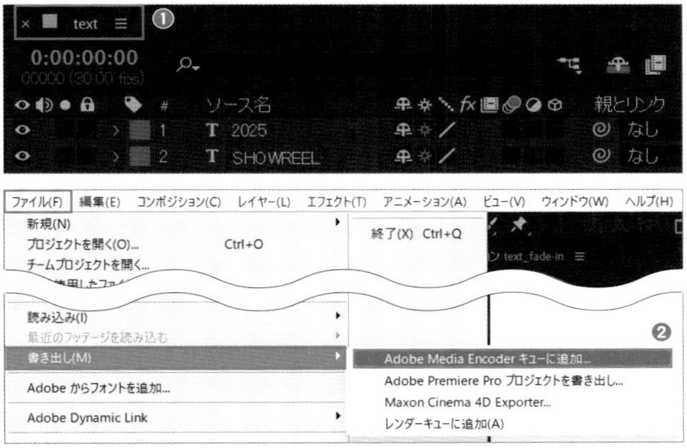

ここがPOINT

キューとは

コンピューター用語のキューとは、処理を行うためのコンピュータ内の領域のことです。キューにデータを貯めておいて、あとで順番に処理を進めるといった使い方をします。書き出し処理はアプリに大きな負荷をかけます。その間はAfter Effectsが使えなくなってしまうため、書き出しと並行して別の処理を行いたい場合などはMedia Encoderのキューで書き出し処理を行います。

2 Adobe Media Encoderが起動します。

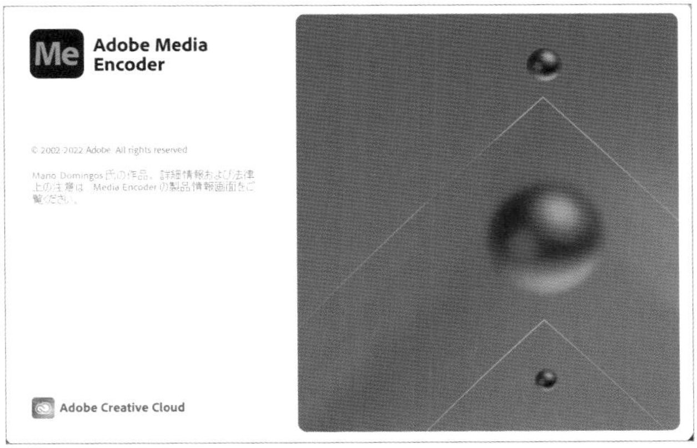

Media Encoderを使わずに、After Effectsだけで書き出すこともできますが、その場合、納品形式で多いH.264での書き出しができません。また、Media Encoderで書き出し中はAfter Effectsで並行して作業できるというメリットもあるので、多くの場合Media Encoderを使います。

ここがPOINT

複数のコンポジションを作成している場合は？

複数のコンポジションを作成すると、[タイムライン] パネルのタブで分けられます。書き出すコンポジションのタブをクリックして選択したうえで書き出しの操作を行いましょう。

書き出しの設定をする

書き出す[形式]や[プリセット]を選択します。ここではYouTubeにアップロードするための動画を書き出す設定にします。

1 [キュー] パネルに書き出すコンポジションが表示されます。[形式] の ✓ をクリックして[H.264] を選択します❶。同様に[プリセット] を[YouTube 1080P フルHD] に設定します❷。

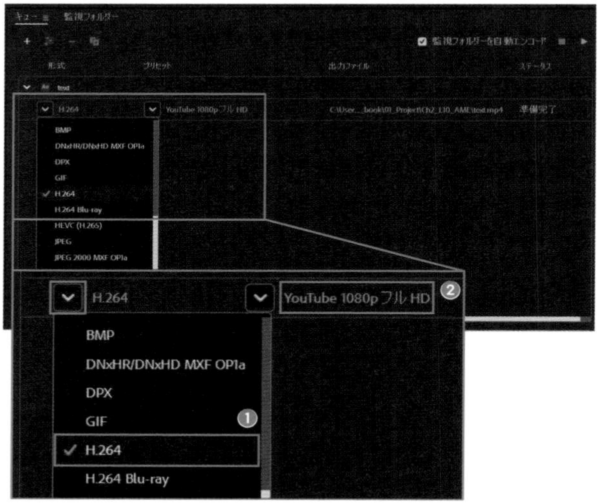

H.264とは動画の圧縮形式の1つです。

2 出力ファイルをクリックします❸。[別名で保存] ダイアログボックスが表示されるので、動画ファイルの出力先（保存先）❹、ファイル名を設定し❺、[保存] ボタンをクリックします❻。
ここではレッスン2で作成した[Ae_book] の [02_Render] フォルダーに「showreel」というファイル名を設定しました。

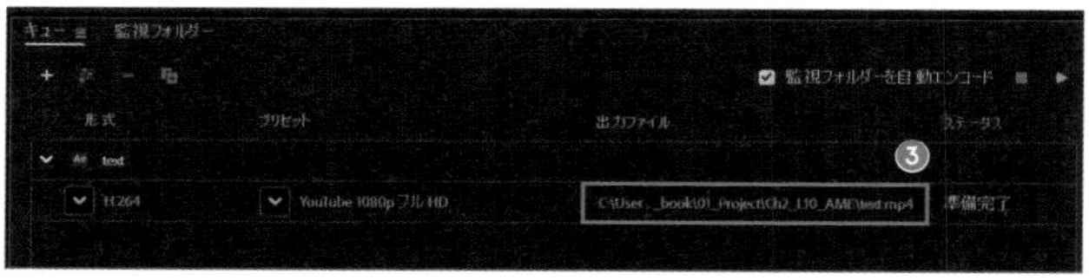

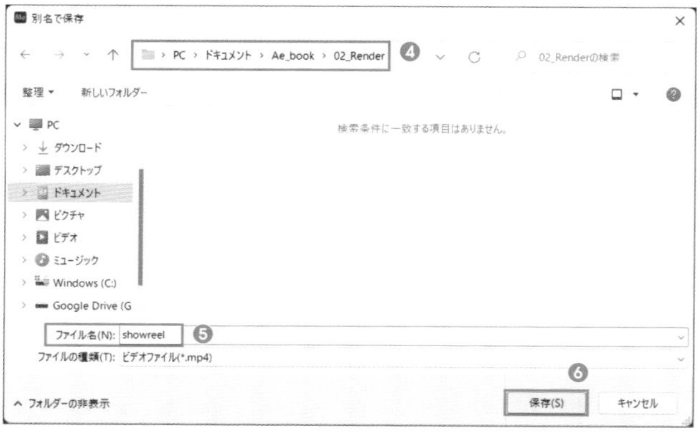

初期状態ではコンポジション名がファイル名になります。

動画を書き出す

1 [キュー]パネルの[キューを開始]ボタンをクリックすると❶、書き出しを開始します。

キューと並行して編集作業をしていると、書き出し処理中に動画に修正が発生することがあります。そのように途中で書き出しをやめたい場合は[キューを停止]をクリックします。

2 書き出しが完了すると[ステータス]が[完了]になりチェックマークがつくので❷、出力ファイル名をクリックします❸。

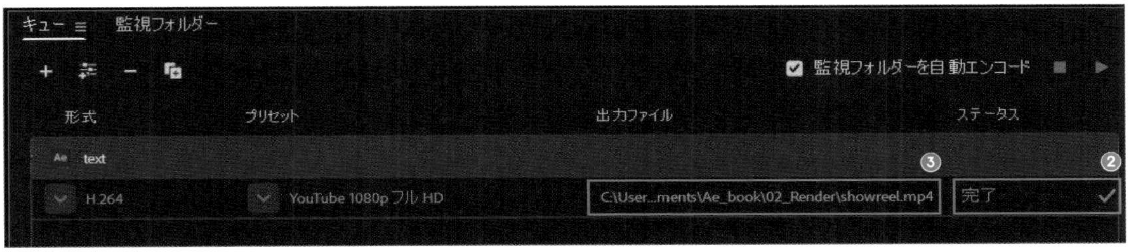

3 書き出したファイルが表示されるので、ダブルクリックして❹、再生してみましょう。

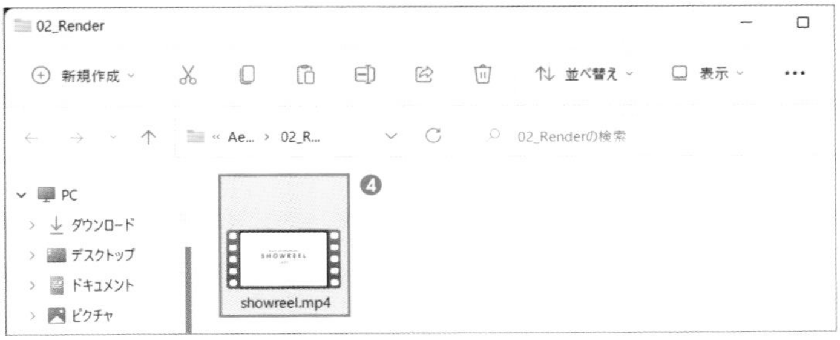

書き出したデータはPCだけでなく、スマートフォンなどでも確認してみましょう。モニターの種類や再生デバイスなどの変化により見え方が変わってきます。

上書き保存して、After Effectsを終了する

編集作業が終わったら上書き保存して、After Effectsを終了しましょう。

1 After Effectsの画面に戻り、Ctrl（⌘）+Sキーを押して上書き保存します。

2 [ファイル]メニューの[終了]（[After Effectsを終了]）をクリックします❶。

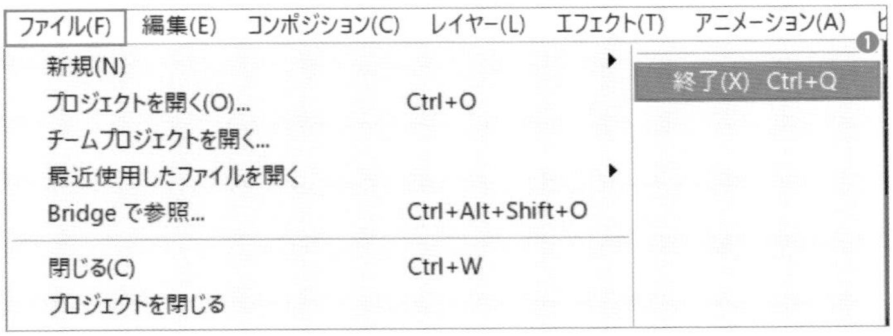

プロジェクトだけを閉じる場合は、[ファイル]メニューの[プロジェクトを閉じる]をクリックしましょう。

Column

映像制作において大切なこと

筆者はもともと映画館でアルバイトをしていたということもあって、After Effectsを使うようになる以前から映像制作の世界に興味があったのですが、本格的に映像制作を始めたきっかけは、スマホのアプリでした。スマホで撮影した動画をアプリを使って編集し、遊び心で動画の最後に「撮影者：○○」「監督：○○」のように自分の名前をテロップで入れていたのですが、そのテロップにスクロールするような動きをつけてみたのです。そこで初めて、普段映画で見ているようなエンドロールが自分にも作れる！という驚きと感動を覚えました。

そこから映像制作の楽しさに目覚めて、さまざまな動画編集アプリを試したり、お金を貯めてスペックのいいパソコンを購入したりして、少しずつ技術や知識を身につけていったのです。

自分が作ったものが画面上で動き出したときのあの感動は、今でもずっと覚えていて、今日まで映像制作を続けるうえでの大切な原動力となっています。

これから映像制作を学ぶ人は、まずはとにかく自由に楽しみながら作るということを意識してみてください。このエフェクトを使ったらこんなおしゃれな演出ができた！こんな動きを加えたら、迫力のあるかっこいい動画になった！ そういった楽しむ気持ちが大きな財産になると思います。

もちろん、映像制作を仕事として収入を得ようと思うと、誰に対してどういう見せ方にするか、予算はどうかなどマーケティング的な考え方も必要となり、頭を悩ませることもあると思います。
筆者自身、今は実際に手を動かして制作するだけでなく、ディレクションやクリエイティブの場を提供する側の仕事もしているので、そういった悩みはありますが、根底にあるのはすごく単純で、映像が好き、楽しいという気持ちです。

映像制作の世界は奥が深く、学びきったという終わりはないと思います。趣味で映像を作る人も仕事で作っているという人も遊び心を忘れずに映像の世界を楽しんでください。

CHAPTER 3

アニメーションを作ってみよう

第3章では、シェイプやテキスト、エフェクトなど、動画を構成する
さまざまな要素にアニメーションをつけていきます。
キーフレームの作成、プリセットの適用、コードを使ったアニメーション作成、
緩急のつけ方など、アニメーションの基礎を身につけましょう。

CHAPTER 3
LESSON 1

#長方形ツール #楕円形ツール #ペンツール

シェイプを描こう

動画でもチェック!
https://dekiru.net/yae_301

練習用ファイル
3-1.aep

長方形ツールや楕円形ツール、ペンツールなどを使って簡単なシェイプ(図形)を描いてみましょう。

このレッスンでは[長方形ツール][楕円形ツール][ペンツール]を使ってシェイプを描きます。塗りや線、色など基本的な設定方法についても解説します。

シェイプを描く準備をする

シェイプを描く前に、[環境設定]からシェイプのアンカーポイントが図形の中心にくるよう設定します。アンカーポイントとはシェイプや画像、テキストなどをアニメーションさせる際に起点となるポイントのことです。初期設定では、シェイプの位置に関係なく、コンポジションの中央に設定されています。次のレッスンでシェイプの中央を起点にアニメーションさせる操作を行うため、あらかじめシェイプの中央にアンカーポイントがくるように設定しておきましょう。

● アンカーポイントがコンポジションの中央にある場合(初期設定)

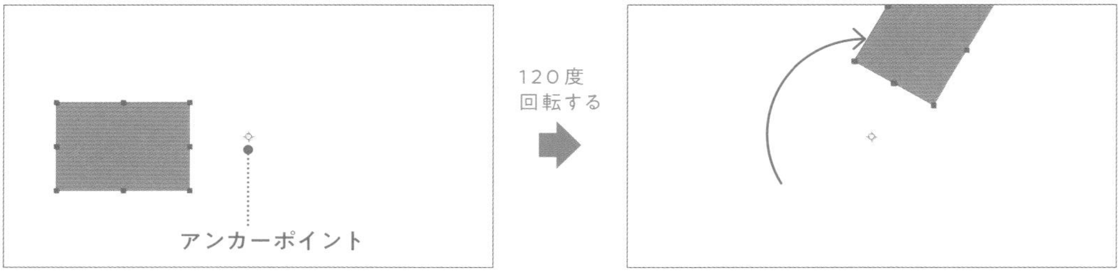

コンポジションの中心を起点に回転

● アンカーポイントがシェイプの中央にある場合

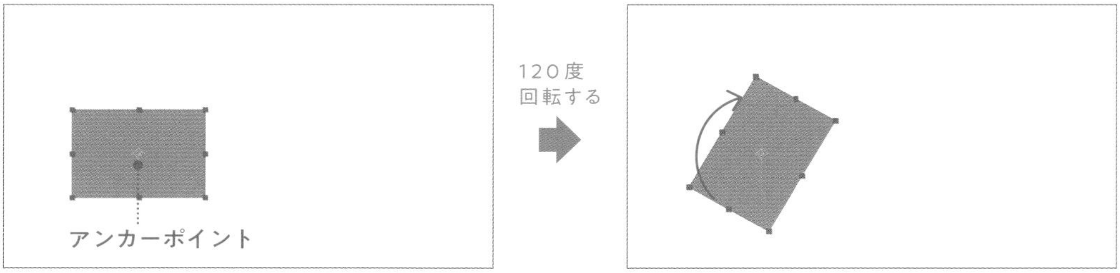

シェイプの中央を起点に回転

1 練習用ファイル「3-1.aep」を開きます。あらかじめ背景となる白い平面レイヤーが配置されています。平面レイヤーがロックされていることを確認しましょう❶。

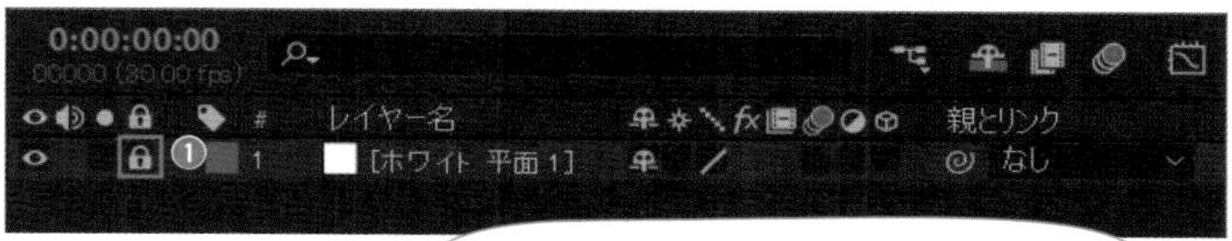

作業中に誤って移動したり編集しないように、背景や編集が完了しているレイヤーはロックをかけておきましょう。鍵のアイコンをクリックするとロックが解除されます。

2 [編集]([After Effects])メニュー→[環境設定]([設定])→[一般設定]を選択します❷。

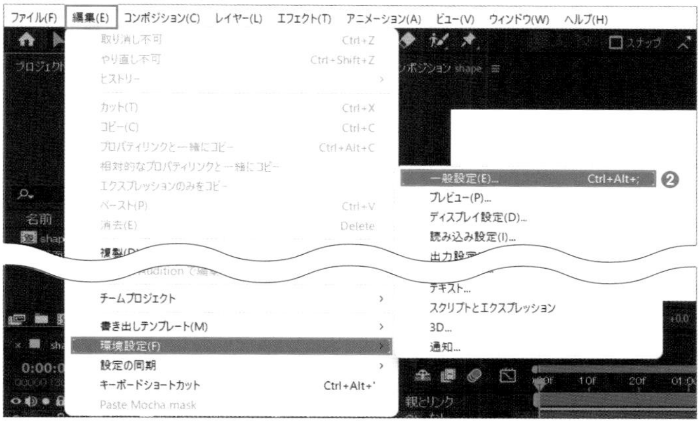

時間とともにゆがみの形に変化を与えられます。

3 [環境設定]ダイアログボックスが開くので、[アンカーポイントを新しいシェイプレイヤーの中央に配置]にチェックを入れ❸、[OK]ボタンをクリックします❹。

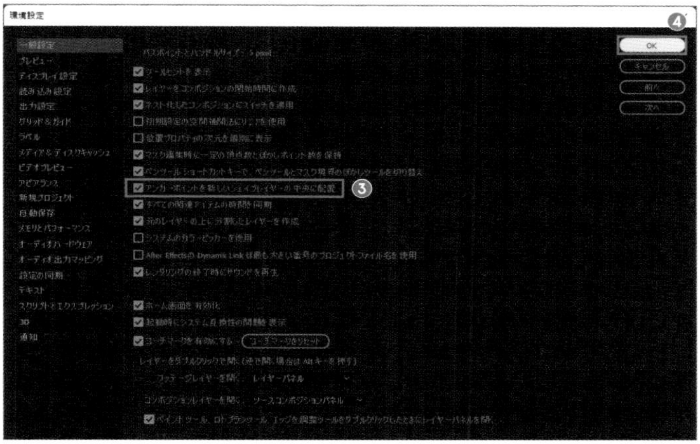

正方形の[塗り]と[線]を設定する

シェイプは「塗り」と「線」で構成されています。ここでは[塗り]をオレンジ色、[線]をなしに設定します。

● **シェイプの塗りと線**

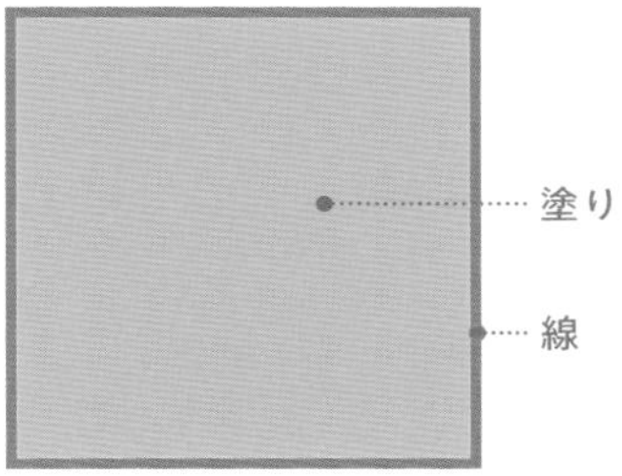

[線]はシェイプの輪郭となる線の色、[塗り]は[線]の内側の色です。

1 [ツール]パネルの[長方形ツール]をクリックします❶。

2 ［塗りのカラー］をクリックすると❷、［シェイプの塗りカラー］ダイアログボックスが表示されるので、カラーコードを「FFC100」と入力し❸、［OK］ボタンをクリックします❹。

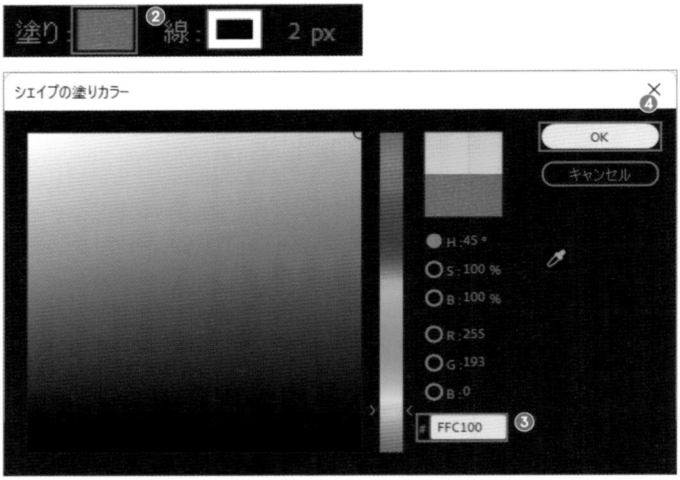

3 ［線オプション］をクリックすると❺、［線オプション］ダイアログボックスが表示されるので、［なし］をクリックし❻、［OK］ボタンをクリックします❼。

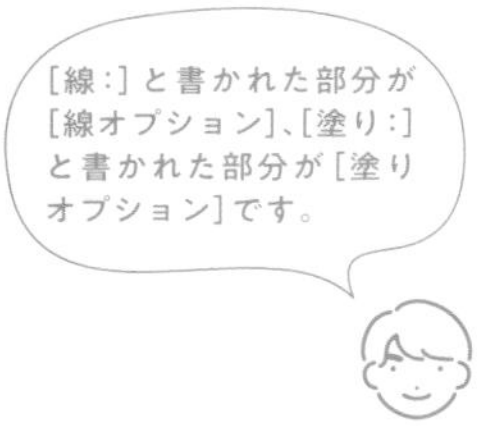

ここがPOINT

オプションの設定

［塗り］［線］ともにオプションで単色やグラデーションに設定できます。

❶なし……線や塗りつぶしがなくなります。
❷単色……1色で線や塗りつぶしを設定します。
❸線形グラデーション……1方向のグラデーションを設定します。
❹円形グラデーション……中心から外側に向かったグラデーションを設定します。

正方形を描く

1 マウスポインターの形が✧★になったことを確認し、［コンポジション］パネルのプレビュー画面上を Shift キーを押しながらドラッグして❶、正方形を描きます。

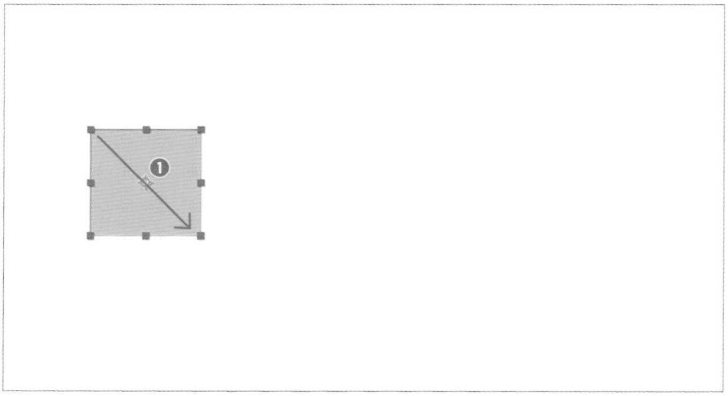

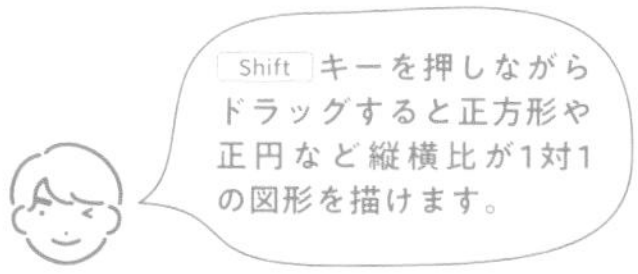

2 描き終えたら、[タイムライン]パネルの余白をクリックして❷、選択を解除します。

レイヤーの選択を解除しないと、次に描くシェイプが同じレイヤーの中に作成されてしまいます。同じレイヤーに作ると、それぞれのプロパティの階層が複雑になってしまうので、別のレイヤーとして作成したほうが扱いやすいことが多いです。

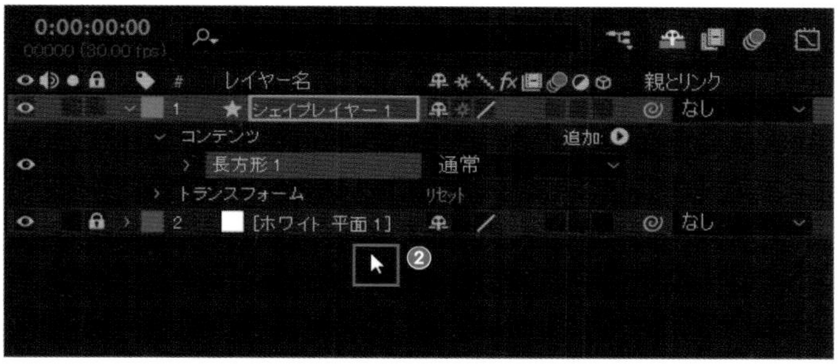

正円を描く

次に同じ要領で正円を描いてみましょう。

1 [長方形ツール]を長押しして、[楕円形ツール]を選択します❶。

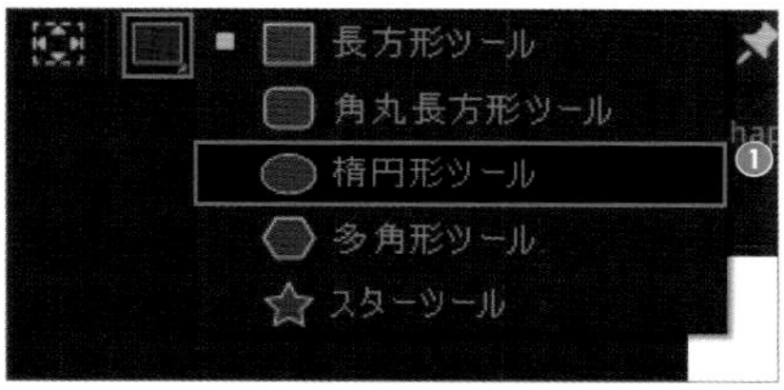

2 マウスポインターの形がになったことを確認し、[コンポジション]パネルのプレビュー画面上を Shift キーを押しながらドラッグして❷、正円を描きます。描き終えたら、[タイムライン]パネルの余白をクリックして選択を解除します。

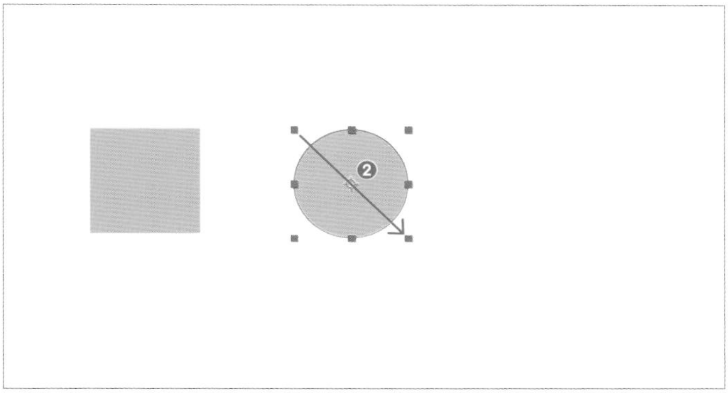

線を描く

[ペンツール]を使って線を描いてみましょう。[ペンツール]は自由な形にシェイプを作成できるツールです。ここでは直線で三角形を描いてみましょう。

1 [ペンツール]を選択し❶、[塗り]を[なし]❷、[線]を[単色]のカラーコード「#FFC100」❸、[線幅]を「10」px❹に設定します。

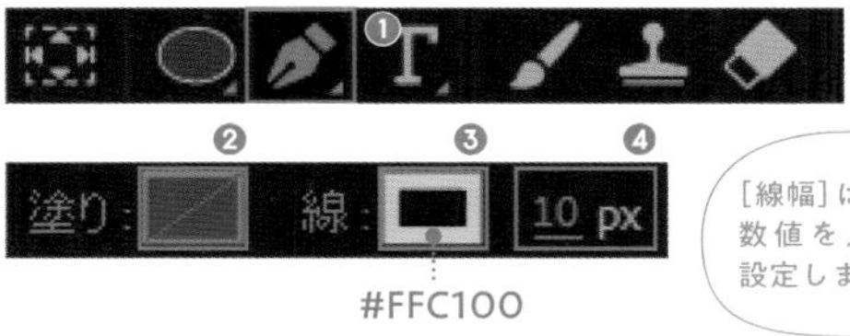

[線幅]は、[px]の数値を入力して設定します。

ここがPOINT

[塗り]を[なし]にする

[塗り]を[なし]にするには、[塗り:]と書かれた部分をクリックして表示される[塗りオプション]ダイアログボックスで[なし]を選択します。

2 マウスポインターの形がになったことを確認し、余白をクリックすると❺、1つ目の頂点が作成されます。

[長方形ツール]や[楕円形ツール]、[ペンツール]などでシェイプを描くツールのマウスポインターには★のマークがつきます。

3 三角形の右下の頂点となるように、右斜め下の余白をクリックします❻。すると2つ目の頂点が作成され、直線でつながります。

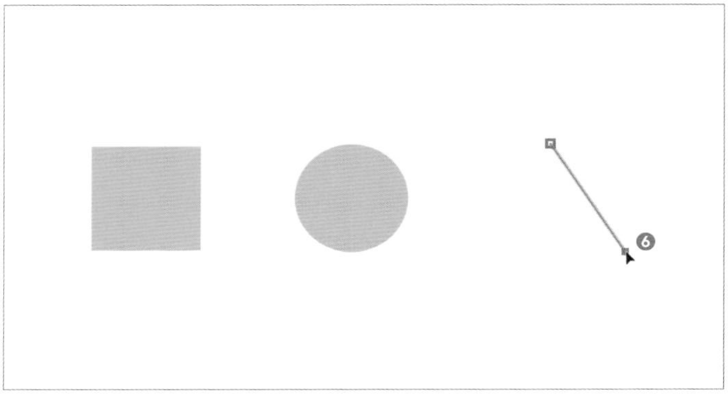

[ペンツール]を使った曲線の描き方は135ページで解説します。

4 続けて左下の頂点となる位置をクリックします❼。
最後に1つ目の頂点にマウスポインターを合わせ、マウスポインターの形がに変わったところでクリックします❽。

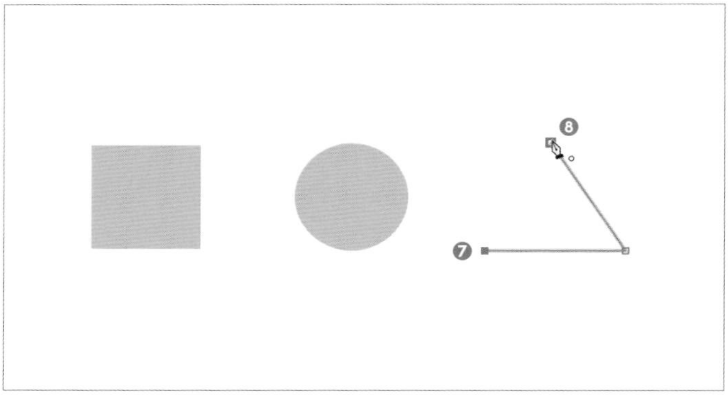

正三角形を描く方法は次ページの「もっと知りたい！」で解説しています。

できた！ 正方形、正円、三角形が描けました。レイヤーはシェイプごとに分かれています。

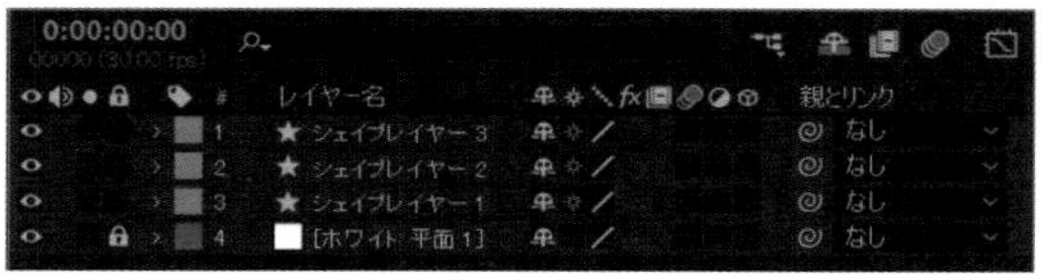

シェイプごとにレイヤーが作成されている状態

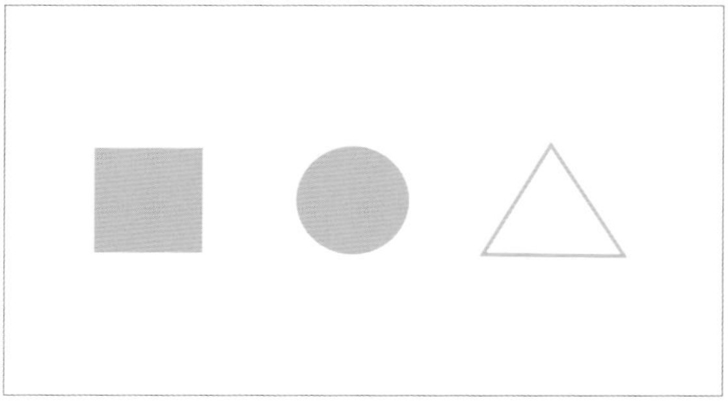

次のレッスンではこのシェイプにアニメーションをつけていきます！レイヤー名を右クリック→[名前を変更]を選択すると名前が変えられます。わかりやすいように「正方形」「正円」などのように名前を変えておきましょう。

もっと
知りたい！

● 多角形や正三角形、星型を描こう

五角形や六角形などの多角形は［多角形ツール］、星型は［スターツール］で描けます。この方法で描くことで正多角形を作成できます。

多角形の描き方

［長方形ツール］を長押しし、［多角形ツール］を選択し、画面をドラッグします。ドラッグ中に↑キーを押すと、押した回数だけ角の数が増え、↓キーを押すと角の数が減ります。

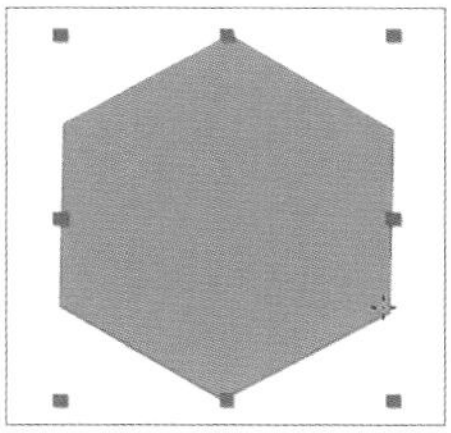

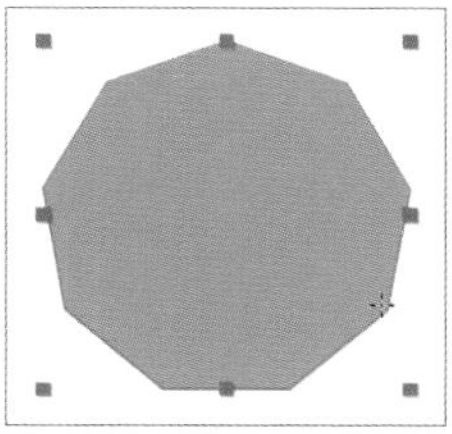

↑キーで角が増える

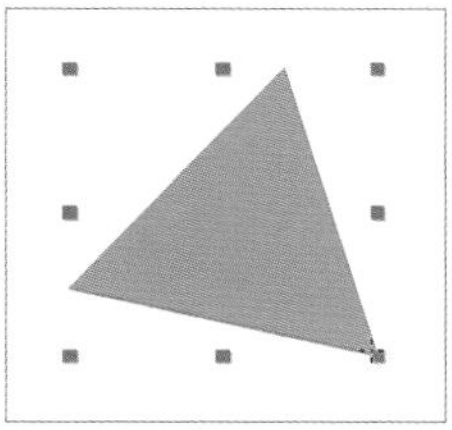

↓キーで角が減る

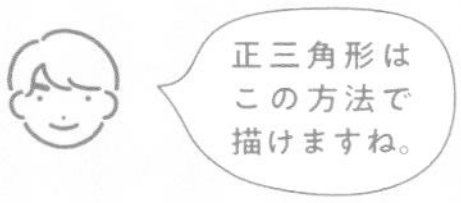
正三角形は
この方法で
描けますね。

ここがPOINT

膨張率を変えるには？

膨張率を変えるにはドラッグ中に←→を押します。

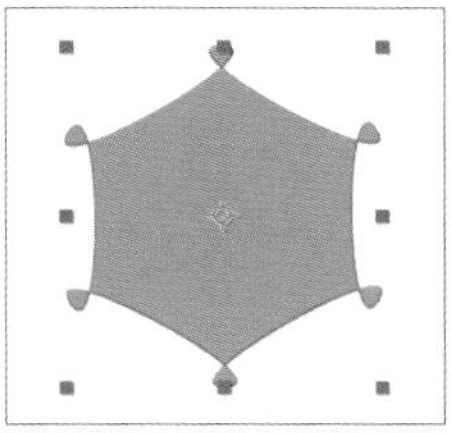

←キーで辺が収縮する

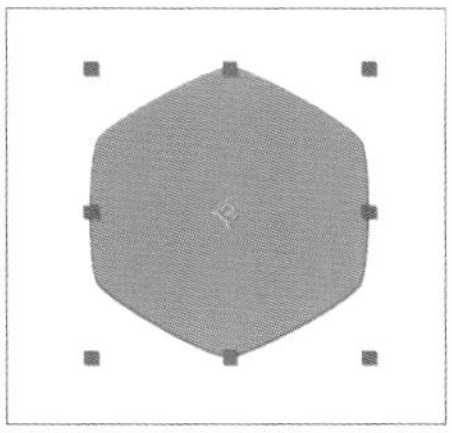

→キーで辺が膨張する

星型の描き方

［長方形ツール］を長押しし、［スターツール］を選択し、画面をドラッグします。星型も多角形と同様の方法で角の数を増減できます。

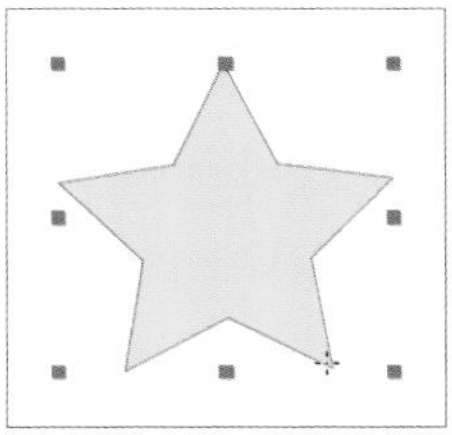

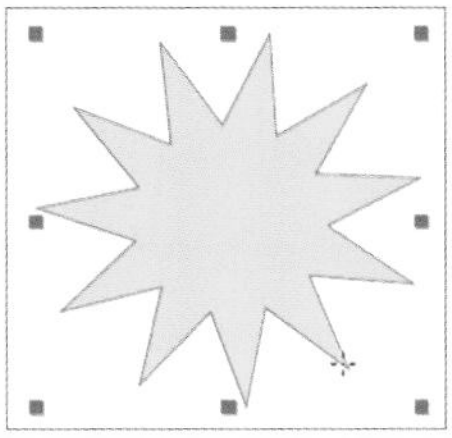

↑キーで頂点が増える

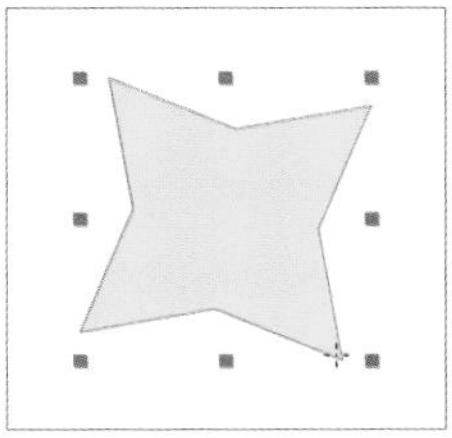

↓キーで頂点が減る

CHAPTER 3
LESSON 2

#キーフレーム #位置 #スケール #回転

シェイプにアニメーションをつけよう

動画でもチェック!

https://dekiru.net/yae_302

練習用ファイル
3-2.aep

移動、サイズ変更、回転などのアニメーションはキーフレームを打って作成できます。シェイプにアニメーションをつける方法を学びましょう。

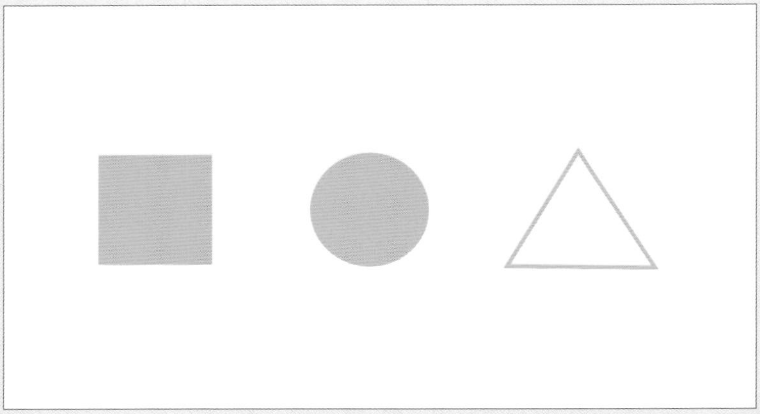

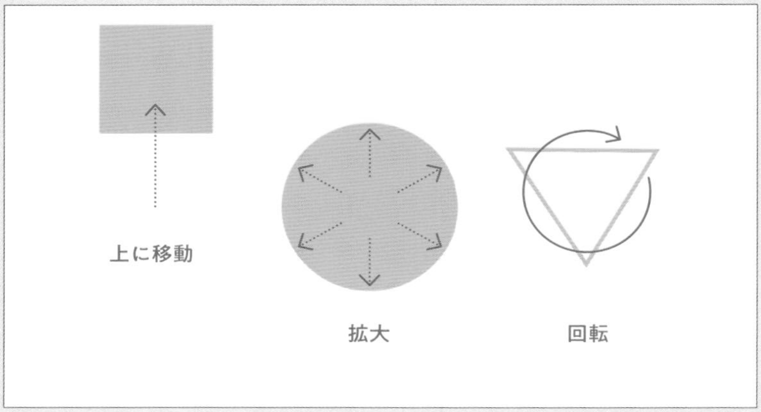

このレッスンではシェイプにそれぞれ異なる種類のアニメーションをつけていきます。正方形には上に移動する動き、正円は徐々に拡大する動き、三角形には回転の動きをつけてみましょう。

どれも基本的なアニメーションです。しっかりと覚えていきましょう。

知りたい!

● After Effectsのシェイプはベクターデータ

After Effectsで作成したシェイプはベクターデータです。ベクターデータは、方向やサイズといった情報に基づき描画するため拡大や縮小、回転や移動をしても画質が劣化しないのが特徴です。ベクターデータに対してJPEGなどの画像データはピクセルで構成されたラスターデータといって、拡大や縮小すると画質が劣化します。

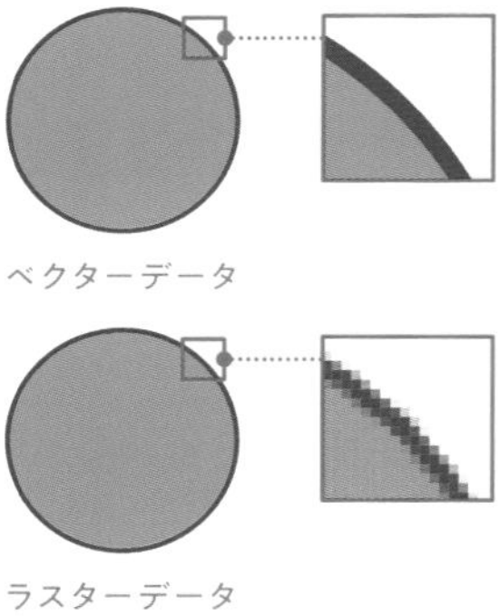

［位置］のプロパティを表示する

まずは正方形が上方向に移動するアニメーションをつけていきます。レイヤーを移動するには［位置］プロパティを設定します。

1 練習用ファイル「3-2.aep」を開きます（レッスン1の続きから進めることもできます）。［正方形］レイヤー→［トランスフォーム］を展開して［位置］のプロパティを表示します❶。

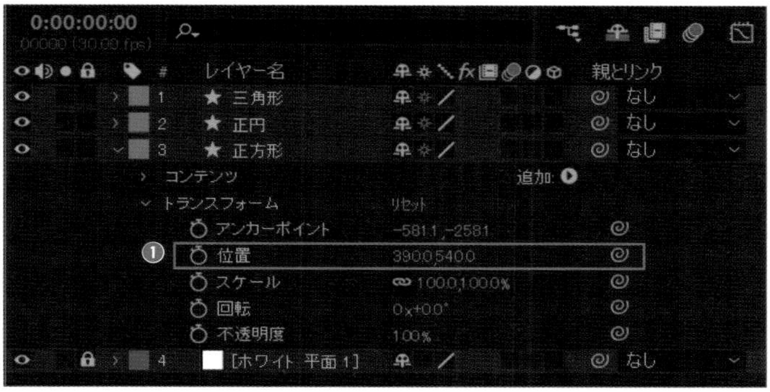

ここがPOINT

トランスフォームのプロパティ

［トランスフォーム］を展開すると［位置］以外にも［アンカーポイント］［スケール］［回転］［不透明度］のプロパティが表示されます。50ページでは不透明度のプロパティにキーフレームを追加してアニメーションを作成しました。このように、［トランスフォーム］には変形に関するプロパティがまとめられています。

レイヤー名の左側の星形アイコンは、そのレイヤーがシェイプであることを表しています。

アニメーションの開始点のシェイプの位置を設定する

ここでは正方形が現在の位置から1秒かけて上方向に移動するアニメーションを作ります。1秒後の正方形の位置は［コンポジション］パネルで正方形を直接ドラッグして決めることができます。

1 インジケーターを0秒に移動し❶、［位置］のストップウォッチをクリックします❷。インジケーターの位置（ここではアニメーションの開始点）にキーフレームが作成されます❸。正方形は現在の位置から移動するので、0秒地点の［位置］の数値は変更しません。

各プロパティの項目ごとにタイムラインの列が分かれていますね。キーフレームは、その項目の列の、現在の時間インジケーターのある位置に作成されます。

アニメーションの終了点の動きを設定する

① インジケーターを1秒の位置に移動し❶、［コンポジション］パネルで正方形を上方向にドラッグします❷。

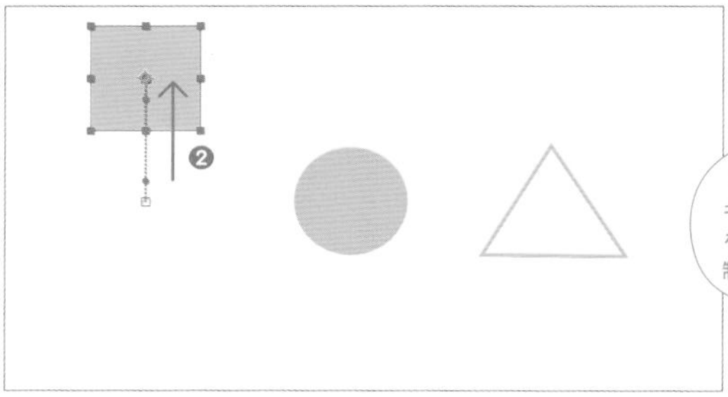

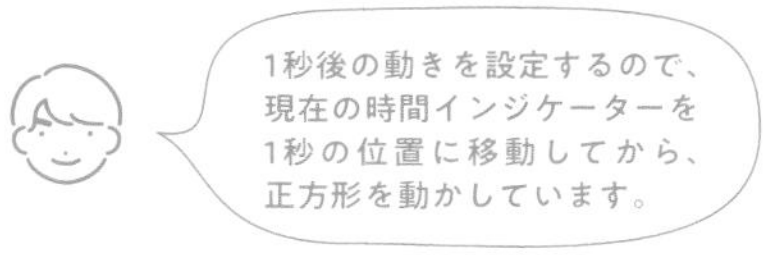

② 1秒の位置にキーフレームが作成されます❸。

＼できた！／ インジケーターを0秒の位置に移動し再生しましょう。1秒かけて正方形が上方向に移動するアニメーションができました。

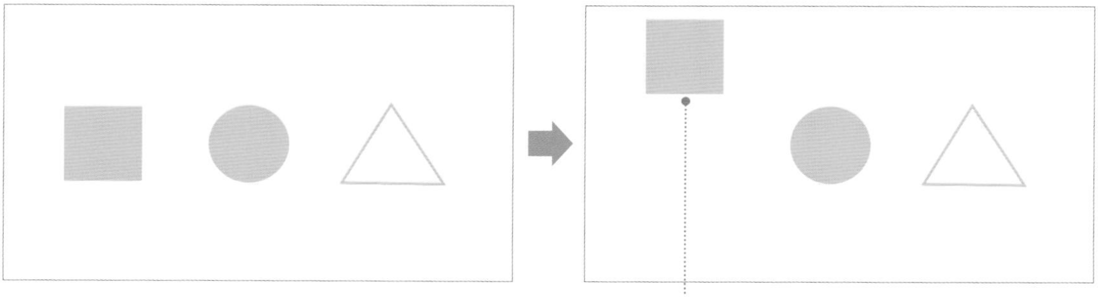

正方形が上方向に移動

ここがPOINT

X軸とY軸の値を調整して移動する

[位置] のプロパティにはレイヤーのアンカーポイントの位置を表すX軸とY軸の値があります。この値を調整しながらキーフレームを打つ方法でも位置が変化するアニメーションを作成できます。X軸の値は水平方向を表し、値を大きくすると右方向に移動し、小さくすると左方向に移動します。
Y軸の値は垂直方向を表し、値を大きくすると下方向に移動し、小さくすると上方向に移動します。

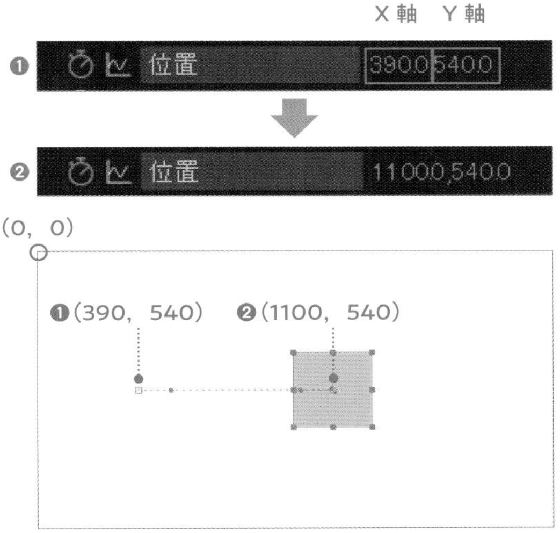

たとえばX軸「390」、Y軸「540」のX軸の値を「1100」にすると右に移動するアニメーションになる。なお、コンポジションの左上がX軸「0」、Y軸「0」となっている

1秒かけてサイズが大きくなるアニメーションを作る

次に正円が大きくなるアニメーションを作ります。サイズの変更は[スケール] のプロパティを調整します。ここでは1秒かけて正円が1.5倍の大きさになるアニメーションを作成してみましょう。

1 インジケーターを0秒に移動し❶、[正円] レイヤー→ [トランスフォーム] を展開して[スケール]のストップウォッチをクリックします❷。

2 インジケーターを1秒の位置に移動し❸、[スケール]の横幅または縦幅に「150」と入力して❹、Enter キーを押します。

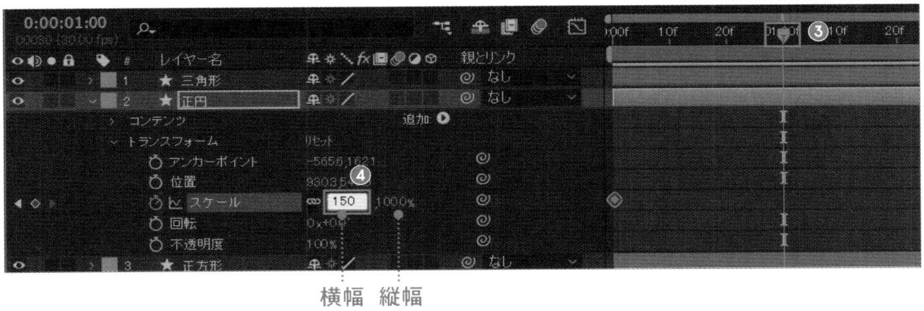

ここがPOINT

縦幅と横幅のリンクについて

初期設定では縦幅と横幅がリンクしています。どちらか一方の数値を入力すると、それに合わせてもう一方の数値も変化します。縦幅のみ、横幅のみを変更したい場合はをクリックしてリンクを解除しましょう。

できた！ インジケーターを0秒の位置に移動し再生しましょう。
1秒かけて正円が1.5倍の大きさになるアニメーションができました。

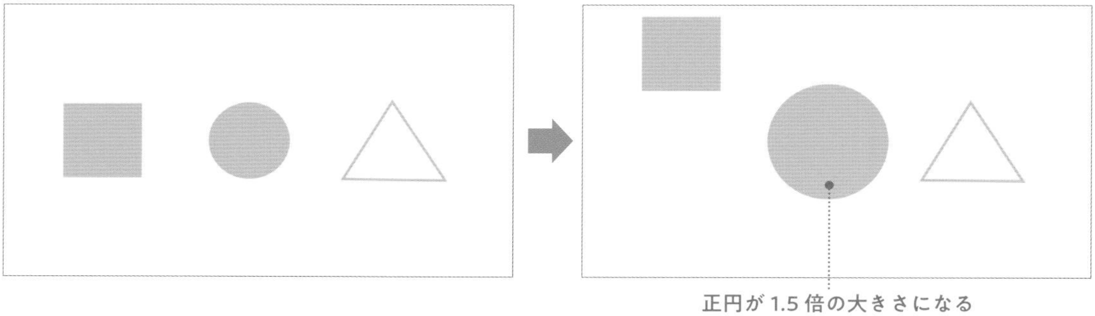

1秒かけて180°回転するアニメーションを作る

最後に三角形が回転するアニメーションを作ります。シェイプをぐるっと回転させたり傾けたりするには［回転］のプロパティを調整します。ここでは1秒かけて三角形が180°回転するアニメーションを作成してみましょう。

1 インジケーターを0秒に移動し❶、［三角形］レイヤー→［トランスフォーム］を展開して［回転］のストップウォッチをクリックします❷。

2 インジケーターを1秒の位置に移動し❸、［回転］の右側の値を「180」にして❹、Enter キーを押します。

ここがPOINT

[回転]のプロパティ

[回転]プロパティは回転数と角度を表しています。

180°回転したい場合は「0x +180°」、2回転と150°回転したい場合は「2x +150°」と入力します。角度の前に「+」を入力するか何もつけない場合は右回転、「-」を入力すると左回転になります。

できた！ それぞれの図形にアニメーションがつけられました。インジケーターを0秒の位置に移動し再生しましょう。

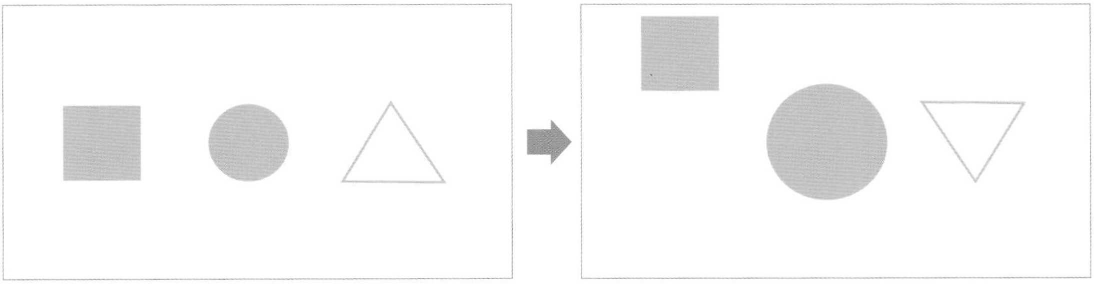

もっと
知りたい！

●1つのシェイプに複数のアニメーションをつけよう

このレッスンではそれぞれのシェイプに異なるアニメーションをつけましたが、1つのシェイプに複数のアニメーションをつけることも可能です。たとえば右に移動しながら、徐々にサイズが小さく、透明になっていくアニメーションを作るには1つのレイヤーの[位置]、[スケール]、[不透明度]のキーフレームを作成します。

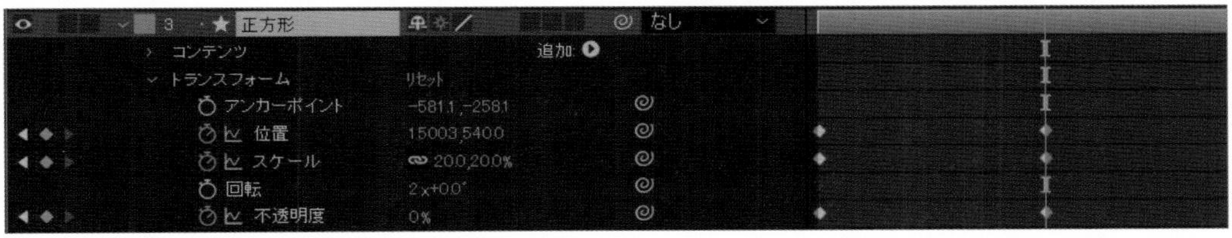

[位置]、[スケール]、[不透明度]のキーフレームを作成する

四角形が右に移動しながら、徐々にサイズが小さく、透明になっていく

CHAPTER 3
LESSON 3

#イージング #イージーイーズ

アニメーションに緩急をつけよう①イージング

動画でもチェック!
https://dekiru.net/yae_303

練習用ファイル
3-3.aep

アニメーションの速度に緩急をつけることをイージングといいます。イージングを使って、メリハリのあるアニメーションを作りましょう。

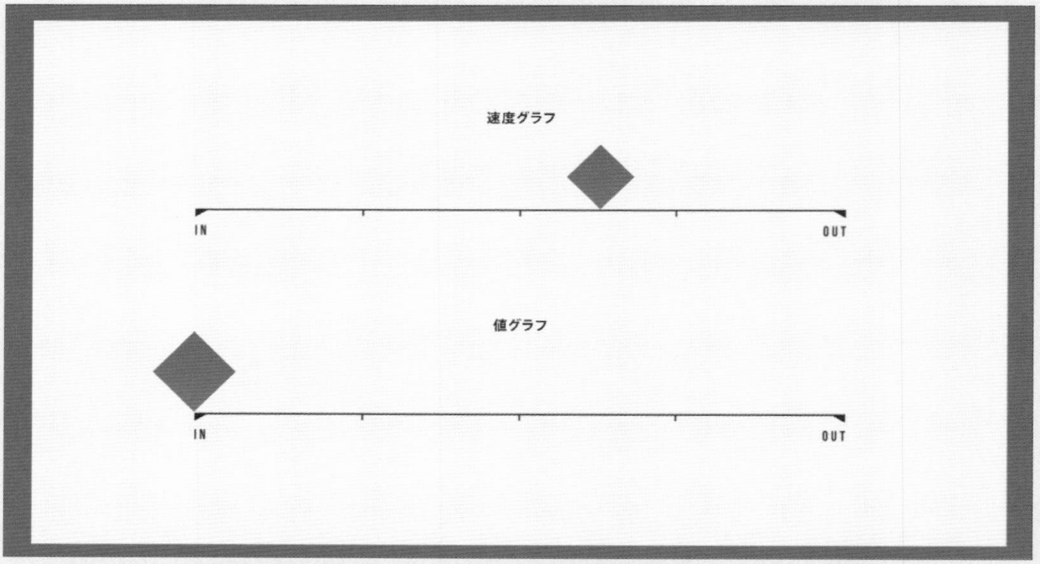

キーフレームにイージングを設定してアニメーションに緩急をつけていきます。ここでは四角形のオブジェクトに設定した[位置]と[スケール]のアニメーションの速度がゆるやかに加速し、アニメーションの中間地点で一気にスピードが上がり、終わりにかけてゆるやかに減速するという緩急をつけていきましょう。

イージングとは

48ページでも解説したとおり、アニメーションは2つ以上のキーフレームからなり、そのキーフレーム間の動きは自動的に補間されます。この補間された部分のアニメーション速度に緩急をつけることをイージングといいます。イージングをかけることで、動きにメリハリがつき、より自然に見せることができます。たとえば車が発進して止まるまでの動きをイメージしてみましょう。発進から停止までは一定の速度ではなく、発進後徐々に加速して、停止の前には減速します。アニメーションにも緩急をつけることで、動きにリアリティが増し、より自然に見えます。

[位置]と[スケール]のプロパティを表示する

このレッスンでは「速度グラフ」のアニメーション([square01]レイヤー)を設定します。このレイヤーにはあらかじめ[位置]と[スケール]のキーフレームが作成されています。まずはこの2つのプロパティを表示しましょう。

1 練習用ファイル「3-3.aep」を開くと、「速度グラフ」「値グラフ」の2つのグラフが描かれたコンポジションが表示されます。
「速度グラフ」の四角形のオブジェクトには右に移動しながら徐々に大きくなるアニメーションがついています。[square01]レイヤーをクリックし❶、Pキーを押します。

[square01] レイヤー以外はロックをかけて非表示の状態です。非表示(シャイ機能)については103ページで解説しています。

2 [square01]レイヤーの[位置]のプロパティのみ表示されます❷。

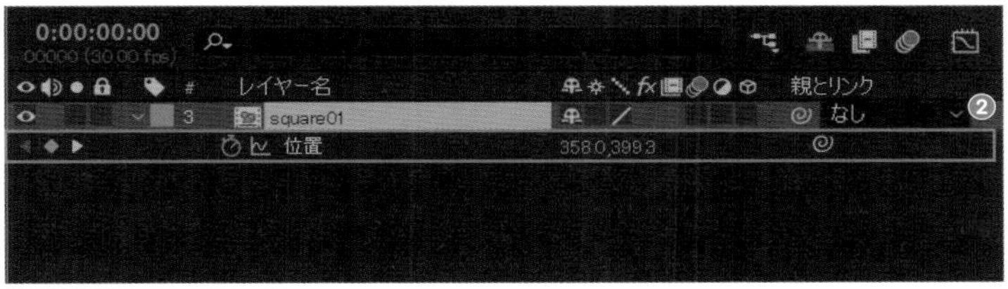

3 Shift キーを押しながら、Sキーを押します。

4 [square01]レイヤーの[スケール]のプロパティが表示されます❸。

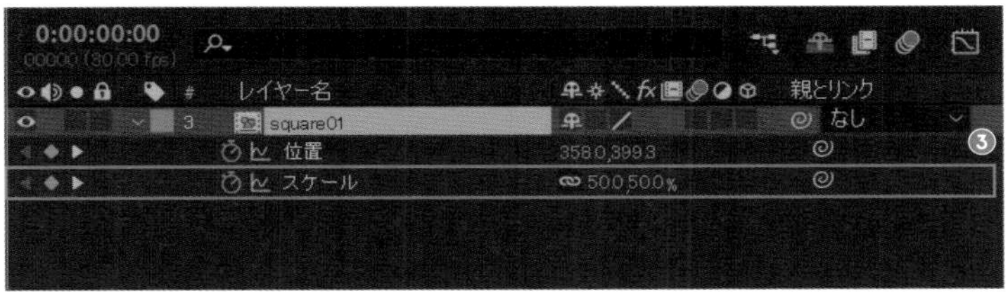

ここがPOINT

トランスフォームのショートカットキー

[トランスフォーム]の[アンカーポイント][位置][スケール][回転][不透明度]の5つのプロパティは、レイヤーを選択した状態で以下のショートカットキーを押すと表示できます。特定のプロパティのみを表示したい場合は、活用しましょう。

プロパティ	ショートカットキー
アンカーポイント(Anchor Point)	Aキー
位置(Position)	Pキー
スケール(Scale)	Sキー
回転(Rotation)	Rキー
不透明度(Transparency)	Tキー

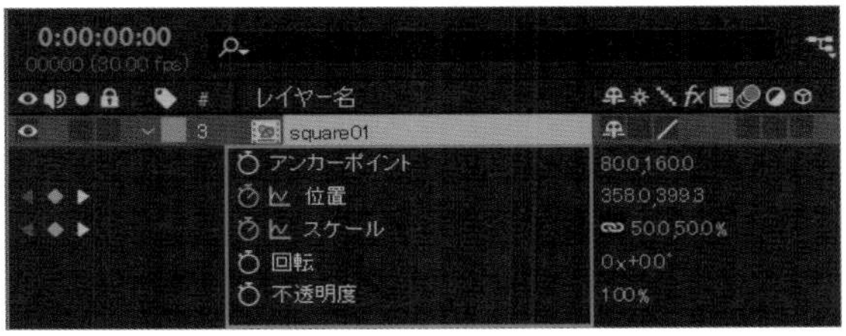

複数のプロパティを表示する場合は Shift キーを押しながらそれぞれのショートカットキーを押しましょう。

動きを確認する

イージングをかける前の動きを一度チェックしておきましょう。

① インジケーターを0秒に移動し、再生します。[square01]レイヤーの四角形が一定の速度で右に移動しながら徐々に大きくなるアニメーションが確認できます。

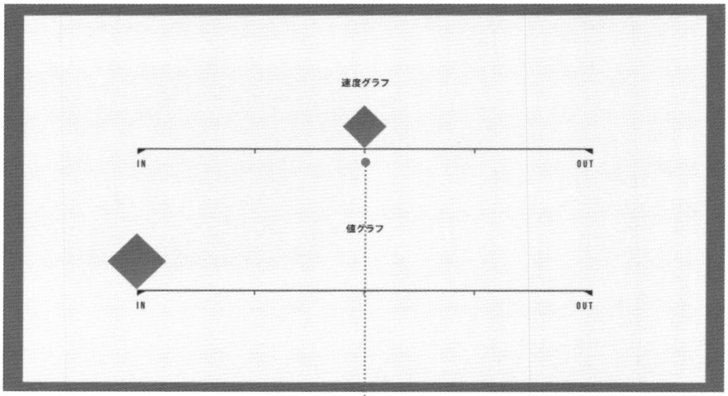

四角形が一定の速度で右に移動しながら徐々に大きくなる

イージーイーズを設定する

キーフレーム間にイージングを設定します。イージングにはいくつか種類がありますが、ここでは、徐々に加速し、中間点で一気にスピードが上がり、終盤にかけて徐々に減速していくという[イージーイーズ]を設定しましょう。四角形には[位置]と[スケール]のプロパティにキーフレームが作成されています。ここでは両方のプロパティに同じイージーイーズをかけることで緩急を揃えます。

① Shift キーを押しながら[位置]、[スケール]のプロパティをクリックすると❶、4つのキーフレームがすべて選択されます❷。

② キーフレームを右クリックし、[キーフレーム補助]→[イージーイーズ]を選択します❸。

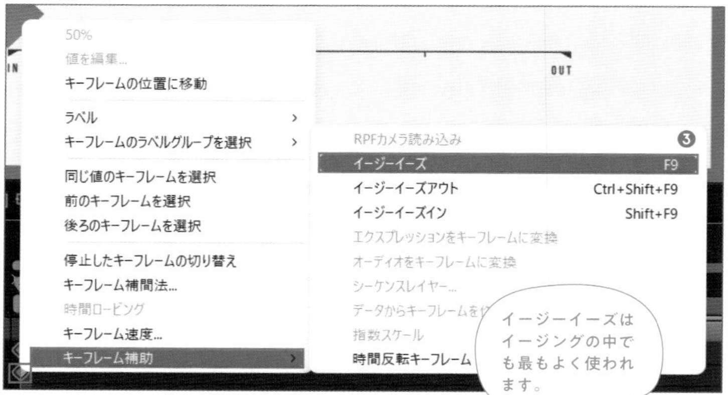

ここがPOINT

[イージーイーズ]のショートカットキー

キーフレームを選択した状態で F9 キーを押すと[イージーイーズ]がかけられます。よく使うショートカットキーなので覚えておきましょう。

① イージーイーズが適用され、キーフレームの形が変わりました❹。

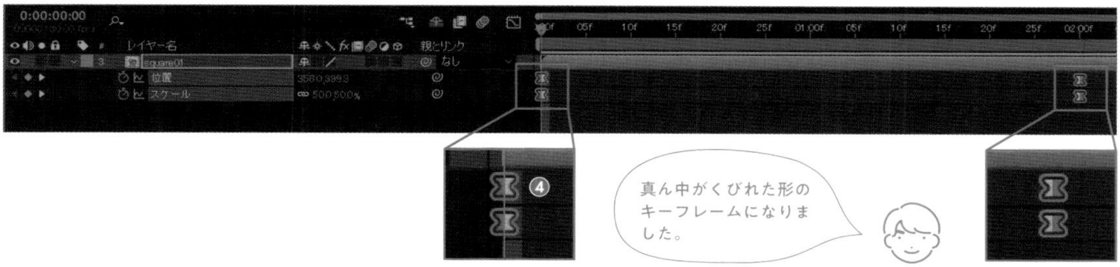

できた！ インジケーターを0秒に移動し、再生してみましょう。四角形の位置と大きさの変化速度が、序盤はゆるやかに加速し中間地点で一気にスピードが上がり、終盤はゆるやかに減速するという緩急がつけられました。下の図はイージーイーズを設定する前後を比べたものです。5フレーム時点の四角形の位置や大きさが少し変化しているのがわかります。

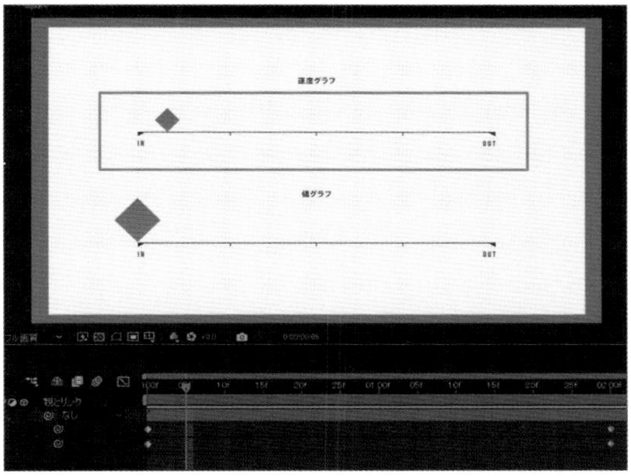

イージーイーズ設定前

5フレーム時点ですでにやや右に移動し、サイズも少し大きくなっている

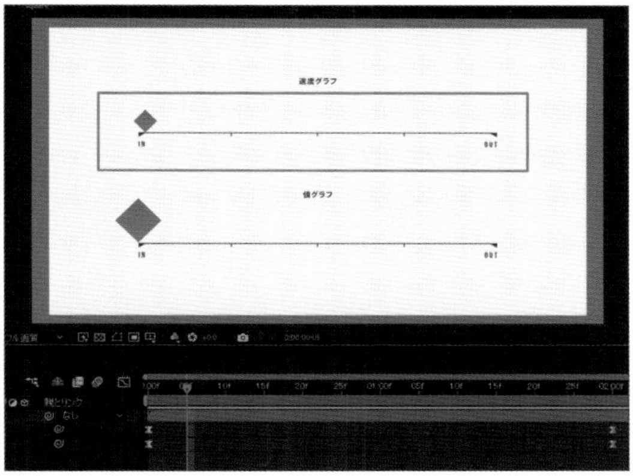

イージーイーズ設定後

5フレーム時点では、ほぼ移動せず、サイズもほとんど変わっていない

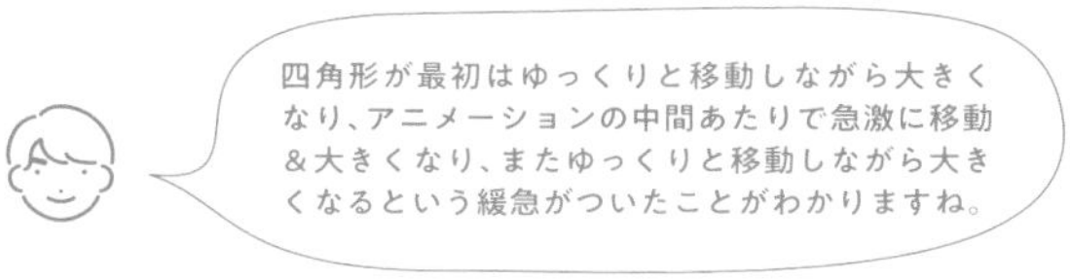

ここがPOINT

イージングを解除するには？

イージングを解除するには、イージングが設定されたキーフレームを Ctrl （ ⌘ ）を押しながらクリックします。まとめて解除する場合は、解除したいキーフレームをすべて選択した状態で、1つのキーフレームを Ctrl （ ⌘ ）を押しながらクリックします。

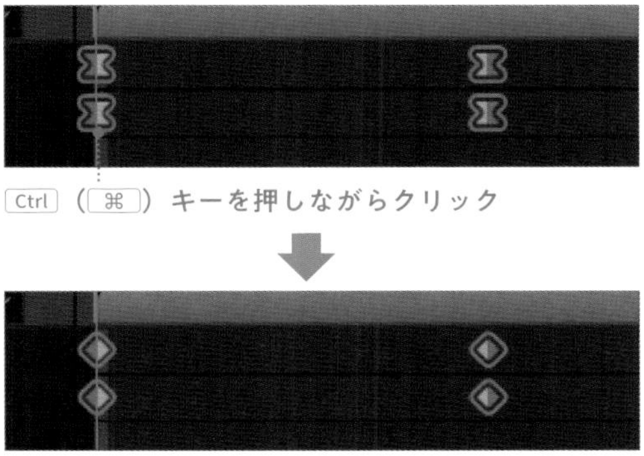

イージングが解除され、キーフレームの形がもとに戻った

もっと
知りたい！

● イージングの種類

イージングにはいくつか種類があり、種類によってキーフレームの形も変わります。ここではイージングを設定していない状態の「リニア」、3つのイージング「イージーイーズ」「イージーイーズアウト」「イージーイーズイン」について［スケール］のキーフレームを例に解説します。同時に時間と速度の関係を表したグラフで速度の変化も確認しましょう。

リニア

初期設定で適用されている補間方法で、イージングをかけていない状態のことを表します。キーフレーム間の速度は一定で緩急がなく、キーフレームの形は四角です。

キーフレームは四角い

右のグラフの表示方法や使い方は次のレッスンで解説します。

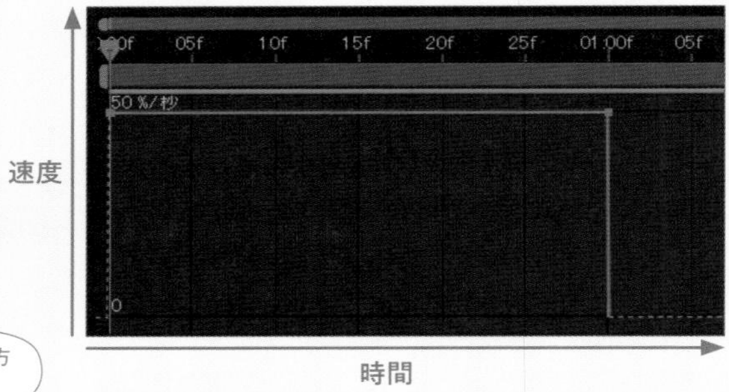

一定の速度で変化する

イージーイーズ

最もよく使われるイージングで、並び合う2つのキーフレームに適用すると、序盤はゆるやかに加速し、中間地点で一気に速度が上がり、終盤はゆるやかに減速していきます。キーフレームはくびれたような形をしています。

キーフレームは真ん中がくびれている

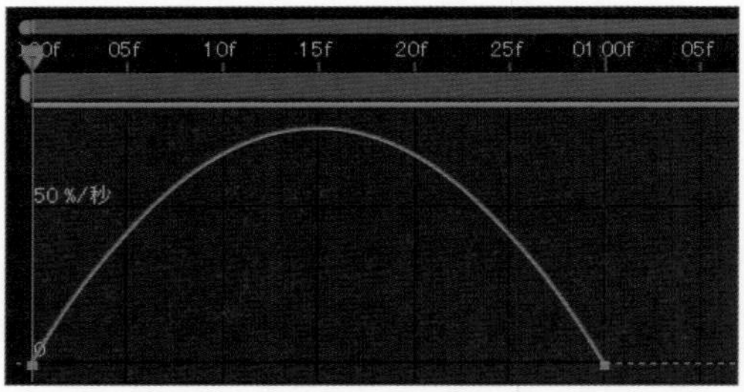

ゆるやかに加速→中間地点が最も速い→ゆるやかに減速

イージーイーズアウト

並び合う2つのキーフレームに適用すると、動き出しは遅く、終盤にかけて徐々に加速していきます。キーフレームは左に向いた矢印のような形をしています。

キーフレームは左に向いた矢印のような形

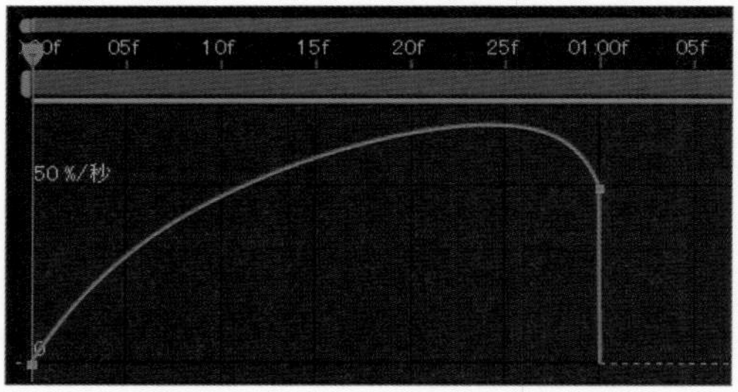

動き出しは遅く、終盤にかけて徐々に加速

イージーイーズイン

並び合う2つのキーフレームに適用すると、動き出しに最も加速し、徐々に減速していきます。キーフレーム右に向いた矢印のような形をしています。

キーフレームは右に向いた矢印のような形

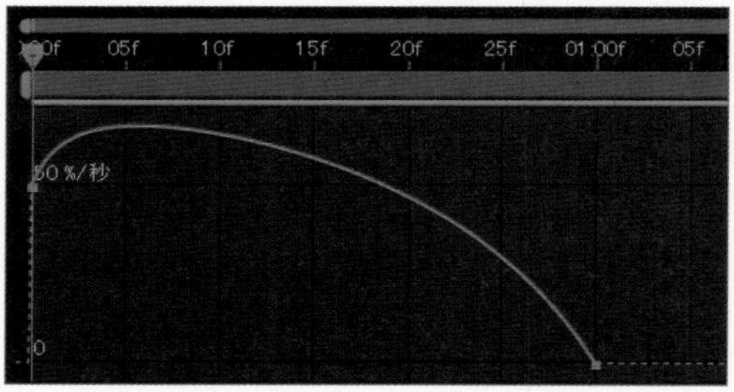

動き出しが最も速く、終盤にかけて徐々に減速

これらの機能は自動的にイージングが設定されるので簡単という意味の「イージー」がついていますが、一般用語としては「イージー」をつけずに「イーズアウト」「イーズイン」と呼びます。

CHAPTER 3 LESSON 4

#グラフエディター #イージング

アニメーションに緩急をつけよう②グラフエディター

動画でもチェック!
https://dekiru.net/yae_304

練習用ファイル
3-4.aep

グラフエディターは、キーフレーム間の動きを細かく調整できる機能です。After Effectsでアニメーションを作る際の要になる機能なので、理解を深めていきましょう

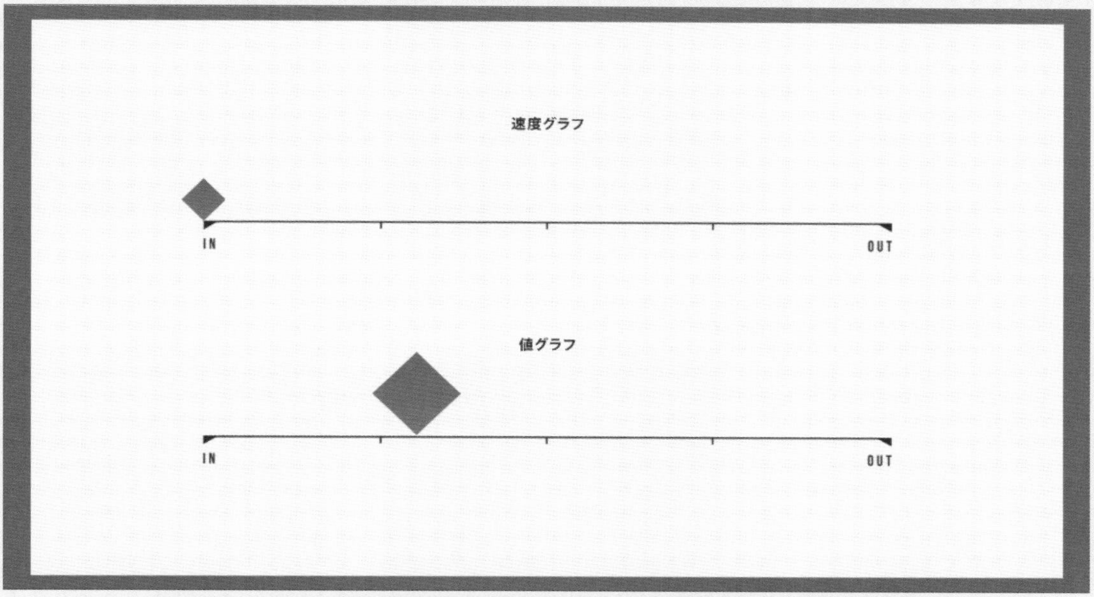

ここでは、グラフエディターを使ってアニメーションの緩急を調整していきます。上側の四角形と下側の四角形の動きの緩急を、それぞれグラフエディターの速度グラフと値グラフで調整します。

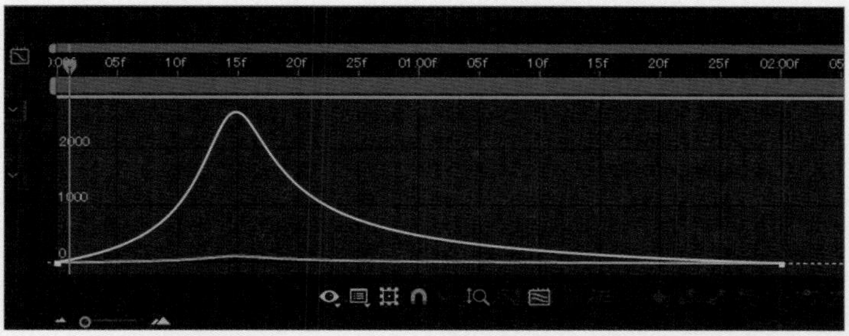

グラフエディターの編集画面。[位置]と[スケール]のアニメーションに緩急をつけた状態

知りたい!

● イージングの使いどころ

前のレッスンやこのレッスンでは、イージングの基本的な動作や設定方法を学ぶためシンプルな作例を使っていますが、実際はリッチなタイトルアニメーションや番組のオープニング映像、広告に用いられるような目を引くテキストアニメーションなどさまざまなシーンで使われています。普段なにげなく見ている動画やテレビ番組、CMなどでも注意深く見ているとテロップなどの動きにも緩急がつけられていることがわかります。いろいろな動画を見て使いどころを研究しましょう。

グラフエディターとは

グラフエディターとはグラフを使ってキーフレームの値を調整できる機能です。曲線または直線のグラフで表示されるため、変化がビジュアルでわかる、感覚的に調整できるといったメリットがあります。グラフエディターには「速度グラフ」と「値グラフ」の2種類があります。グラフのハンドルを操作して、グラフの形を変えることで緩急の具合を調整できます。

速度グラフ

速度グラフではアニメーションの速度を調整できます。グラフの横軸は時間の経過、縦軸は速度の変化を表します。キーフレームが2点のアニメーションや複数のプロパティからなるアニメーションに同じ緩急をつけたい場合に便利です。

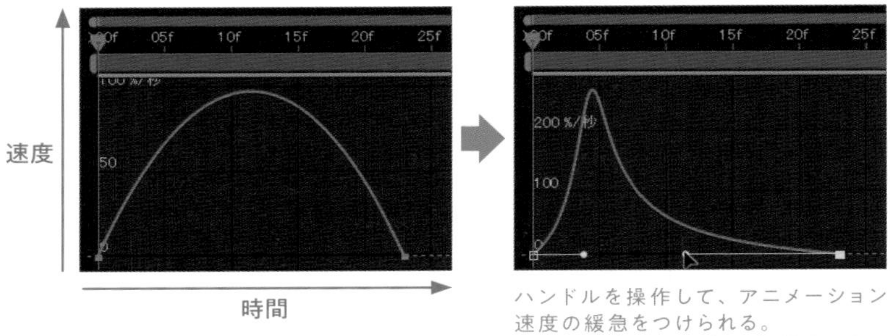

ハンドルを操作して、アニメーション速度の緩急をつけられる。
上の図は序盤に一気に加速するように調整したもの

値グラフ

値グラフはアニメーションの値の変化を表しています。横軸は時間の経過を表し、縦軸は値を表します。値グラフは3つ以上のキーフレームを細かく調整したい場合に便利です。

値グラフは位置やスケールなどプロパティによって目盛りが変わるので（右の図は［スケール］の値グラフ）、複数のプロパティを同時に調整するのには向いていません。

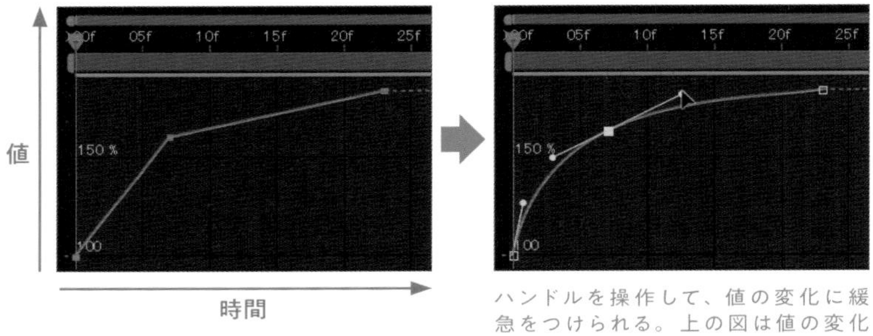

ハンドルを操作して、値の変化に緩急をつけられる。上の図は値の変化をゆるやかに調整したもの

速度グラフを表示する

速度グラフで複数のプロパティの緩急を一度に編集します。ここではイージングが設定されている上側のアニメーションを速度グラフを使って調整します。［位置］［スケール］のプロパティの速度グラフを表示しましょう。

1 練習用ファイル「3-4.aep」を開きます。
［square01］レイヤーの［位置］［スケール］のプロパティを表示します❶。

特定のプロパティのみ表示する ➡75ページ

2 [位置][スケール]のプロパティを選択し❷、[グラフエディター]ボタンをクリックします❸。

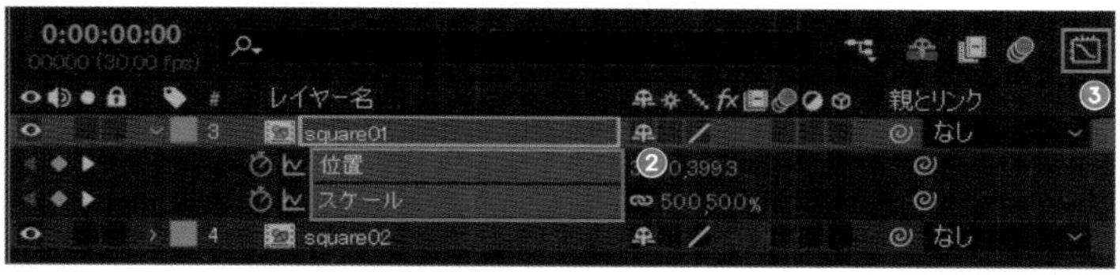

3 速度グラフが表示されます。

イージーイーズが設定されているので
山のような形のグラフが表示されます。

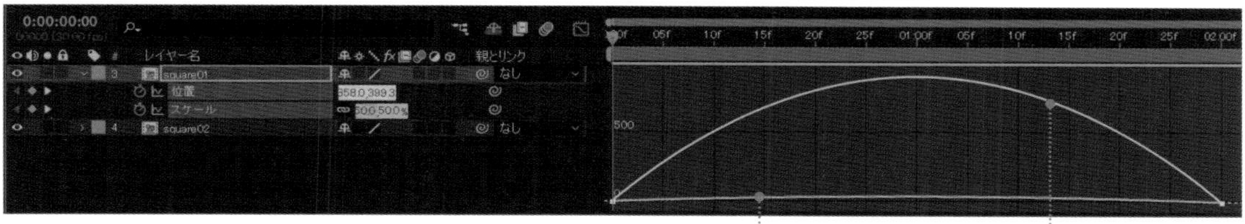

[スケール] の速度グラフ　[位置] の速度グラフ

ここがPOINT

速度グラフと値グラフを切り替える

速度グラフと値グラフは、タイムラインを右クリックし、[速度グラフを編集]または[値グラフを編集]を選択して切り替えられます。手順③で値グラフが表示される場合は、この方法で速度グラフに切り替えましょう。

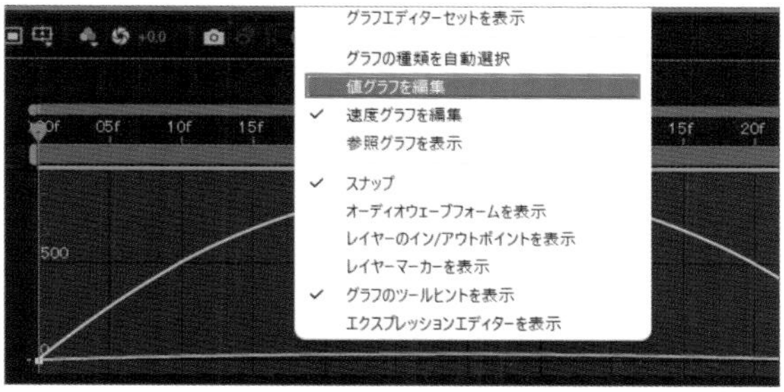

速度グラフを調整する

ここでは[位置]と[スケール]の速度が序盤で急激に加速し、そのあと徐々に減速するように調整していきます。

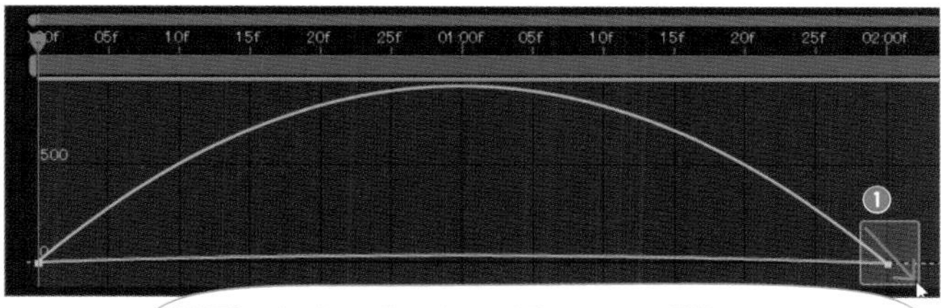

[位置]と[スケール]のグラフが重なっている状態です。ポイントをクリックして選択してしまうと[位置]のグラフしか選択されません。2つのグラフを同時に調整する場合はドラッグして選択しましょう。

1 終点のポイントを囲むようにドラッグします❶。ポイントが選択され、ハンドルが表示されます。

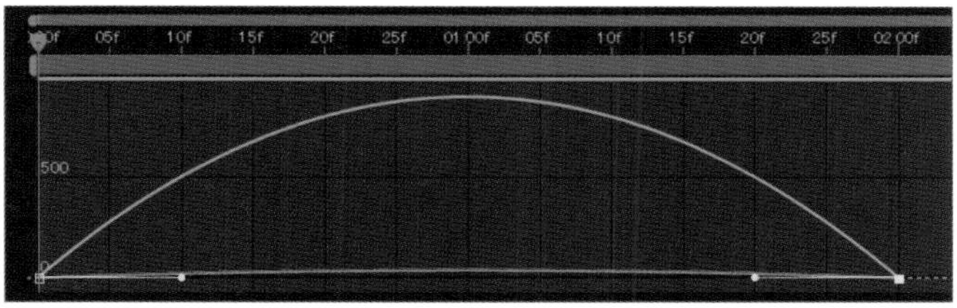

2 右側のハンドルを左にドラッグします❷。

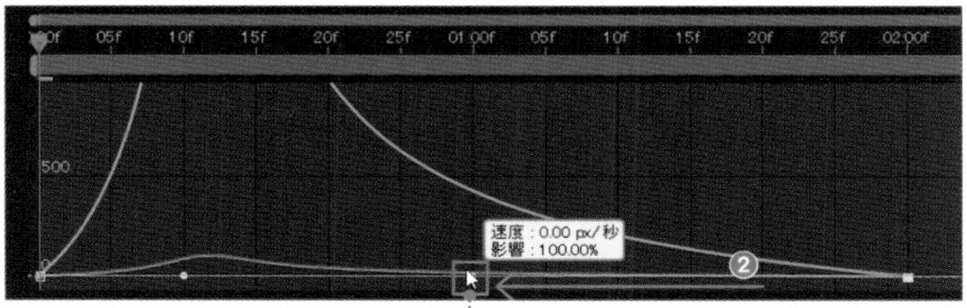

ハンドル

3 グラフの一番高いところ（速度が最も速い時点）が左に移動しました。

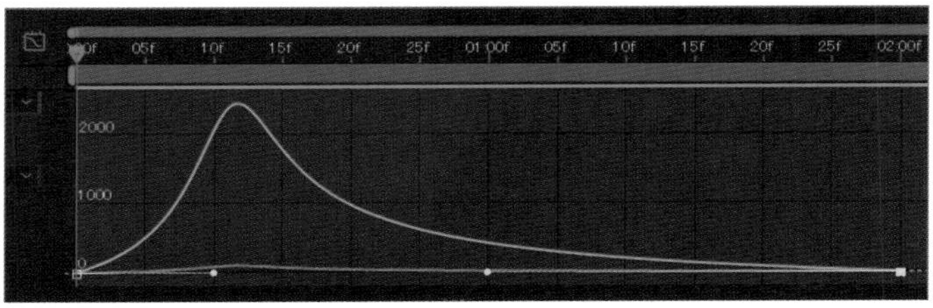

グラフの縦軸が見づらいときは[タイムライン]パネルの上側の枠を上方向にドラッグしてパネルを拡大しましょう。

4 始点のポイントを囲むようにドラッグします❸。左側のハンドルを右にドラッグします❹。

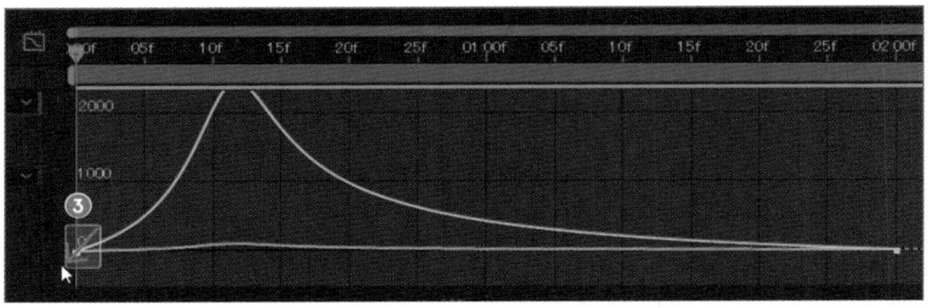

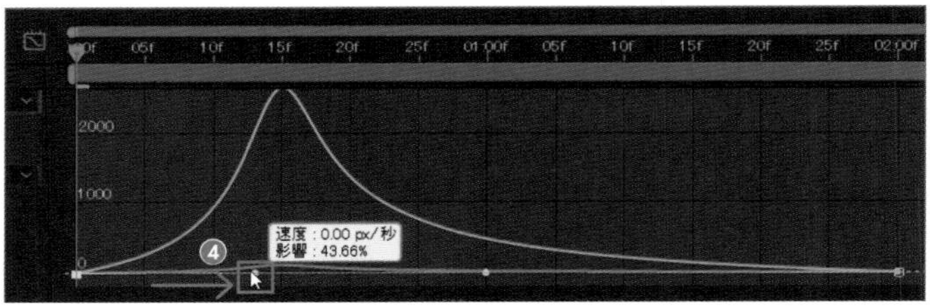

ハンドルを長く伸ばすほど、山の形が鋭角になり、急激な速度の変化を表します。

5 グラフの一番高いところ（速度が最も速い時点）が右に移動します。2つのハンドルを操作してグラフの一番高いところが、15フレーム、速度が2500くらいになるように調整します。調整したら[グラフエディター]ボタンをクリックして❺、通常の表示に戻します。

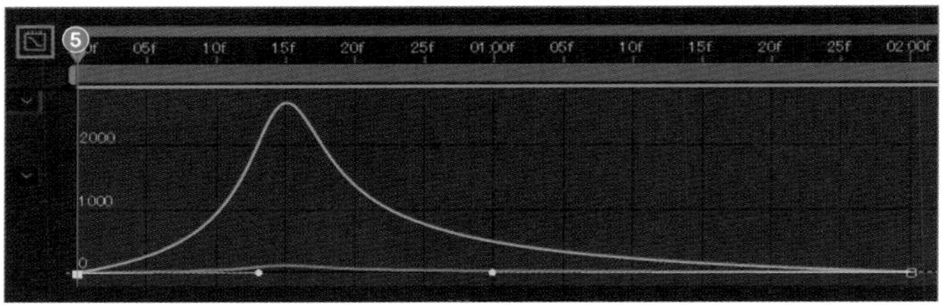

できた！ インジケーターを0秒に移動して再生してみましょう。上側の四角形の[位置]と[スケール]の速度が序盤で急激に加速し、そのあと徐々に減速するように調整できました。

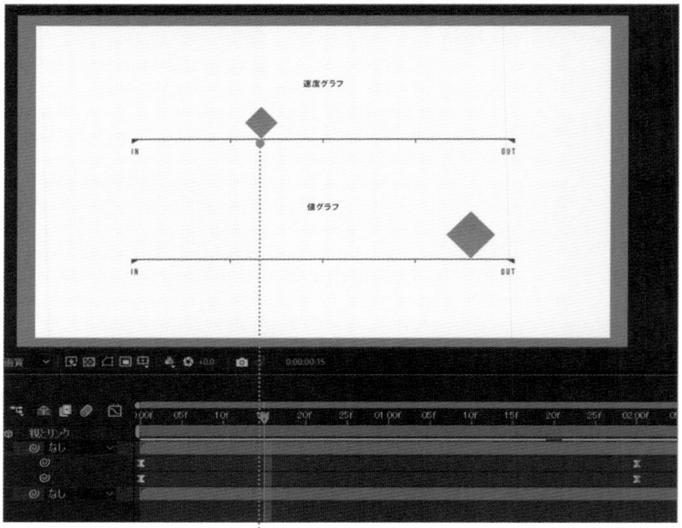

序盤の15フレームあたりで急激に速度が上がり、大きさも変わる

次のページから今度は値グラフを使って緩急をつけていきます。

値グラフを表示する

次に下側の四角形のアニメーションの緩急を値グラフで調整します。下側の四角形の[位置]のプロパティには0秒、15フレーム、2秒の時点にあらかじめキーフレームが作成されており、15フレームの時点までに大きく移動するアニメーションになっています。

1 [square02]レイヤーの[位置]のプロパティを表示します❶。

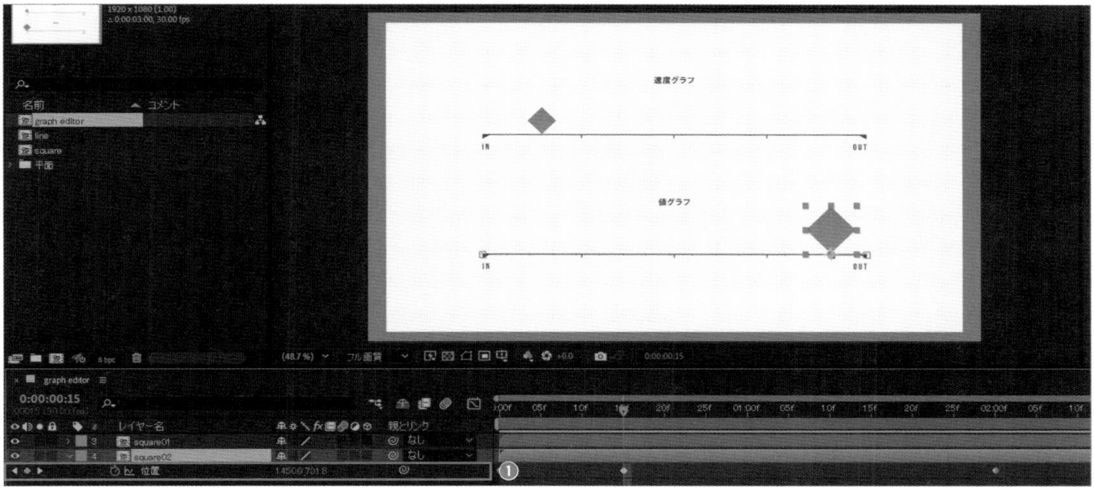

2 インジケーターを0秒の位置に移動します。[位置]のプロパティを選択し❷、[グラフエディター]をクリックします❸。

3 速度グラフが表示されるので、タイムラインを右クリックし、[値グラフを編集]を選択します❹。

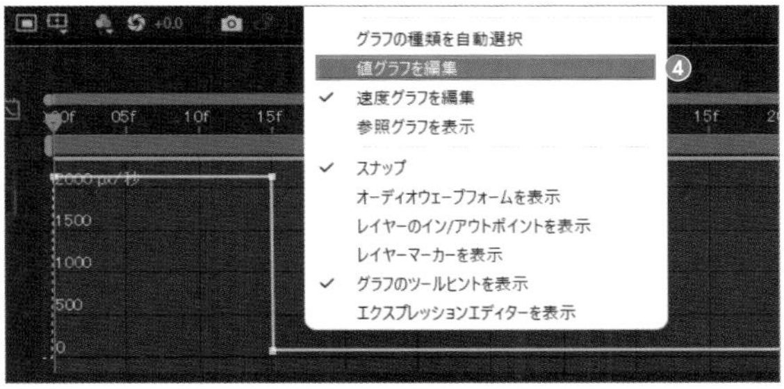

4 値グラフが表示されました。

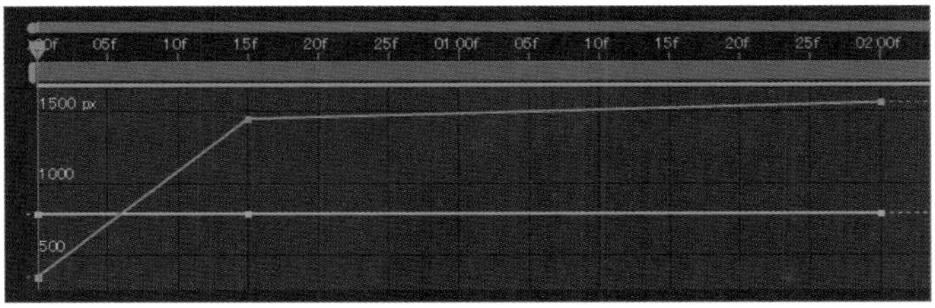

値グラフを分割する

［位置］のプロパティの値グラフはX軸の値を表す赤いグラフとY軸の値を表す緑のグラフからなります。ここではX軸（水平方向）のグラフのみを調整するので、X軸とY軸を［次元に分割］という機能を使って分割し、さらに今回は設定しないのでY軸のキーフレームを削除しましょう。

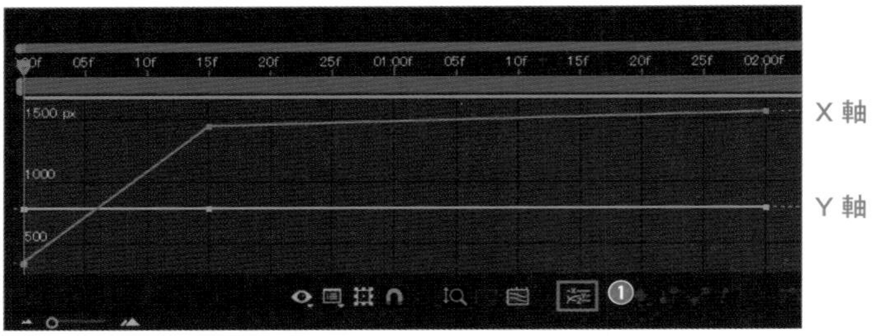

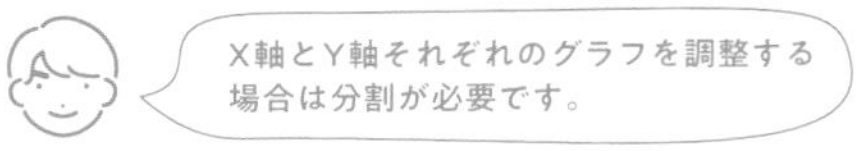

① タイムラインの［次元に分割］ボタンをクリックします❶。

② ［位置］のプロパティが［X位置］［Y位置］のプロパティに分割されました❷。余白をクリックして❸、選択を解除しましょう。

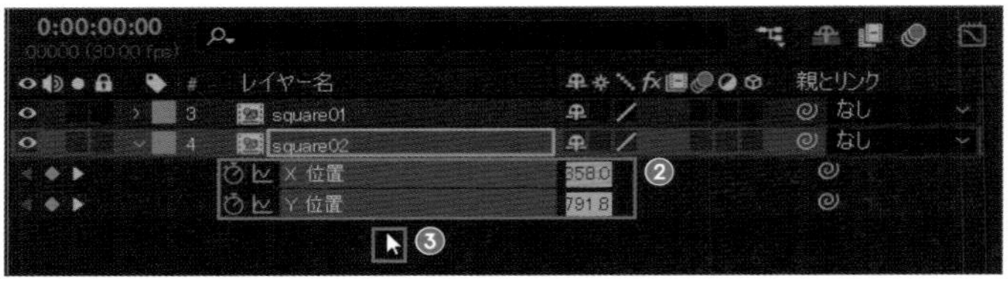

③ ［Y位置］のストップウォッチをクリックしてオフの状態にすると❹、Y軸のキーフレームが削除されます。

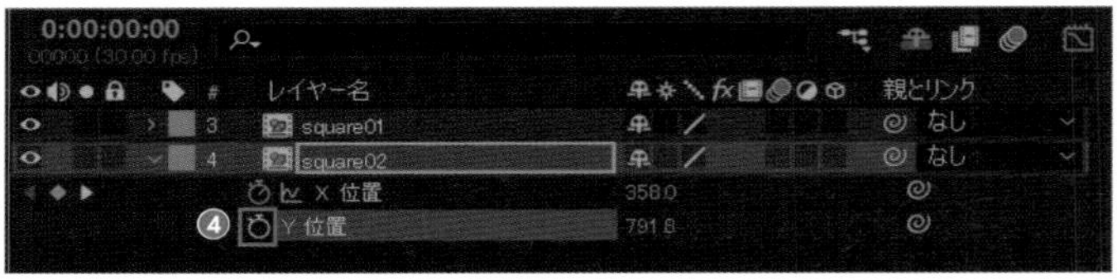

値グラフを調整する

［X位置］のグラフを調整していきます。直線は値の変化が一定であることを表します。このグラフを調整して序盤の数フレームで値が急激に増え、そのあとゆるやかに増えていくようにします。

① ［X位置］のプロパティをクリックします❶。

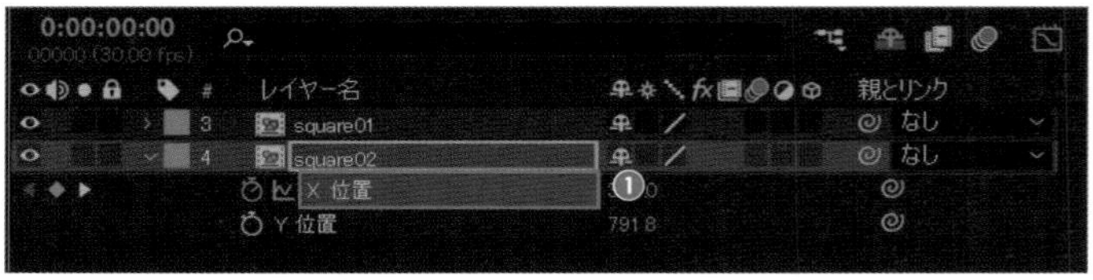

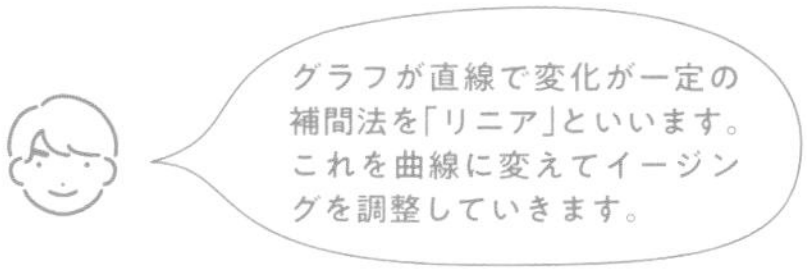

② ［X位置］のグラフが表示されるので左のポイントをクリックしてハンドルを表示したら、ハンドルを上にドラッグします❷。

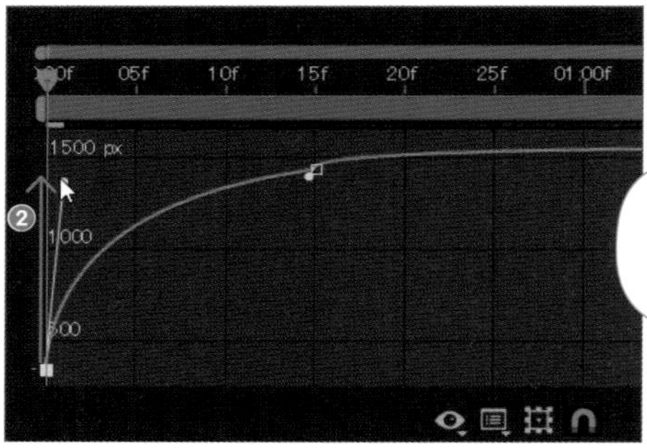

3 次に真ん中のポイントを調整します。クリックしてハンドルを表示したら、右図を参考に滑らかな曲線になるように左右のハンドルをドラッグします❸。

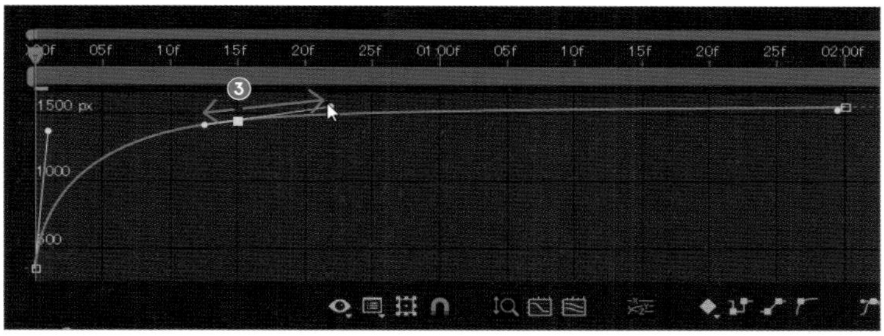

ここがPOINT

グラフを拡大して、ゆがみがないかチェックする

タイムライン上で Alt （option）キーを押しながらマウスホイールを動かすと、グラフの表示を拡大縮小できます。グラフがゆがんでいると、動きに違和感が出てしまう可能性があるので、滑らかな曲線になっているか、意図しない箇所でたわんでいないかなどを拡大してチェックしましょう。

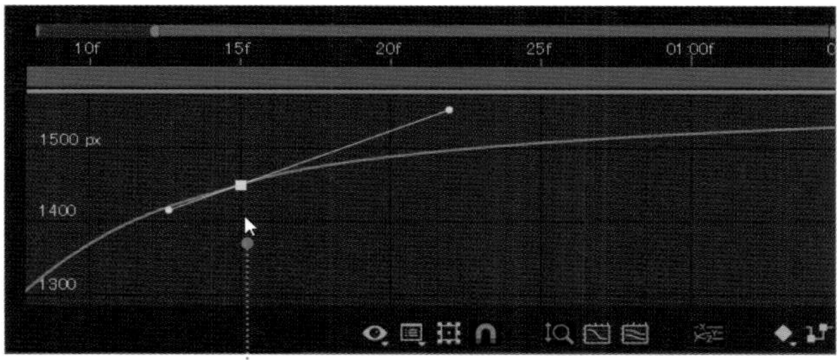

拡大したい位置にマウスポインターを合わせ、Alt （option）キーを押しながらマウスホイールを動かす

できた！ インジケーターを0秒に移動して再生してみましょう。急発進して、終盤ゆるやかに移動するアニメーションになりました。

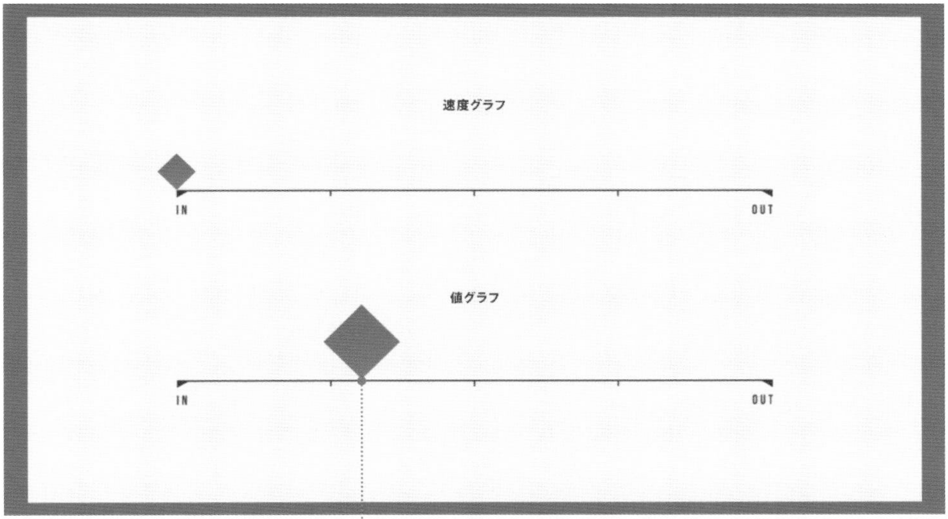

1フレーム時点（0:00:00:01）ですでに大きく移動している

速度グラフは、2つのキーフレームや複数のプロパティに同じイージングを適用する場合、値グラフは3つ以上のキーフレームを細かく調整する場合に重宝します。どちらを使うか迷うときはキーフレームの数で判断するとよいでしょう。

#素材読み込み #連番ファイル

画像を読み込んでタイムラインに配置しよう

動画でもチェック！
https://dekiru.net/yae_305

練習用ファイル
3-5.aep

作品に使う画像を読み込んでタイムラインに配置しましょう。あわせて素材のリンクについても解説します。

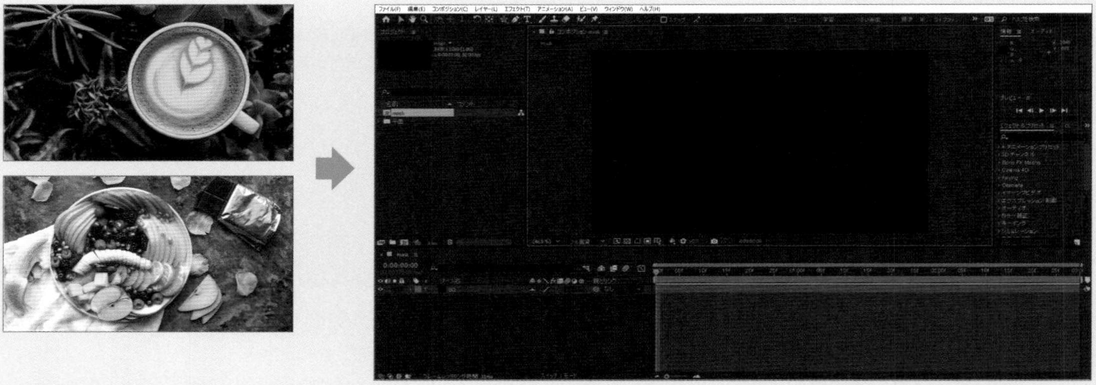

動画の素材として写真などの画像を使用するには、画像を読み込んでタイムラインに配置する必要があります。ここでは2つの画像を読み込んで、下から背景→フルーツ画像→カフェラテ画像の重なり順になるように配置しましょう。

素材を読み込む

まずは使用する素材を読み込みます。

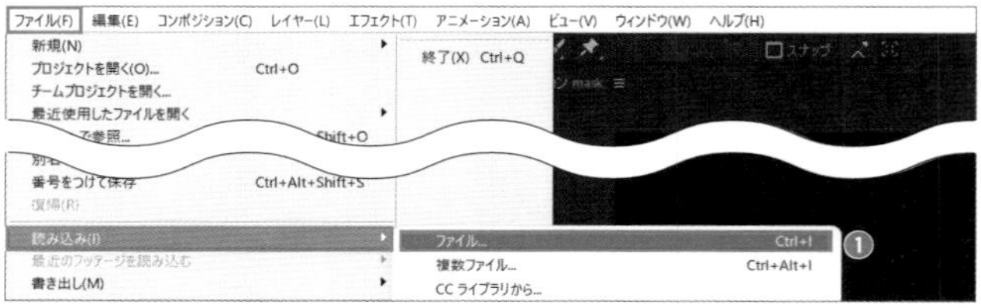

1. 練習用ファイル「3-5.aep」を開きます（あらかじめ背景となる黒い平面レイヤーが配置されています）。[ファイル]メニュー→[読み込み]→[ファイル]をクリックします❶。

2. [ファイルの読み込み]ダイアログボックスが開くので、練習用ファイルの[3-5]→[02_Material]フォルダーを開き、[photo 01.jpg][photo 02.jpg]を選択したら❷、[読み込み]（Macの場合[開く]）ボタンをクリックします❸。

連続した複数のファイルを選択する場合は、ファイルを囲むようにドラッグするか、Shift キーを押しながら最初と最後のファイルをクリックします。複数のファイルを1つずつ選択するには、Ctrl（⌘）キーを押しながらクリックします。

ここがPOINT

[ファイルの読み込み]ダイアログボックスを素早く表示する

[プロジェクト]パネルの余白をダブルクリックしても[ファイルの読み込み]ダイアログボックスが表示されます。メニューから開くよりも素早く表示できるので覚えておきましょう。

3 ［プロジェクト］パネルに素材が読み込まれました❹。余白をクリックして❺、選択を解除します。

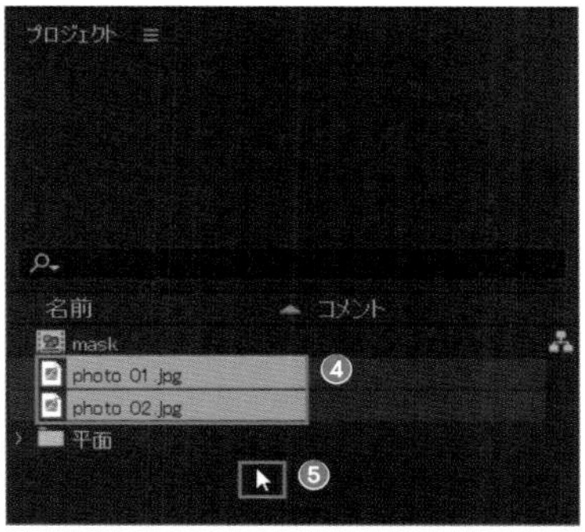

動画（mp4、movなど）、イラスト（ai、psdなど）、ロゴ（aiなど）、音（mp3、wavなど）などさまざまな拡張子の素材を読み込めます。

ここがPOINT

［ImporterJPEGシーケンス］とは？

［ファイルの読み込み］ダイアログボックスでJPEGを選択したときに表示される［ImporterJPEGシーケンス］とは、読み込む素材を1つの連番ファイルとして読み込むための機能です。チェックを入れると、拡張子の前の番号（ここでは01、02）をもとに1つのファイルとして読み込まれます。

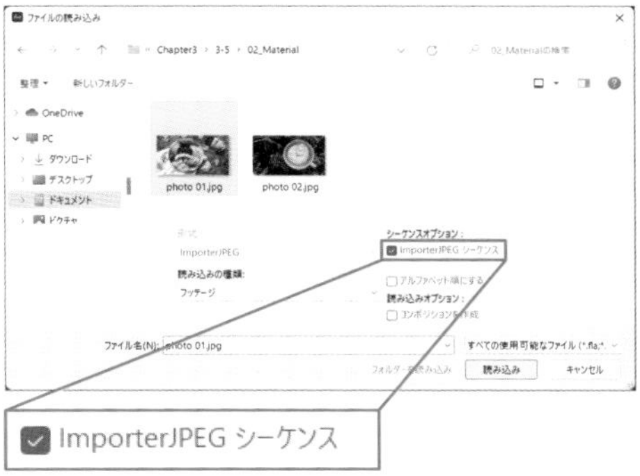

1つの素材を選択したときのみチェックできる

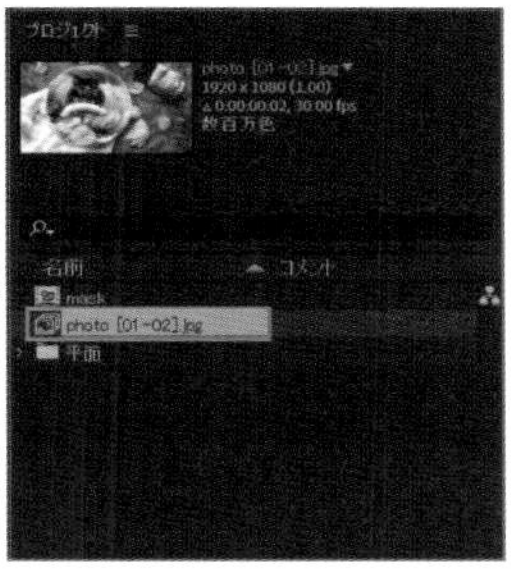

チェックを入れて読み込むと複数の素材が1つのファイルとして読み込まれる

素材をタイムラインに配置する

ここではあらかじめ作成されている平面レイヤーの上に画像レイヤーを作成します。タイムラインにドラッグする際の位置に気をつけて、下から背景→［photo 01.jpg］→［photo 02.jpg］の重なり順になるように配置しましょう。

1 ［プロジェクト］パネルの［photo 01.jpg］を［タイムライン］パネルの平面レイヤー［BG］の上側の境界線にドラッグして、青い線が表示される位置でドロップします❶。

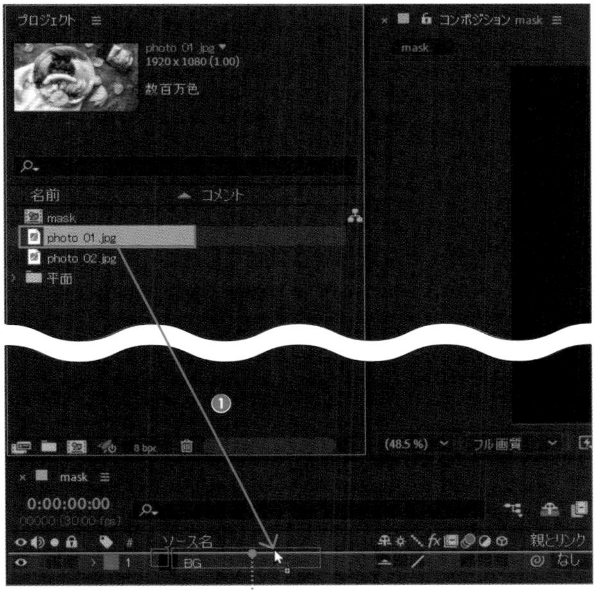

青い線

2 平面レイヤーの上に［photo 01.jpg］の画像が配置されました❷。

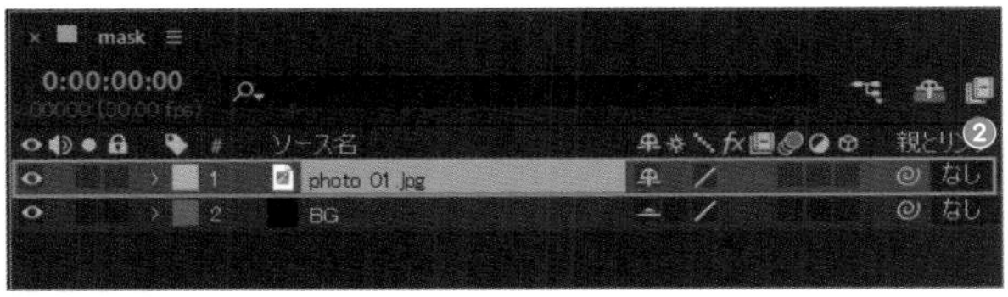

3 手順①と同様に［photo 02.jpg］を［photo 01.jpg］のレイヤーの上側の境界線にドラッグ＆ドロップします❸。

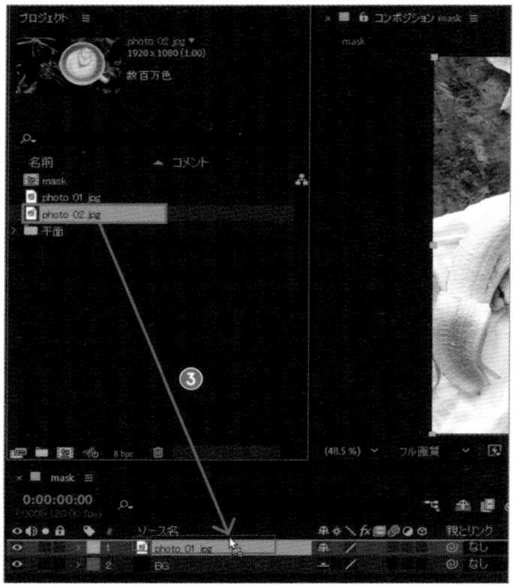

できた！ 読み込んだ素材をタイムラインに配置できました。
［コンポジション］パネルでは一番上のレイヤーの［photo 02.jpg］が表示されています。

ここで配置した画像を使って次のレッスンでマスクを使ったアニメーションを作成していきます！

もっと 知りたい！

● 素材のリンクについて知ろう

プロジェクトに読み込んだ素材はもともとの保存先（このレッスンでは練習用ファイルの［3-5］→［02_Material］フォルダー）にリンクして（紐づいて）います。素材を読み込んだあとに別の場所に移動したり、名前を変えたり、削除したりしてしまうと、リンクが切れて素材が表示されなくなってしまいます。

素材を読み込んだあとに上記の作業をする場合は、プロジェクトファイルの更新を行うようにしましょう。

リンク切れが起きてしまったときは➡296ページ

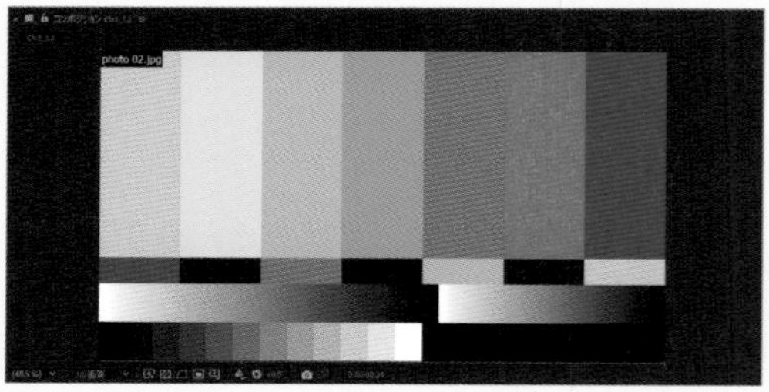

リンクが切れて素材が表示されていない状態

CHAPTER 3
LESSON 6

#マスク #マスクパス

マスクアニメーションを作ろう

動画でもチェック!
https://dekiru.net/yae_306

練習用ファイル
3-6.aep

マスクにアニメーションをつけて、隠れていた画像が表示されるアニメーションを作りましょう。

ここではレイヤーごとに画像を上下半分のみ表示させる長方形のマスクを作ります。それぞれのマスクに左右にスライドするアニメーションをつけて、隠れていた画像が少しずつ現れる表現を作ってみましょう。

マスクの基本

マスクとは指定した範囲のみを表示させたり隠したりできる機能です。ペンツールや長方形ツールなどのシェイプで表示範囲を描画します。

マスク用のシェイプを作成　シェイプの部分だけ表示される

マスクアニメーション

ほかのオブジェクトと同じようにマスクにもアニメーションをつけて動かすことができます。
このレッスンでは、画像ではなくマスクにアニメーションをつけることで画像が少しずつ現れるようにします。

画面の左右からマスクが移動してくることで、表示範囲が増えていき、画像が少しずつ現れる

画像の位置を調整する

このレッスンでは画面の上半分と下半分にそれぞれ違う画像が表示されるようにします。フルーツの画像の被写体が上半分の中心に、カフェラテの画像の被写体が下半分の中心にくるように移動しましょう。

練習用ファイルを開いた状態

カフェラテのカップが下半分の中心にくるように移動

1. 練習用ファイル「3-6.aep」を開きます(レッスン5の続きから進めることもできます)。
まずはカフェラテの画像([photo 02.jpg])を下方向に移動します。[コンポジション]パネルでカフェラテの画像を、下半分の中心にくるように下側にドラッグします❶。

ドラッグ中に Shift キーを押して垂直に移動するようにしましょう。

2. 次にフルーツの画像([photo 01.jpg])を上方向に移動していきます。フルーツの画像は背面に隠れているため、移動しやすいようにカフェラテの画像を一時的に非表示にしましょう。[photo 02.jpg]のレイヤーの目のアイコンをクリックして❷、非表示にします。

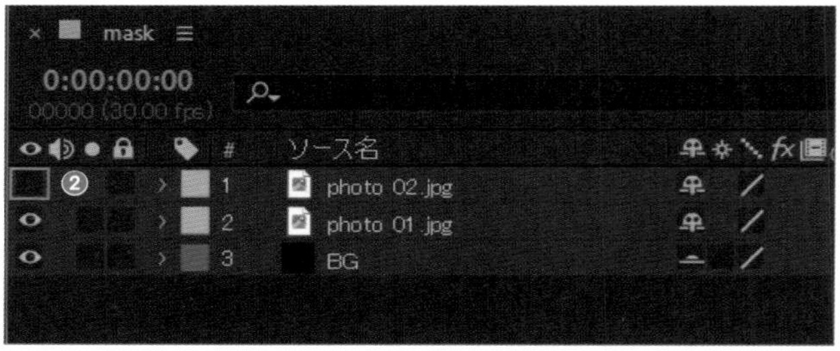

3. [コンポジション]パネルでフルーツの画像を、上半分の中心にくるように上方向にドラッグします❸。

フルーツの皿が上半分の中心にくるように移動

ドラッグする位置はだいたいでかまいません。2枚の画像の被写体が、上下の半分それぞれで真ん中にくるようにしましょう。

4. 非表示にしていた[photo 02.jpg]のレイヤーを表示します❹。それぞれの画像を移動できました。

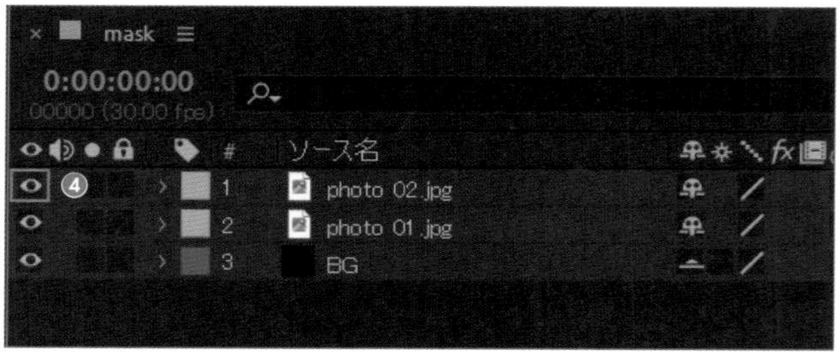

グリッドを表示する

マスクを作る準備として、グリッドを表示します。グリッドを使うことで正確な位置にマスクを作れます。

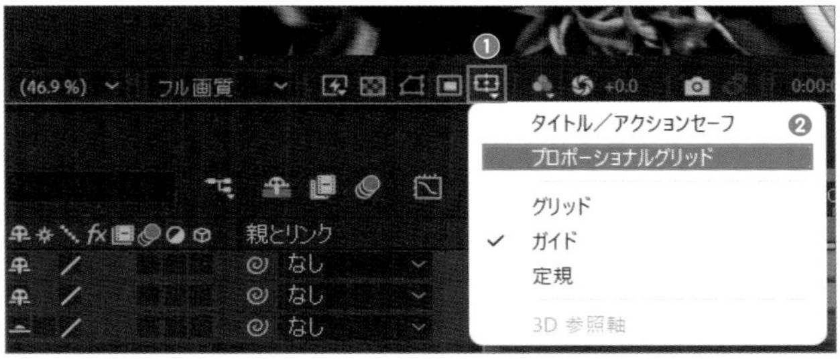

1 [コンポジション]パネル下部の[グリッドとガイドのオプションを選択]ボタンをクリックして❶、[プロポーショナルグリッド]を選択します❷。

2 グリッドが表示されました。

[プロポーショナルグリッド]をクリックするとコンポジションに格子状の分割線が表示されます。

長方形のマスクを作る

マスクは[長方形ツール]や[楕円形ツール]などのシェイプや[ペンツール]で作れます。ここでは[長方形ツール]を使ってマスクを作りましょう。表示したい範囲をシェイプなどで囲みます。

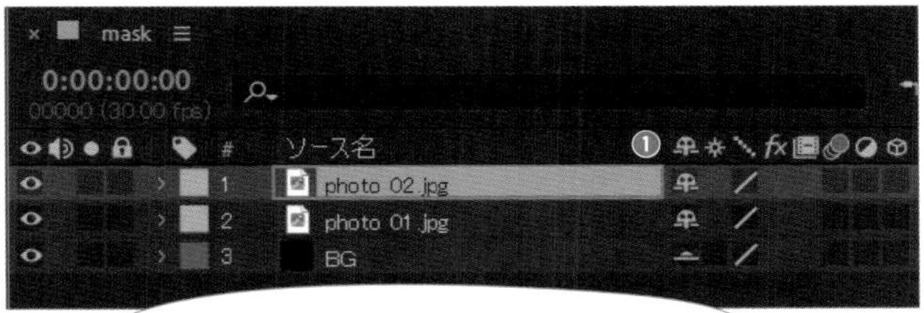

レイヤーを選択せずに長方形を描くと、シェイプレイヤーとして長方形が作られてしまうので、マスクを作るときは必ず対象のレイヤーを選択しましょう。

1 まずはカフェオレの画像を覆うマスクを作ります。[photo 02.jpg]レイヤーをクリックします❶。[長方形ツール]を選択し、グリッドの線を参考に下半分を覆うようにドラッグします❷。

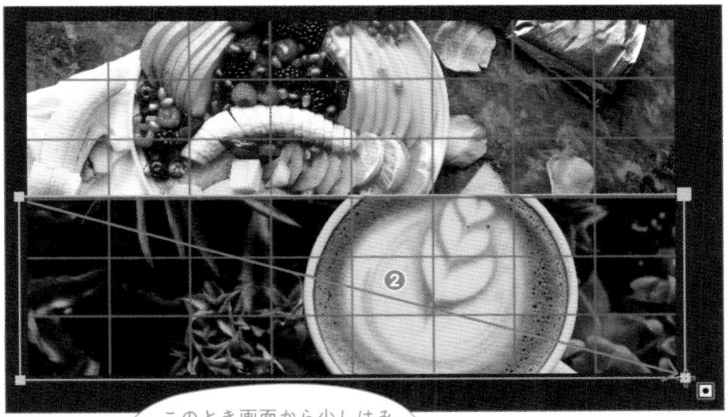

このとき画面から少しはみ出すように大きめに長方形を描きましょう。

ここがPOINT

シェイプの範囲内が表示される

[長方形ツール]でドラッグした範囲が表示され範囲外がマスクされます。

2 マスクが作成され、レイヤーにも[マスク]というプロパティが加わりました❸。

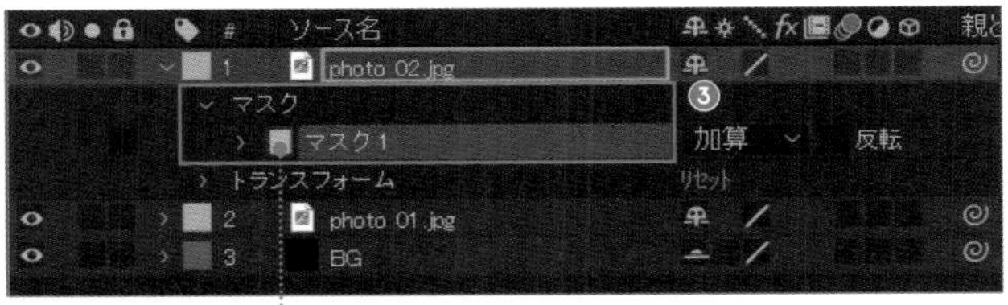

作成したマスクのパスのカラーが反映される

マスクを微調整する

グリッドに合わせてマスクの位置を微調整します。表示を拡大して作業しましょう。

1 マスクの上辺あたりにマウスポインターを合わせ❶、Alt（option）キーを押しながらマウスホイールを動かします。

2 マウスポインターの位置を中心に拡大表示されました。

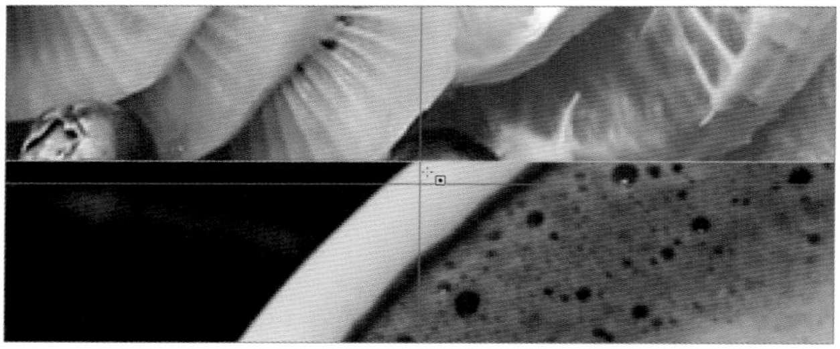

拡大してみると、意外とグリッドと画像の位置がずれているものです。

3 ［選択ツール］に切り替え、長方形マスクの上辺をドラッグして❷、グリッドに合わせます。

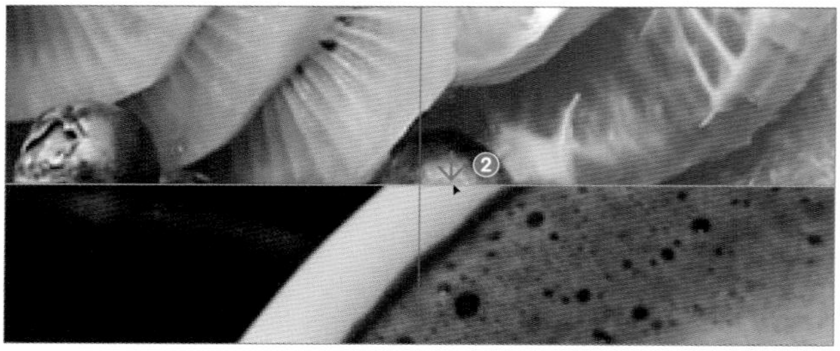

間違ってマスクの選択を解除してしまった場合は［タイムライン］パネルで［マスク1］をクリックして選択しなおしましょう。

4 調整できたら［拡大率］❸を［全体表示］に戻します❹。

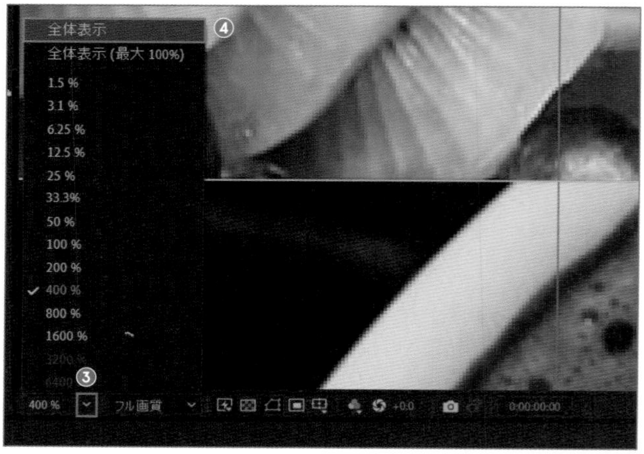

ここがPOINT

画面の拡大／縮小表示

画面の拡大／縮小は手順①のようにマウスホイールを操作してできますが、［コンポジション］パネルの［拡大率］から拡大率を選択することもできます。

フルーツの画像にマスクを作る

① 91〜92ページの手順を参考にフルーツの画像にも長方形のマスクを作ります❶。それぞれのレイヤーにマスクが作れました。

❶

2つのレイヤーにマスクを設定したあとの［タイムライン］パネル

フルーツの画像のマスクをグリッドに合わせるときは、マスクの下辺を上方向にドラッグします。このとき1つ目のマスクと隙間ができないように気をつけましょう。

② 91ページを参考に［プロポーショナルグリッド］をクリックして❷、グリッドを非表示に戻します。

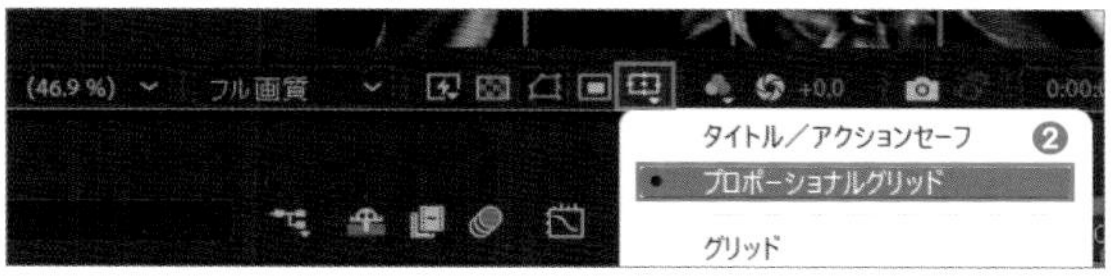

2秒時点のキーフレームを作成する

マスクにキーフレームを作成していきます。2秒をかけてマスクが画面内にスライドしてくるアニメーションを作るので、まずは2秒の時点にキーフレームを作成します。

① インジケーターを2秒の位置に移動し❶、［photo 01.jpg］［photo 02.jpg］それぞれのレイヤーの［マスク1］を展開して、［マスクパス］のストップウォッチをクリックします❷。キーフレームが作成されます❸。

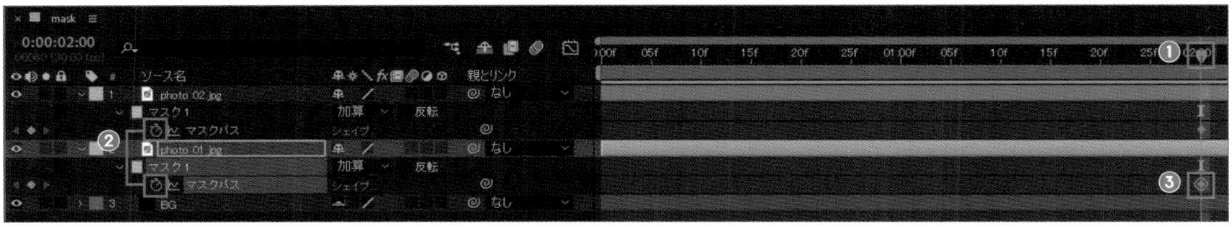

ここがPOINT

レイヤーのマスクパスだけを表示するには？

レイヤーを選択した状態でMキーを押すと、レイヤーの［マスクパス］プロパティだけが表示されます。タイムラインが見やすくなるので活用しましょう。

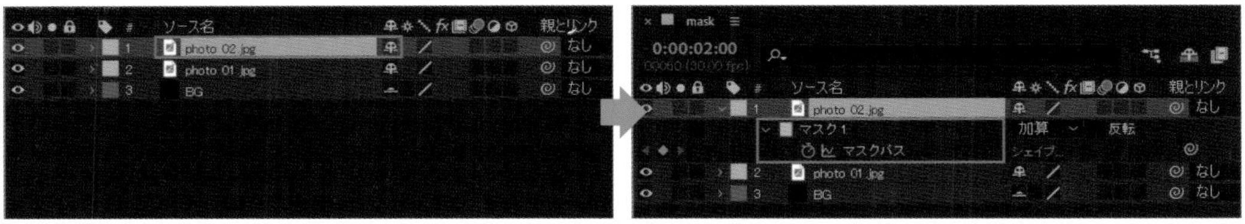

0秒時点のキーフレームを作成する

次に0秒の位置にキーフレームを作成します。0秒時点ではマスクが画面外にあるようにするのでマスクを移動してキーフレームを作成しましょう。

1 インジケーターを0秒の位置に移動します❶。

2 [photo 02.jpg]レイヤーの[マスク1]をクリックします❷。

3 マスクが選択された状態になるので、[選択ツール]に切り替えて頂点を右にドラッグします❸。ドラッグ中に Shift キーを押して水平に移動しましょう。

ドラッグする頂点はどこでもOKです！

マウスホイールを操作して拡大率を小さくすると余白部分が大きくなり移動しやすいです。

4 画面外までドラッグします。このとき画面外ぎりぎりの位置にマスクの端がくるように移動しましょう。

このとき四隅のポイントは全選択されている状態です。どこかをクリックして全選択が解除されてしまうと、四隅のポイントが1つずつ動いてしまうので、その場合は[タイムライン]パネルの[マスク1]をクリックして選択しなおしましょう。

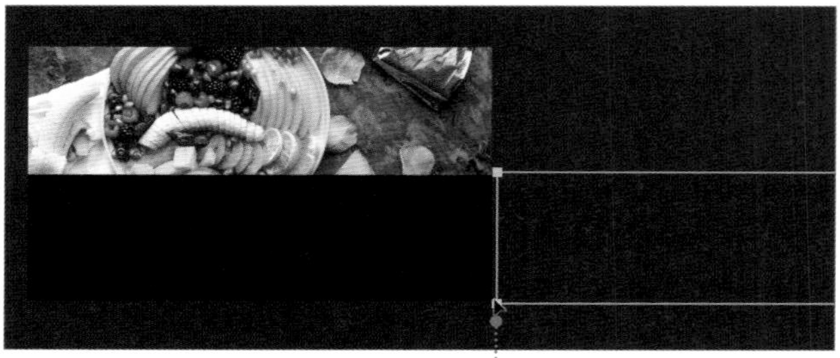

画面外ぎりぎりの位置

5 ［photo 01.jpg］レイヤーのマスクパスも移動しましょう。［photo 01.jpg］レイヤーの［マスク1］をクリックします❹。

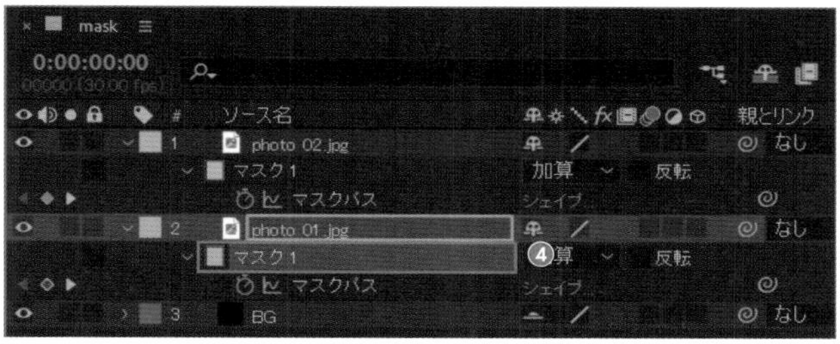

6 今度は左方向にドラッグして画面外に移動します❺。

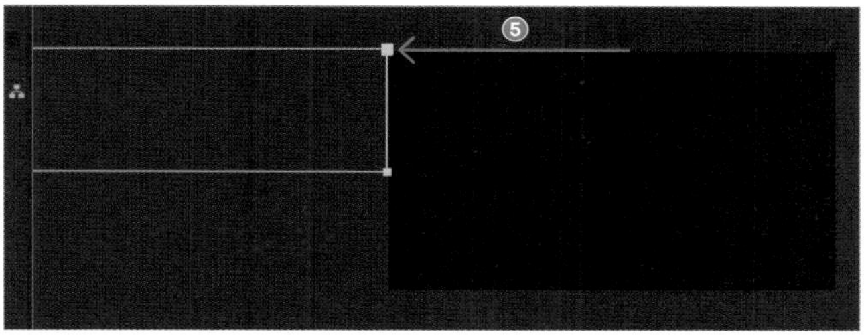

7 タイムラインを確認しましょう。それぞれの［マスクパス］のプロパティに2つずつキーフレームが作成できました。

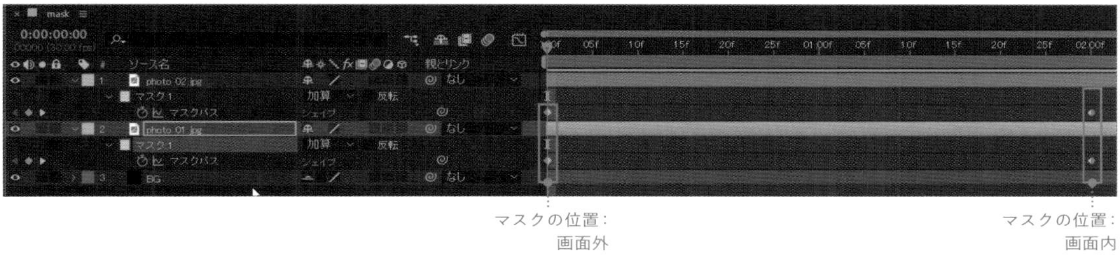

できた！ 再生してみましょう。マスクが画面外から画面内に移動することで画像が左右から表示されるアニメーションができました。

もっと
知りたい!

● 速度に緩急をつけてみよう

速度グラフを使ってマスクが移動する速度に強弱をつけてみましょう。ここでは「イージーイーズ」の補間方法を適用し、さらにグラフを調整します。最初に速度が一気に上がり、徐々に減速するような動きにしましょう。

1 タイムライン上の4つのキーフレームをまとめて選択します❶。

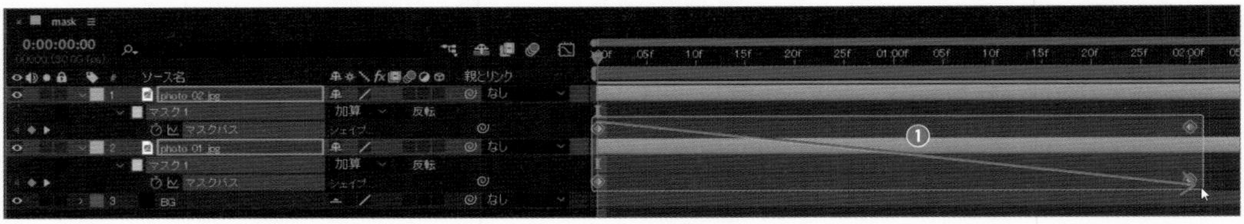

2 F9 を押してイージーイーズを適用します。キーフレームの形が変わります❷。

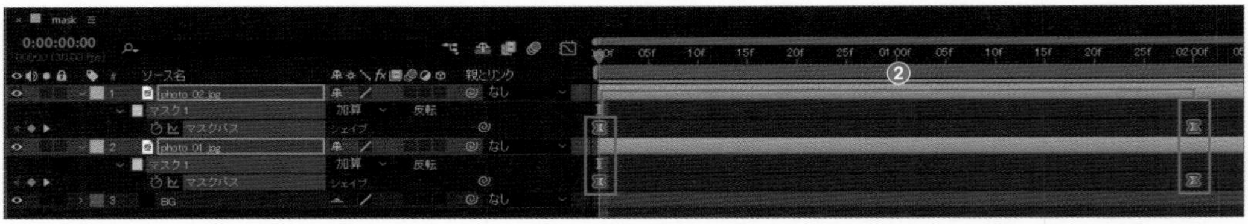

3 [グラフエディター]をクリックして❸、速度グラフを表示します。
ポイントを囲むようにドラッグして❹、選択します。

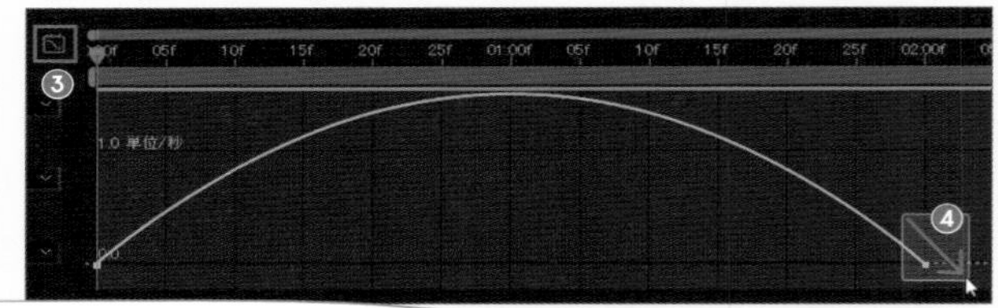

このグラフは[photo 01.jpg]と[photo 02.jpg]が重なっている状態です。2つのグラフを同時に調整する場合は、ポイントをまとめて選択する必要があるので、クリックではなくドラッグして選択しましょう。

4 81ページを参考にハンドルをドラッグして❺、グラフを調整します。

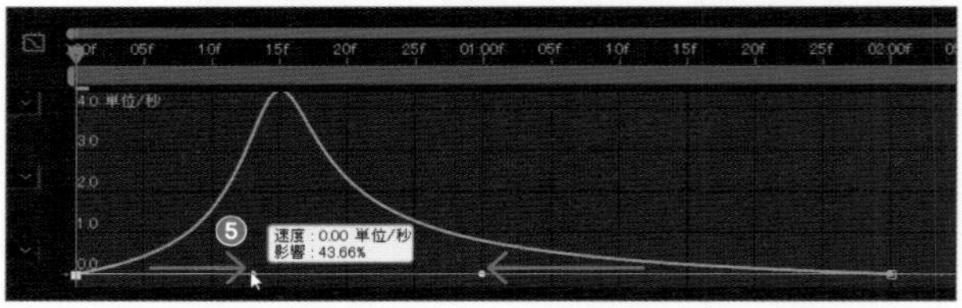

5 最初に速度が一気に上がり、徐々に減速するような動きの完成です。

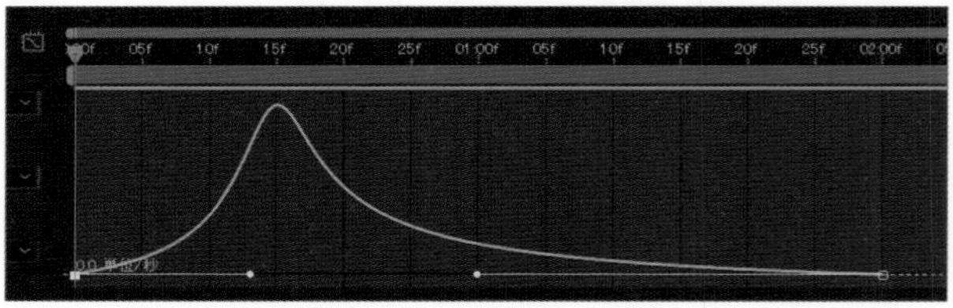

CHAPTER 3 LESSON 7

#テキストアニメーター #範囲セレクター #マスク

1文字ずつ動くアニメーションを作ろう

動画でもチェック!
https://dekiru.net/yae_307

練習用ファイル
3-7.aep

[テキストアニメーター]を使って文字列の文字が1文字ずつ動くアニメーションを作りましょう。

ここでは[テキストアニメーター]を使って、文字列の左から連なるように文字が現れるアニメーションを作成します。アニメーションが作成できたらマスクを使って表示範囲を限定しましょう。

テキストアニメーターとは

テキストレイヤーを作成すると、[テキストアニメーター]というテキスト専用のアニメーション機能が使えるようになります。69〜71ページで設定した[トランスフォーム]の[位置]や[スケール]はレイヤー全体を調整するパラメーターですが、この[テキストアニメーター]の[位置]や[スケール]は文字単位で調整できます。テキストを1文字ずつ移動したり、1文字ずつ大きくしたりするアニメーションをつけたい場合は、この[テキストアニメーター]を使いましょう。

● **トランスフォームのプロパティを使ったアニメーション(回転の場合)**

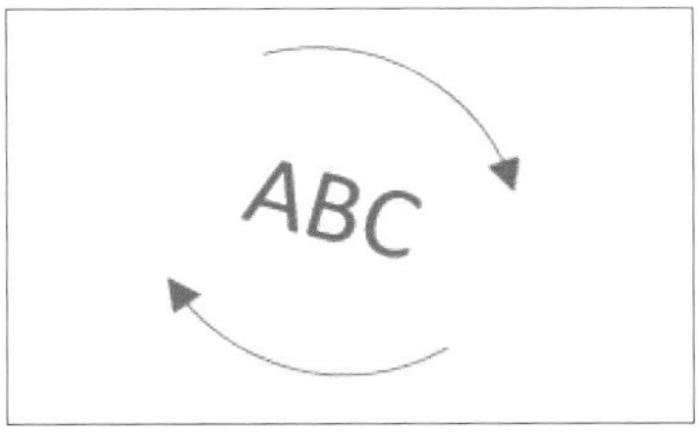

レイヤー全体にアニメーションをつけられる

● **テキストアニメーターのプロパティを使ったアニメーション(回転の場合)**

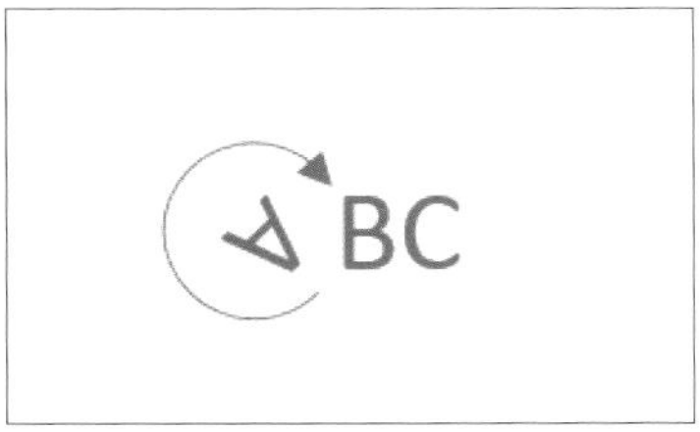

1つひとつの文字にアニメーションをつけられる

テキストアニメーターのプロパティを追加する

このレッスンでは下からテキストが上がってくるようなアニメーションを作ります。テキストの位置を変更するためのプロパティを追加しましょう。

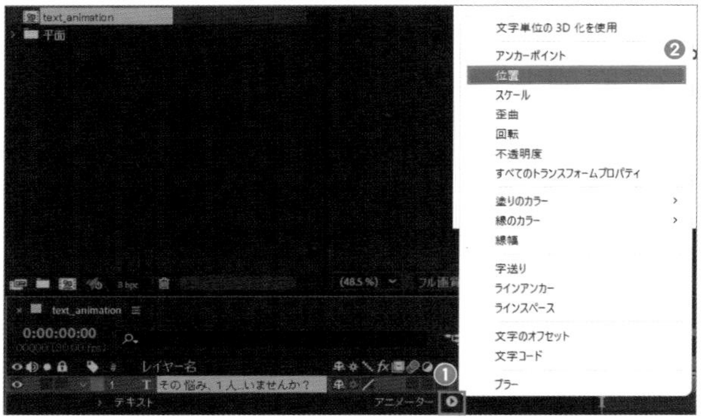

1. 練習用ファイル「3-7.aep」を開きます。あらかじめテキストレイヤーが作成されているので、テキストレイヤーを展開し、[テキスト]の[アニメーター]の▶をクリックして❶、[位置]を選択します❷。

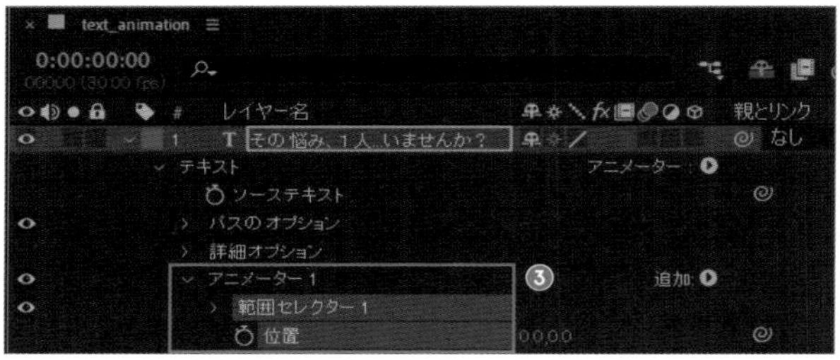

2. [位置]を含む[アニメーター1]というプロパティが追加されました❸。

[アニメーター]ボタンをクリックして表示されるメニューから追加したいプロパティを選べます。[位置]のほかにも[スケール]や[回転]などがあります。

[位置]のプロパティを設定する

下から上がってくるアニメーションを作るために、Y軸の値を入力して、文字の位置を100px下に移動します。

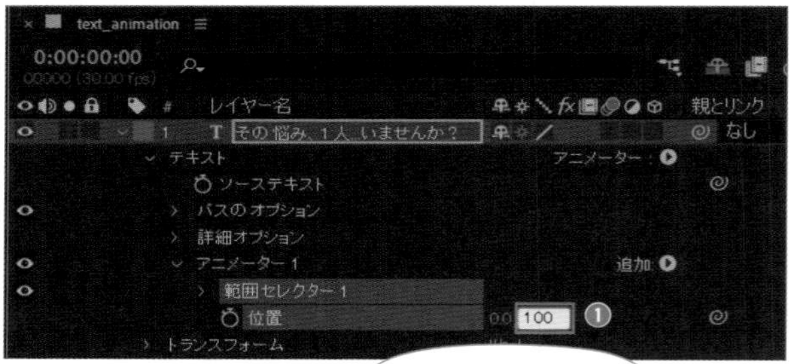

1. [位置]のY軸に「100」と入力して❶、Enter キーを押します。

左にX軸、右にY軸の値を入力します。

2. テキストの位置が下に100px移動しました。

ここがPOINT

テキストアニメーターの仕組み

テキストアニメーターは69ページで解説した[トランスフォーム]とは異なる仕組みでアニメーションを作成します。
テキストアニメーターでは、追加したプロパティで設定した値と、もとの値との差をコントロールしてアニメーションを生成する仕組みになっています。[位置]を「100」にすると、もとの値「0」から設定した値「100」までの間でアニメーションを作ります。

テキストの動き方を設定する

次にアニメーションの動き方を設定します。ここでは文字が左から順に上へ移動していき、さらにアニメーションの変化速度が終点に向けて徐々に減速していく設定にします。

① ［範囲セレクター1］→［高度］→［シェイプ］を［上へ傾斜］に設定します❶。

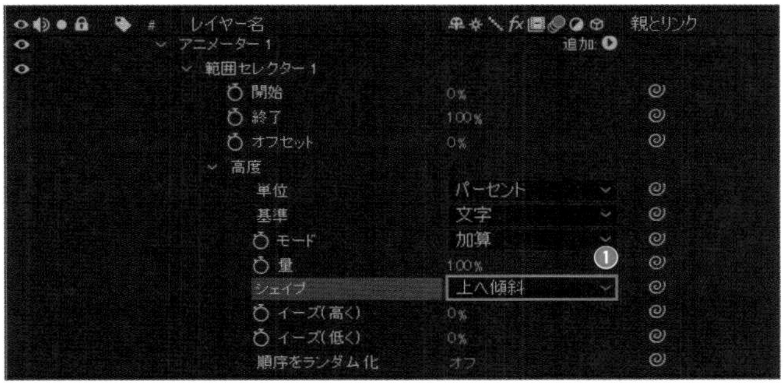

ここがPOINT

範囲セレクターとは？

テキストアニメーターでは、文字単位でアニメーションを制御する場合、［範囲セレクター］を使います。［範囲セレクター］はアニメーションの動き方を設定したり、追加したプロパティの効果範囲を設定したりできます。

範囲の設定方法は次のページで解説します。

② テキスト全体に傾斜がかかりました。

③ さらにイージングを設定していきます。終点にかけ文字の移動速度を徐々に減速させるために［イーズ（低く）］を「100」％に設定します❷。

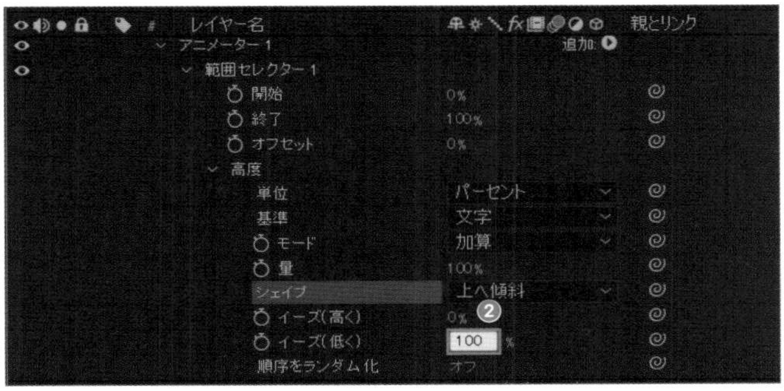

④ テキストの傾斜が後半部分にかけてゆるやかになりました。

グラフエディターを使ったキーフレームの操作とは違い、［高度］のプロパティを設定することでイージングを加えます。ここでは［イーズ（低く）］を100%に設定しましたが、逆に-100%にすると終点にかけて徐々に変化が速くなります。

ここがPOINT

[高度]の各プロパティの設定を知っておこう

[高度]の各項目を理解しておくことで、アニメーションの幅が広がります。

❶単位
アニメーションの制御をパーセントで適用するか、番号で適用するかが選べます。

❷基準
アニメーションで一度に動かす量を選べます。[文字]に設定すると1文字ごと、[単語]にすると単語ごとに動かせます。

❸モード
範囲セレクターの動き方を変更できます。初期設定では[加算]になっており、[減算]にすると[加算]とは逆の動きをします。

❹量
アニメータープロパティの影響度を設定できます。

❺シェイプ
テキストの動き方を変更できます。

❻なめらかさ
シェイプの1つ[矩形]のなめらかさを設定します。

❼イーズ(高く・低く)
アニメーターのイージングを設定します。アニメーションの始まりを[イーズ(高く)]で設定し、終わりを[イーズ(低く)]で設定します。

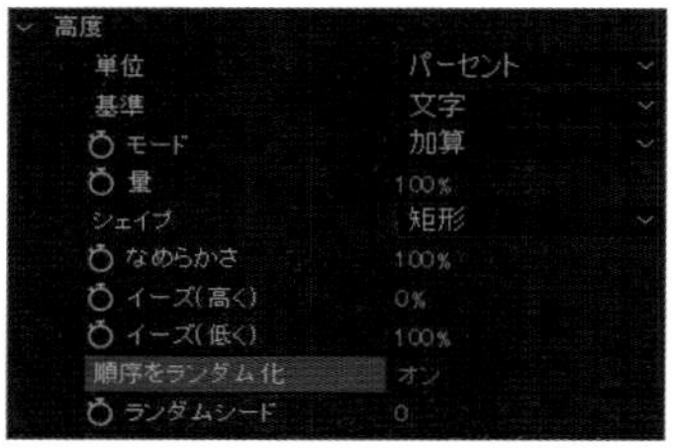

❽順序をランダム化
オンにするとアニメーションの順序が不規則になります。

❾ランダムシード
[順序をランダム化]をオンにした場合のランダムの基準を操作します。

アニメーション範囲を設定する

アニメーションの効果範囲を設定します。アニメーションの効果範囲とはテキストの左端を0%、右端を100%としてそのうちのどの範囲に効果をかけるのかを設定するものです。効果(前のページで設定した[シェイプ]と[イーズ(低く)])が1秒10フレームをかけて変化していくように設定しましょう。

● アニメーションの効果範囲

文字列の半分まで効果をかけたい場合は50%に設定する

1 インジケーターを0秒の位置にドラッグします❶。[範囲セレクター1]の[オフセット]のストップウォッチをクリックし❷、「-100」%に設定します❸。

0%は傾斜した状態です。アニメーションの始点を-100%にすることで水平な状態から始まります。

2 インジケーターを1秒10フレームの位置に移動し❹、[オフセット]の値を「100」%に設定します❺。

2つのキーフレームが作成されたことを確認しましょう。

③ インジケーターを0秒に戻して、Space キーを押して再生してみましょう。文字が左端から順番に上がってくるアニメーションができました。

ここがPOINT

開始・終了・オフセットの使い分け

［開始］は効果範囲のはじめの位置を指定するもので、初期設定では0％で左端が指定されています。
［終了］は効果範囲の終わりを指定するもので、初期設定では100％で右端が指定されています。
［オフセット］は［開始］と［終了］の設定を保持したまま、どれだけずらすかを指定します。たとえば［開始］を20％、［終了］を30％とし、そこから［オフセット］を20％に設定すると、［開始］と［終了］で設定した範囲のまま20％右にずれます。

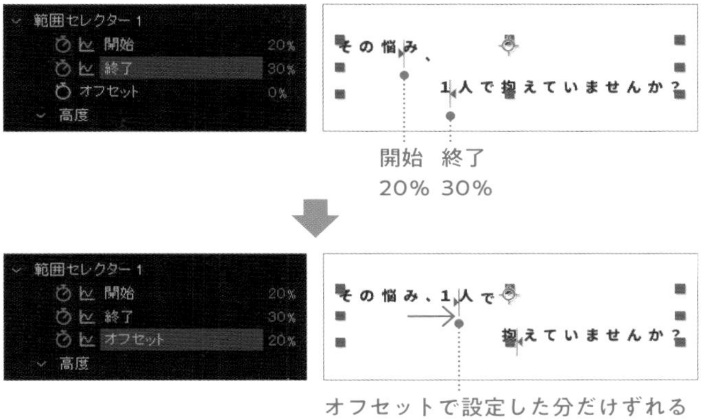

マスクを作成する

最後にマスクを作成して表示する範囲を限定しましょう。

① インジケーターをアニメーションの終了点の1秒10フレームの位置に移動し、テキストレイヤーを選択します❶。

② ［長方形ツール］■を選択し、［コンポジション］パネルのテキストを囲むようにドラッグします❷。マスクのプロパティが作成されたことを確認しましょう❸。

マスクの作り方 ➡ 91ページ

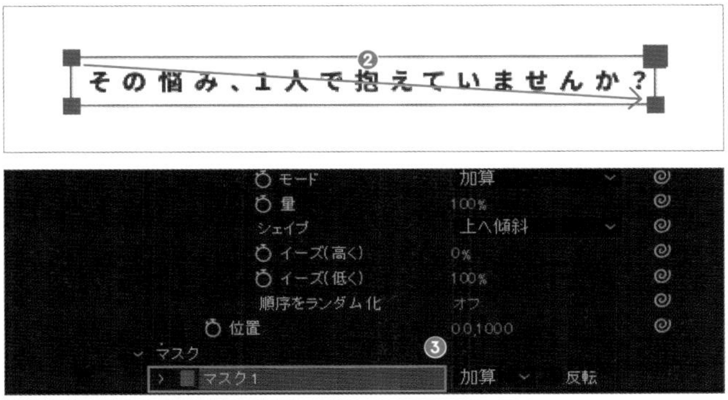

できた！

インジケーターを0秒に戻して再生してみましょう。マスクの範囲内にテキストが1文字ずつ上がってくるテキストアニメーションができました。

もっと
知りたい！

● [シェイプ]の違いを知ろう

テキストアニメーターでは[範囲セレクター]の[シェイプ]で設定した形に沿ってアニメーションさせることができます。このレッスンでは[上へ傾斜]を使いましたが、ほかの形についても知っておきましょう。

矩形
矩形（四角）に沿って動く

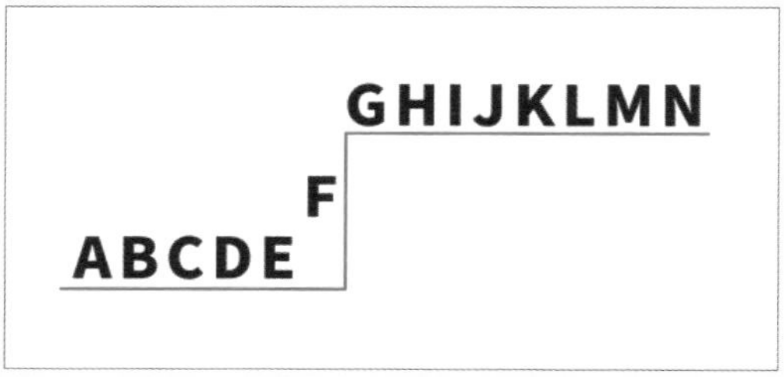

上へ傾斜
連なるように上に傾斜して動く

下へ傾斜
連なるように下へ傾斜して動く

三角形
三角形に沿って動く

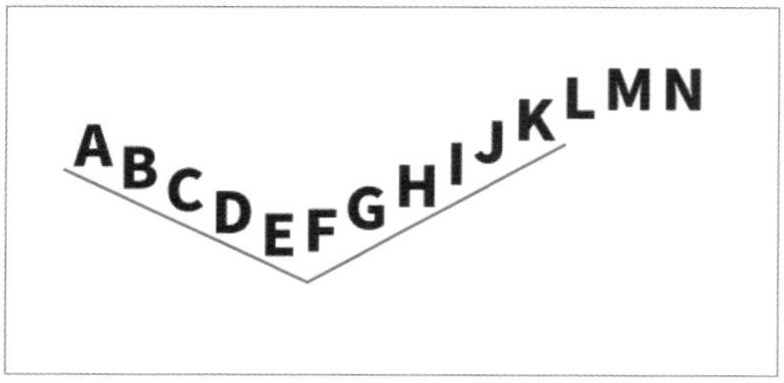

円形
円形に沿って動く

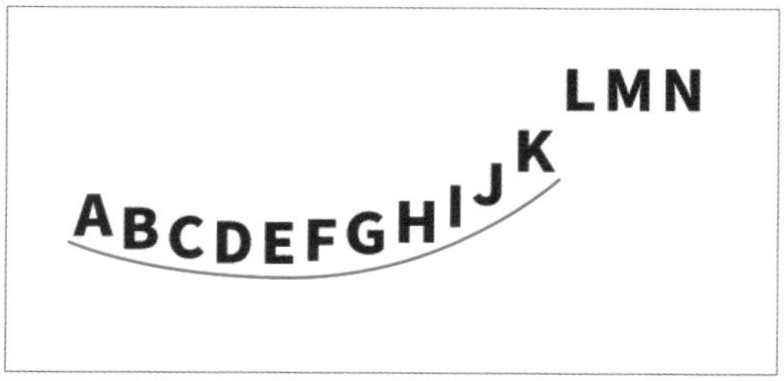

滑らか
滑らかに波打つように動く

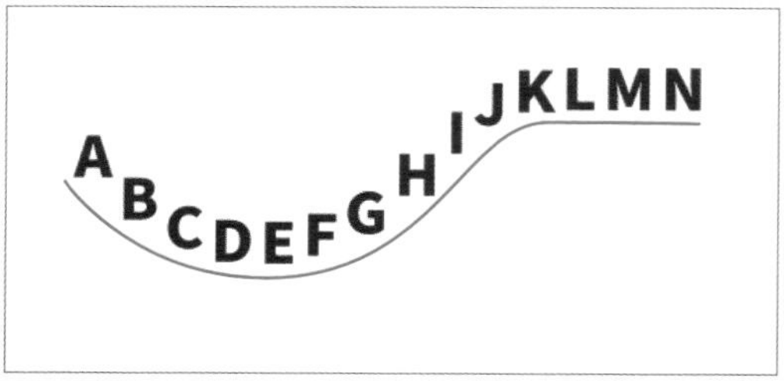

CHAPTER 3
LESSON 8

#アニメーションプリセット #プリセットの編集 #プリセットの保存

アニメーションプリセットを活用しよう

動画でもチェック!
https://dekiru.net/yae_308

練習用ファイル
3-8.aep

After Effectsには、アニメーションのキーフレームやエフェクトの値があらかじめ設定されたプリセットが多く用意されています。プリセットを活用することで制作効率がアップします。

ここではアニメーションプリセットの適用、カスタマイズ、プリセットの保存までを解説していきます。

使わないレイヤーをタイムラインで非表示にする

このレッスンで使う練習用ファイルはあらかじめ複数のグラフィックがレイヤーごとに用意されています。レイヤーの数が多いと作業がしづらくなるので、タイムライン上の特定のレイヤーを非表示にできる[シャイ]という機能を使い作業に不要なレイヤーをタイムライン上で非表示にします。この操作はタイムライン上で非表示にするためのもので、プレビューには影響しません。

1 練習用ファイル「3-8.aep」を開きます。ロックがかかっている7番目のレイヤー以降の[シャイ]をクリックします❶。

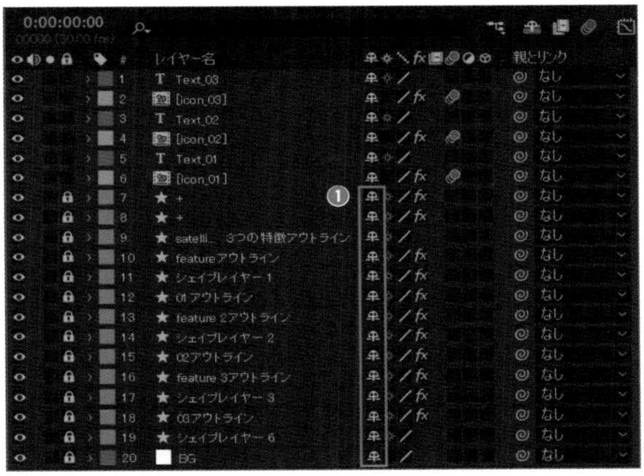

連続するレイヤーの[シャイ]を変更するときは、1つひとつをクリックするのではなくドラッグすると早いです。

2 ［シャイ］のアイコンがから に変わったことを確認します❷。

3 ［タイムライン］パネル上部にある［タイムラインウィンドウですべてのシャイレイヤーを隠す］をクリックします❸。

4 シャイレイヤーにしたレイヤーが隠れ、タイムラインがすっきりします。

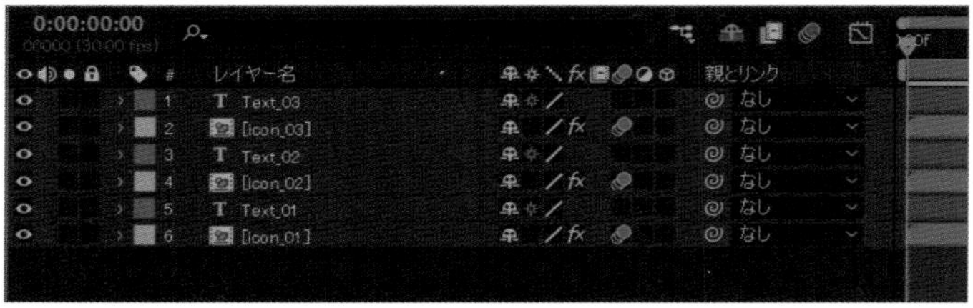

このときシャイレイヤーはタイムライン上でのみ非表示になっています。プレビューで非表示になることはなく、書き出しにも影響はありません。
再表示する場合はアイコンをクリックしましょう。

プリセットを適用する

まずはアイコン下部の3つのテキストにプリセットを適用してアニメーションをつけていきます。プリセットの適用方法いくつかありますが、ここでは［エフェクト＆プリセット］パネルから適用してみましょう。

1 インジケーターを0秒の位置にドラッグします❶。Ctrl（⌘）キーを押しながら［Text_01］［Text_02］［Text_03］を選択します❷。

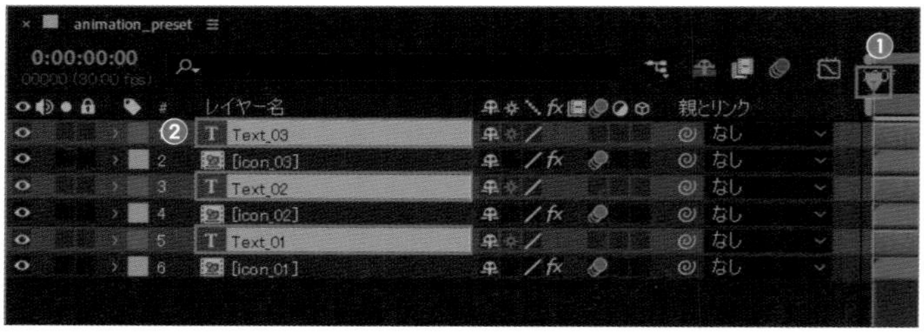

プリセットはインジケーターの位置から適用されます。ここでは最初から適用したいので0秒の位置に移動しましょう。

2 [エフェクト＆プリセット]パネルを表示します。[アニメーションプリセット]→[Text]→[Animate In]→[タイプライタ]をダブルクリックします❸。

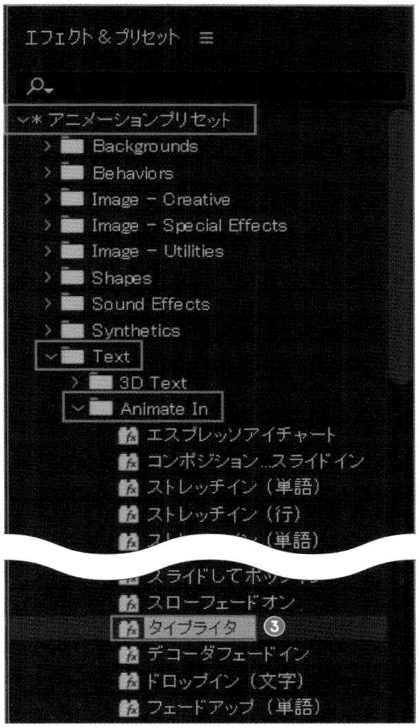

[タイプライタ]はタイプライタで打ち込んだ文字のように表示されるアニメーションです。

3 プリセットが適用されました。インジケーターを0秒の位置に移動して再生してみましょう。

アニメーションプリセットはテキストだけでも数百種類用意されています。お気に入りのプリセットを見つけてみましょう。

ここがPOINT

ほかの方法でプリセットを適用する

[アニメーションプリセットを適用]から該当のプリセットを選択して適用することもできます。

[アニメーション]メニューの[アニメーションプリセットを適用]を選択します❶。

Windowsの場合、[Program Files]→[Adobe]→[Adobe After Effects 2023]→[Support Files]→[Presets]→[Text]→[Animate In]フォルダーを開き❷、該当のプリセットを選択し❸、[開く]ボタンをクリックします❹。

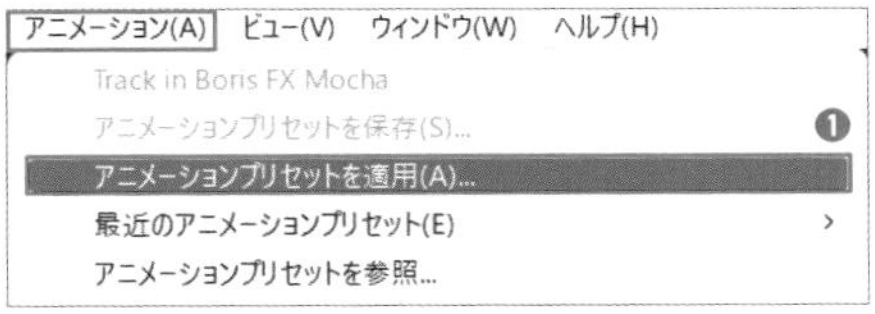

Macの場合は[Applications]→[Adobe After Effects]→[2023]→[Presets]→[Text]→[Animate In]フォルダーからプリセットを選びましょう。

プリセットの内容を編集する

適用したプリセットを編集してみましょう。ここではアニメーションの終点にあるキーフレームの位置を移動して動きをより速くしていきます。

1 レイヤーの何もないところをクリックして選択を解除し❶、Uキーを押すと各レイヤーのキーフレームが設定されているプロパティのみが表示されます。

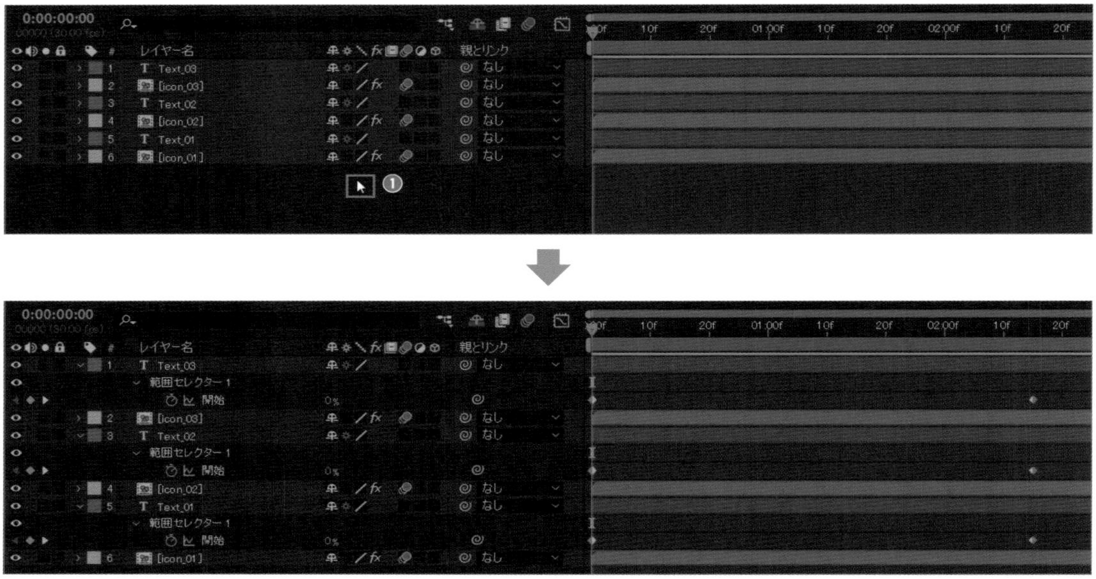

ここがPOINT

パネルの大きさを変えたいときは？

レイヤーが増えて［タイムライン］パネルの表示が見づらいときは、パネルの上端にマウスポインターを合わせて、⇕に変わったタイミングで上にドラッグしましょう。タイムラインの縦幅が大きくなります。ほかのパネルも同様に大きさを自由に変えられます。

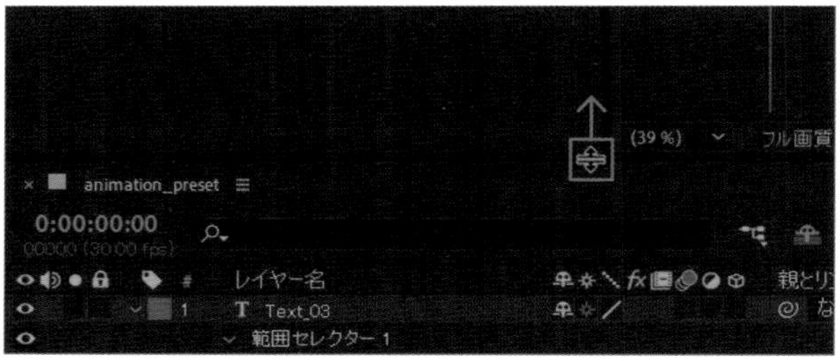

2 アニメーションの終点（2秒15フレーム）のキーフレームを囲むようにドラッグして❷、まとめて選択します。

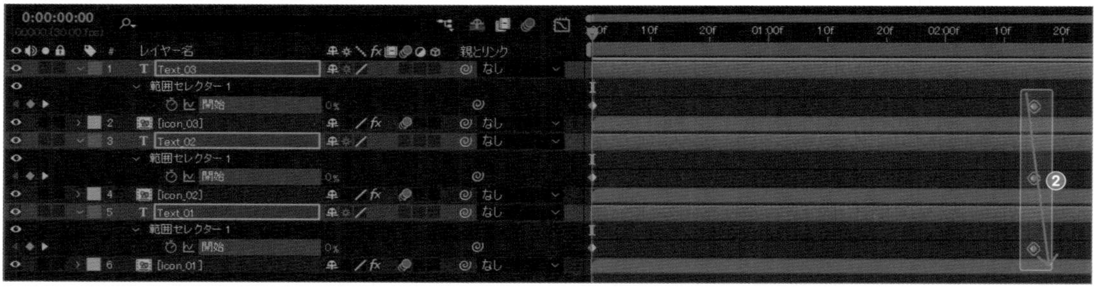

③ 選択したキーフレームを1秒の位置にドラッグします❸。

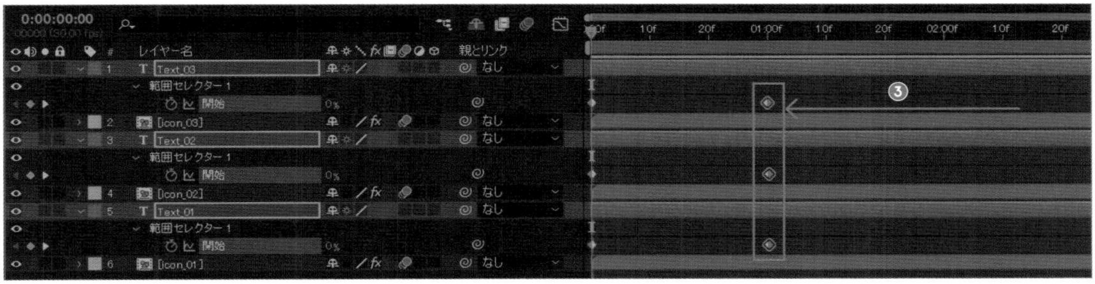

2秒15フレームにあったキーフレームを1秒の位置に移動することで、アニメーション速度が上がりました。

アイコンにプリセットを適用する

次に左側のアイコンにプリセットを適用します。

① Uキーを押して、展開したレイヤーを閉じます。インジケーターを0秒の位置に移動して❶、[icon_01] レイヤーをクリックします❷。

② [エフェクト＆プリセット] パネルで[アニメーションプリセット]→[Transitions-Movement]→[ズーム（2Dスピン]をダブルクリックします❸。

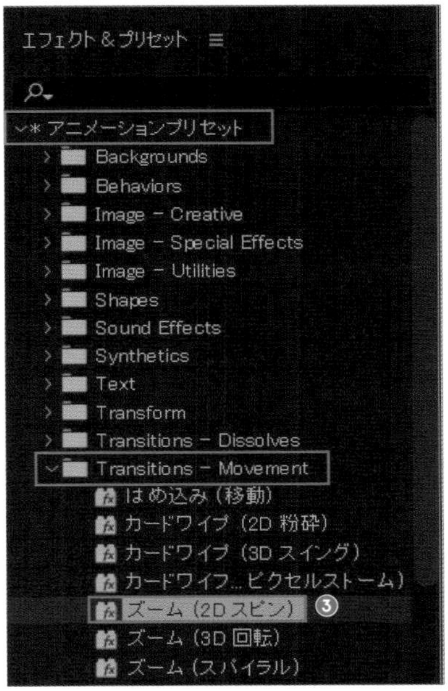

[ズーム（2Dスピン）] は回転しながら大きくなるアニメーションです。トランジション（場面転換）に適したアニメーションですが、アイコンやシェイプなどに使うこともよくあります。

4 アイコンに［ズーム（2Dスピン）］が適用されました。

左側のアイコンが回転しながら大きくなる

プリセットをカスタマイズする

適用したプリセットにイージングをかけてカスタマイズしていきましょう。ここでは変化速度が最初に加速して徐々に減速していくイージングをかけましょう。

1 ［icon_01］レイヤーをクリックし❶、Uキーを押して展開します。2つのキーフレームを選択して❷、F9キーを押してイージーイーズをかけます。

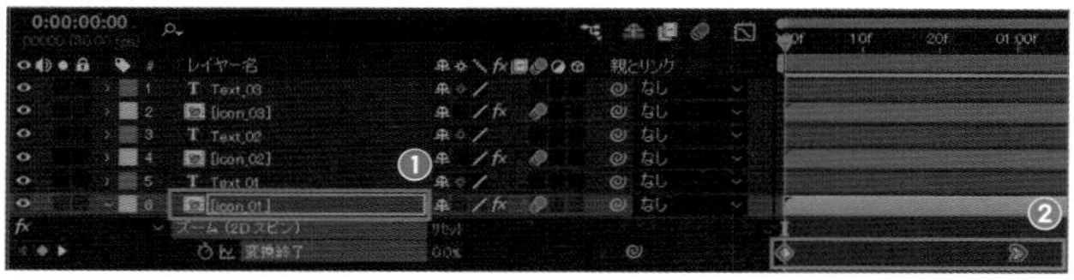

2 ［グラフエディター］ボタンをクリックし❸、速度グラフでキーフレームのハンドルを操作して❹、速度に緩急をつけます。
緩急をつけたら［グラフエディター］ボタンを再度クリックして通常のタイムライン表示に戻しておきましょう。 グラフエディターの操作 ➡ 81ページ

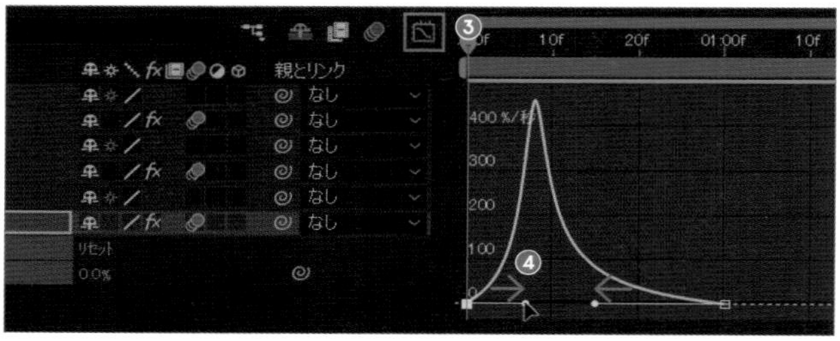

アニメーションプリセットを保存する

カスタマイズしたアニメーションをオリジナルのプリセットとして保存してみましょう。プリセットの適用で追加されたプロパティが、［ズーム（2Dスピン）］［(Transform)］です。この2つのプロパティを保存しましょう。

1 一度［icon_01］レイヤーを閉じて選択を解除します❶。再度［icon_01］レイヤーを展開し、［エフェクト］にある［ズーム（2Dスピン）］［(Transform)］を選択します❷。

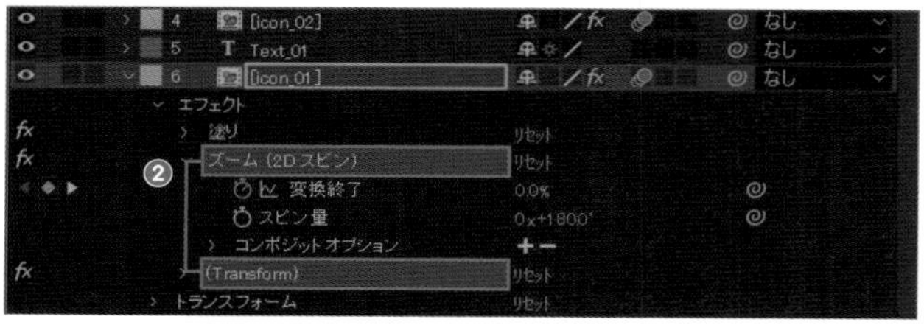

2 ［アニメーション］メニューの［アニメーションプリセットを保存］を選択します❸。

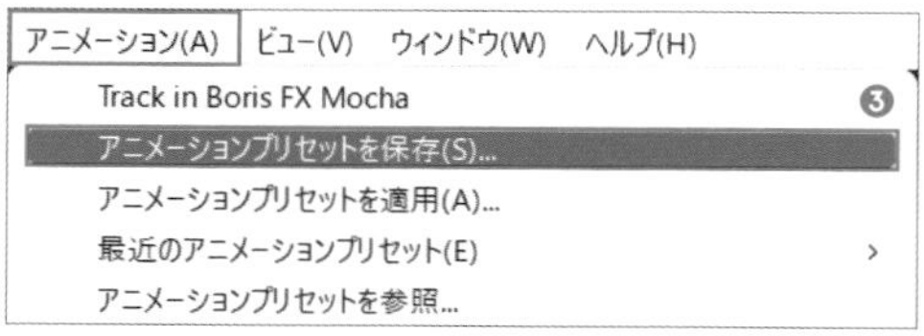

3 ［アニメーションプリセットに名前を付けて保存］ダイアログボックスが開くので、After Effects の［Presets］フォルダーに新しいフォルダーを作成します❹。ここではフォルダー名を「01_My presets」としました。

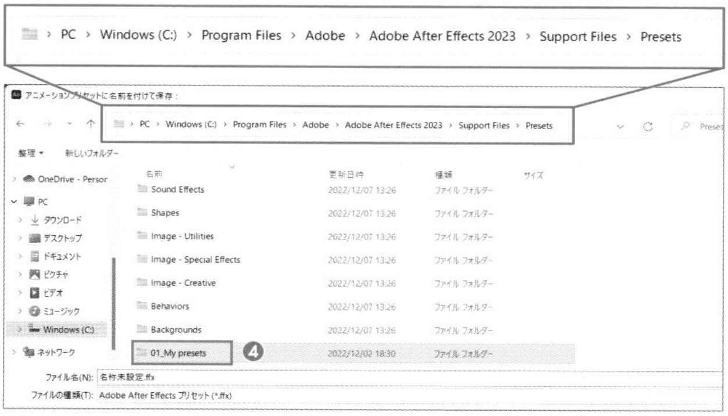

ここがPOINT

Macの場合

Macの場合は［書類］→［Adobe］→［After Effects 2023］→［User Presets］の中に新しいフォルダーを作成しましょう。

Windowsの場合は右クリック→［新規作成］→［フォルダー］をクリックすると新規フォルダーを作成できます。

4 作成したフォルダーを開き、ファイル名をつけて❺［保存］ボタンをクリックします❻。

ここでは回転という意味の「rotate」という名前をつけました。

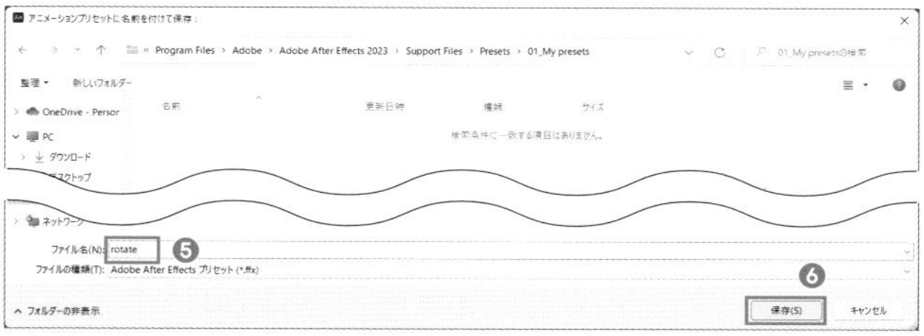

保存したプリセットを適用する

真ん中と右側のアイコンに保存したプリセットを適用してみましょう。

1 インジケーターを0秒の位置に移動し、［icon_02］と［icon_03］レイヤーを選択します❶。

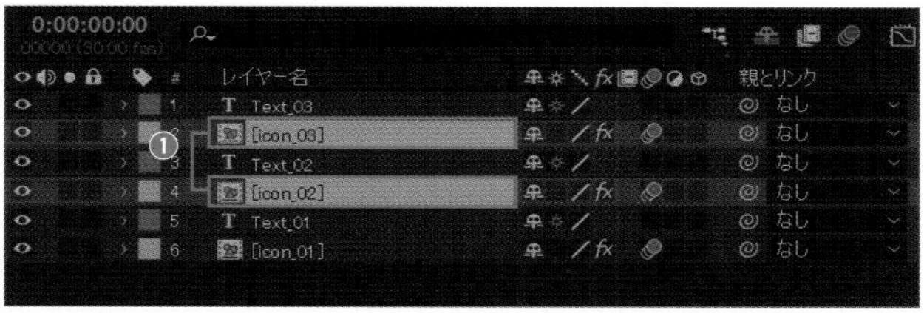

2 ［エフェクト＆プリセット］パネルで保存したプリセット名を探し、ダブルクリックします❷。

手順3で［Presets］フォルダー内に保存することで、この［エフェクト＆プリセット］パネル内に表示されるようになります。

3 すべてのアイコンに同じように回転しながら大きくなるアニメーションが適用されました。

アニメーションのタイミングをずらす

最後にデュレーションバーを移動してアニメーションのタイミングを1秒ずつずらし、左から順に表示されるようにしましょう。

1 インジケーターを1秒の位置にドラッグします❶。[Text_02][icon_02]レイヤーを選択し❷、[キーを押します。

2 選択したレイヤーのデュレーションバーがインジケーターの位置に移動します❸。

[はデュレーションバーを
インジケーターの位置に移動する
ショートカットキーです。

3 同様に[Text_03][icon_03]のレイヤーを選択し❹、デュレーションバーを2秒の位置に移動します❺。

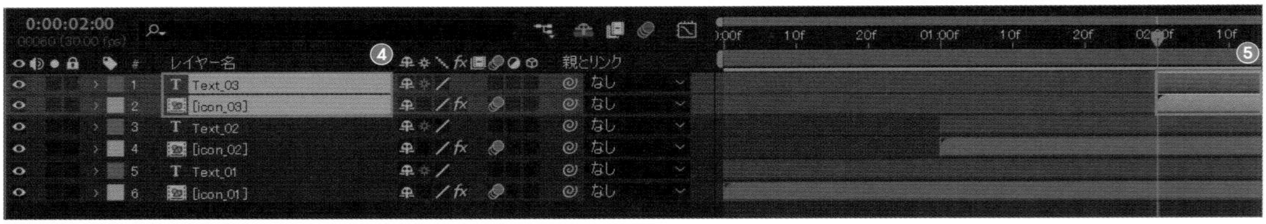

できた！ 再生してみましょう。
アニメーションプリセットを使ったアニメーションができました。

CHAPTER 3 LESSON 9

#楕円形ツール #整列 #結合 #サイズ #スケール

円が波紋のように広がるアニメーションを作ろう

動画でもチェック!

https://dekiru.net/yae_309

練習用ファイル

3-9.aep

このレッスンでは型抜きしたシェイプを使ってアニメーションを作る方法を解説します。シンプルな図形も見せ方次第で見映えのする素材になります。

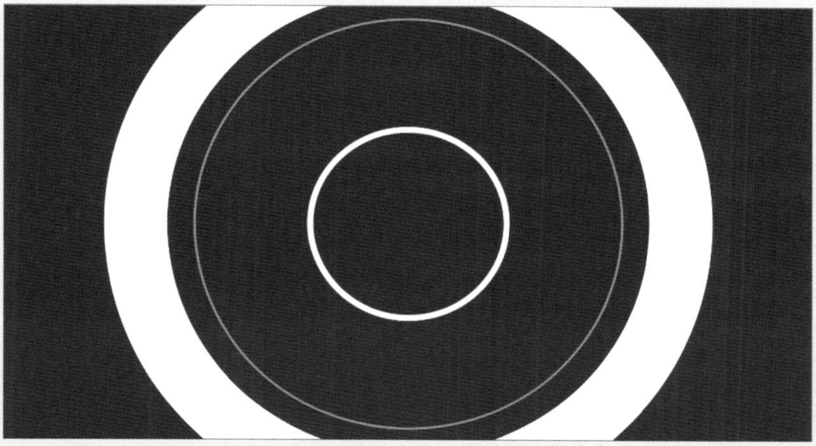

[結合]という機能を使うと、重なり合うシェイプを使って別の形を作れます。ここでは[結合]の[型抜き]を使って作成した円が徐々に大きくなるアニメーションを作ります。さらに円を複製してサイズや色、タイミングを変えることで、波紋が広がるようなアニメーションにしていきましょう。

正円を作る

ベースとなる白い正円を描きます。描いた円は中央に整列させましょう。

1 練習用ファイル「3-9.aep」を開きます。
[楕円形ツール]で[塗り]を白、[線]をなしの正円を描きます❶。

図形の色の設定 ➡ 64ページ
円の描き方 ➡ 65ページ

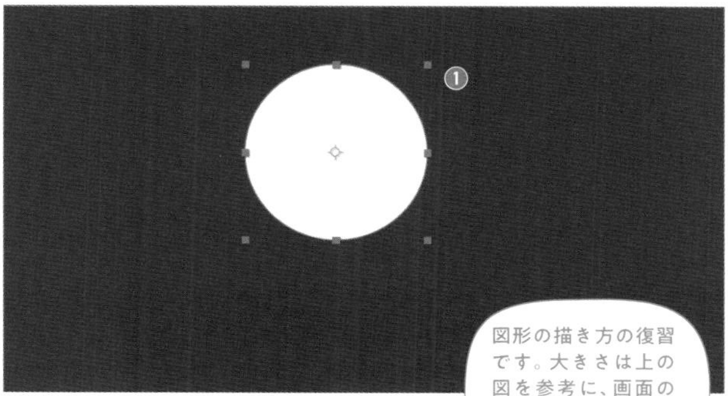

図形の描き方の復習です。大きさは上の図を参考に、画面の縦幅の1/3程度にしておきましょう。

2 [整列]パネルで[水平方向に整列]❷[垂直方向に整列]をクリックします❸。

[整列]パネルが表示されていない場合は[ウィンドウ]メニューから[整列]を選択しましょう。

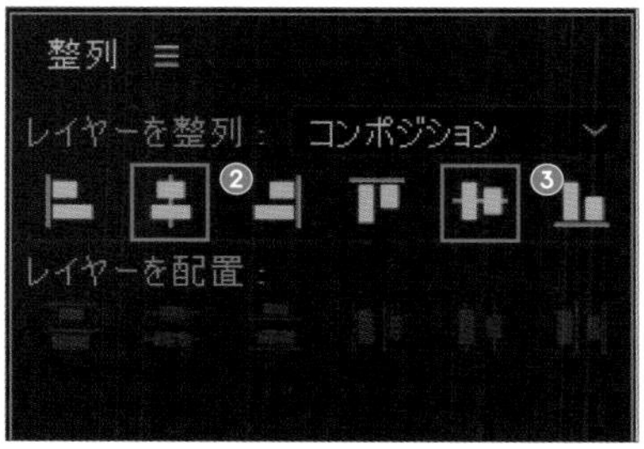

3 正円が画面の中央に整列されました。

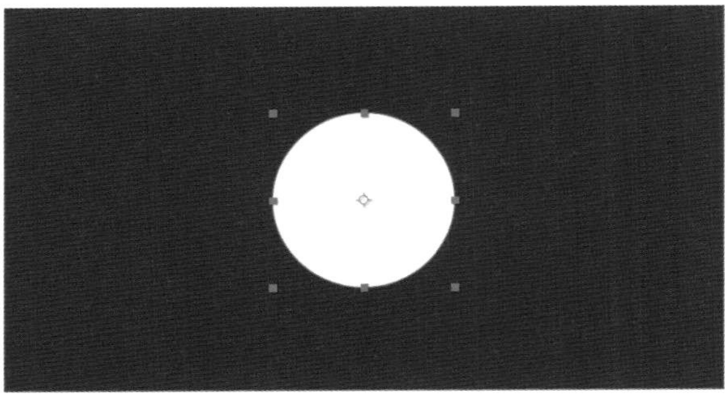

サイズが大きくなるアニメーションをつける

25フレームかけて円が大きくなるアニメーションをつけます。シェイプレイヤーにある［サイズ］の数値を変えてアニメーションをつけます。

1 インジケーターを25フレームの位置に移動し❶、シェイプレイヤーの［楕円形1］→［楕円形パス1］→［サイズ］のストップウォッチをクリックします❷。

2 インジケーターを0秒の位置に移動し❸、［サイズ］の縦横どちらかに「0」と入力し❹、Enter キーを押します。

3 シェイプのサイズが0、つまり小さくなって消えた状態になります。

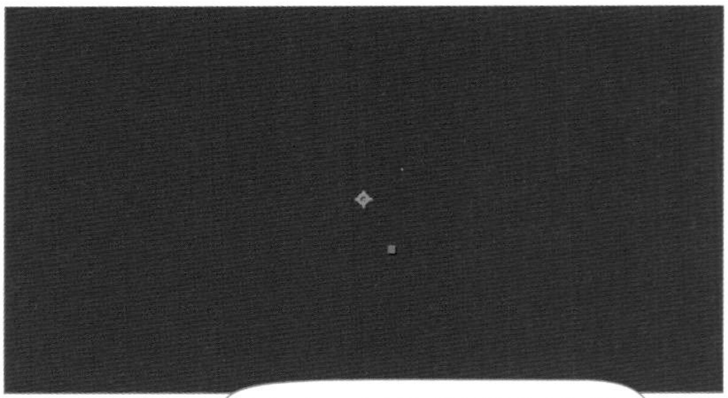

25フレームかけて円が0から最初に描いた大きさまで大きくなっていくアニメーションができました。

4 作成した2つのキーフレームを選択して F9 キーを押してイージーイーズをかけます❺。

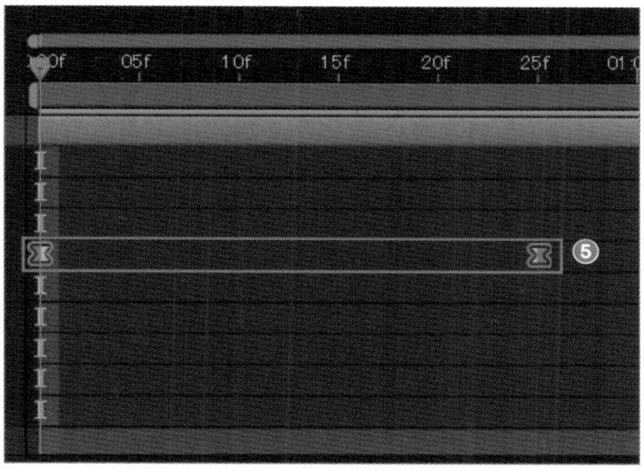

5 グラフエディターでハンドルを操作して❻、左側に山がくるように調整します。
調整ができたらグラフエディターをオフにして通常の表示に戻します。

グラフエディターの使い方 ➡ 81ページ

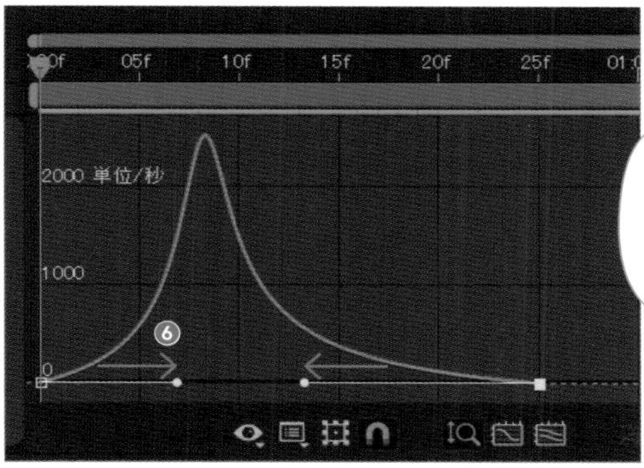

楕円形パスを複製して型抜きする

2つのパスを使って型抜きをして、中がくり抜かれた円を作ります。

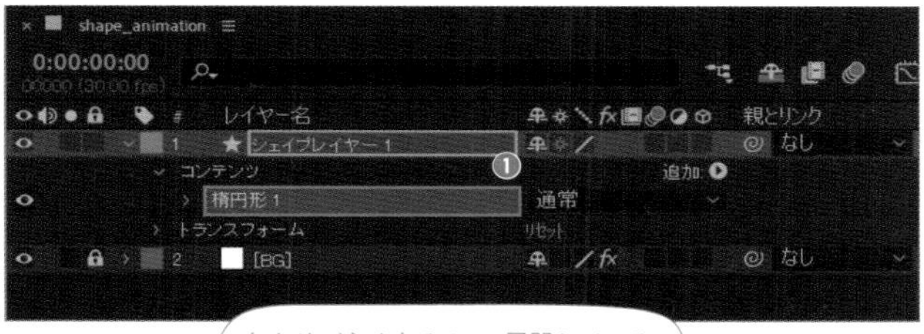

1 [楕円形1] を選択し❶、Ctrl (⌘)+D キーを押します。

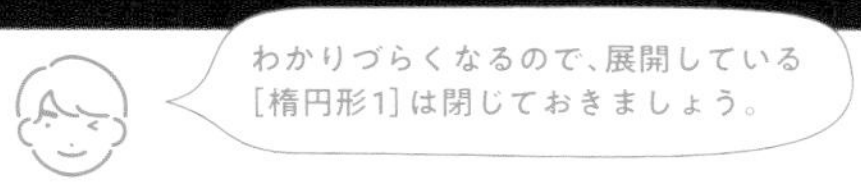

2 [楕円形1] が複製され、[楕円形2] が作成されました❷。

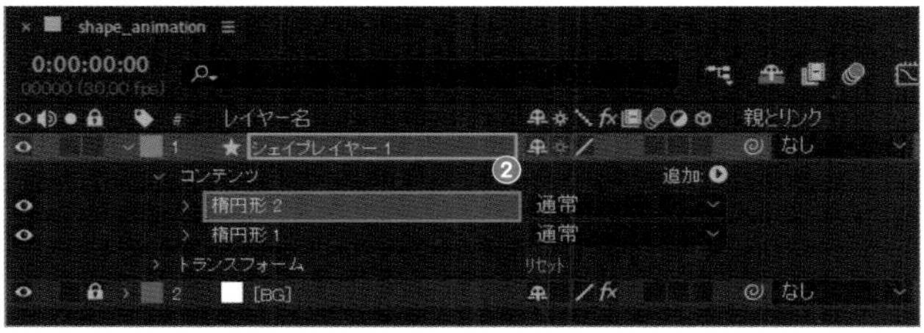

ここがPOINT

複製のショートカットキー

[タイムライン] パネルで複製したいレイヤーやシェイプを選択し Ctrl (⌘)+D キーを押すと複製できます。複製はよく使うので覚えておきましょう。

3 [シェイプレイヤー1] を選択し、[コンテンツ] の [追加] の ▶ をクリックして❸、[パスを結合] を選択します❹。
[楕円形1] の下に [パスを結合1] が追加されます。

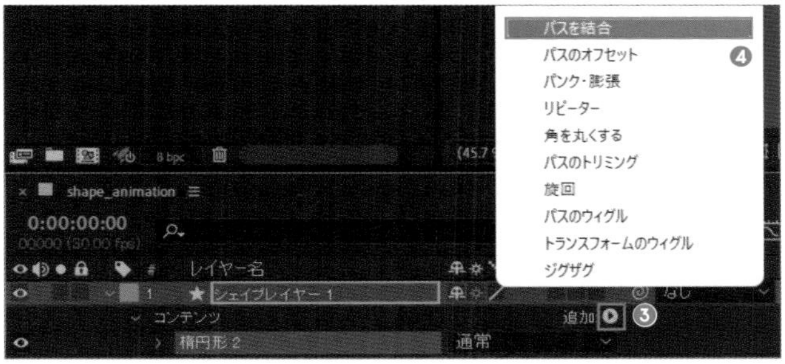

④ ［パスを結合1］を展開し、［モード］から［型抜き］を選択します❺。

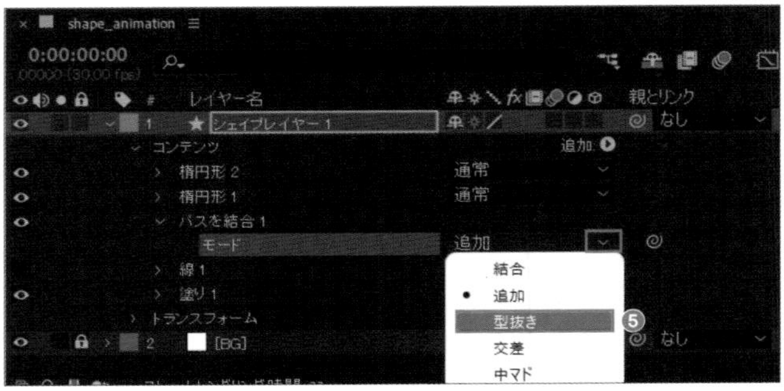

［パスを結合］のモードについては下の「ここがPOINT」で解説しています。

⑤ 上にある円で下の円が型抜きされました。タイムラインのインジケーターをドラッグすると、円のパスだけが表示されます。このとき再生しても何も表示されません。

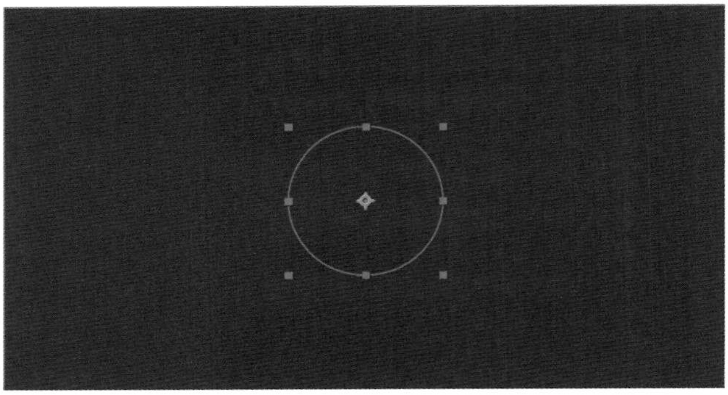

インジケーターをドラッグするとパスだけが表示される

2つの正円が同じ大きさなので型抜きをすると再生しても何も表示されなくなります。下のPOINTでわかりやすく説明しているので、チェックしてみてください。

ここがPOINT

結合の種類

結合とは、重なり合った複数のシェイプを合成する機能です。結合にはこのレッスンで操作した［型抜き］を合わせて5つの種類があります。重なり合う2つの円を例にそれぞれの違いを見ていきましょう。

もとの状態

● 結合

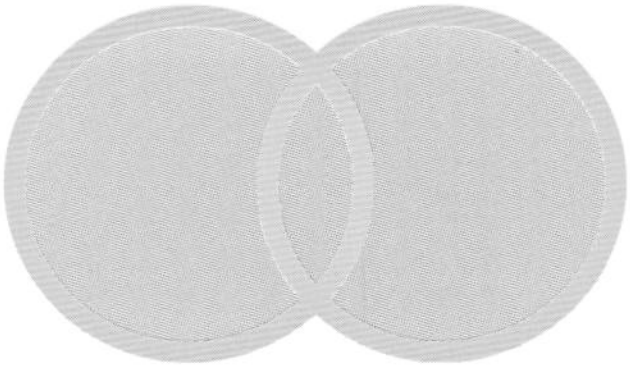

塗りも線も合わさって1つになる

● 追加

重なり合う部分の線が消える

● 型抜き

上にあるシェイプが下にあるシェイプで型抜きされる

● 交差

重なり合う部分だけが残る

● 中マド

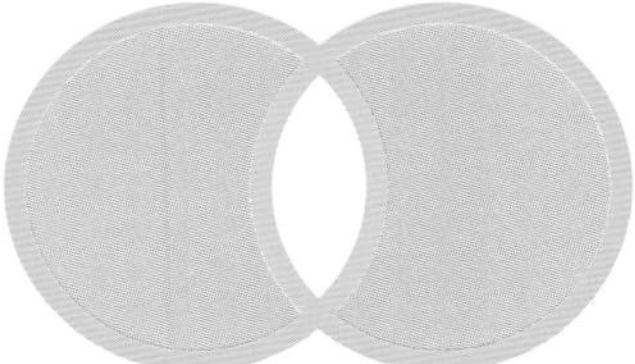

重なり合う塗りの部分が消える

手順⑤では、上の楕円形2が下の楕円形1で型抜きされた状態です。楕円形2の下には、楕円形1が白い色を保持したまま残っています。

下にある円のアニメーションのタイミングをずらす

型抜きした円は表示されていない状態ですが、重なる2つの円の形やキーフレームは保たれています。下にある円のアニメーションのタイミングをずらして時間差で広がっていくアニメーションを作ります。

① シェイプレイヤーをクリックして❶、Uキーを押すとキーフレームが表示されるので、下の[楕円形1]の2つキーフレームを5フレーム右にずらします❷。

② 再生してみましょう。[楕円形2]に遅れて[楕円形1]が表示されることで円が時間差で広がっていくアニメーションができました。

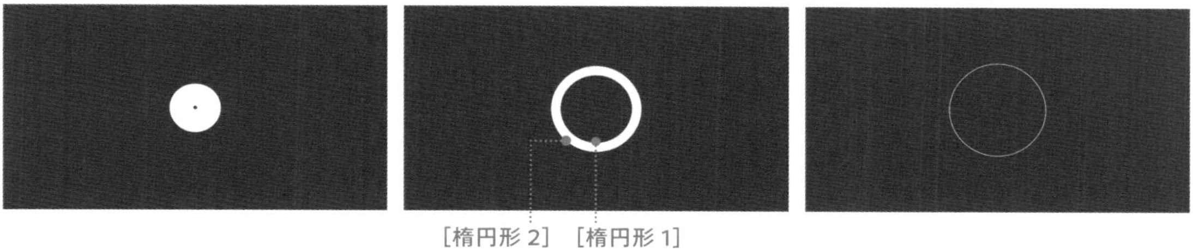

③ アニメーションの長さに合わせてデュレーションを変更しましょう。シェイプレイヤーを選択します❸。ここでは遅れて表示される[楕円形1]の終点が1秒の位置にあるのでインジケーターを29フレームの位置に移動して❹、Alt（option）+]キーを押します。

Alt（option）+]キーはレイヤーの終点をインジケーターの位置（正確にはインジケーターの右側1フレーム）でトリミングするショートカットです。

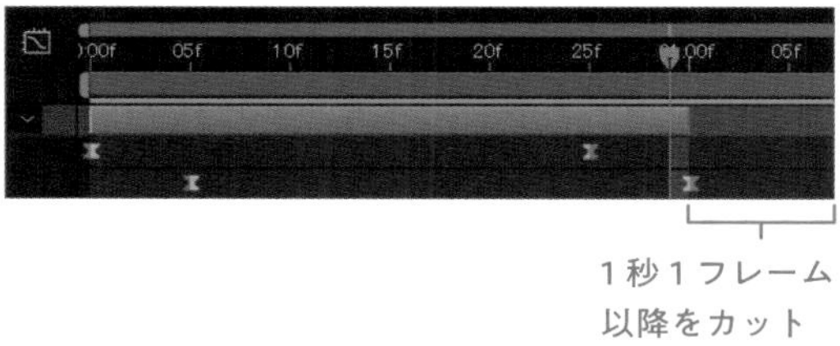

円を複製してアレンジする

ここまででベースのアニメーションができたので、これを複製してサイズを変えたり、色を変えたりして華やかにしていきましょう。

① シェイプレイヤーを選択して❶、Ctrl+Dキーを押して複製します。

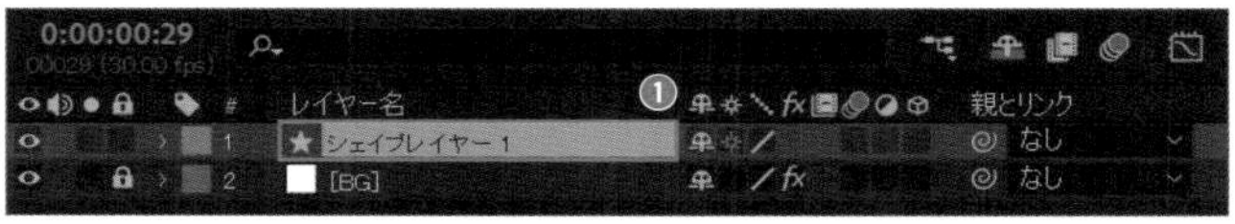

② 複製したレイヤーが選択された状態でSキーを押すと[スケール]のプロパティが表示されます❷。

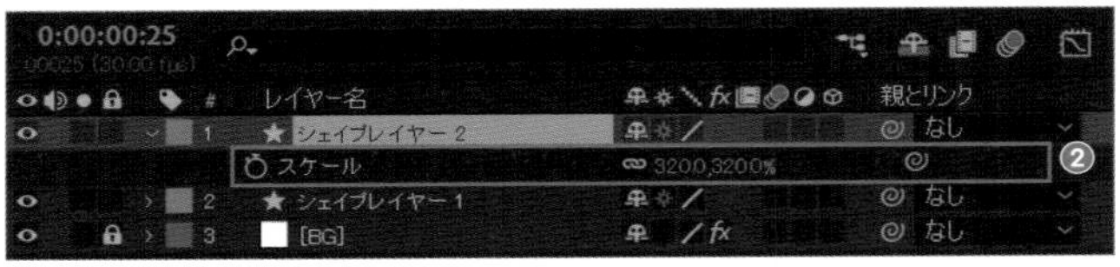

③ インジケーターを25フレームの位置に移動します。[スケール]の数値の部分を右にドラッグして❸、円を大きくします。ここでは25フレームあたりで下の図の大きさになるくらいに円の大きさを調整しました。

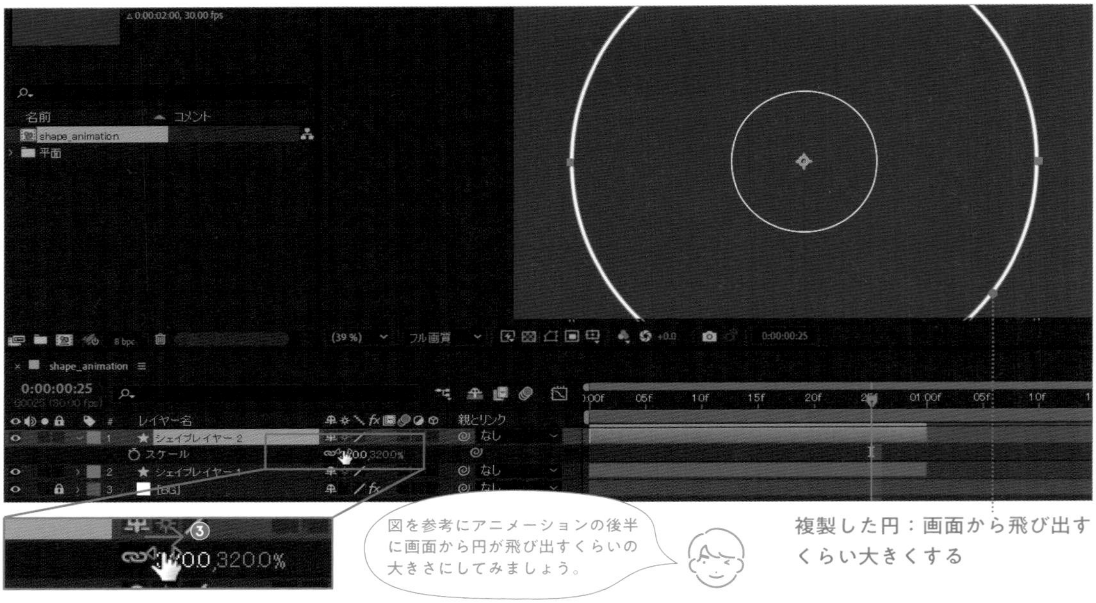

ここがPOINT

[サイズ]と[スケール]の違いは？

112ページでは円のサイズを変えるのに[楕円形パス1]の[サイズ]のプロパティを調整しましたが、ここでは[トランスフォーム]の[スケール]を調整しています。[サイズ]はシンプルにシェイプのパスの大きさを変更するためのプロパティです。そのため値を調整しても線幅は変わりません。それに対して[スケール]は作成したシェイプのすべての大きさを調整するものなので、値を調整するとそれにあわせて線幅も変わります。[スケール]と[サイズ]それぞれのプロパティの特性を理解して、使い分けましょう。

● [サイズ]

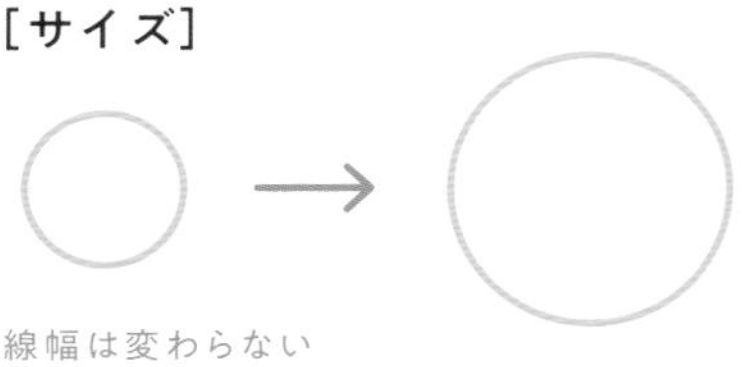

線幅は変わらない

● [スケール]

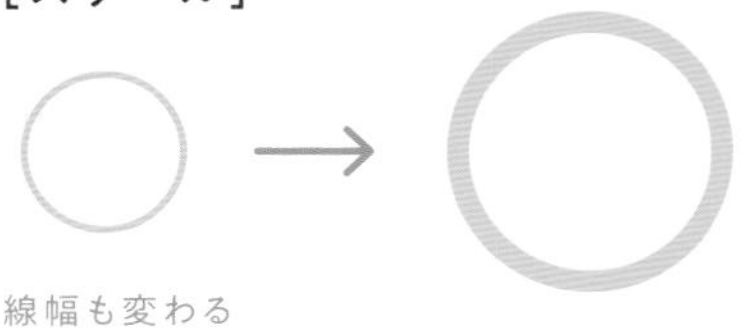

線幅も変わる

④ さらに複製して色の違う円を作りましょう。
115ページを参考に[シェイプレイヤー2]を複製して、[シェイプレイヤー3]を作成します。 [シェイプレイヤー3]が選択された状態で❹、編集画面上部の[塗り]をクリックします❺。

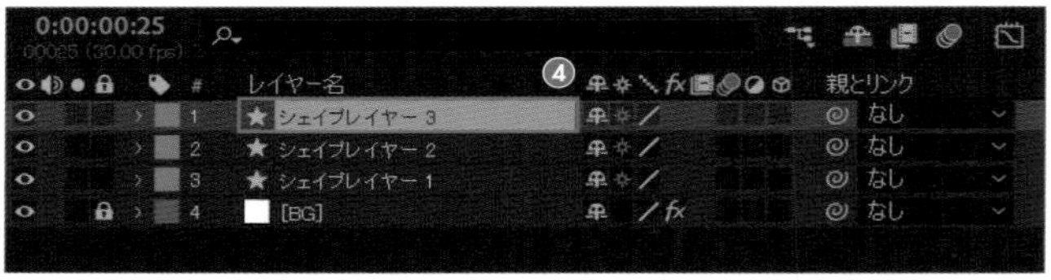

5 ［シェイプの塗りカラー］ダイアログボックスが表示されるのでカラーコードを「E58173」に設定し❻、［OK］ボタンをクリックします❼。

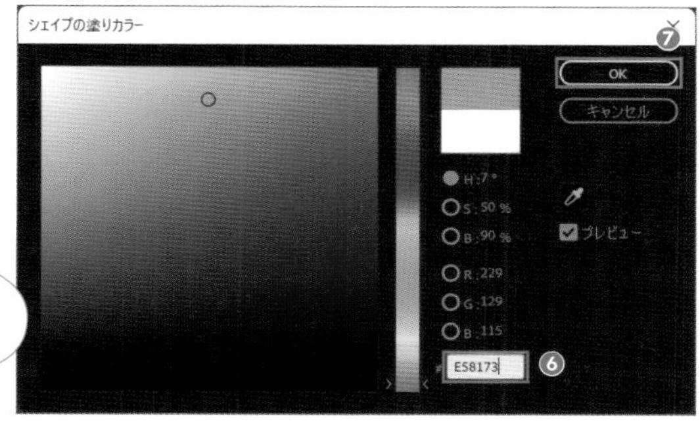

カラーコード「E58173」は淡いピンクです。好みに応じてほかのカラーも試してみるといいでしょう。

6 複製した円の色が変わりました。
前のページを参考にサイズも変更しましょう。［シェイプレイヤー1］と［シェイプレイヤー2］の中間くらいの大きさにするとよいでしょう。

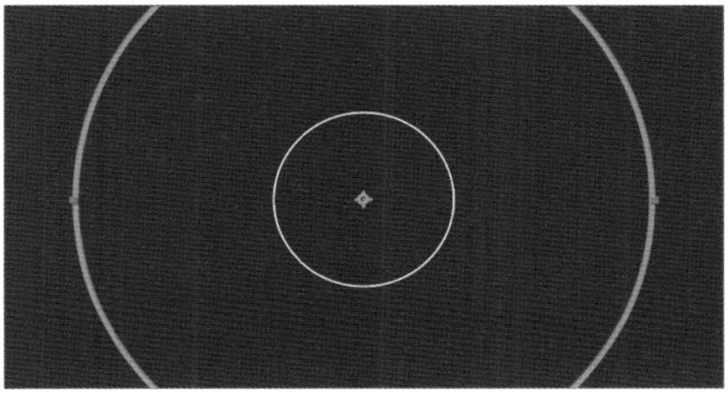

［シェイプレイヤー2］と［シェイプレイヤー3］が重なっている状態

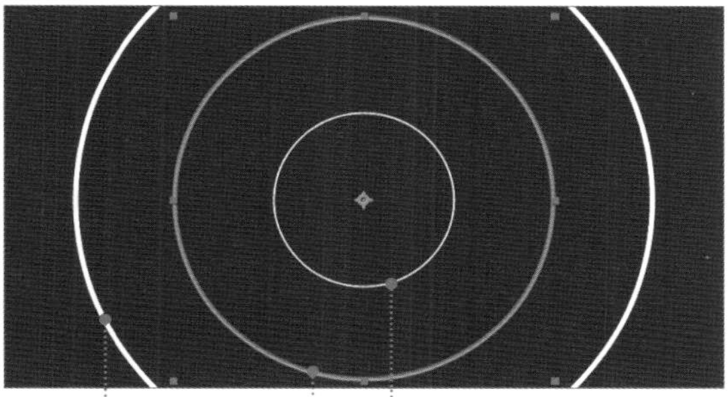

アニメーションのタイミングをずらす

3つの円のアニメーションをずらしていきます。

1 ［シェイプレイヤー1］と［シェイプレイヤー2］のデュレーションバーを図を参考に移動します❶。

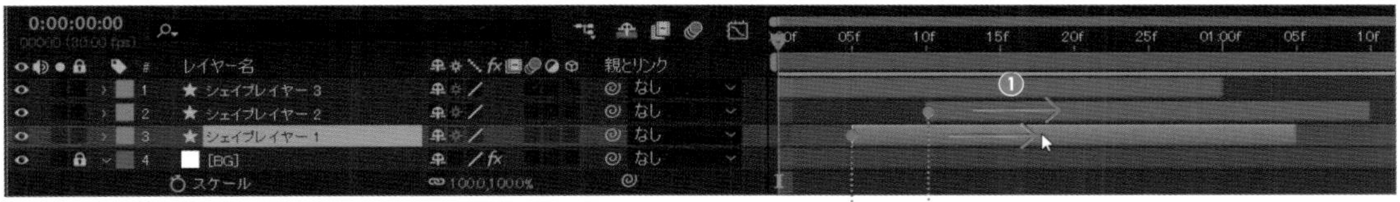

できた！ 再生してみましょう。
3つの円が波紋のように広がっていくアニメーションができました。

単純な図形でも大きさや色、アニメーションのタイミングをずらすことで見映えのする動画を作ることができます。

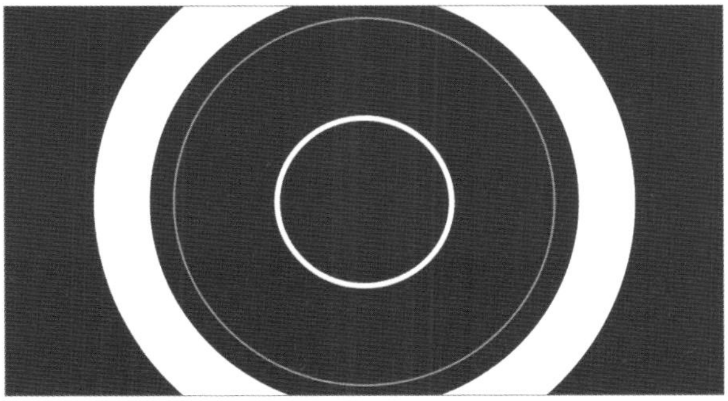

CHAPTER 3

LESSON 10

#エクスプレッション #time

コードを入力してアニメーションを作成しよう

動画でもチェック!

https://dekiru.net/yae_310

練習用ファイル
3-10.aep

時計の針の動きなど、複雑なアニメーションは「エクスプレッション」というコードを入力することで実現できます。ここではエクスプレッションの基本を学びましょう。

このレッスンではエクスプレッションを使って、秒針、長針、短針にそれぞれアニメーションをつけていきます。秒針は1秒間に6°回転するという動きを基準にして、長針は1秒間に秒針の1/60の角度、短針は1秒間に長針の1/12の角度で回転するという動きをコードを入力して制御します。また、長針と短針の開始位置も設定します。

エクスプレッションとは

通常、アニメーションはキーフレームを打って作成します。複雑なアニメーションになると多くのキーフレームを1つずつ作成する必要がありますが、この手間を減らすのがエクスプレッションという機能です。エクスプレッションはコードを入力して動きに指示を与えます。コードの入力だけで作成できるので、複雑なアニメーションや単純だけど手作業だと時間のかかるアニメーションなどを効率よく作成できます。エクスプレッションにはさまざまな種類がありますが、このレッスンでは「time」を使って時計の針のアニメーションを作成します。

秒針を回転するエクスプレッションを入力する

エクスプレッションは、動かしたいプロパティごとに設定します。まずは秒針を60秒で360°回転する動きを作成します。

1 練習用ファイル「3-10.aep」を開きます。
[秒針] レイヤーを選択し❶、Rキーを押して[回転]プロパティを表示します。

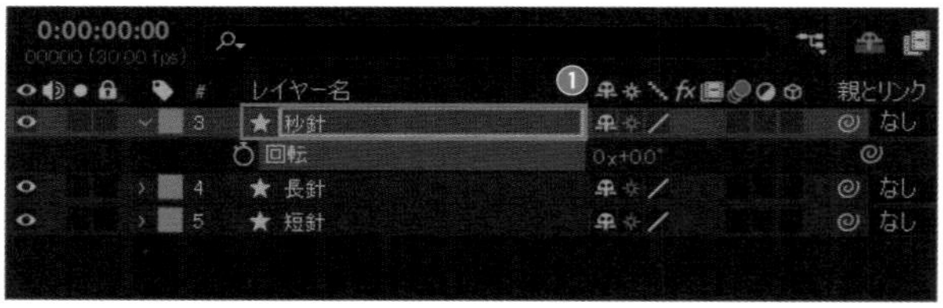

ここがPOINT

[回転]のプロパティを表示するショートカットキー

レイヤーを選択した状態で、Rキーを押すと[回転]のプロパティのみが表示されます。

ここがPOINT

アンカーポイントの位置について

エクスプレッションを入力する前に練習用ファイルの構造を理解しておきましょう。練習用ファイルに含まれる秒針、長針、短針のアンカーポイントは時計の文字盤の中心に設定されています。そのため回転のエクスプレッションを入力すると文字盤の中心を起点に回転するという構造になっています。

秒針、長針、短針のアンカーポイントの位置

② ［回転］のストップウォッチを Alt （option ）キーを押しながらクリックすると❷、タイムラインにエクスプレッションを入力するスペースが表示されます❸。

エクスプレッションを入力するスペースにある「transform.rotation」とは［トランスフォーム］プロパティの中にある［回転］を開いているということを表しています。

③ transform.rotationの部分を半角英数字で「time*6」と書き換え❹、入力スペース以外の部分をクリックします❺。

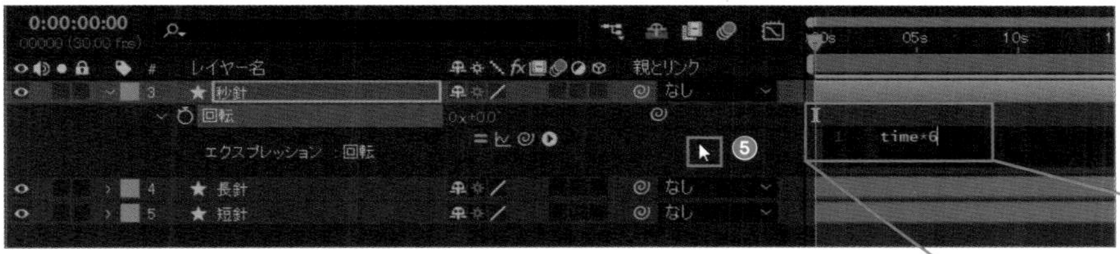

ここがPOINT

「time*6」は何を表す？

エクスプレッションはプロパティや動作を表すコードと数値で表記します。秒針は60秒で360°回転させたいので360÷60＝6、つまり1秒間に6°回転させるという意味のエクスプレッションを入力します。「time*6」は1秒間×6を表しています。これが、たとえば［位置］のプロパティであれば1秒に6ピクセル移動するという意味になります。

time*6

1秒　乗算　角度

エクスプレッションのコードや値は半角英数字で入力します。レイヤー名などを指定する場合は「""」で文字列を囲みます。この場合は全角文字も使えます。また、エクスプレッションを確定するには Enter キーではなく入力スペース以外の部分をクリックするようにしましょう。

ここがPOINT

エクスプレッション言語メニューからも入力できる

プロパティ（ここでは［回転］）の［エクスプレッション言語メニュー］❶→［Key］❷→［time］をクリックします❸。

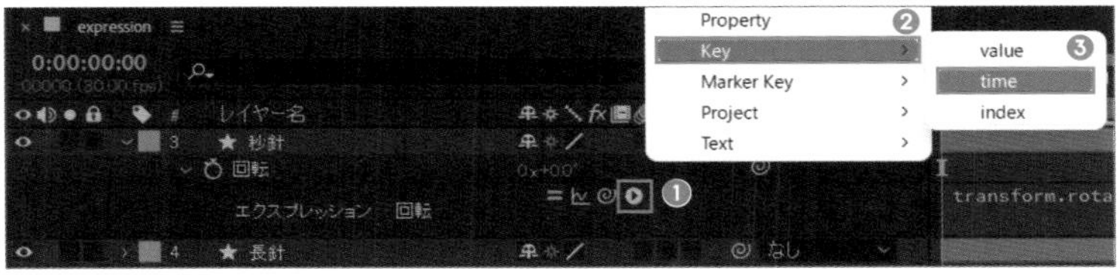

4 再生してみましょう。1秒間に6°(60秒間に360°)回転する動きにできました。

設定したデュレーションの限りこの動きを続けます。デュレーションが終わったら針の位置がリセットされます。

エクスプレッションで使用する四則演算

演算子	意味
+	加算する
-	減算する
/	除算する
*	乗算する

エクスプレッションは簡単な演算子を組み合わせてアニメーションを制御します。timeの動作は基本的に乗算を使って作成します。

長針を秒針に紐づける

次に長針のアニメーションを作ります。長針は秒針の動きと紐づける必要があります。すでに作成済みのエクスプレッションに紐づけることができる「ピックウイップ」という機能を使いましょう。ピックウイップを使うことで、あるレイヤーに設定した動作をほかのレイヤーにリンクすることができます。

1 [長針]レイヤーの[回転]プロパティを表示し、[プロパティピックウイップ](渦巻きのアイコン)を[秒針]レイヤーの[回転]にドラッグします❶。

この状態では、長針は秒針と同じ動きをします。次の操作で長針の動きを設定します。

2 [長針]レイヤーの[回転]プロパティを展開すると、エクスプレッションが作成されています❷。

「thisComp.layer("秒針").transform.rotation」はこのコンポジションの[秒針]レイヤー→[トランスフォーム]→[回転]を参照しているということを表します。

長針を回転する

長針は1秒間に秒針の1/60の角度で回転します。ピックウイップを使って作成されたエクスプレッションに式を加えて長針のアニメーションを作成しましょう。

1 「thisComp.layer(“秒針”).transform.rotation」をクリックすると文字列全体が選択されるので、カーソルを末尾に移動して「/60」と入力します❶。

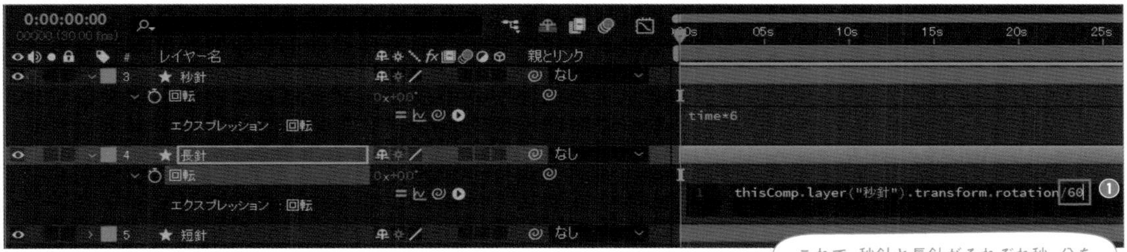

これで、秒針と長針がそれぞれ秒・分を刻む動きになりました。

ここがPOINT

エラーがないか確認する

アニメーションしない場合、エクスプレッションが間違っているなどの理由によりエラーが発生している可能性があります。エラーが発生するとレイヤーに⚠アイコンが表示されるので、エラーがないか確認しながら作業を進めてください。

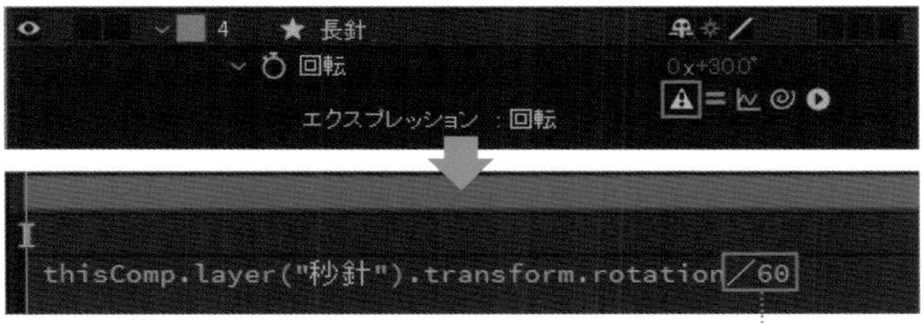

エラーの例：「/60」の「/」が全角になっている

長針を設定した位置から動かす

timeを設定すると、通常0°の位置からアニメーションが始まるようになっています。これを任意の角度で始めるには[value]というエクスプレッションを使用します。ここでは長針が60°の位置から始まるように調整してみましょう。

1 インジケーターを0秒の位置に移動します❶。「thisComp.layer(“秒針”).transform.rotation/60」の先頭に「value+」と入力し❷、[長針]レイヤーの[回転]の角度を「30」から「60」に書き換え❸、Enter キーを押します。

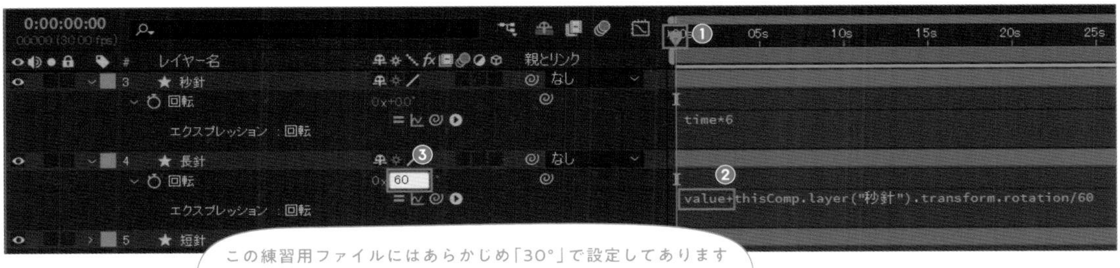

この練習用ファイルにはあらかじめ「30°」で設定してありますが、「value+」を追加しない限り、再生しても0°の位置から始まります。任意の角度でアニメーションをスタートさせるには必ず「value+」を追加するようにしましょう。

② 長針の位置が2の位置に変わります❹。

短針を動かす

最後に短針のアニメーションを作成します。ここでは秒針と同じように1文字ずつ入力してエクスプレッションを完成させてみましょう。ここまでの解説を参考に、長針の1/12の角度で短針が回転するエクスプレッションを作成します。ここでは3の位置から始まるように設定してみましょう。

① ［短針］レイヤーの［回転］プロパティのエクスプレッションに「value+time*6/60/12」と入力し❶、［回転］の角度を「90」と入力し❷、Enterキーを押します。

「time*6/60/12」で1秒間に6°回転する秒針の1/60回転する長針の、さらに1/12回転するということを表しています。文字盤の3の位置は90°で表せますね。

できた！ エクスプレッションで秒針、長針、短針の動きを制御するアニメーションができました。

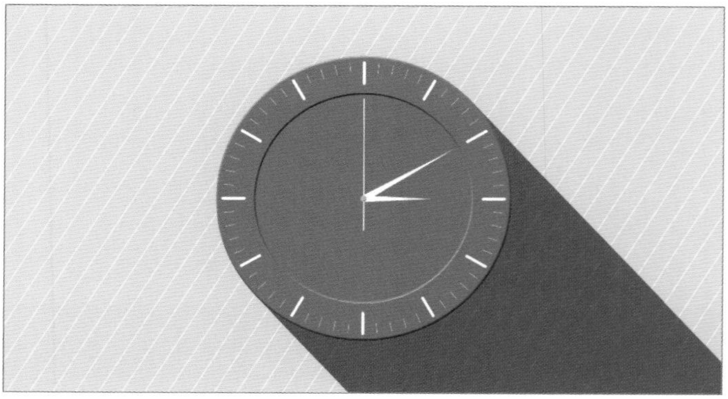

3時10分からスタートする時計が完成しました。

CHAPTER 3

LESSON 11

#エフェクト#4色グラデーション#タービュレントディスプレイス#ノイズ

エフェクトでグラデーションのアニメを作ろう

動画でもチェック!

https://dekiru.net/yae_311

練習用ファイル

3-11.aep

After Effects には、動画に演出効果をつけられるさまざまな種類のエフェクトが用意されています。エフェクトを加えることで簡単に華やかで印象的な動画にすることができます。

このレッスンでは、背景に4色のグラデーションエフェクトを適用し、それぞれの色が変化するアニメーションを追加します。さらに、ゆがみやノイズといったエフェクトを重ねて適用して、もやのような表現に仕上げていきましょう。

エフェクトとは

After Effects におけるエフェクトとは、レイヤーにさまざまな効果を加える機能です。カラーを調整したり、光を加えたり、3Dの効果を加えたりといった多様なエフェクトがあります。適用したエフェクトにキーフレームを作成しパラメーターを調整して、アレンジをすることもできます。

エフェクトを適用していない状態

[ノイズ]エフェクトを適用

[白黒]エフェクトを適用

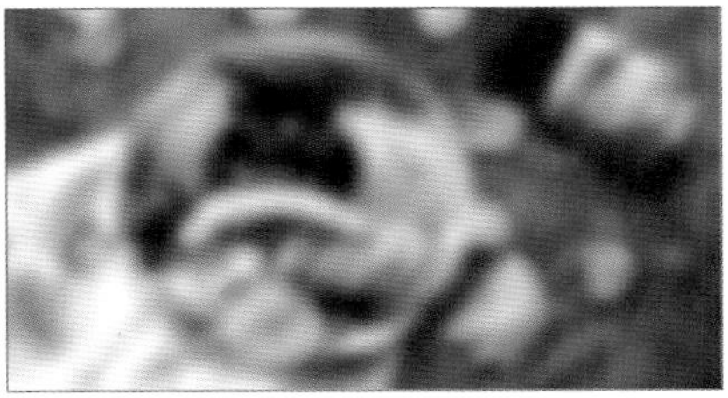
[高速ボックスブラー]エフェクトを適用

エフェクトを適用する

エフェクトを適用したり編集したりするのに最適な［エフェクト］ワークスペースに切り替えてから、4色のグラデーションのエフェクトを適用してみましょう。

① 練習用ファイル「3-11.aep」を開きます（操作上不要なレイヤーは［シャイ］機能を使って非表示にしてあります）。
［エフェクト］ワークスペースに切り替えます。

ワークスペースの切り替え ➡ 35ページ

今回は背景にエフェクトを加えるので、背景の上のテキストやそのほかのオブジェクトのレイヤーはロックをかけて非表示にしてあります。

② ［Gradient］レイヤーを選択し❶、［エフェクト＆プリセット］パネルの［描画］→［4色グラデーション］をダブルクリックします❷。

ここがPOINT

エフェクトの適用方法

エフェクトは［エフェクト＆プリセット］パネルから適用する方法と［エフェクト］メニューから適用する方法があります。適用したいレイヤーを選択してから操作します。

・［エフェクト＆プリセット］パネルから適用
エフェクト名をダブルクリックするか、レイヤーに直接ドラッグ＆ドロップして適用できます。また、適用するエフェクトを探す際に、検索バーにエフェクト名を入力して探すことができます。

・［エフェクト］メニューから適用
［エフェクト］メニューからエフェクトを探してクリックすると適用できます。

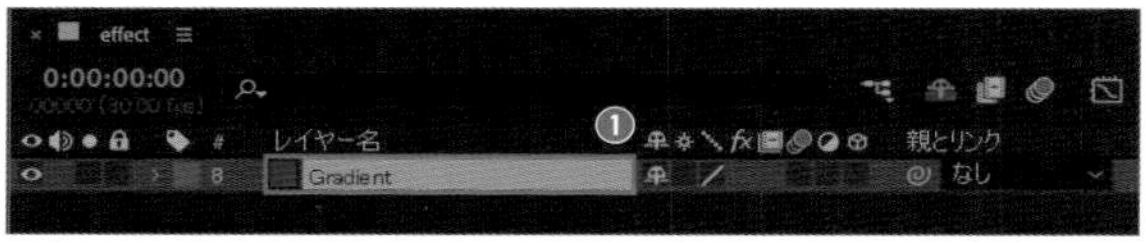

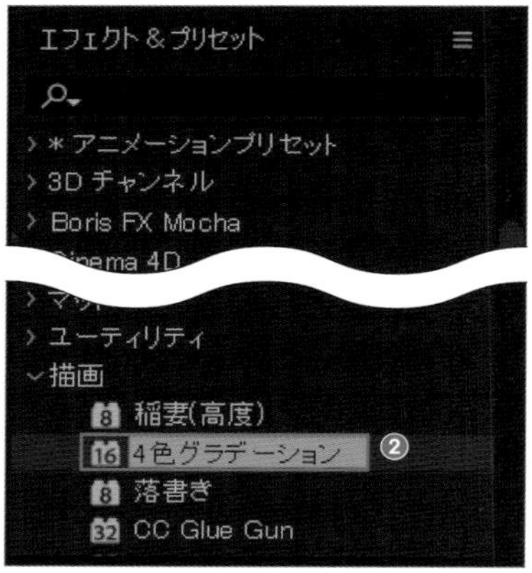

③ 四隅のポイントを起点に混ざり合う4色のグラデーションエフェクトが適用されました。

グラデーションの色を変更する

グラデーションの4色は自分の好きな色に変えられます。ここでは、やわらかい色合いのグラデーションに変更します。エフェクトの調整は［エフェクトコントロール］パネルから行いましょう。

1 ［エフェクトコントロール］パネルの［カラー1］の□をクリックすると❶、［カラー1］ダイアログボックスが表示されるので、カラーコードを「008785」にして❷、［OK］ボタンをクリックします❸。

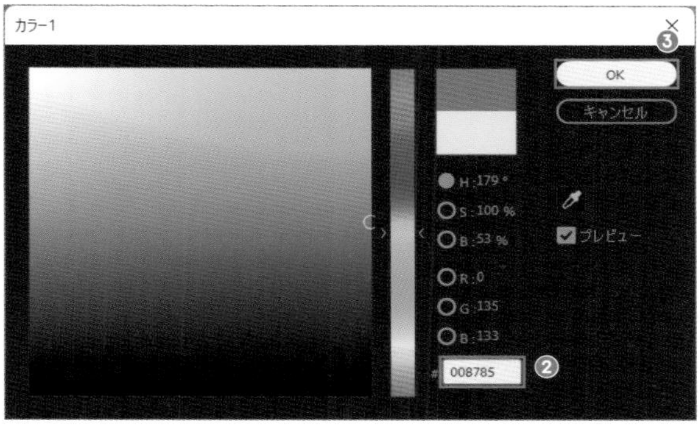

2 左上のカラーが設定した色に変わりました。

3 同様の手順で次のとおりにカラー2〜4の色を変えます。

カラー2……「D46981」❹
カラー3……「F9CFB9」❺
カラー4……「9DA958」❻

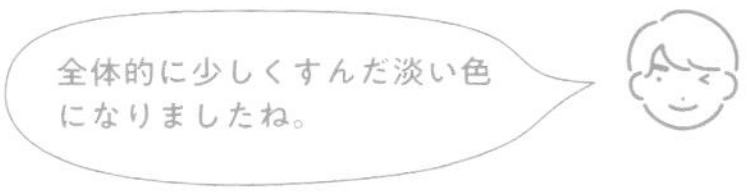

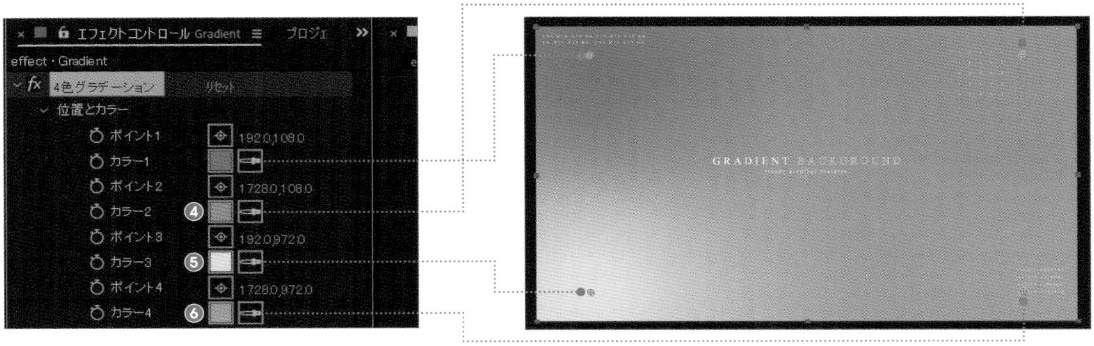

ブレンドを調整する

4色の混ざり具合を［ブレンド］の数値を変更して調整します。数値が高いほど、色の境目がなくなり、低いほど境目が明瞭になりはっきりとします。ここではもとの数値より少し下げていきます。

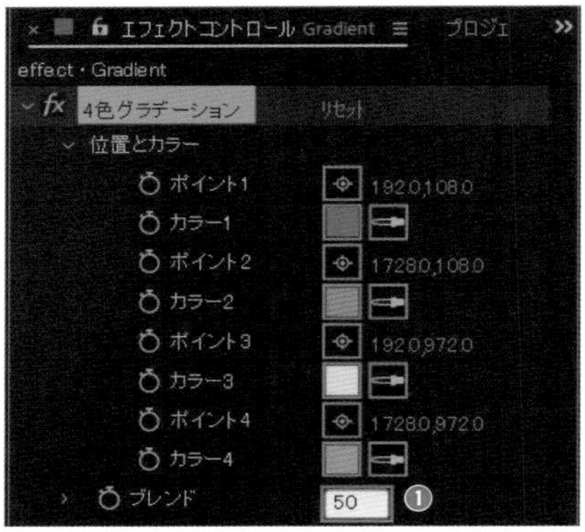

① ［エフェクトコントロール］パネルの［ブレンド］の値に「50」と入力し❶、Enter キーを押します。

② 境目が少しだけ明瞭になりました。

開始時と終了時のキーフレームを作成する

四隅にあるグラデーションのポイントにアニメーションをつけて、グラデーションを動かしていきます。2.5秒かけて4つのポイントが指定した位置まで動き、2.5秒かけてまたもとの位置に戻ってくるアニメーションにしてみましょう。

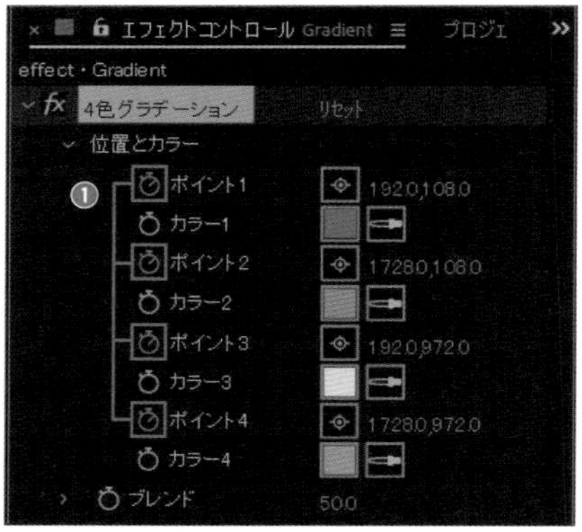

① タイムラインのインジケーターを0秒の位置に移動します。［エフェクトコントロール］パネルの［ポイント1］～［ポイント4］のストップウォッチをそれぞれクリックし❶、キーフレームを作成します。

② U キーを押すとタイムラインにそれぞれのポイントのキーフレームが表示されます。4つのキーフレームをすべて選択したら❷、Ctrl（⌘）＋C キーでコピーします。

［エフェクトコントロール］パネルとタイムラインは連動しています。タイムラインの各プロパティのストップウォッチをクリックしてキーフレームを作成することもできます。

3 5秒後にまたもとの位置に戻るアニメーションにするので、インジケーターを右端に移動し❸、Ctrl（⌘）+Vキーを押して、ペーストします。5秒時点にキーフレームが複製されました❹。

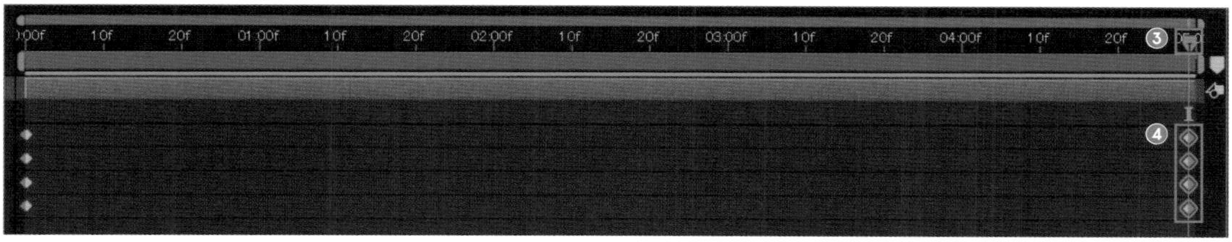

最初と最後が同じグラデーションなので、先にまとめてキーフレームを作ったほうが効率的ですね。

中間地点のキーフレームを作成する

次に5秒の半分の時点（2秒15フレーム）に4つのポイントがそれぞれ異なる方向に動くアニメーションを加えます。

1 インジケーターを2秒15フレームの位置に移動します❶。

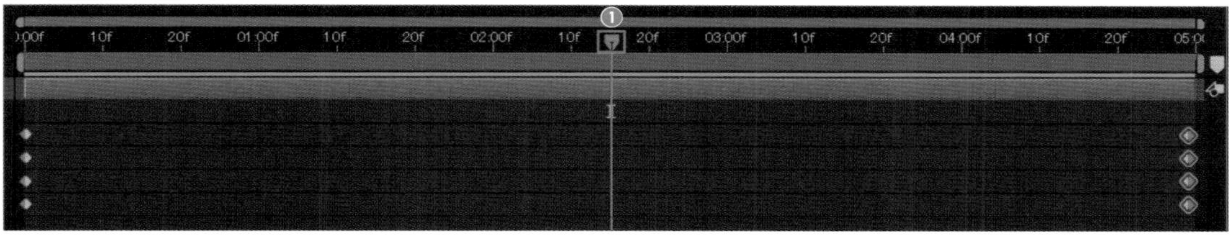

2 右の図を参考に［コンポジション］パネルで4つのポイントをドラッグします❷。

4つのポイントが斜めに傾いたような長方形になるような位置にしましょう。ポイントの位置に合わせて色の位置も移動します。

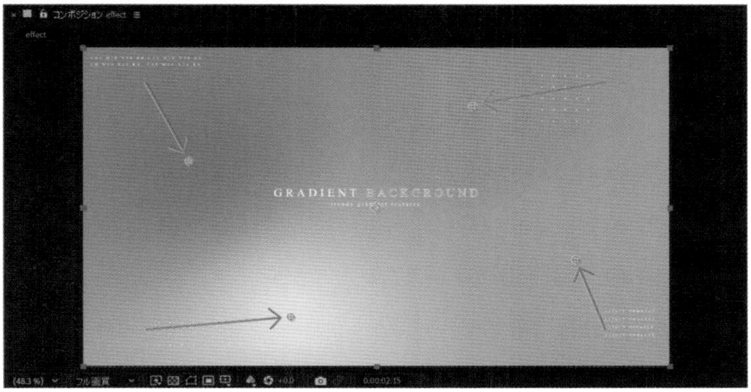

3 インジケーターを0秒の位置に戻して再生してみましょう。2.5秒をかけて4つのポイントが指定した位置まで動き、2.5秒かけてまたもとの位置に戻ってくるアニメーションになりました。

滑らかで不規則な動きにする

さらに動きにアレンジを加えていきます。滑らかで不規則な動きにするために、イージングをかけて、アニメーションのタイミングをずらしていきます。

1 [ポイント1]〜[ポイント4]のレイヤーをすべて選択し、F9キーを押してイージーイーズをかけます❶。

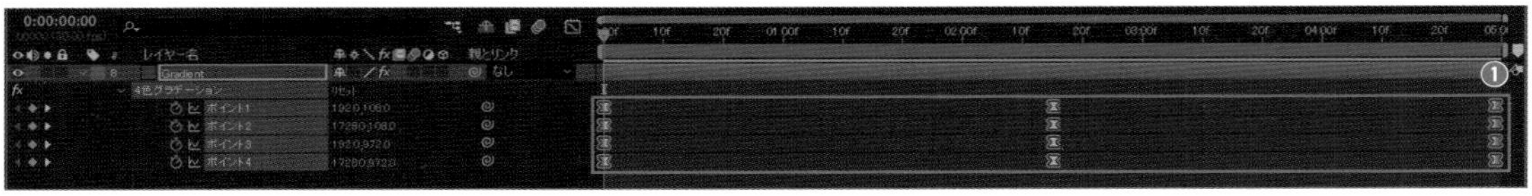

レイヤーをクリックすると、そのレイヤーに含まれるすべてのキーフレームが選択されます。

2 レイヤーの選択を解除して、[ポイント1]と[ポイント3]の2秒15フレームの位置のキーフレームを3秒の位置に移動します❷。[ポイント2]と[ポイント4]の2秒15フレームの位置のキーフレームを2秒の位置に移動します❸。

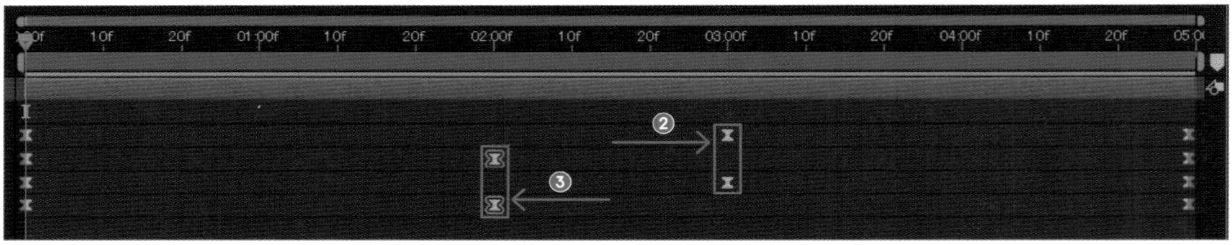

レイヤーにゆがみを加える

レイヤーにゆがみを加えて、グラデーションのカラー同士をさらになじませていきます。ゆがみを加える[タービュレントディスプレイス]エフェクトを重ねましょう。

1 [Gradient]レイヤーを選択します❶。[エフェクト＆プリセット]パネルで「タービュ」と検索し❷、表示された[タービュレントディスプレイス]エフェクトをダブルクリックします❸。

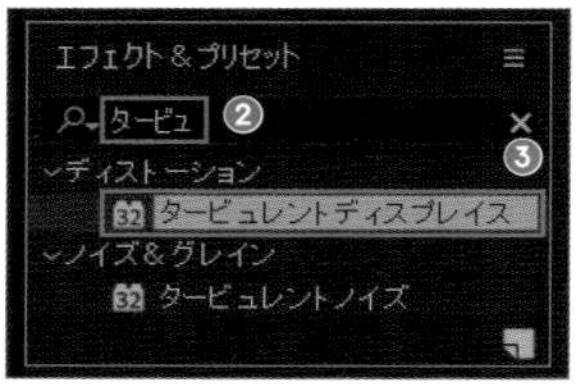

作業しやすくするためにレイヤーは一度閉じておきましょう。

エフェクト名がわかっている場合は検索を使うのが便利です。「タービュ」まで入力すると[タービュレントディスプレイス]が表示されます。

ここがPOINT

[タービュレントディスプレイス]の使いどころ

[タービュレントディスプレイス]は水面や炎のゆらめきを表現する際にもよく使われます。ここでは、グラデーションのカラーをなじませて、もやのような表現にするために適用しています。

2 ゆがみの強さを調整します。［エフェクトコントロール］パネルで［量］を「100.0」に設定します❹。

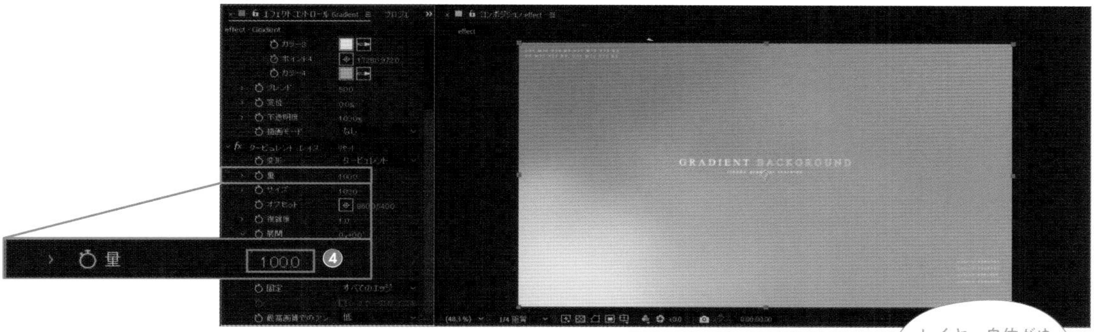

レイヤー自体がゆがむことで、4色がなじみ、もやのような風合いになりました。

ここがPOINT

［タービュレントディスプレイス］のプロパティ

変形··········ゆがみの形を指定できます。
量············ゆがみの強さを調整できます。
サイズ········ゆがみの範囲を調整できます。
オフセット····ゆがみの基準点の位置を指定できます。
複雑度········ゆがみ方をより複雑にできます。
展開··········時間とともにゆがみの形に変化を与えられます。

ノイズを加える

最後に、レイヤーにざらつきを加える［ノイズ］エフェクトを適用しましょう。

1 ［Gradient］レイヤーを選択した状態で［エフェクト＆プリセット］パネルで「ノイズ」と検索し❶、表示された［ノイズ］エフェクトをダブルクリックします❷。

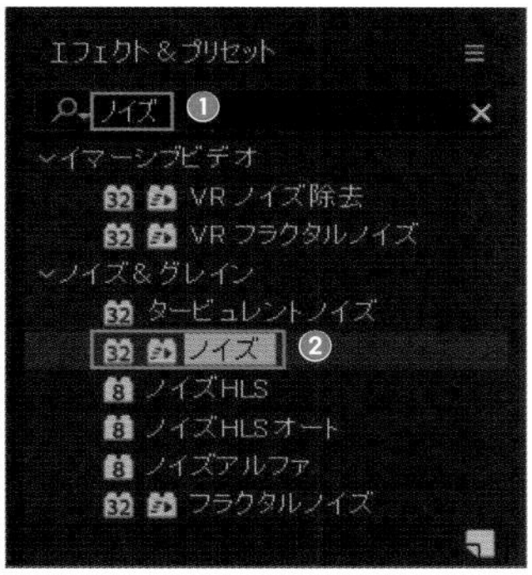

2 ［エフェクトコントロール］パネルで［ノイズ量］を「5.0」%に設定します❸。

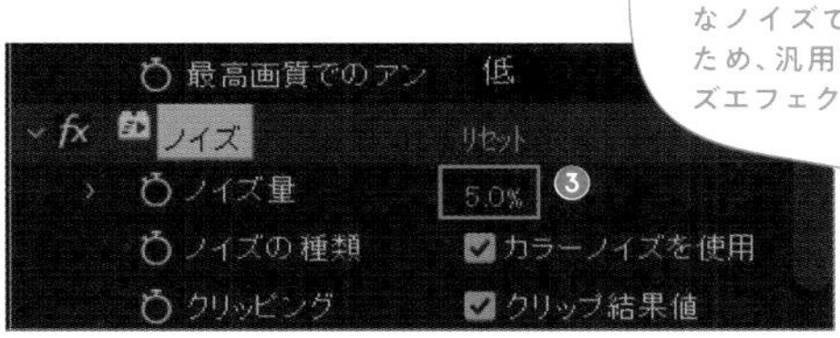

ノイズを加えられるエフェクトはほかにもありますが、ここで適用した［ノイズ］は最もシンプルなノイズで、処理も軽いため、汎用性の高いノイズエフェクトです。

できた！ 再生してみましょう。グラデーションの背景がもやのように動くアニメーションができました。

COLUMN

After Effectsのお仕事とは？

みなさんがAfter Effectsの技術を身につけて、もし仕事を獲得することを目指しているのなら、どんな依頼があるのか、どうやって仕事を得るのかというのも気になってくると思います。

After Effectsは第1章でも紹介したとおり、できることが多岐にわたるので、仕事の内容もさまざまです。アプリの性質として動画素材に効果やアニメーションをつけることが得意なので、MV（Music Video）のこの部分にだけエフェクトをつけてほしい、PR動画のタイトルアニメーションだけ作ってほしいという依頼もあります。またブライダルのスライドショー制作の依頼なども多い印象です。

ではそういった仕事をどうやって獲得していくのか。

筆者の場合、最初はAfter Effectsでアニメーションが作れるということを知っていた知人からの紹介で、広告系の動画などにアニメーションをつける仕事を請け負いました。いくつか仕事をもらい、そこで映像制作の予算感や自分が制作したもので収入を得るという経験を得ることができました。
知人に映像クリエイターやYouTuberなど、動画に携わる仕事をしている人がいる場合はそういった伝手で仕事をもらうこともあると思います。仕事の規模が大きくなると、動画1本制作するのに複数人で編集作業を行う場合があるので、カット編集はほかの人が担当しAfter Effectsでアニメーションをつける作業だけを依頼されることもあります。

After Effectsの技術はあっても、クリエイターとの接点がない、伝手もない場合はクラウドサービスなどをとおして実績を積んでいくのもおすすめです。「テロップ挿入1本○○円」といった内容で募集しておくと、動画を作りたい個人や企業だけでなく、動画制作会社の下請けとして依頼が舞い込んでくることもあるでしょう。

また、企業の社員として働いているクリエイターもいます。そういったインハウスのクリエイターは企業のPR動画や社内向けの動画を制作します。そこで経験を積んで、独立していくケースもたくさん見てきました。

経験を積んでいくと、自分の好きな分野や得意な分野が見えてきます。編集作業が好きならずっと制作に特化するのもいいですし、より大きなプロジェクトでクリエイティブを形にしたいなら仲間を集めて会社を起こし、上流からお仕事に関わるというやり方もあります。

クリエイティブとの向き合い方は無限大です。ぜひ「ワクワクする気持ち」を大切にして、仕事との向き合い方を見つけていってください！

CHAPTER 4

さまざまな表現技法を学ぼう

動画には短い時間で、視線を惹きつける
さまざまなテクニックが使われています。
第4章では、手書き風に文字を表示させるアニメーションや
稲妻のアニメーション、迫力のあるトランジション、
3D合成など、動画の魅力を高めるテクニックを
じっくりと学んでいきましょう。

CHAPTER 4

LESSON 1

#ペンツール #レイヤー名の変更

手書き風アニメーションを作ろう①ペンツールでマスクを作る

動画でもチェック!

https://dekiru.net/yae_401

練習用ファイル

4-1.aep

レッスン1～レッスン2では、文字が手で書いたように書き順どおりに表示されるアニメーションを作成します。まずは[ペンツール]で文字をなぞってマスクパスを描きます。

レッスン1とレッスン2を使って、結婚式のオープニングで見るような筆記体の文字が、書き順で表示されるアニメーションを作っていきます。このレッスン1ではアニメーションをつける前準備として、[ペンツール]でテキストをなぞり、マスクを作ります。このマスクはアニメーションの軌跡を決めるもので、[ペンツール]で描いた書き順でアニメーションさせることができます。[ペンツール]の使い方をしっかりとマスターしていきましょう。

第3章のレッスン6では長方形のマスクを作りましたね。ここではペンツールでマスクを描きます。アニメーションはレッスン2で作成していきます。

[エフェクト]ワークスペースに切り替える

1 練習用ファイル「4-1.aep」を開きます（あらかじめテキストレイヤーが作成されています）。
このレッスンではエフェクトを使ったアニメーションを作るので[エフェクト]ワークスペースに切り替えておきましょう❶。

必要なパネルはそのつど表示しても大丈夫です。

ガイド用のレイヤーを作る

文字をアニメーションさせる際に、エフェクトを適用したりキーフレームを作成したりするレイヤーとは別に、ガイド用のレイヤーを作成します。すでにあるテキストレイヤーを複製してガイド用のレイヤーを作りましょう。

1 テキストレイヤー［Wedding Reception］をクリックして❶、Ctrl＋Dキーを押してレイヤーを複製します。

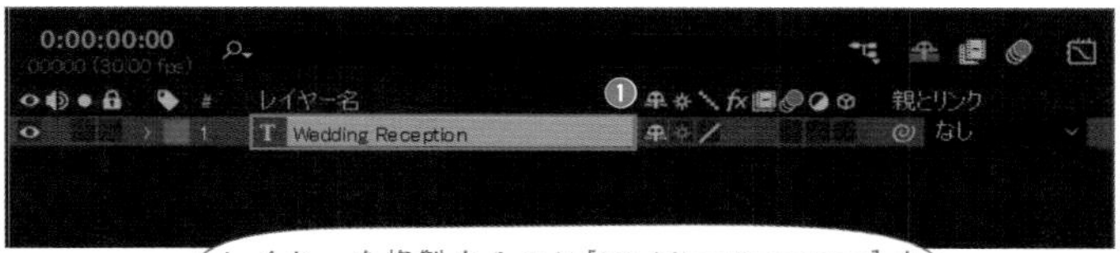

レイヤーを複製するのに［Wedding Reception］をCtrl＋Cでコピーして、Ctrl＋Vでペーストしてもよいですが、Ctrl＋Dで複製するほうが少ない手数でできます。

2 レイヤーが複製され「Wedding Reception 2」レイヤーができました❷。ここでは複製元の［Wedding Reception］をガイド用のレイヤーとします。

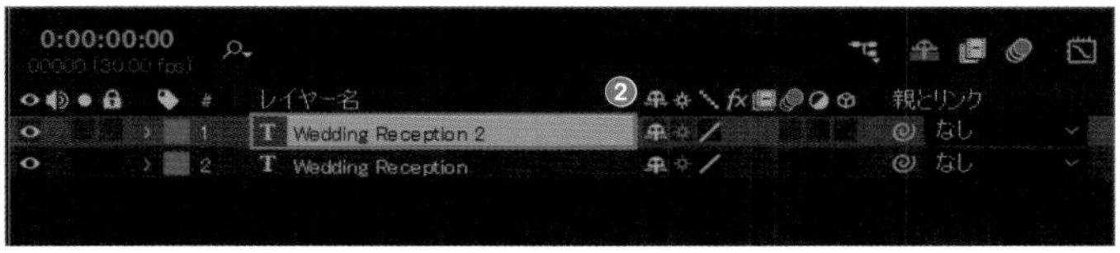

このガイドは次のレッスンでアニメーションの微調整を行うときに使います。

ガイド用のレイヤーの名前と色を変える

ガイド用のレイヤーとわかるように、レイヤー名とガイドにするテキストの色を赤色に変更しましょう。

1 ［Wedding Reception］レイヤーを右クリックし❶、［名前を変更］を選択します❷。

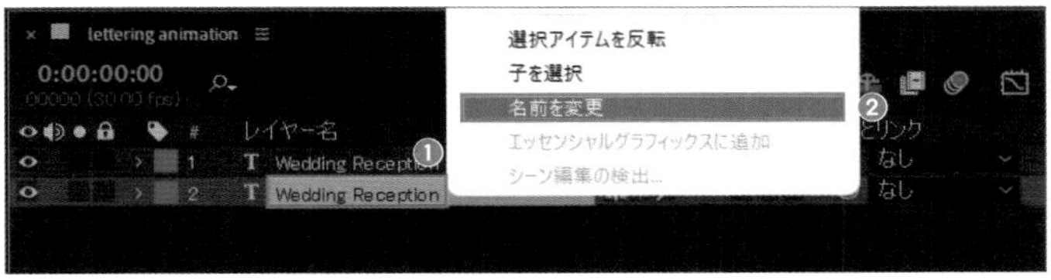

2 レイヤー名が編集できる状態になるので「ガイド」と入力して❸、Enterキーを押します。

もとの状態が［ソース名］となっている場合、レイヤー名を変更する操作を行うと［レイヤー名］に変わる

3 レイヤー名を［ガイド］に変更できました❹。

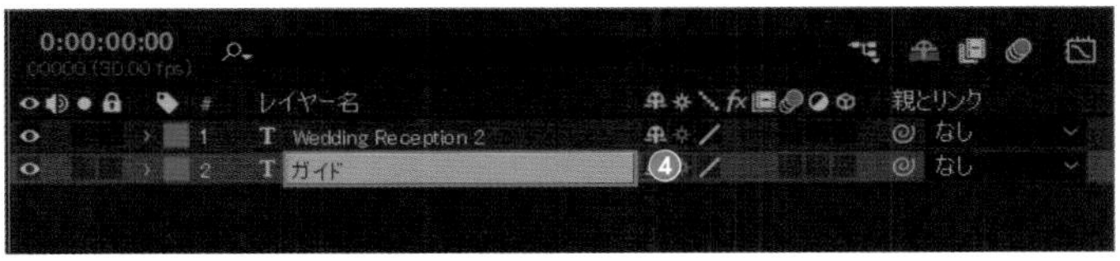

ここがPOINT

レイヤー名とソース名の違い

[タイムライン]パネルの[ソース名]([レイヤー名])の部分をクリックすると、[レイヤー名]([ソース名])に切り替わります。[ソース名]はもとの素材(フッテージ)の名前、[レイヤー名]はレイヤーの名前を示しています。

ここではテキストレイヤーのレイヤー名を変更したので、[ソース名]と[レイヤー名]を切り替えても変化はありませんが、読み込んだ画像のレイヤー名を変更した場合、[ソース名]は読み込んだときのもともとのファイル名、[レイヤー名]は変更後のレイヤー名となります。

[ソース名]にすると「photo 01.jpg」と
フッテージ名が表示される

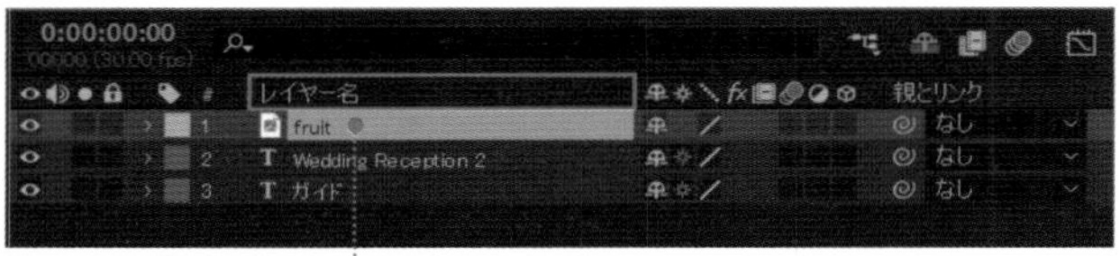

[レイヤー名]にすると、レイヤーにつけた名前が表示される

4 [ウィンドウ]メニューから[文字]パネルを表示します。
[ガイド]レイヤーを選択した状態で、[文字]パネルの[塗りのカラー]をクリックして❺、[テキストカラー]ダイアログボックスでRGBをそれぞれ「255、0、0」に設定して❻、[OK]ボタンをクリックします❼。
[ガイド]レイヤーのテキストの色が赤色に変わります。

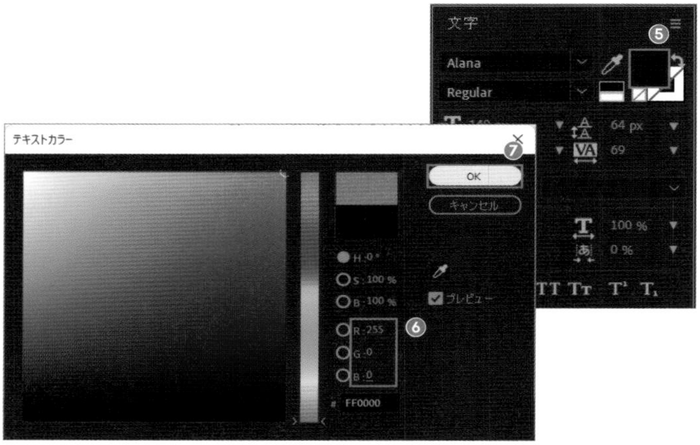

ガイド用のテキストを確認する

作成したガイドは[Wedding Reception 2]レイヤーに隠れて見えない状態です。[Wedding Reception 2]レイヤーを非表示にして、確認してみましょう。

1 [Wedding Reception 2]レイヤーの👁をクリックして、レイヤーを非表示にします❶。

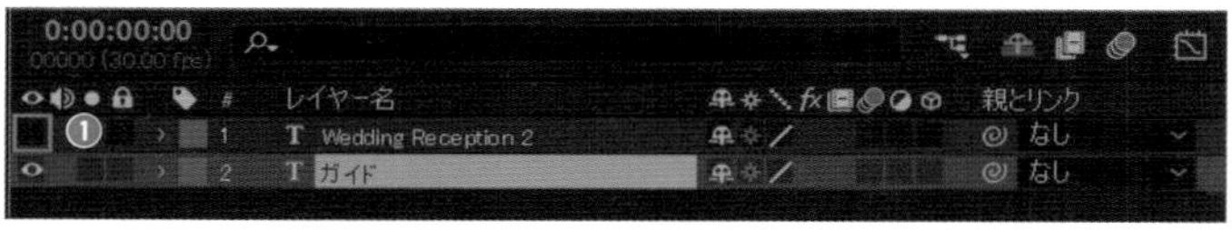

2 [ガイド]レイヤーが表示され、赤い色のテキストが確認できます。確認が終わったら手順①でオフにしたボタンを再度クリックして[Wedding Reception 2]レイヤーの表示をもとに戻しておきましょう。

[ガイド]レイヤー

[ペンツール]でマスクを作成する

ここでは[ペンツール]でテキストをなぞってマスクを作成します。このマスクはアニメーションの軌跡を決めるもので、[ペンツール]で描いた書き順どおりにアニメーションさせることができます。

1 [Wedding Reception 2]レイヤーをクリックし❶、[ペンツール]を選択します❷。

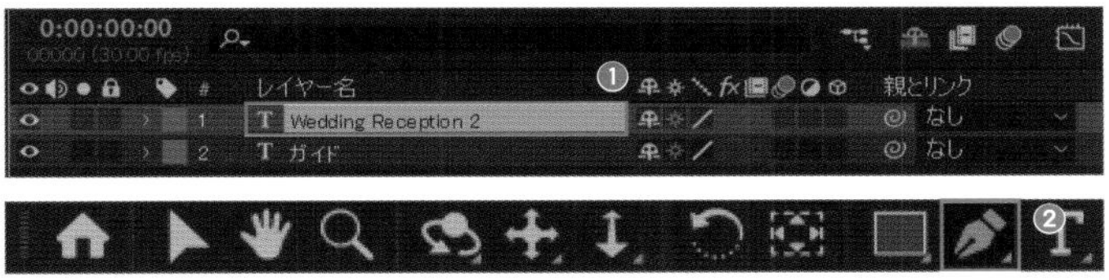

2 まずは「W」の文字をなぞります。マウスポインターの形が✒になったことを確認し、「W」の書き出しのところをクリックします❸。ポイント(■)が表示されます❹。

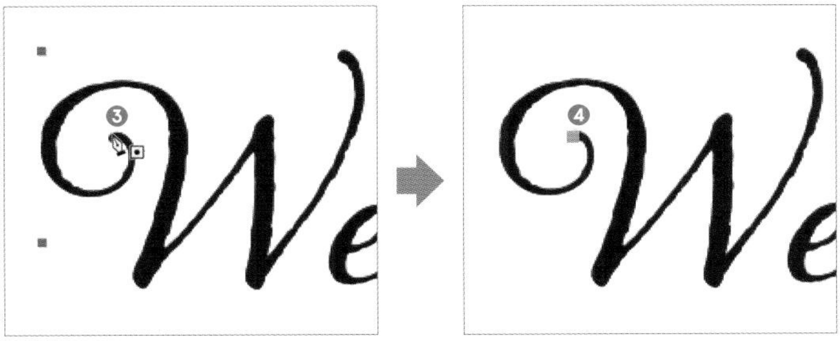

ここがPOINT

拡大縮小と表示位置を調整する

[コンポジション]パネル上で細かい作業をするときは、Alt(option)キーを押しながらマウスホイールを動かして、表示画面を拡大します。拡大したまま表示位置を変更する場合は、[手のひらツール]✋を使います。Spaceキーを押している間だけ、一時的に[手のひらツール]に切り替わるので、その状態で、表示したい位置にドラッグします。

[手のひらツール]でドラッグすると表示位置が移動する

3 図を参考に1つ目のポイントから少し離れた位置にマウスポインターを合わせ、クリックし❺、クリックしたまま左下にドラッグします❻。すると、方向線が伸び、前のポイントとの間をつなぐパスが弧を描き曲線になります。ドラッグの方向や距離を調整して、パスが文字の曲線と沿うようにします。

4 図を参考に、また少し離れた位置でクリックし❼、そのまま右上にドラッグします❽。

ここがPOINT

方向線を使いこなそう

方向線は曲線を制御するための線です。方向線の方向と長さは曲線の方向と長さに影響します。そのため意図通りの曲線を描くには方向線を使いこなす必要があります。なお、直線を描く場合は方向線を伸ばす必要はありません。

● 方向線の基本

方向線は曲線が膨らむ方向を意識して伸ばします。伸ばす方向が同じでも、方向線の長さによって曲線の膨らみ方が変わります。

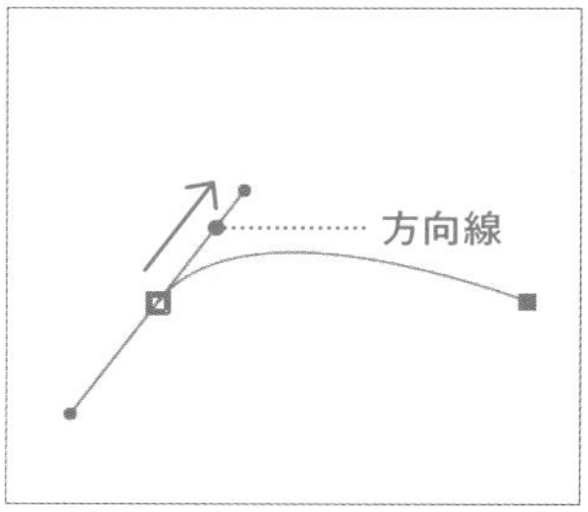

方向線が短いほど膨らみが小さい

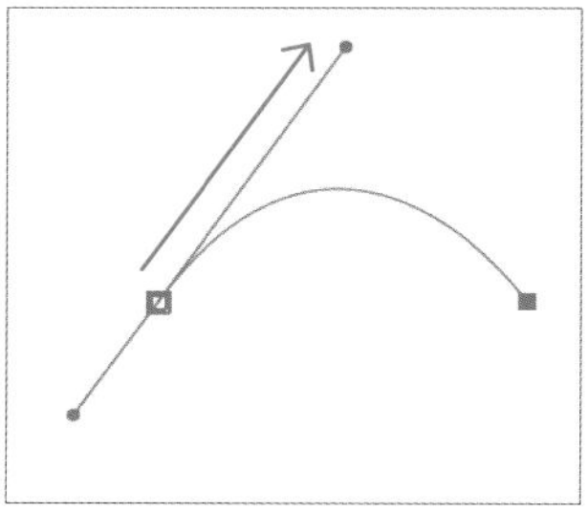

方向線が長いほど膨らみが大きい

● 片側だけ方向線を伸ばす

クリックしたまま Alt （option）キーを押しながらドラッグすると、片側だけ方向線を伸ばすことができ、そうすることで方向線を伸ばした方向のみ曲線になります。

たとえば直線と曲線がつながった状態の線を描きたい場合は、クリックして1つ目のポイントを描く❶→直線の終わりの位置でクリック＋ Alt （option）❷＋ドラッグして片側だけ方向線を出す❸という操作を行います。

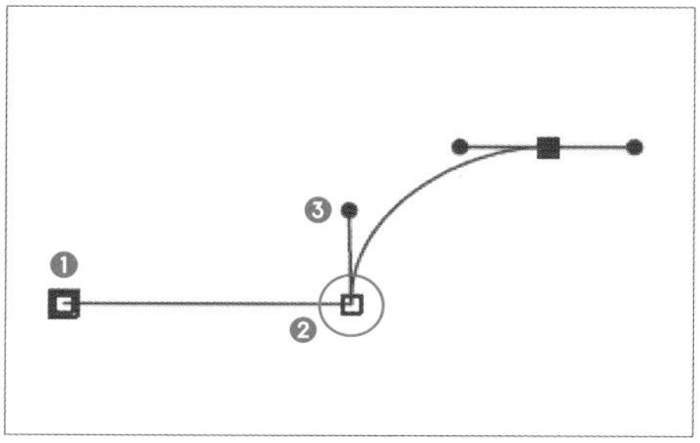

クリックしたまま Alt （option）＋ドラッグすると片側だけ方向線を伸ばせる

● 片側だけ方向線の方向を変える

ドラッグ中に Alt （option）キーを押すと片側だけ方向線の方向を変えられます。曲線同士が切り返しでつながっているような線を描く場合は、この方法を使って片側の方向線のみ方向を変えましょう。

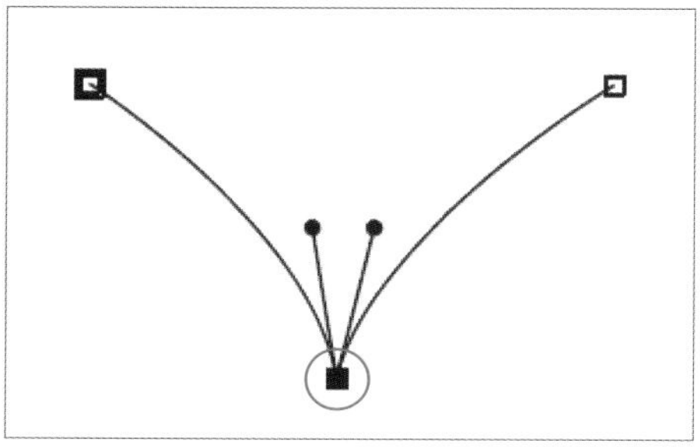

ドラッグ中に Alt （option）キーを押すと片側の方向線の向きを変えることができる

5 方向線の方向や長さを調整しながら「W」の文字をなぞっていきます。

[ペンツール]はたくさん練習して感覚をつかむことが上達の近道です。慣れないうちは大変かもしれませんが、よく使うツールの1つなので練習していきましょう。

ドラッグの途中で Alt （ option ） キーを押して、片側だけ方向線の方向を変える

ポイントを打つ位置や方向線の伸ばし方を間違えた場合は Ctrl （ ⌘ ）+ Z キーを押すとやりなおせます。

ここがPOINT

ポイントや方向線はあとから調整できる

ポイントや方向線はあとから調整できます。ずれて描いてしまった場合は方向線をドラッグしたり❶、ポイントをドラッグしたりして調整しましょう。また線の上をクリックすると❷、ポイントを追加することもできます。

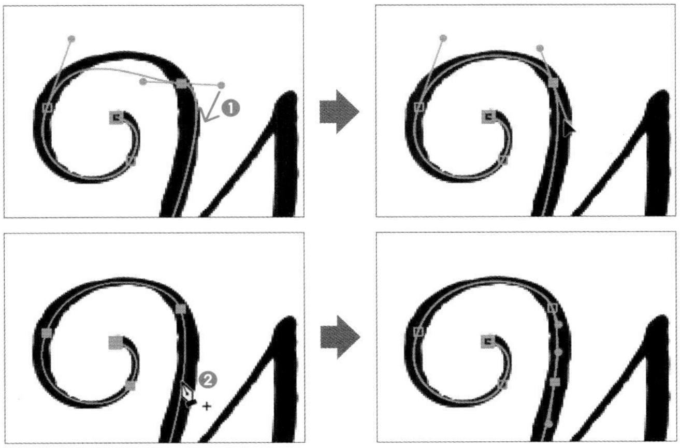

6 「W」の文字をなぞり終えたら、 Ctrl （ ⌘ ）キーを押して[ペンツール]を一時的に解除して余白をクリックします❾。

次の文字をなぞるのに一度[ペンツール]を解除しないと「W」の文字と次の「e」の文字がつながってしまいます。

7 「W」のマスクパスが完成しました。

マスクパスが完成したあとに方向線を調整する場合は、ポイントをクリックします。すると方向線が表示され、調整できる状態になります。

新しいマスクを作成する

「W」の文字のマスクができたら続いて「e」のマスクを作成します。一度［ペンツール］を解除すると、次にクリックした際に新しいマスクパスが作成されます。

［ペンツール］を一度解除したことで、新しいマスクパスが作成され線の色が変わっていることがわかります。

1 「W」と同様に「e」をなぞっていきます。

ここがPOINT

マスクごとにプロパティが分かれている

［タイムライン］パネルでレイヤーを展開すると、マスクごとにプロパティが分かれています。色のついた四角はマスクパスの色を表しています。

できた！ 135〜137ページを参考に、「Wedding Reception」の文字をすべてなぞったら、完成です。

ここがPOINT

文字間が近いところはつなげて描こう

一筆書きのように文字同士がつながっている、もしくは文字同士が近いところは［ペンツール］を解除せずに1つのマスクパスとしてつなげて描きましょう。たとえば、「d」の終わりと「i」の書き出しは、距離も近く、軌跡も自然なのでつなげて描いてもよいです。アニメーションをイメージして好みで描き分けましょう。

CHAPTER 4
LESSON 2

#[線]エフェクト #イージーイーズイン

手書き風アニメーションを作ろう②アニメーションを作る

[線]エフェクトを適用して、書き順どおりに表示されるアニメーションを作っていきましょう。

動画でもチェック!
https://dekiru.net/yae_402

練習用ファイル
4-2.aep

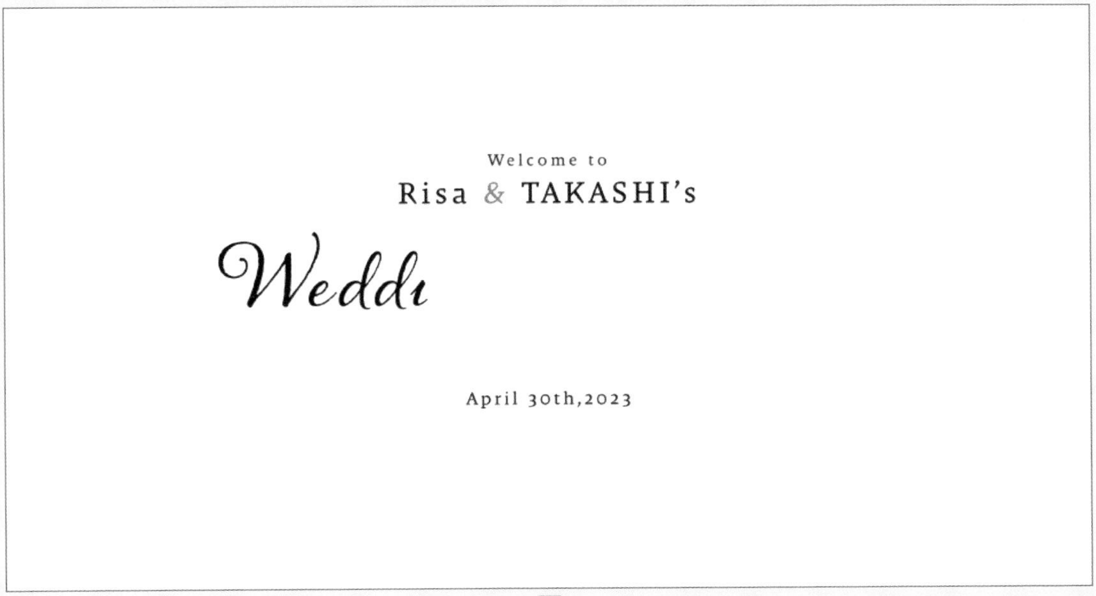

レッスン2で[ペンツール]を使って作ったマスクの書き順どおりに文字が表示されていくアニメーションを作ります。マスクに沿って表示させる[線]エフェクトを適用し、適用範囲や表示範囲を設定したら、4秒かけて文字が表示されるようにキーフレームを打ちましょう。

ペンで文字を書いているような、雰囲気のあるアニメーションです。動画のタイトルなどでもよく使われていますね。

[線]エフェクトを適用する

[線]エフェクトは、マスクパスに沿って線を描画できるエフェクトです。

1 練習用ファイル「4-2.aep」を開きます(レッスン1の続きから進めることもできます)。[Wedding Reception 2]レイヤーを選択し、[エフェクト&プリセット]パネルの[描画]→[線]をダブルクリックします❶。

エフェクトを適用するには、適用先のレイヤーを選択してエフェクト名をダブルクリックするのでしたね。

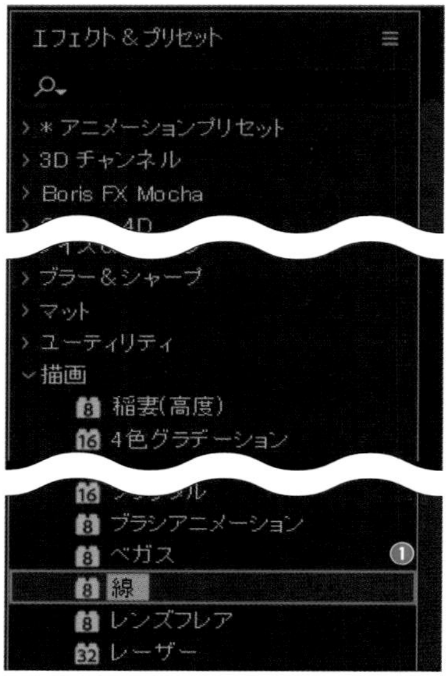

[描画]を展開すると多くの項目が表示されます。表示しきれない場合はスクロールしましょう。

エフェクトを調整する

エフェクトを適用したら、[ペンツール]で描いた線(マスク)を太くして、ガイドの文字を覆うようにしましょう。
エフェクトを適用する対象や描画のスタイル、[ブラシのサイズ]を設定していきます。

1 [線]エフェクトを適用すると[エフェクトコントロール]パネルが表示されるので、[すべてのマスク]にチェックを入れ❶、[ペイントスタイル]から[元のイメージを表示]を選択します❷。

[ペンツール]で描いたすべてのマスクパスにエフェクトを適用するので[すべてのマスク]にチェックを入れます。

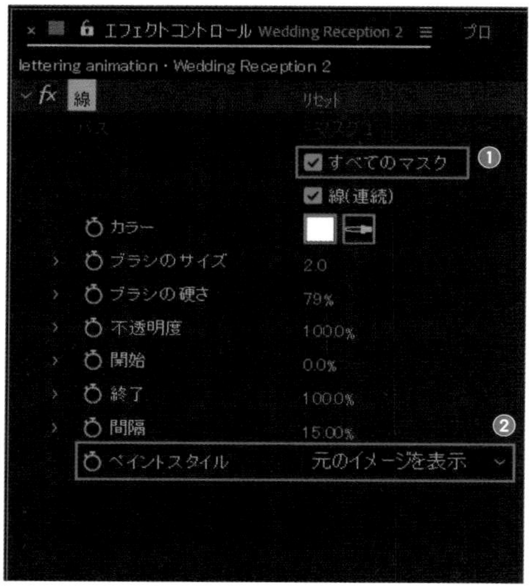

ペイントスタイルについては次ページの「ここがPOINT」で説明しています。

2 [Wedding Reception 2]レイヤーの表示が黒い線だけになり、下の[ガイド]レイヤーが表示されます。

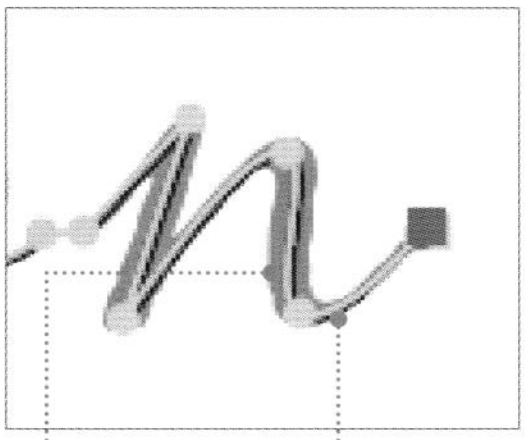

[Wedding Reception 2]レイヤーが表示されているので線の色が黒いのですね。

3 線を太くしていきます。[ブラシのサイズ]をガイドの文字を覆うくらいのサイズに設定します。ここでは「8.0」に設定しました❸。

線は細すぎず太すぎず、ちょうどガイドを覆えるくらいのサイズにしましょう。

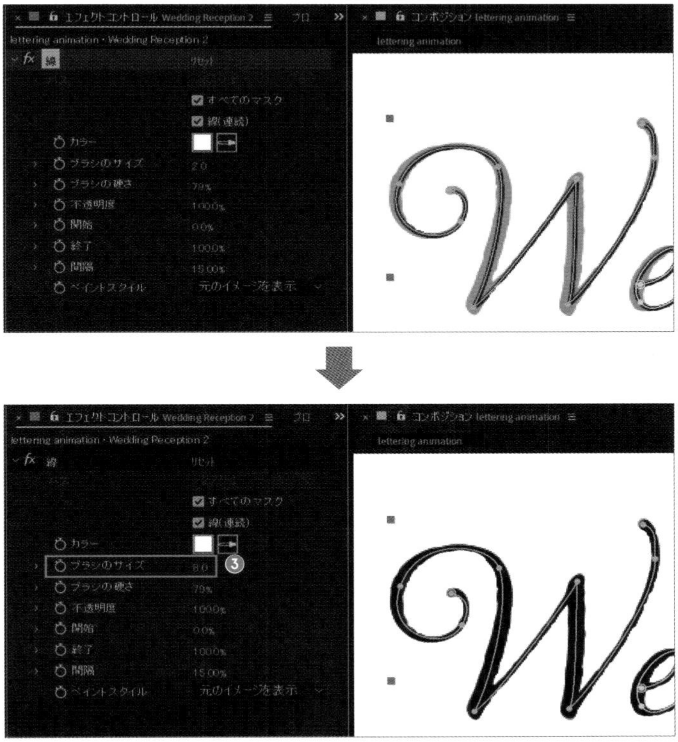

ここがPOINT

[元のイメージを表示]の役割は？

前のページで設定した[元のイメージを表示]はもとのテキストを表示させるための機能です。そのため[元のイメージを表示]に設定して、ブラシサイズを大きくしても、もとのテキスト以上の太さにはなりません。ただし、ブラシサイズを大きくしすぎると、アニメーションの際に近くにある線に干渉してしまうので、注意が必要です。

ブラシサイズを大きくしすぎると近くにある線に干渉してしまう。この例では「W」の最後の辺が「e」に干渉してしまっている

ここがPOINT

［ブラシサイズ］を「8.0」にしてもガイドが表示されるときは

ガイドが十分に覆えるブラシサイズにしても、ガイドの赤色が見えてしまう場合は、［ペンツール］で描いたポイントや方向線を微調整しましょう。ポイントをクリックすると方向線が表示され調整できるようになります。

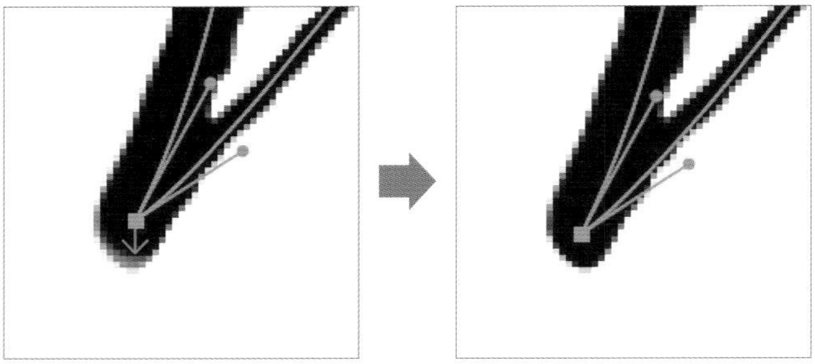

ガイドが見えているので、ポイントを下に移動して調整する

アニメーションを設定する

「Wedding Reception」の文字が4秒かけて表示されるアニメーションを設定しましょう。すべてが表示された状態を100%とすると、4秒後に100%表示されるように［終了］のプロパティのキーフレームを打っていきます。

1 ［Wedding Reception 2］レイヤー→［エフェクト］→［線］を選択し❶、タイムラインのインジケーターを4秒の位置に移動します❷。

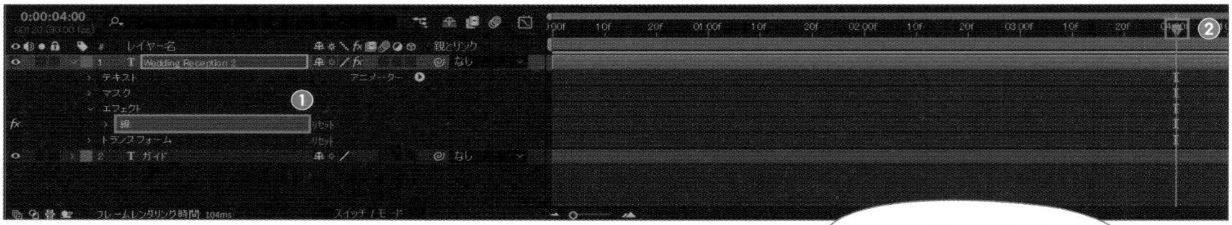

2 ［エフェクトコントロール］パネルの［終了］のストップウォッチをクリックします❸。4秒の位置にキーフレームが作成されます❹。

3 インジケーターを開始点となる0秒の位置に移動します❺。[エフェクトコントロール]パネルの[終了]の数値を「0.0」%に設定すると❻、0秒の位置にキーフレームが作成されます❼。

0秒時点ではアニメーションが何も表示されない状態にしたいので、0%のキーフレームを打ちます。

ここがPOINT

[線]の[終了]プロパティにキーフレームが作成される

[線]のプロパティにキーフレームが作成されたように見えますが、実際は[線]の[終了]プロパティにキーフレームが作成されています。[タイムライン]パネルの[線]を展開すると、[終了]のプロパティにキーフレームが作成されていることが確認できます。ここでは[エフェクトコントロール]パネルからキーフレームを作成しましたが、もちろん[タイムライン]パネルからもキーフレームを作成できます。

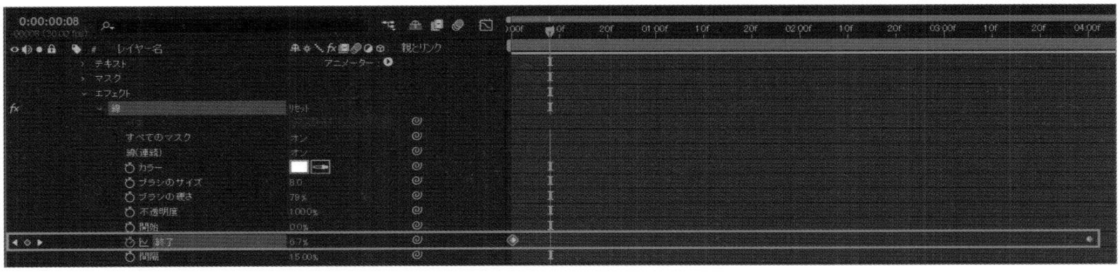

アニメーションに緩急をつける

ここでは終了点のキーフレームに、徐々に減速する「イージーイーズイン」を設定しましょう。

1. [線]を展開して[終了]のプロパティを表示します。4秒の位置のキーフレームを右クリックし❶、[キーフレーム補助]→[イージーイーズイン]を選択します❷。

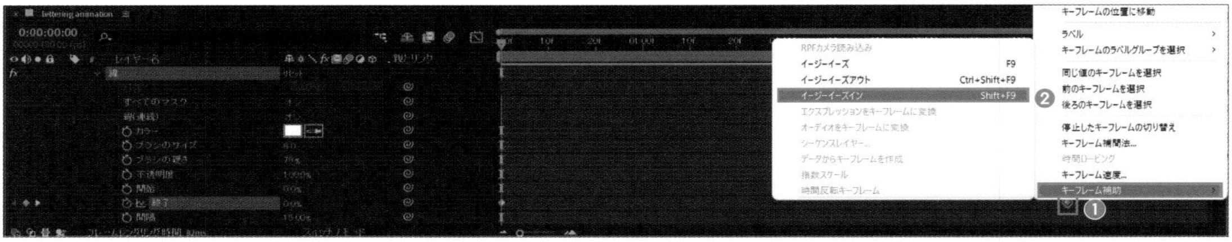

アニメーションの終わりに向けて徐々に減速させることで、筆記体で文字を書くときのリアルな表現ができます。

2. ガイドのレイヤーは必要なくなったので選択し❸、Delete キーを押して削除します。

できた！ 文字が書き順どおりに表示されるアニメーションができました。

CHAPTER 4
LESSON 3

#ペンツール #セーフマージン #パスのトリミング

線が出現して回転しながら消えていくアニメーションを作ろう

動画でもチェック!

https://dekiru.net/yae_403

練習用ファイル
4-3.aep

[パスのトリミング]を使って、[ペンツール]で描いたパスに沿ってアニメーションさせましょう。

最初の状態

直線が電球の中から出現する

回転しながら上方向に伸びていく

さらに上方向に伸びていく

直線がだんだんと細く短くなる

小さくなって消えていく

[ペンツール]で直線を描き、そのパスに[パスのトリミング]を使って、何もないところから線が出現し、消えていくアニメーションを作ります。[線幅]や[回転]にもアニメーションを設定して、線が回転しながらだんだんと細くなっていくという演出も加えます。

練習用ファイルには、電球がチカチカするアニメーションがあらかじめ設定されています。これに線が出現する動きを加えていきます。

知りたい!

● [パスのトリミング]とは

[パスのトリミング]とはパスに沿ってアニメーションさせることができる機能です。[ペンツール]で描いた線(パス)にアニメーションを設定して、線の長さを変化させることで、動きを持たせます。よく使われる機能で、何もないところからオブジェクトを出現させるような動きを作りたいときに便利です。

セーフマージンを表示する

セーフマージンとは動画再生時にモニター上で正しく表示される範囲を示す目安です。テキストやオブジェクトを［コンポジション］パネルの端に配置すると、メディアによっては再生時に表示されない可能性があります。これを防ぐために目安となるセーフマージンを表示して、その範囲内にテキストやオブジェクトを配置します。また、セーフマージンを表示させると、コンポジションの中央がわかります。ここでは中央を確認する目的でセーフマージンを表示させます。

1. 練習用ファイル「4-3.aep」を開きます。［コンポジション］パネルの［Choose grid and guide options］ボタンをクリックして❶、［タイトル／アクションセーフ］を選択します❷。

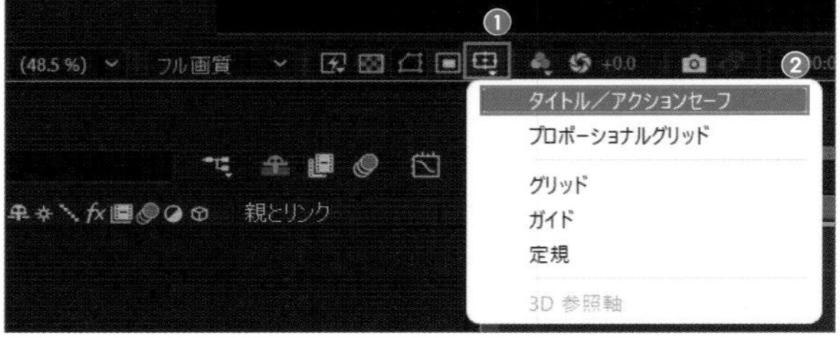

2. セーフマージンが表示され、中央が［＋］で示されます。

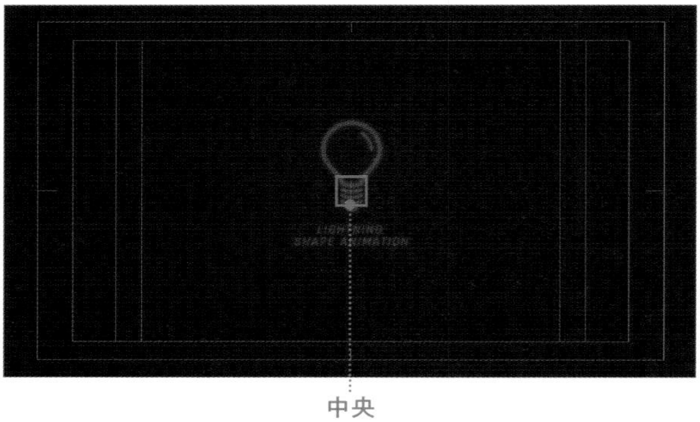

直線を描く

［ペンツール］で稲妻のもととなる直線を描きます。

1. ［ペンツール］を選択し、塗りや線を以下に設定します。

❶ 塗りのカラー：なし
❷ 線のカラー：#8DDDFB
❸ 線幅：15px

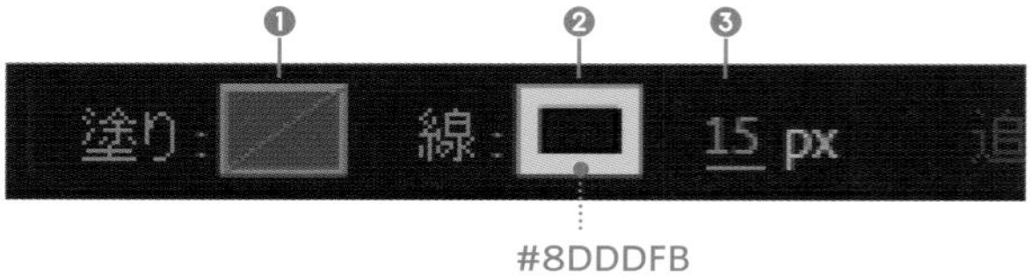

ここがPOINT

塗りの種類をショートカットで変更する

［塗りのカラー］を Alt （option）キーを押しながらクリックすると、クリックするたびに［なし］［単色］［線形グラデーション］［円形グラデーション］を切り替えられます。

2 画面の中央をクリックして❶、1つ目のポイントを打ちます。

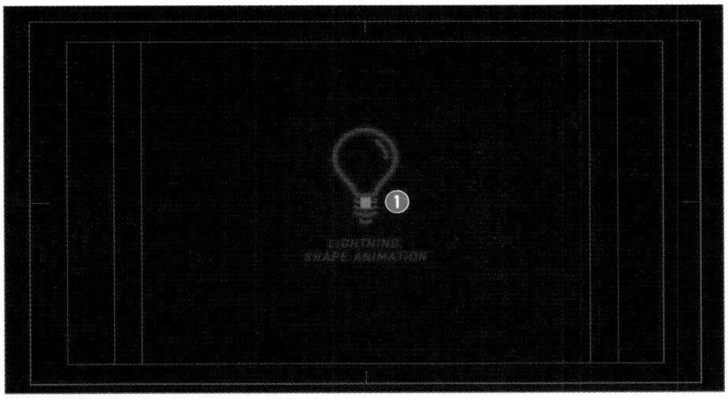

3 右図を参考に Shift キーを押しながら電球の上あたりをクリックして❷、画面の中央から上に伸びる直線を描きます。

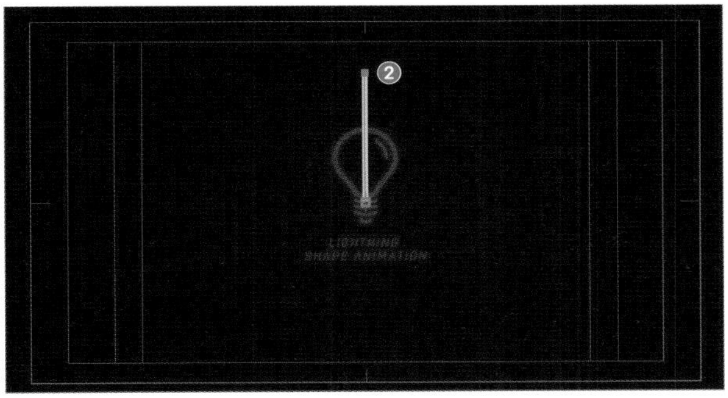

4 レイヤー名を変更しておきましょう。ここでは「Lightning shape 01」に変更しました❸。

レイヤー名の変更 ➡ 133ページ

5 [コンポジション]パネルの[Choose grid and guide options]ボタン をクリックして❹、[タイトル／アクションセーフ]を選択し❺、セーフマージンを非表示に戻します。

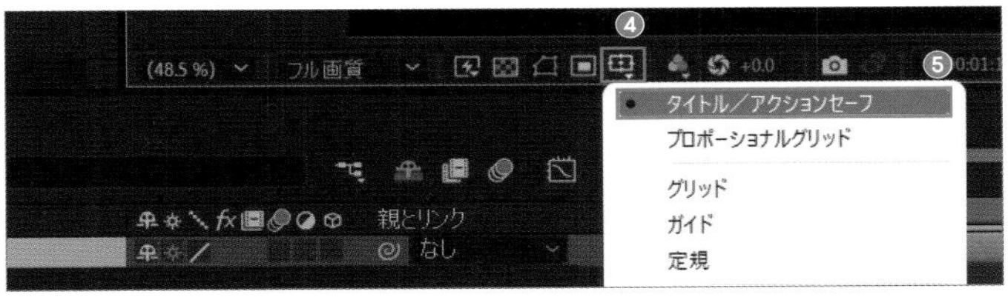

直線にアニメーションを設定する

[ペンツール]で描いた直線が、パスの始まりの点から終わりの点に向かって動くアニメーションを設定します。[パスのトリミング]を使って1秒12フレームかけて変化するアニメーションにします。

1 「Lightning shape 01」レイヤーを展開し、[コンテンツ]の[追加]の をクリックして❶、[パスのトリミング]を選択します❷。

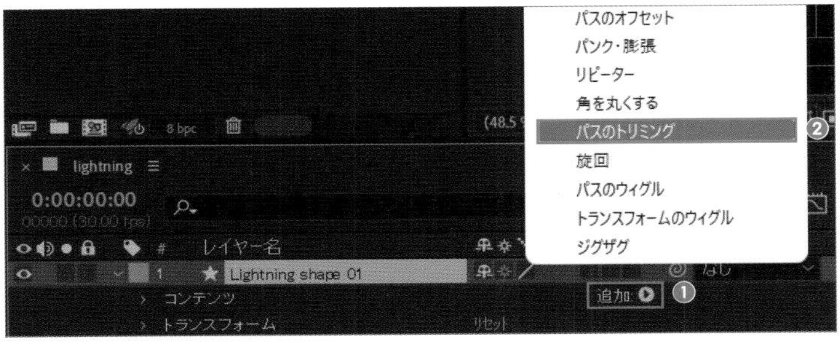

2 インジケーターを0秒に移動します❸。［パスのトリミング1］を展開し、［開始点］のストップウォッチをクリックします❹。［終了点］のストップウォッチをクリックし❺、［開始点］と同じ「0.0」%に設定しましょう❻。

開始点と終了点 ➡ 149ページ

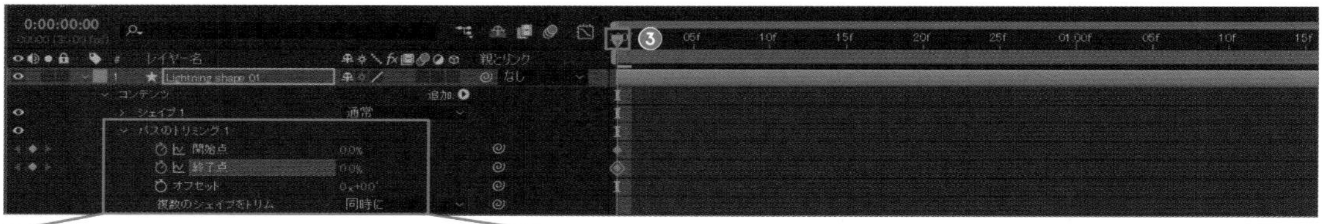

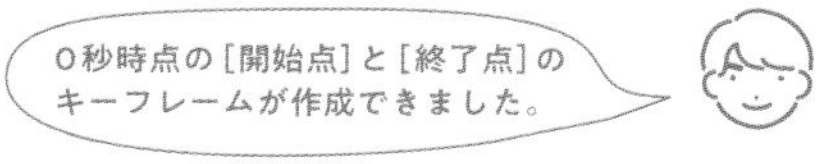

3 直線が表示されなくなります。

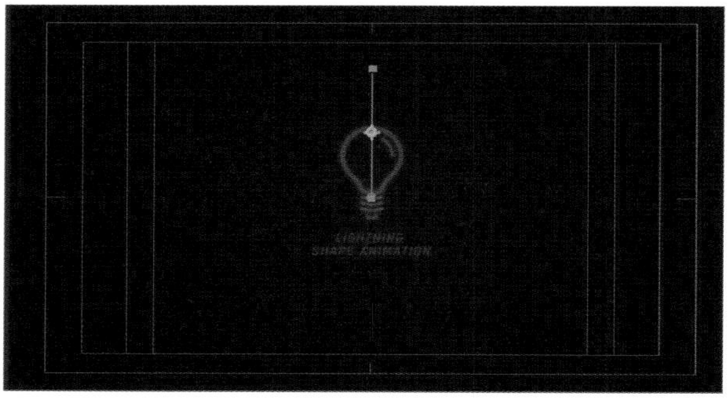

4 インジケーターを1秒12フレームに移動し❼、［開始点］と［終了点］を「100.0」%に設定します❽。

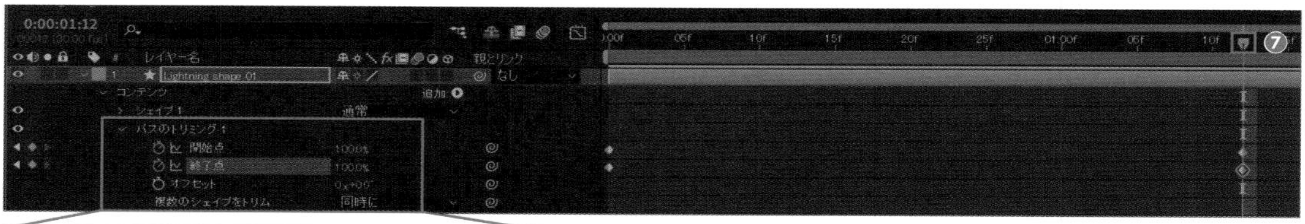
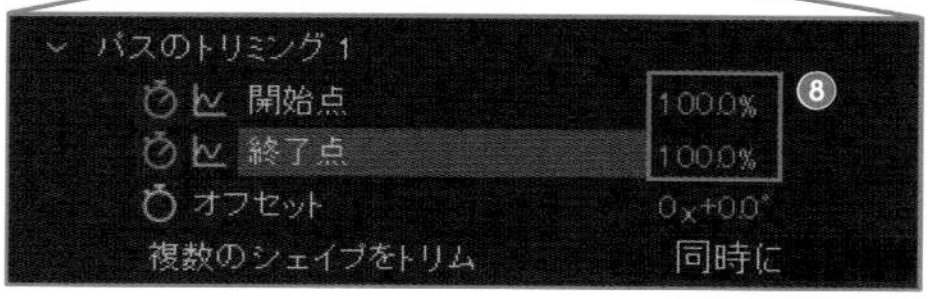

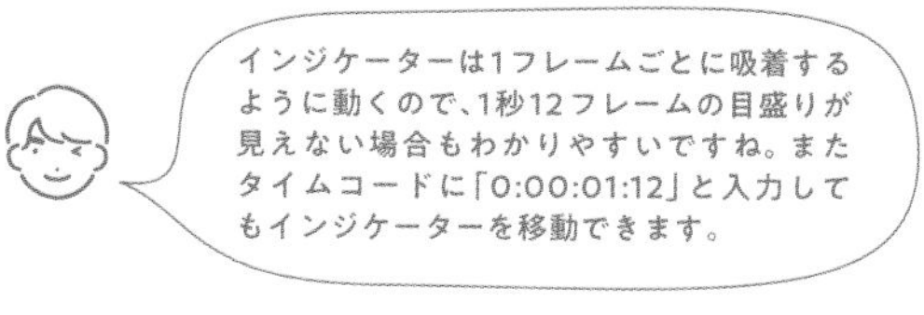

5 1秒12フレーム時点でも0秒時点と同様に直線は表示されなくなります。

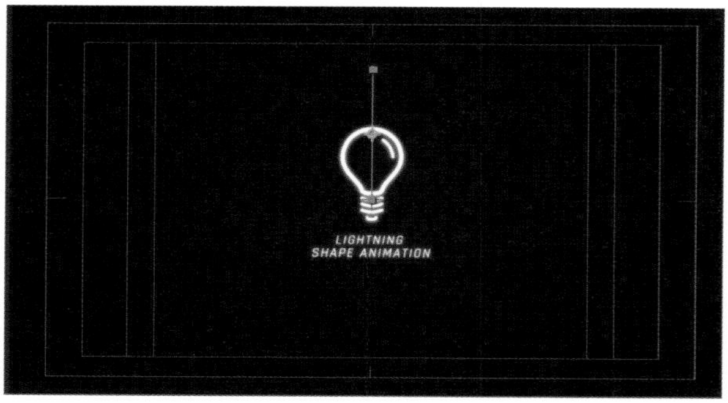

ここがPOINT

開始点と終了点を理解しよう

[パスのトリミング]の[開始点]とはパスの始まり、[終了点]とはパスの終わりを指します。ここでは[ペンツール]で中央から上に向かって直線を描いたので、直線の下端が[開始点]、上端が[終了点]になります。それぞれのプロパティの値で「どの位置で表示させるか」を設定できます。

たとえば開始点0%、終了点100%に設定すると、パスがすべて表示された状態になります。開始点30%、終了点100%に設定すると、開始点が全体の30%の位置で表示された状態になります。

終了点で考えてみましょう。開始点が0%、終了点を30%に設定すると、終了点が全体の30%の位置で表示されるということです。前ページの操作では0秒時点でどちらも0%、1秒12フレーム時点で100%に設定しました。開始点と終了点を同じ値にすると開始点と終了点の位置が重なり、何も表示されなくなります。

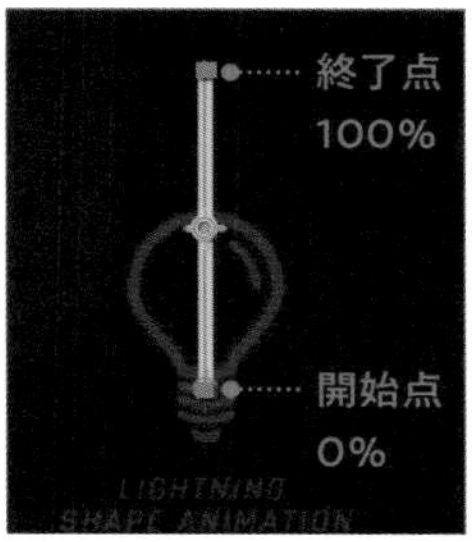

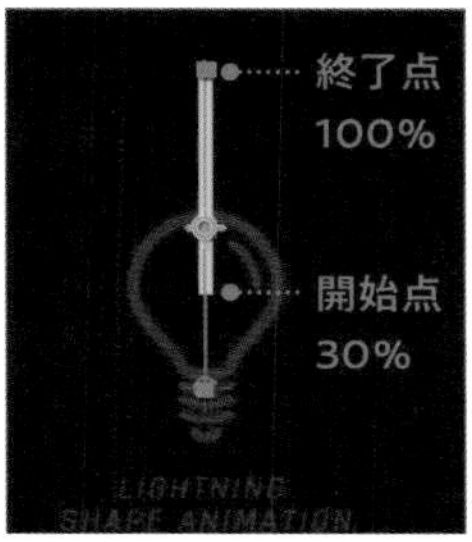

開始点の値を上げると終了点の位置に近づき、終了点の値を下げると開始点の位置に近づくと考えるとわかりやすいかもしれません。

直線が出現して消えていくイージングをかける

前のページで開始点と終了点に同じ値を設定したため、0秒時点、1秒12フレーム時点どちらも直線は表示されていない状態です。[開始点]と[終了点]それぞれに、異なるイージングをかけることで、時間差が生じ、それによって直線が出現して消えていくという動きを作っていきます。

1 [開始点]のプロパティを選択し❶、[グラフエディター]ボタンをクリックして❷、値グラフを表示します。Alt（option）キーを押しながら右側のキーフレームをクリックします❸。

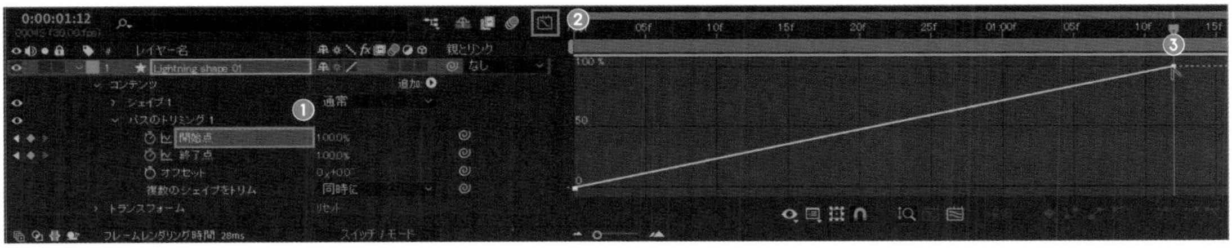

速度グラフが表示される場合は右クリックして値グラフに切り替えましょう。

Alt（option）キーを押すとマウスポインターの形が↖になるので、その状態でクリックします。

2 右側のキーフレームにハンドルが表示されます❹。

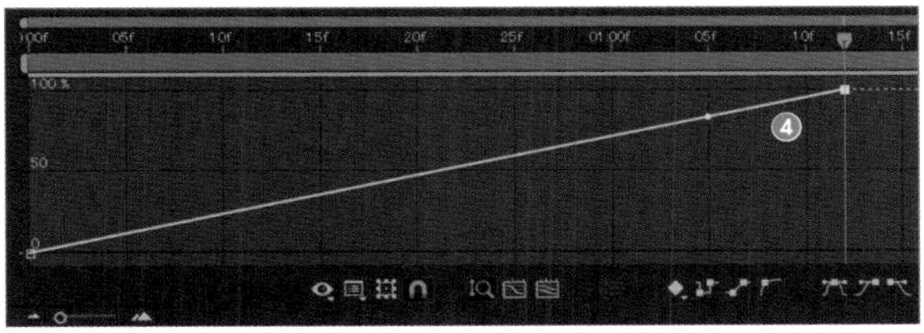

3 ［開始点］は序盤に値が急激に増え、そのあとゆるやかに増えていくようにします。図を参考にハンドルを左にドラッグし❺、終盤の値の変化をゆるやかにします。

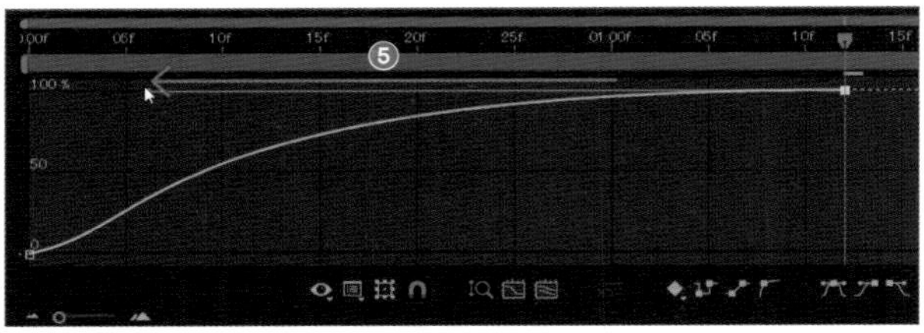

終点位置から水平に左方向にドラッグしましょう。

4 図を参考に左側のキーフレームもハンドルを操作して❻、序盤の値の変化を急激にします。

どちらのキーフレームから操作しても大丈夫です。

5 ［終了点］のプロパティを選択し❼、同様に値グラフでイージングをかけます❽。［終了点］のグラフも序盤に値が急激に増え、そのあとゆるやかに増えていくようにします。ただし［開始点］のグラフよりゆるやかな曲線を意識しましょう。

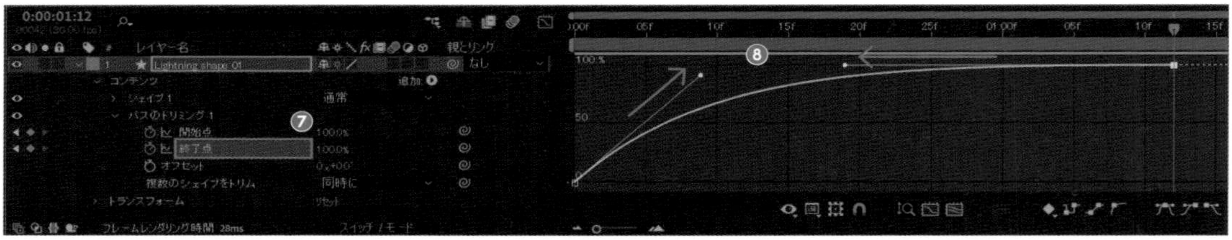

開始点と終了点のイージングを確認する

1 ［開始点］と［終了点］両方のプロパティを選択して❶、グラフを確認します。下の図のように2つのグラフに差が生まれるようにしましょう。

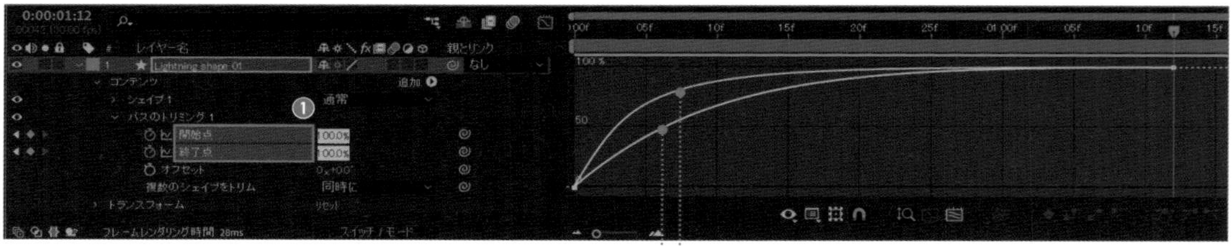

［開始点］のグラフ

［終了点］のグラフ

描いた直線は、2つのグラフに差がある部分だけに表示されます。

2 ［グラフエディター］ボタンをクリックし、通常の表示に戻します。インジケーターを0秒に移動し、Space キーを押して再生してみましょう。直線が中央から出現して上に向かって消えていくアニメーションができました。

線幅にアニメーションを設定する

線幅が1秒12フレームかけてだんだんと細くなり消えていくアニメーションを設定します。

1 ［シェイプ1］→［線1］→［線幅］のプロパティを表示します❶。インジケーターを移動しストップウォッチをクリックして、0秒時点に「15.0」❷、1秒12フレーム時点に「0.0」のキーフレームを作成します❸。

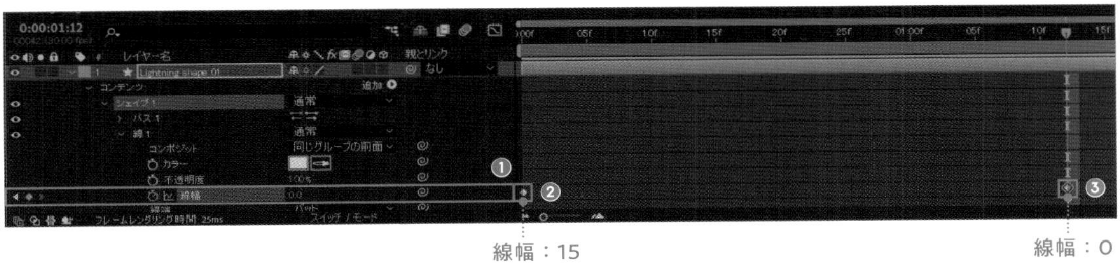

直線に回転のアニメーションを設定する

次に直線が1秒12フレームかけて50°右回転していくアニメーションを設定します。アンカーポイントの位置が直線の中央にある場合はパスの始点に移動しましょう。

1 ［Lightning shape 01］レイヤーを選択します❶。直線のアンカーポイントの位置を移動します。［アンカーポイントツール］をクリックし❷、［スナップ］にチェックを入れます❸。

2 ［コンポジション］パネルでアンカーポイントを直線の中央からパスの始点に移動します❹。

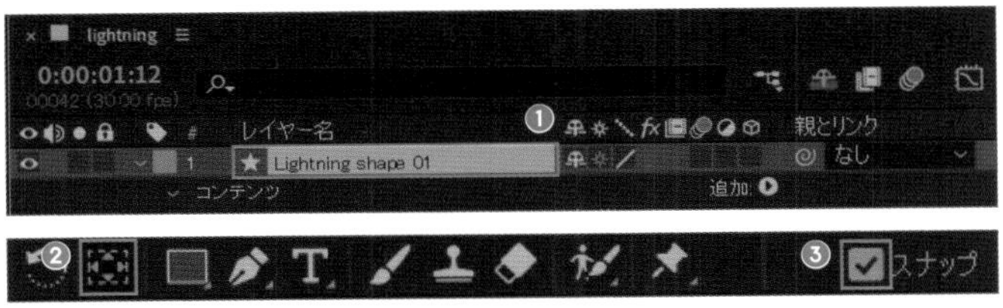

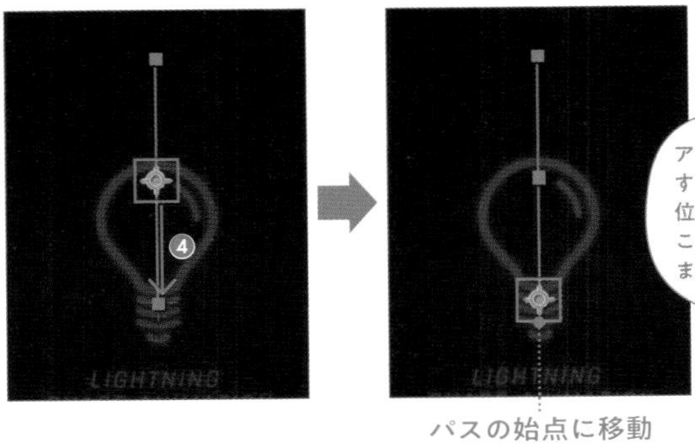

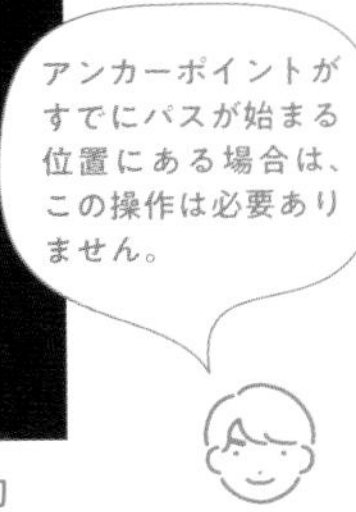

3　Rキーを押すと［回転］のプロパティのみ表示されます。0秒時点に「0.0」°❺、1秒12フレーム時点に「50.0」°のキーフレームを作成します❻。

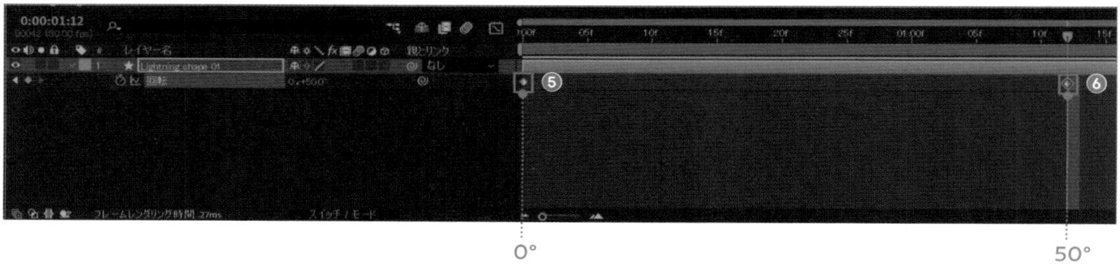

線幅と回転にイージングをかける

今度は速度グラフを使って、［回転］の変化が終盤にかけて徐々に減速していき、［線幅］の変化が終盤で一度減速し、最後に再び速度が上がるようなイージングをかけていきます。

1　Uキーを押してキーフレームが設定されたプロパティをすべて表示します。［線幅］と［回転］を選択して❶、F9キーを押してイージーイーズを設定します❷。

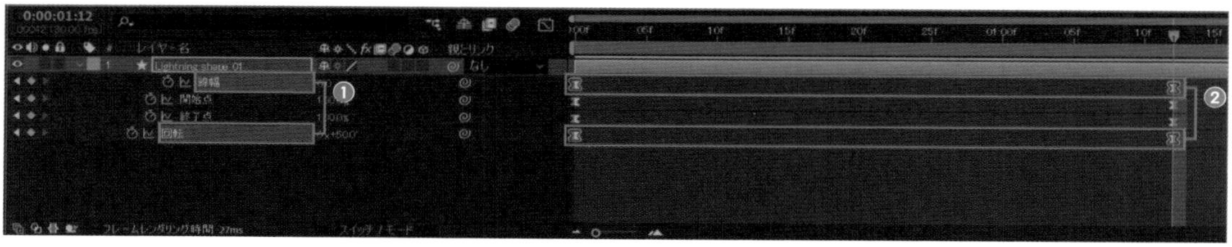

2　［グラフエディター］ボタンをクリックし表示を切り替えたら、タイムライン上で右クリックし❸、［速度グラフを編集］を選択します❹。

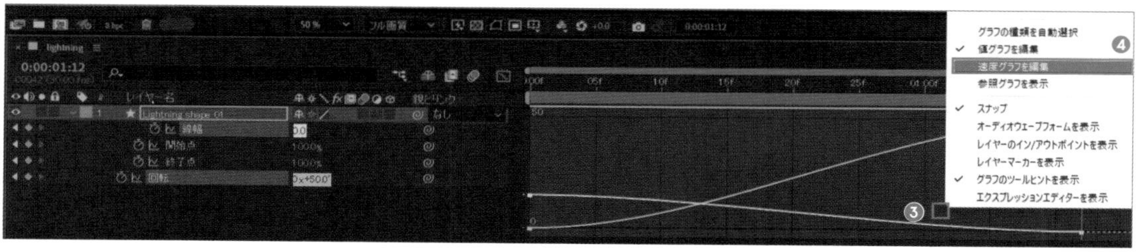

3　速度グラフが表示されるので［選択ツール］で［回転］のグラフをクリックして❺、ハンドルを表示します。

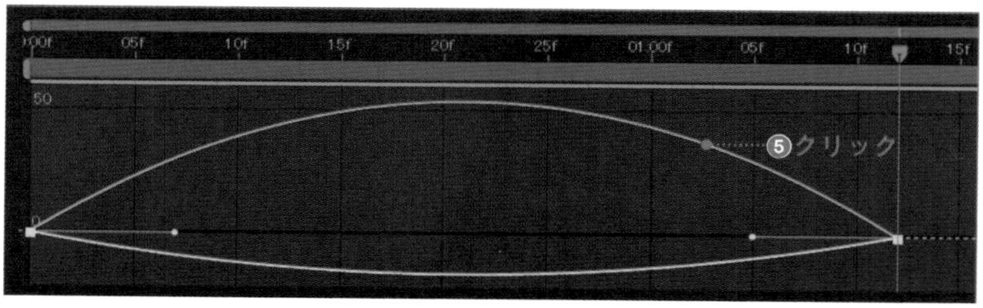

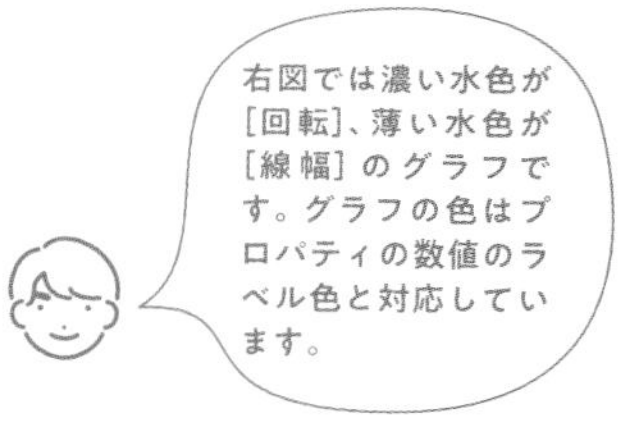

④ 左側のキーフレームのハンドルを左端までドラッグします❻。
右側のキーフレームのハンドルもやや左にドラッグして❼、右図のような曲線を描きましょう。

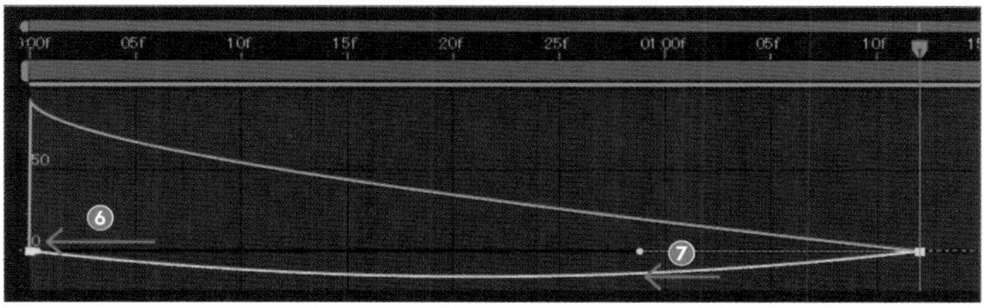

回転の速度が最初は速く、徐々に遅くなるように設定できました。

⑤ 次に[線幅]のイージングを調整します。[線幅]のグラフをクリックして❽、ハンドルを表示させ、左側のキーフレームのハンドルを右にドラッグします❾。

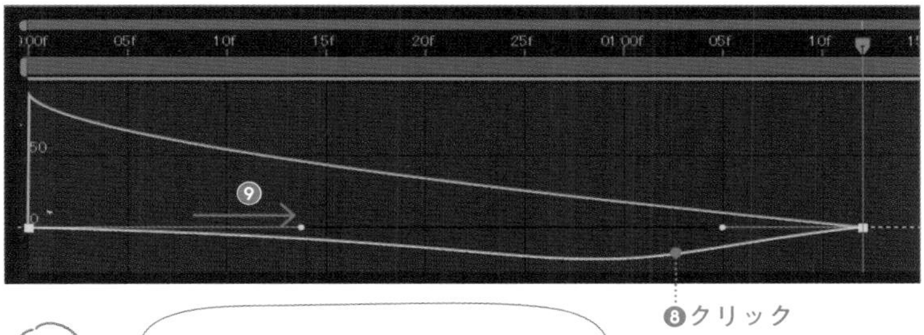

線幅の変化が徐々に減速し、終盤で加速するように設定できました。

できた！ 線が出現して回転しながら消えていくアニメーションができました。

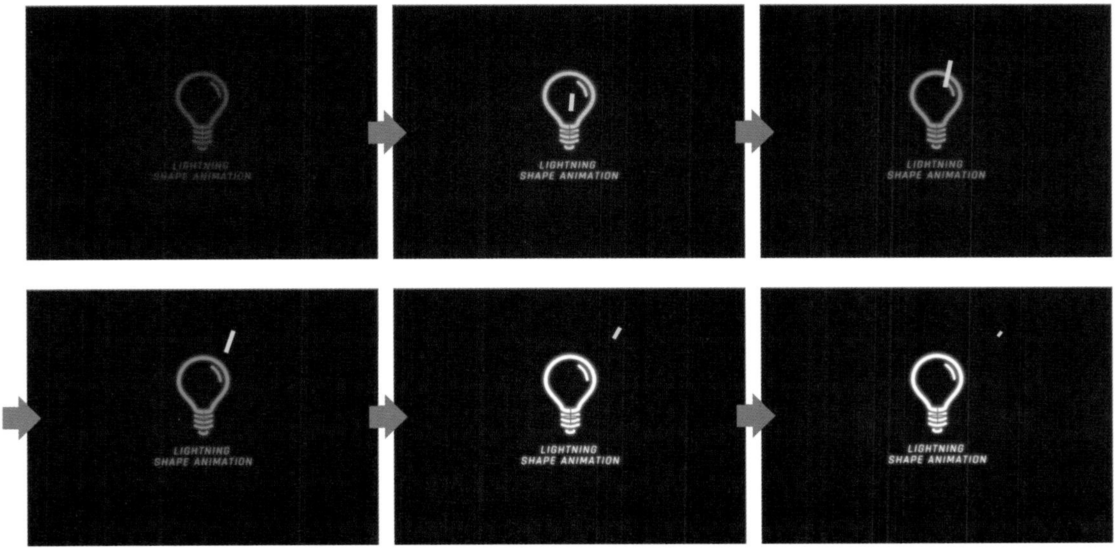

次のレッスンではこのアニメーションにリピートを加えていきます。

CHAPTER 4

LESSON 4

#リピーター

花火のように線がはじける アニメーションを作ろう

動画でも チェック!

https://dekiru.net/yae_404

練習用ファイル

4-4.aep

[リピーター]を使って1つのオブジェクトを複製する方法を解説します。多くの火花が広がっていく花火のようなアニメーションを作るときに便利です。

ここでは[リピーター]を使って、レッスン3で作った線が出現して消えていくアニメーションを同じレイヤー内に複製して、花火のように中央から広がってはじける表現を作っていきます。

リピーターを設定する

[リピーター]とはオブジェクトをリピートさせることができる機能です。レイヤーを複製するのとは違い、1つのレイヤー内でコピーする数を設定して増やせます。

1 練習用ファイル「4-4.aep」を開きます(レッスン3の続きから進めることもできます)。
「Lightning shape 01」レイヤーを展開し、[コンテンツ]の[追加]の▶をクリックして❶[リピーター]を選択します❷。

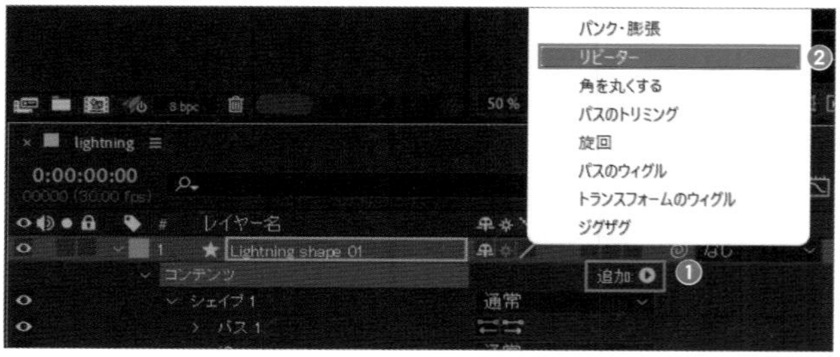

リピートする数を設定する

線のアニメーションをリピートする数を設定します。ここでは15回リピートするようにしましょう。

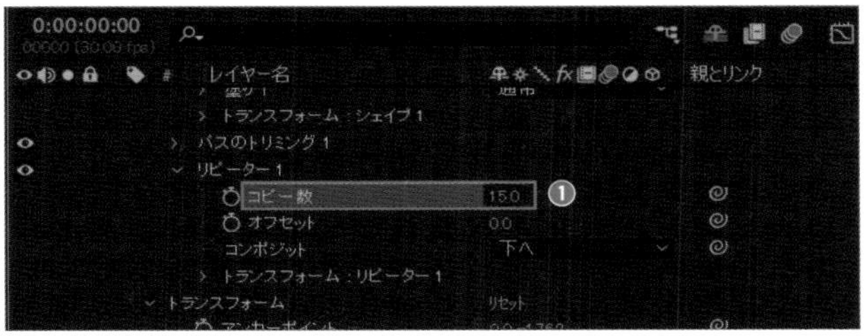

1 ［リピーター1］のプロパティを展開して、［コピー数］を「15.0」に設定します❶。

リピートする位置を設定する

もとのオブジェクトの位置を（0.0, 0.0）としたときに、リピートさせる位置を指定できます。ここではすべてのオブジェクトを同心円上にリピートさせるので、もとのオブジェクトと同じ（0.0, 0.0）に設定しましょう。

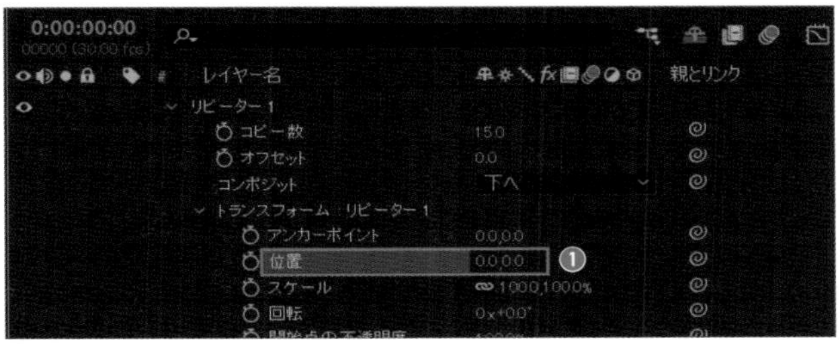

1 ［リピーター1］→［トランスフォーム：リピーター1］→［位置］を「0.0, 0.0」に設定します❶。

間違えて「Lightning shape 01」レイヤー直下の［トランスフォーム］にある［位置］を調整しないように注意しましょう。

リピートする角度を設定する

最後に角度を設定します。15個のオブジェクトを均等に配置するには360°を15で割った角度を設定します。

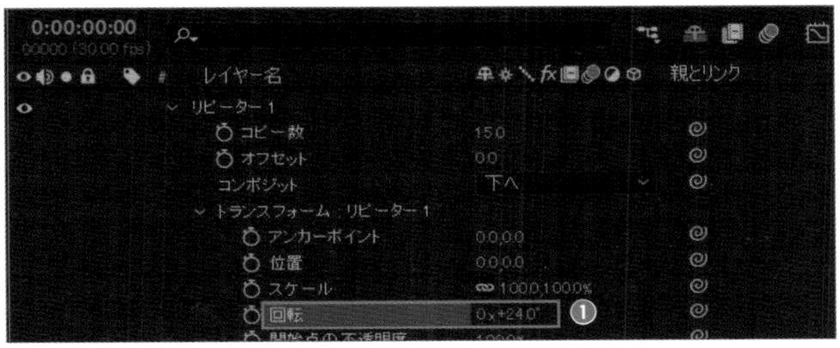

1 ［リピーター1］→［トランスフォーム：リピーター1］→［回転］を「0x+24.0°」に設定します❶。

＼できた！／ オブジェクトをリピートして花火のように線がはじけるアニメーションができました。

前のレッスンで設定したパスのトリミング、線幅、回転のアニメーションがリピートによって活きてきました。この線がはじけるようなアニメーションはいろんなシーンで使えそうですね。

CHAPTER 4
LESSON 5

#タービュレントディスプレイス #グロー

稲妻が走るアニメーションを作ろう

動画でもチェック！

https://dekiru.net/yae_405

練習用ファイル
4-5.aep

線にゆがみや光のエフェクトをかけて稲妻のアニメーションを作ります。

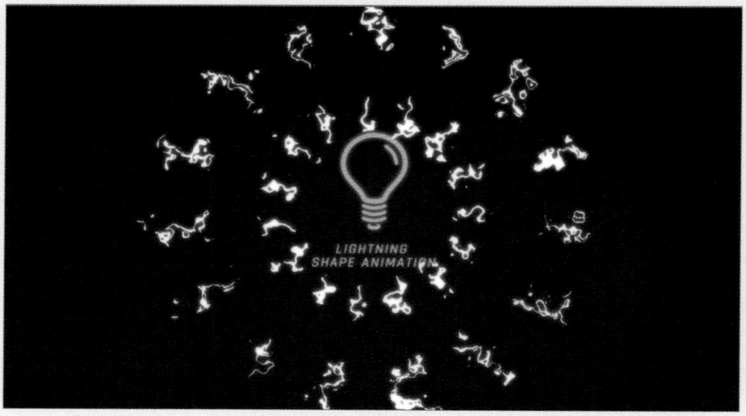

レッスン3で作成した円上に線が広がって消えていくアニメーションにゆがみや発光を加えて、稲妻を作っていきます。さらに稲妻を外側に複製して、より広範囲に稲妻が走っていくようなアニメーションを作ります。

細かな調整を加えて、よりリアルで迫力のある稲妻を作ってみましょう。この手間がクオリティの高い動画作りにつながります！

ゆがみを加えて稲妻の形を作る

128ページでも解説した、レイヤーにゆがみを加える[タービュレントディスプレイス]を適用して稲妻の形を作りましょう。ここでは[エフェクト]メニューから適用する方法を紹介します。

1 練習用ファイル「4-5.aep」を開きます(レッスン4の続きから進めることもできます)。
[Lightning shape 01]レイヤーをクリックし❶、[エフェクト]メニュー→[ディストーション]→[タービュレントディスプレイス]を選択します❷。

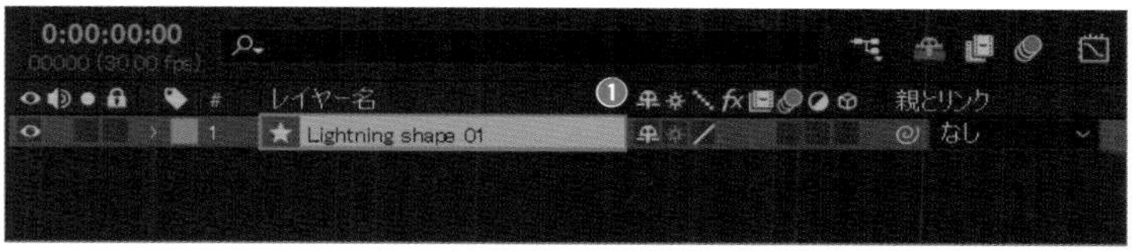

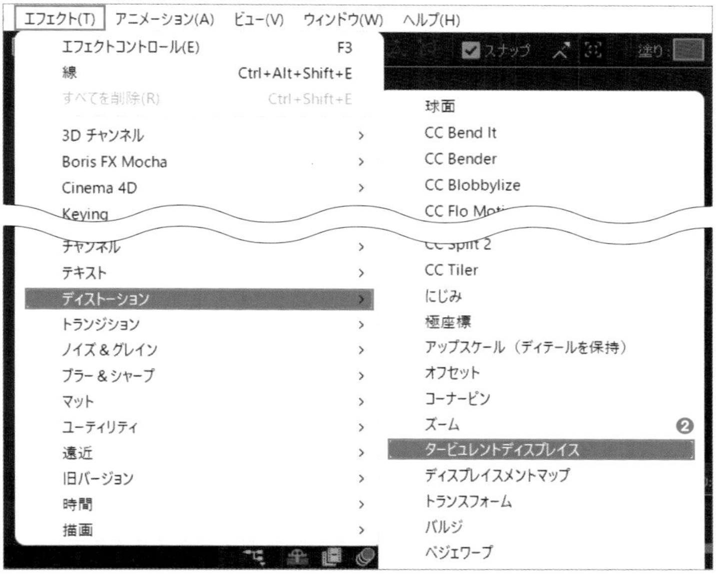

2 [エフェクトコントロール]パネルが表示されるので、[量]を「240.0」❸、[サイズ]を「10.0」❹、[複雑度]を「2.0」に設定します❺。

タービュレントディスプレイスのパラメーターについて ➡ 129ページ

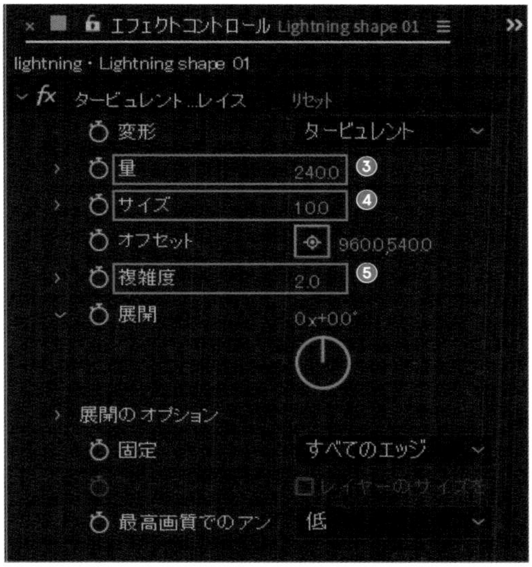

タービュレントディスプレイスは、スモークや水流、炎のような表現も作れる万能なエフェクトです。慣れてくると、それぞれのパラメーターをどんな値にすれば、どのようなゆがみ方になるかがわかってきます。

3　インジケーターを0秒に移動して再生してみましょう。一気に稲妻のような表現になりました。

オブジェクトを光らせる

オブジェクトを光らせることができる［グロー］エフェクトを適用します。［グロー］はアニメーションに高級感や華やかさを出すときに便利なエフェクトです。ここでは稲妻の発光を表現するために適用してみましょう。

1　［Lightning shape 01］レイヤーをクリックし❶、［エフェクト］メニュー→［スタイライズ］→［グロー］を選択します❷。

2　［エフェクトコントロール］パネルで［グロー］エフェクトの［グローしきい値］を「55.0」%❸、［グロー半径］を「15.0」に設定します❹。

ここがPOINT

［グローしきい値］と［グロー半径］

［グローしきい値］はグローを適用しない明るさの範囲を示しています。数値が大きいほどグローの適用範囲が狭くなり、明るいところだけをさらに光らせます。
［グロー半径］はグローの拡散範囲を示しています。数値が大きいほど光が拡散されます。

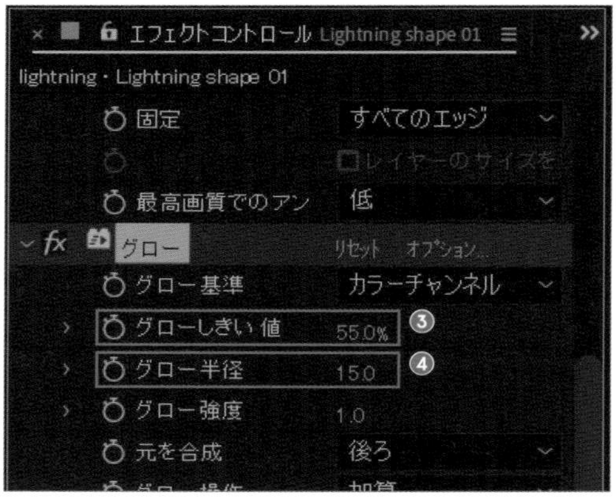

③ インジケーターを0秒に移動して再生してみましょう。それぞれのオブジェクトがほのかに発光しているのがわかります。

適用前

適用後

稲妻を追加する

レイヤーを複製して、稲妻を増やしていきます。

① [Lightning shape 01] レイヤーをクリックし❶、Ctrl（⌘）+Dキーを押して複製します。

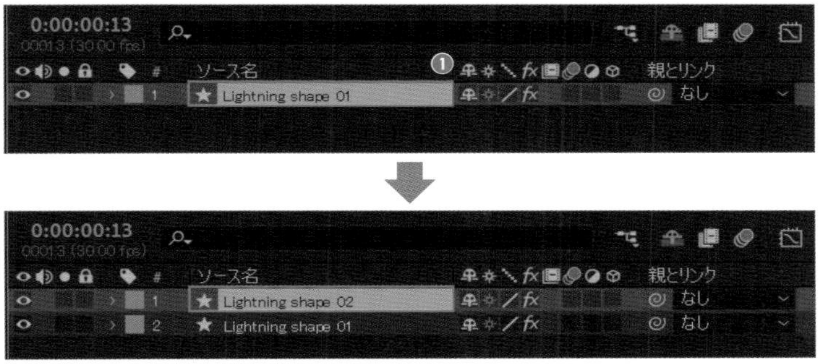

[Lightning shape 02] レイヤーが作成されました。

複製した稲妻の範囲を調整する

現在の稲妻の外側に一回り大きな稲妻を作成します。

① インジケーターを0秒に移動します❶。

② [ペンツール] を選択し❷、Shiftキーを押しながら図を参考にパスの下端を上にドラッグします❸。

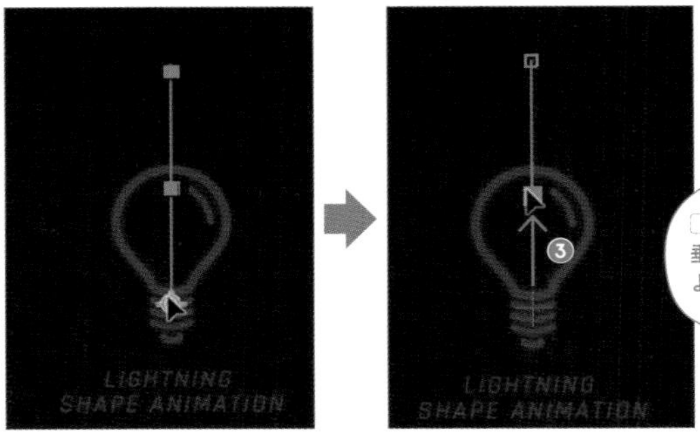

Shiftキーを押して、垂直方向に移動するようにしています。

3 パスの上端も調整します。Vキーを押すと一時的に[選択ツール]に切り替わるので、その状態でShiftキーを押しながらパスの上端を上にドラッグして❹、画面の外まで伸ばします。

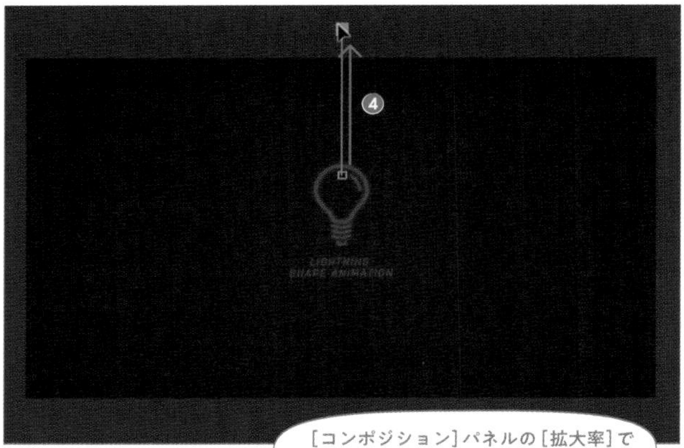

Vキーを押してすぐ離した場合は、一時的な切り替えでなく、[選択ツール]に切り替わります。一時的に[選択ツール]に切り替える場合はVキーを押したままドラッグ操作を行いましょう。

[コンポジション]パネルの[拡大率]で画面を縮小するとやりやすいです。

複製した稲妻を変形する

複製した稲妻([Lightning shape 02]レイヤー)のパスを曲線にして変化をつけていきます。パスを曲線にするには[ペンツール]でポイントを追加し、方向線を操作します。

1 パスの上から1/3あたりにマウスポインターを合わせ になった状態でクリックすると❶、ポイントが追加されます❷。

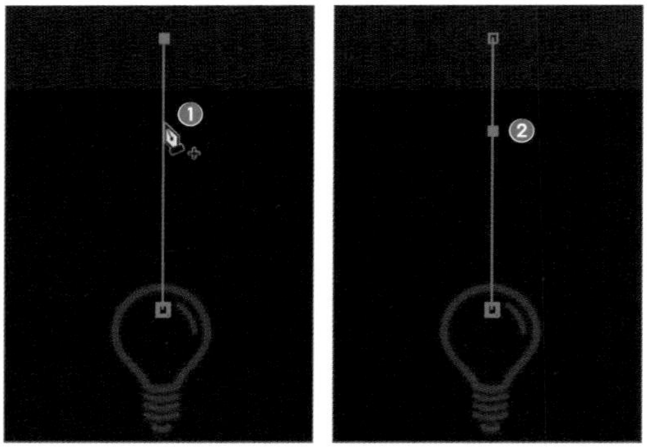

2 同様に下から1/3あたりにもポイントを追加します❸。

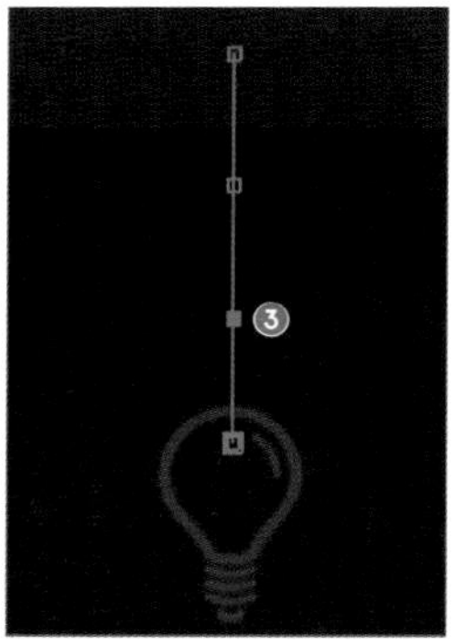

3 追加した2つのポイントを左右にドラッグして❹、線がジグザグになるようにします。

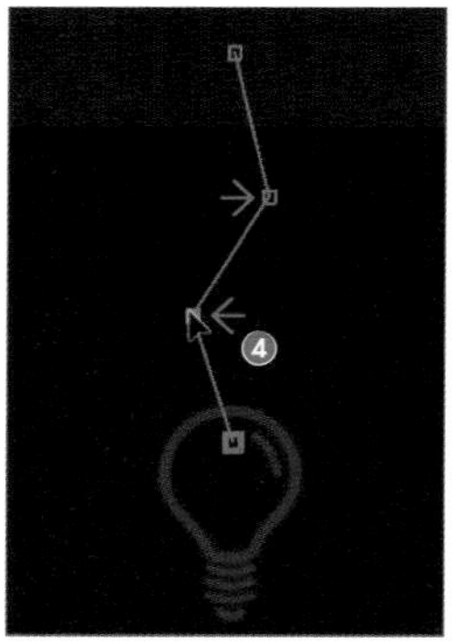

最終的には稲妻が曲線に沿って動くようにしたいので、その曲線を作るためにジグザグの形を作ります。

4 上側のポイントを Shift ＋ Alt（option）キーを押しながら上にドラッグし❺、方向線を伸ばします。

5 同様に下側のポイントも Shift ＋ Alt（option）キーを押しながら上にドラッグし❻、方向線を伸ばします。

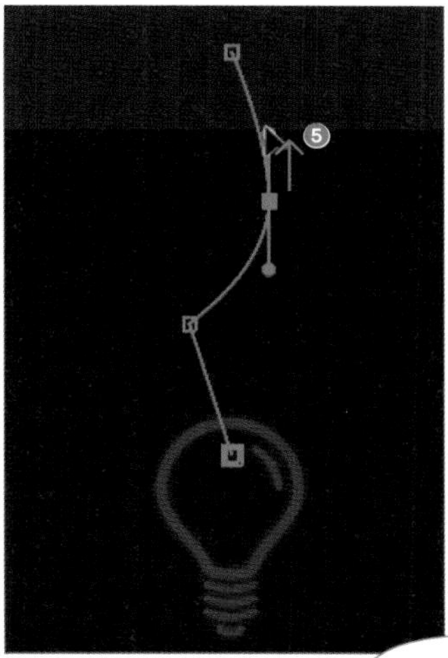

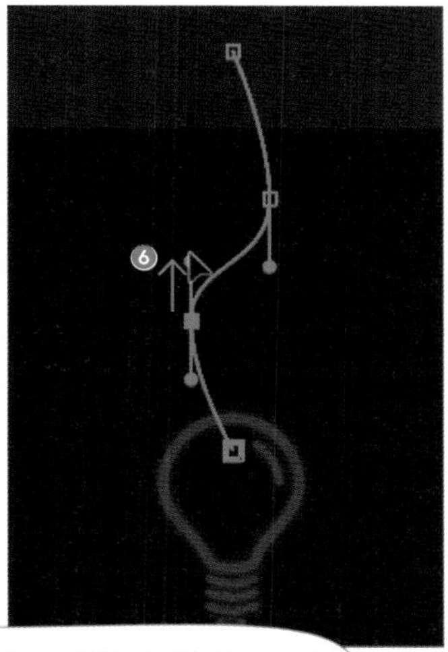

Alt（option）キーを押しながらポイントをドラッグすると方向線が伸びるのでしたね。ここでは Shift キーを押して垂直方向に固定しています。

6 再生してみましょう。2つの円上に稲妻が走るアニメーションになりました。外側の稲妻は曲線に沿って動いているのがわかります。

稲妻を増やしたことで迫力が増しましたね。

複製した稲妻をさらにゆがませる

外側の稲妻の［タービュレントディスプレイス］を複製して、さらに変化を加えることで、よりリアルな稲妻を作ります。

1 ［Lightning shape 02］レイヤーを選択し、［エフェクトコントロール］パネルで［タービュレントディスプレイス］をクリックし❶、Ctrl（⌘）＋ D キーを押して複製します。

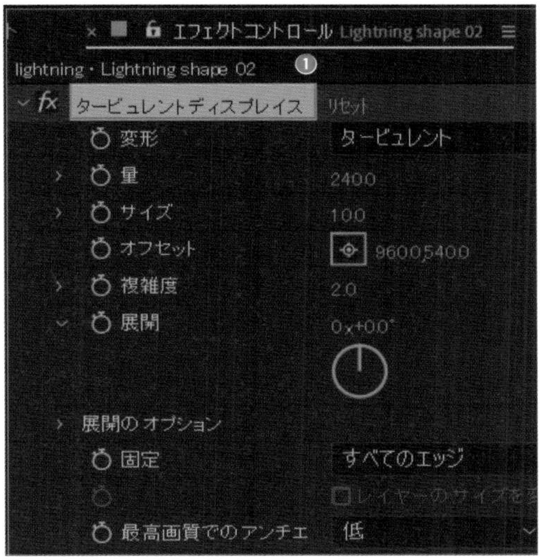

実際の稲妻の根本は太く、先端にかけて細かくなりますね。ここではそんな細かいディテールを再現します。

2 ［タービュレントディスプレイス2］というエフェクトが追加されるので、［量］を「150.0」❷、［サイズ］を「20.0」❸、［複雑度］を「3.0」に設定します❹。

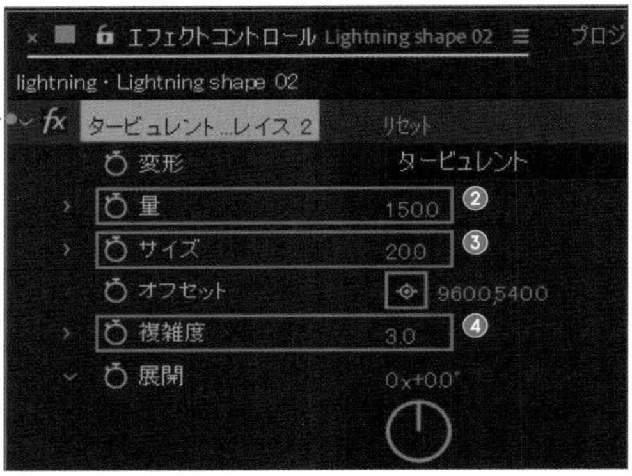

複製したエフェクト

3 インジケーターをドラッグして確認すると、外側の稲妻がより細かくなったことがわかります。

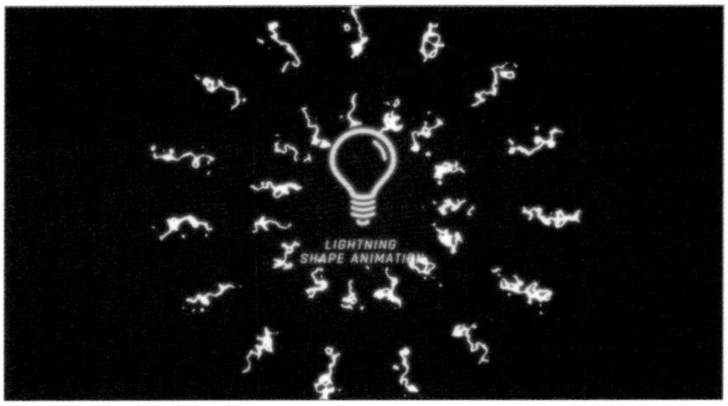

［タービュレントディスプレイス］の複製前

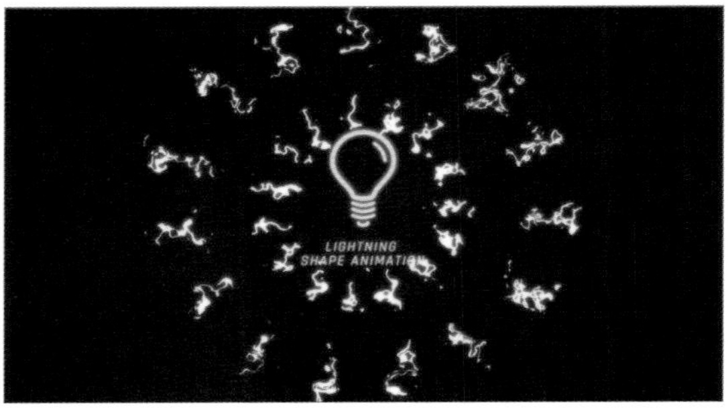

［タービュレントディスプレイス］を複製し、パラメーターを調整後

＼できた！／ 再生してみましょう。
稲妻が走るアニメーションの完成です。

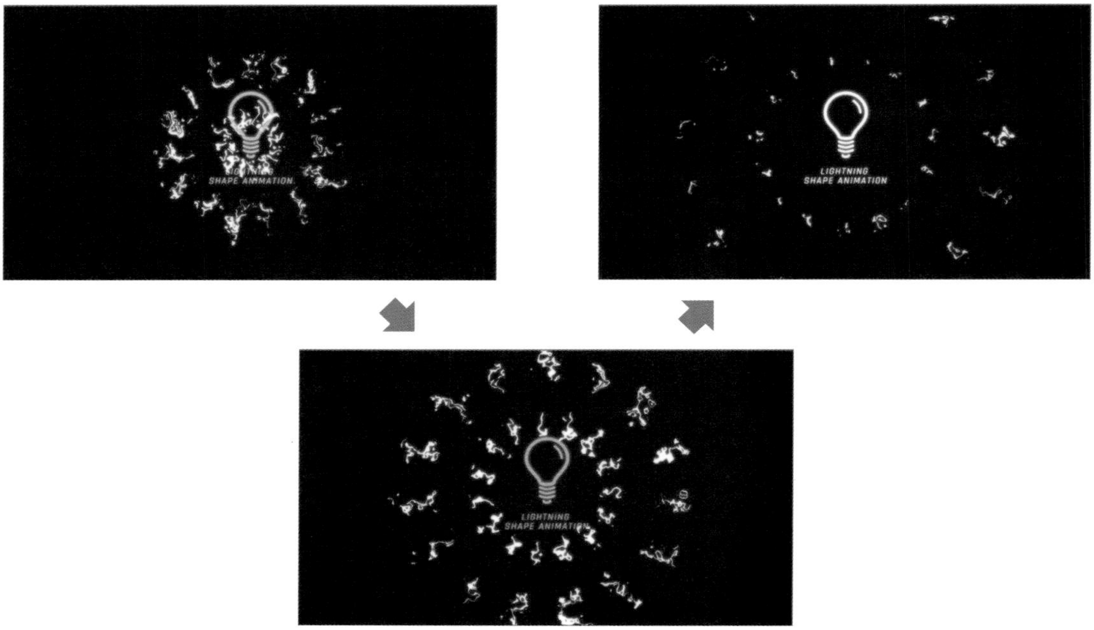

CHAPTER 4 LESSON 6

#プリコンポーズ #プリコンポジション

トランジションを作る準備をしよう① レイヤーをまとめる

ここからレッスン10にかけて、カットの切り替わりを演出するトランジションを作ります。ここではその準備としてプリコンポジションを作ります。

動画でもチェック!

https://dekiru.net/yae_406

練習用ファイル

4-6.aep

プリコンポジションとは

コンポジションの中にあるレイヤーを、1つにまとめてコンポジション化したものを「プリコンポジション」といいます。また、このプリコンポジションを作る機能のことを「プリコンポーズ」といいます。レイヤーの数が多くなり、タイムラインが煩雑になる場合や、特定のレイヤー同士をまとめたい場合などに、グループ化するイメージでプリコンポーズします。

プリコンポジションを作ると、その中に含まれる素材をまとめて移動したり、動きをつけたりできるので、作業時間の短縮にもつながります。

● **プリコンポジションのイメージ**

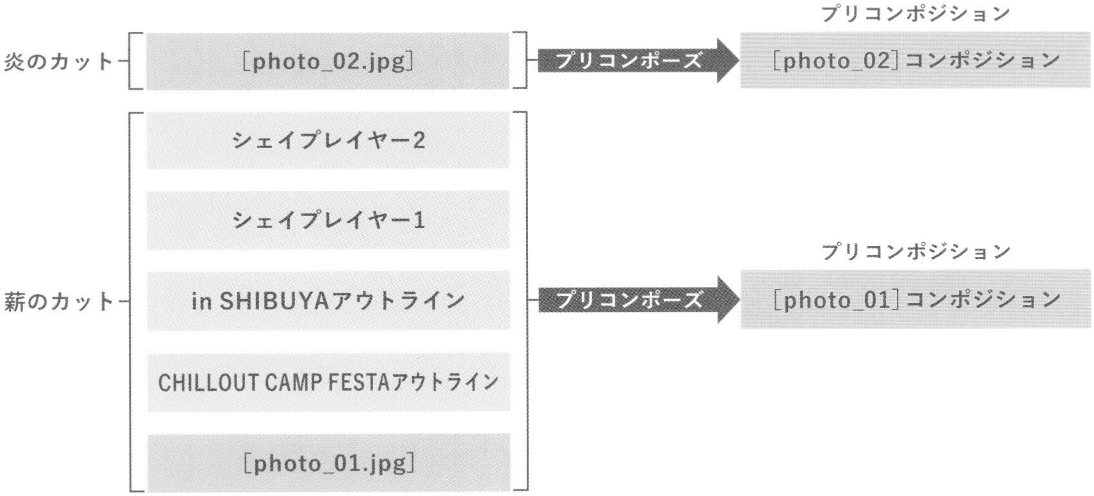

ここがPOINT

わかりやすいデータを作る

レイヤーの数が多くなると、どれがどのレイヤーなのかがわかりづらくなります。複数のレイヤーを、グループ化して1つのレイヤーとして扱えると、作業しやすく、またほかの人から見てもわかりやすいデータとなります。

薪のカットのプリコンポジションを作る

レッスン6ではカットごとにプリコンポジションを作成しましょう。まずは薪のカットに含まれるレイヤーをまとめて選択し、プリコンポーズします。

① 練習用ファイル「4-6.aep」を開きます。インジケーターを移動すると、2秒12フレームの位置でテキストやシェイプを含む薪のカットから炎のカットに切り替わるのが確認できます。

2秒12フレームの位置でカットが切り替わる

それぞれの画像やシェイプのレイヤーのデュレーションバーの長さを変えて、2秒12フレームの位置でカットが切り替わるようになっているんですね。

② 薪のカットに含まれる[シェイプレイヤー2]以下のレイヤーを選択し❶、右クリックして[プリコンポーズ]を選択します❷。

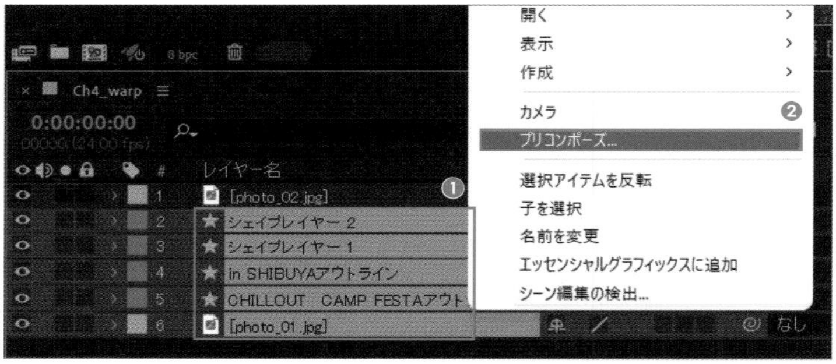

③ [プリコンポーズ]ダイアログボックスが表示されるので、[新規コンポジション名]に「photo_01」と入力します❸。[選択したレイヤーの長さに合わせてコンポジションのデュレーションを調整する]にチェックを入れて❹、[OK]ボタンをクリックします❺。

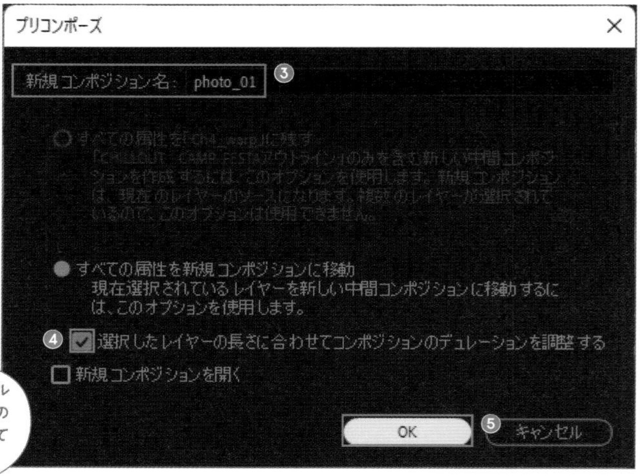

ここでは薪の画像のファイル名である「photo_01」をそのままコンポジション名にしています。

③ 選択したレイヤーのプリコンポジションが作成できました❻。
[プロジェクト]パネルにも[photo_01]コンポジションが追加されたことがわかります❼。

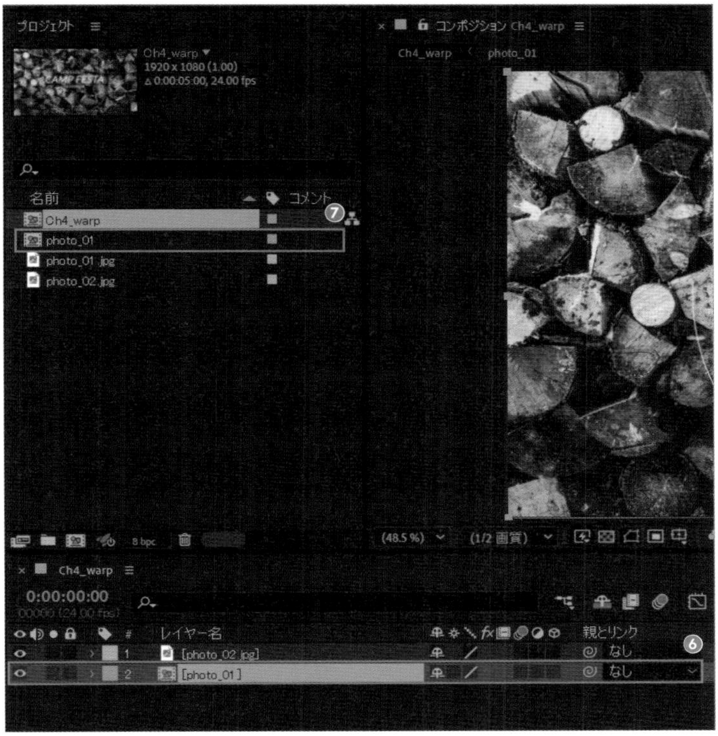

ここがPOINT

[プリコンポーズ]ダイアログボックスでの操作を理解しよう

❶[すべての属性を「(コンポジション名)」に残す]
❷[すべての属性を新規コンポジションに移動]
[すべての属性を「(コンポジション名)」に残す]を選ぶと、レイヤーやキーフレーム(属性)をもとのコンポジションに残したまま、新しいプリコンポジションに同じものをコピーします。前のページの手順②のように、複数のレイヤーからプリコンポジションを作るときは選択できません。[すべての属性を新規コンポジションに移動]を選ぶと、プリコンポーズするレイヤーやキーフレーム(属性)をもとのコンポジションから移動します。

❸[選択したレイヤーの長さに合わせてコンポジションのデュレーションを調整する]
この機能にチェックを入れると、もとのレイヤーのデュレーションが新しいプリコンポジションに反映されます。ここではそれぞれのカットでデュレーションを調整しているので、チェックを入れています。

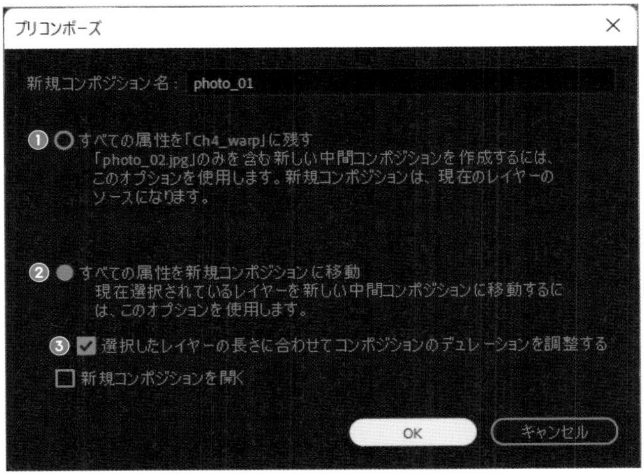

炎のカットのプリコンポジションを作る

次に炎のカットをプリコンポーズしてコンポジションを作ります。こちらは1つの画像レイヤーからプリコンポジションを作ります。

1. [photo_02.jpg] レイヤーを選択し❶、右クリックして[プリコンポーズ]を選択します❷。

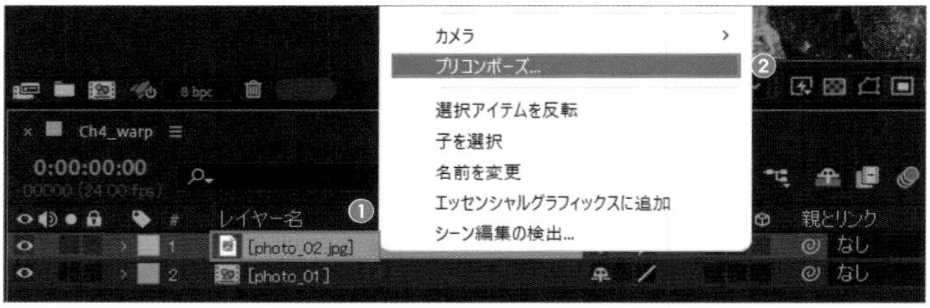

2. [プリコンポーズ] ダイアログボックスが表示されるので、[新規コンポジション名]に「photo_02」と入力します❸。[すべての属性を新規コンポジションに移動]をオンにし❹、[選択したレイヤーの長さに合わせてコンポジションのデュレーションを調整する]にチェックを入れて❺、[OK]ボタンをクリックします❻。

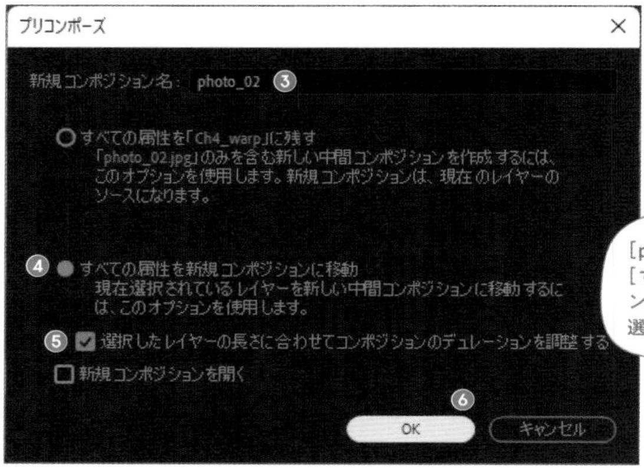

[photo_01]に合わせて[すべての属性を新規コンポジションに移動]を選択しました。

3. [photo_02] コンポジションが作成されました❼。

プリコンポジションの作り方がわかりましたね。

もっと 知りたい!

● フッテージごとにプリコンポーズすると、フッテージの差し替えも楽!

同じフッテージを多用する動画を作成する際にも、フッテージごとにプリコンポーズしておくと便利です。たとえば、あとからフッテージを差し替えたい場合、通常は複製したレイヤーの数だけ差し替え作業が必要です。

プリコンポーズしたうえで複製しておくと、フッテージの差し替えは一度で済みます。

スライドショーなども、同じ画像を多用する場合はこの方法を使うと時間が短縮できますね。

プリコンポーズしていない場合

レイヤーの数だけ差し替え作業が必要

フッテージごとでプリコンポーズしている場合

プリコンポジション内のフッテージを差し替えるだけで、ほかのレイヤーに反映される

CHAPTER 4
LESSON 7

#新規コンポジション #新規フォルダー #ガイドレイヤー

トランジションを作る準備をしよう② コンポジションを作る

動画でもチェック!

https://dekiru.net/yae_407

練習用ファイル
4-7.aep

ここではトランジションを作る準備として、トランジション専用のコンポジションを作ります。

● トランジションとは

動画は通常、複数のカットから成り立ちます。トランジションとはカットとカットをつなぐ効果のことを指します。カットとカットの切り替わりをスムーズに見せるエフェクトを追加するなどしてトランジションを作ることで場面転換を自然に見せたり、インパクトを与えたりできます。

このレッスンではこのトランジション用のコンポジションを作っていきます。

実際のトランジションは、次のレッスン8からさまざまなエフェクトを追加して作成していきます。このレッスンでは、作業しやすくするためにトランジション専用のコンポジションを新しく作成します。このコンポジションには、レッスン6で作成した画像レイヤーを内包するプリコンポジションを配置しますが、配置した画像は書き出されないようにガイド化します。

メインのアニメーションのみ、エフェクトのみ、のようにコンポジションを分けて制作し、最後に1つのコンポジションにまとめるという手法はよく行われます。

知りたい!

● ガイドレイヤーとは?

After Effectsにはレイヤーをガイドとして扱うことができるガイドレイヤーの機能があります。ガイドに設定したレイヤーは[コンポジション]パネルでは表示されますが、書き出しには影響しません。

このレッスンで作成するトランジション用のコンポジションはエフェクトのみで構成されますが、エフェクトの適用具合やタイミングを確認するために画像素材を配置します。この画像のレイヤーをガイド化して、書き出しへの影響を防ぎます。

トランジション専用のコンポジションを作る

メインのコンポジション（[Ch4_warp]）を最終的に動画を書き出すためのコンポジションとして、トランジションを作成するためのコンポジションを新しく作ります。

1. 練習用ファイル「4-7.aep」を開きます（レッスン6の続きから進めることもできます）。[コンポジション] メニューの [新規コンポジション] を選択します❶。

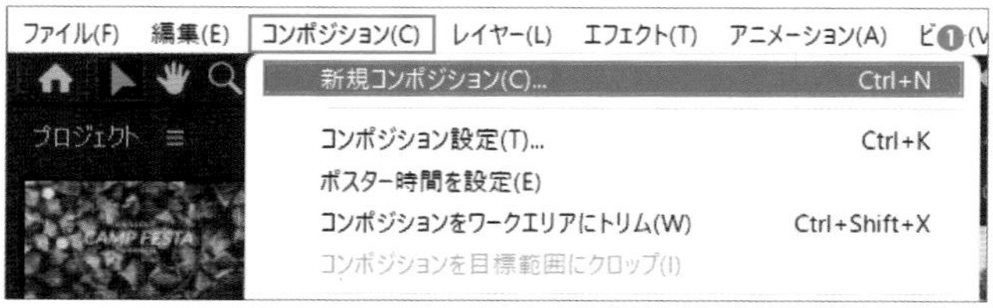

2. [コンポジション設定] ダイアログボックスが表示されます。トランジション用のコンポジションなので、[コンポジション名] に「transition」と入力し❷、[プリセット] から [HD・1920×1080・24fps] を選択します❸。[デュレーション] を「0:00:02:12」に設定して❹、[OK] ボタンをクリックします❺。

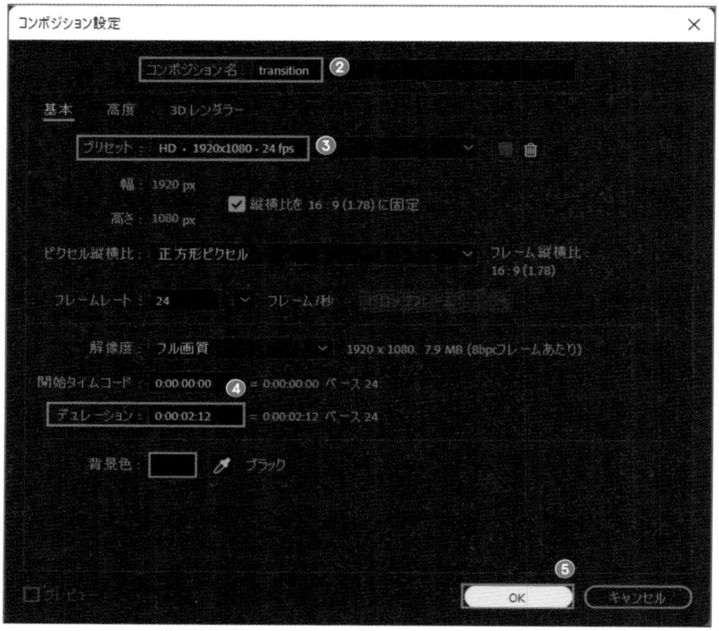

メインの [Ch4_warp] コンポジションが [HD・1920×1080・24fps] を使っているので、それに合わせましょう。デュレーションは、作りたい動画のイメージに合わせて設定しましょう。ここではメインのコンポジションが5秒なので、その半分の2秒12フレームに設定しました。

3. 新しいコンポジションが作成されました❻。

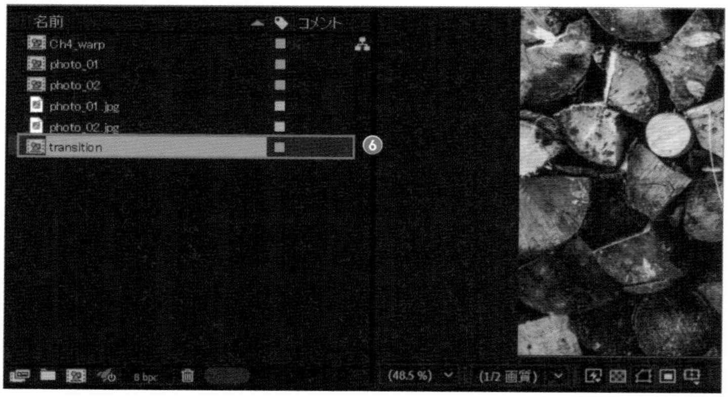

次のレッスンから作成するトランジションは、ブロクオリティのやや複雑な構成となります。そのため、整理しやすいようにここであらかじめ専用のコンポジションを作成しています。 最終的には、ここで作成したコンポジションをメインの [Ch4_warp] コンポジションに追加します。

[プロジェクト]パネルを整理する

[プロジェクト]パネルにコンポジションやフッテージが混在していてわかりづらいのでフォルダーを作って整理しておきましょう。ここでは画像用の「footage」フォルダー、プリコンポジション用の「pre comp」フォルダーを作成し、それぞれの材料を格納します。

1 [プロジェクト]パネルの[新規フォルダーを作成]ボタンをクリックすると❶、新規フォルダーが作成されるので、素材用のフォルダーとして「footage」という名前にします❷。

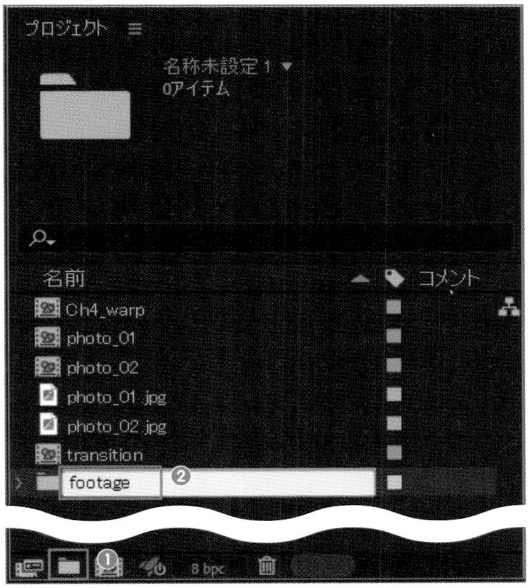

2 [footage]フォルダーが作成されるので、余白をクリックして❸、選択を解除します。

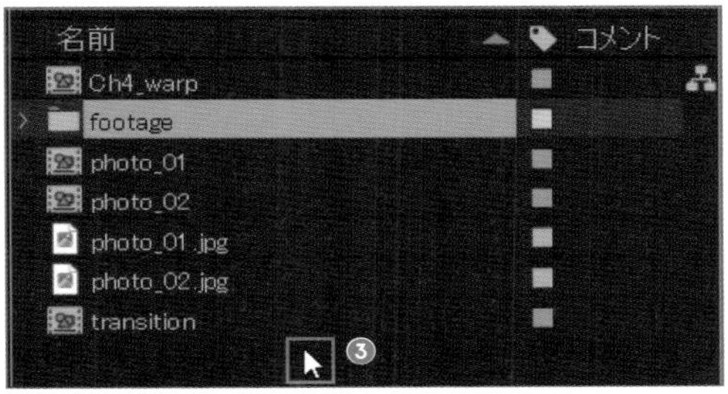

3 手順①と同様に、メインのコンポジション以外を格納するフォルダーも作成し「pre comp」という名前をつけます❹。

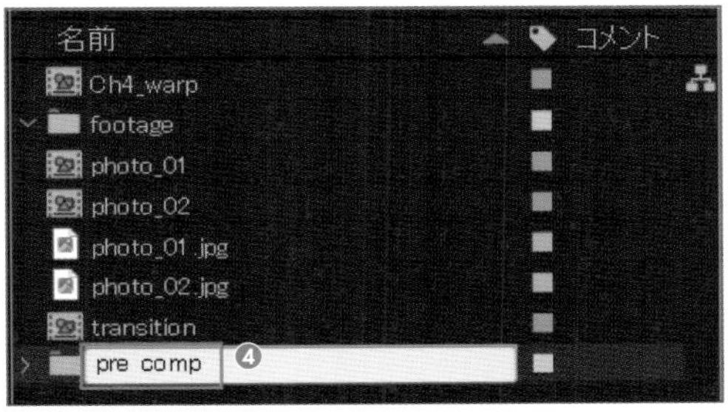

4 [photo_01.jpg]と[photo_02.jpg]を[footage]フォルダーへ❺、[photo_01][photo_02][transition]コンポジションを[pre comp]フォルダーへドラッグします❻。

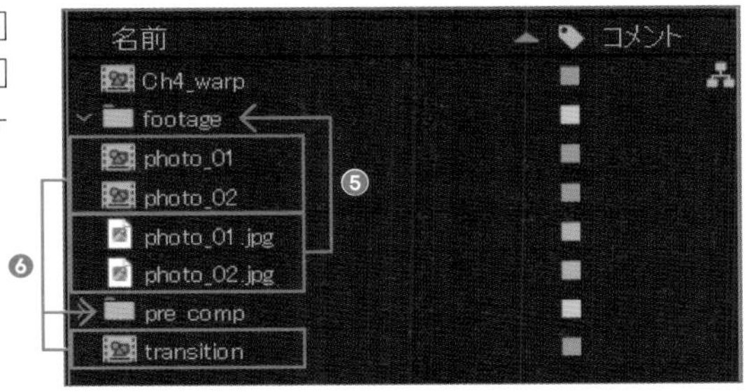

5 [プロジェクト]パネルが整理できました。

トランジション用のコンポジションにガイドを作成する

トランジション用のコンポジションはカットの切り替わりを演出するエフェクトのみを配置します。ただし、薪と炎のカットがないと切り替わりのタイミングがわかりません。そこで、ガイドレイヤーとして[photo_01][photo_02]コンポジションを配置して、1秒の位置で切り替わるようにデュレーションを調整します。

1 メインのコンポジション以外を格納した[pre comp]フォルダーを展開して❶、[photo_01]と[photo_02]を下からphoto_01、photo_02の順で[transition]コンポジションのタイムラインに配置します❷。

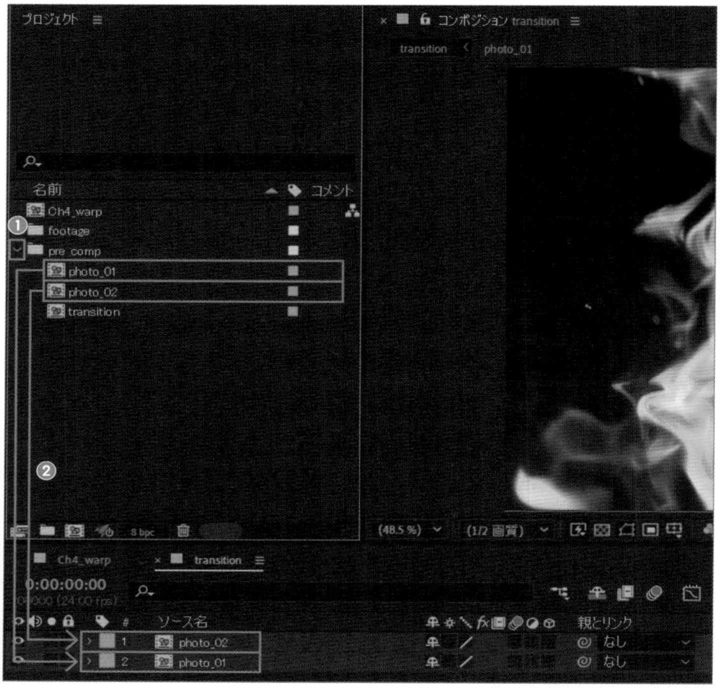

2 デュレーションバーの上にマウスポインターを合わせて❸、マウスポインターの形が矢印になったら[photo_02]レイヤーの開始点が1秒の位置にくるようにデュレーションバーを右にドラッグします❹。

[photo_02] レイヤー開始点

3 [photo_01]レイヤーの終了点が1秒の位置にくるようにデュレーションバーを左にドラッグします❺。

[photo_01] レイヤー終了点

0秒の時点で画像が表示される状態にしています。

4 2つのレイヤーを選択して❻、右クリックし[ガイドレイヤー]をクリックします❼。

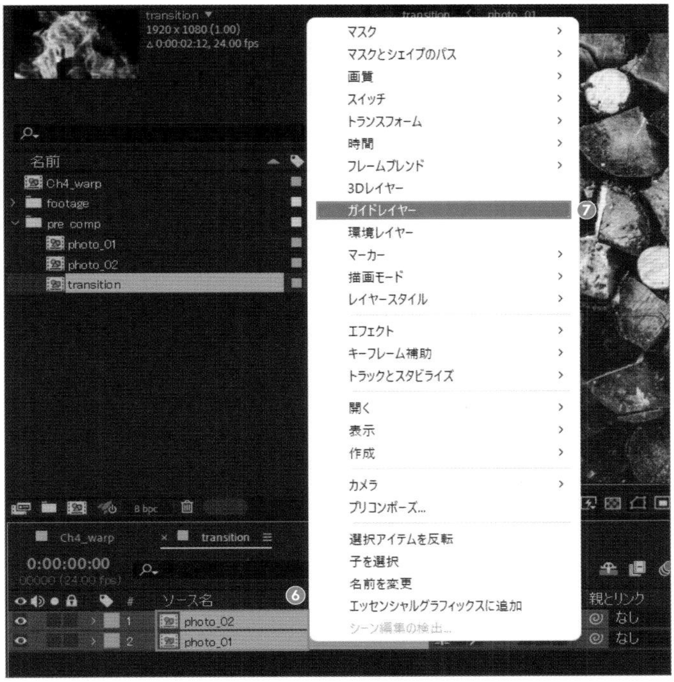

5 [photo_01]レイヤーと[photo_02]レイヤーに⌗アイコンがつき、ガイドレイヤーになりました❽。

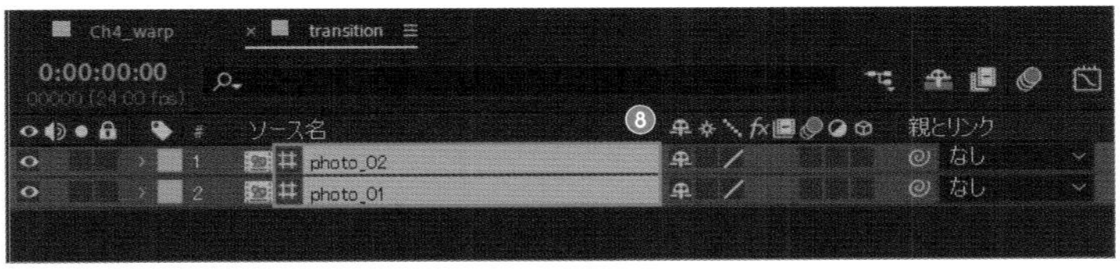

ガイドレイヤーとなった[photo_01]レイヤーと[photo_02]レイヤーは書き出しに影響しません。次のレッスンからこの[transition]コンポジションにエフェクトを追加してトランジションを作成していきます。

モーションブラーを設定する

[モーションブラー]とはオブジェクトに「ブレ」をつけて、スピード感を演出できる機能です。ここでは[photo_01][photo_02]に[モーションブラー]を設定しましょう。

1 [photo_01][photo_02]のモーションブラーをオンにします❶。

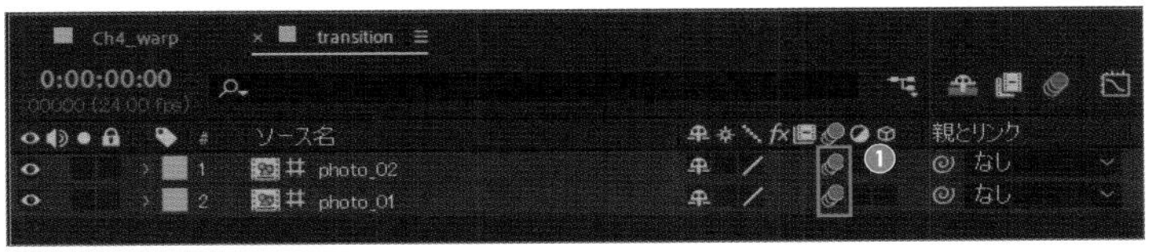

＼できた！／ これでトランジション用のコンポジションの完成です。

[photo_01][photo_02]はガイドレイヤーなので書き出しに反映されませんが、書き出し時に使用するメインのコンポジションに合わせて設定しておきましょう。
メインのコンポジションのモーションブラーの設定は191ページで行います。

CHAPTER 4

LESSON 8

#トランジション #調整レイヤー

シームレスなトランジションを作成しよう①

エフェクトの適用やレイヤーのサイズ調整を行ってトランジションを作ってみましょう。

動画でもチェック!

https://dekiru.net/yae_408

練習用ファイル

4-8.aep

カット1

タービュレントディスプレイスとスケールを使って文字と図形がゆがみながら広がる。ゆがみは次の画像に切り替わったら徐々になくなる

カット2

スケールを使って画像を一度小さくして、徐々に拡大する。小さくした際に生じる余白はモーションタイルを使って補完する

レッスン7とレッスン8を使って、カット1とカット2の切り替わりを滑らかにしながら、迫力のある演出で魅せるトランジションを作ります。このレッスン7では2つのカットにゆがみやサイズ変更のエフェクトを加えて、カットの境目にインパクトを持たせます。複数のレイヤーに同じエフェクトを適用できる調整レイヤーやレイヤーの分割方法も学びましょう。

知りたい!

● トランジションは動画の内容に合わせて作ろう

ここでは薪から焚き火のカットに自然につながるように、炎のゆらめきをイメージしたトランジションを作成します。After Effectsにはトランジションエフェクトが多くプリセットされているので、そこから適切なものを選んで使うのもありですが、場面転換にインパクトを与えるトランジションは、こだわりを持って一から制作することも多いです。

たとえば、前後のカットが煙で覆われるようにして切り替わるトランジション、グリッチ(砂嵐のような効果)で切り替わるトランジションなどもよく見ますね。トランジションは動画の雰囲気に合わせて作ることが大切です。

調整レイヤーを作る

調整レイヤーとは、下にあるすべてのレイヤーに影響する特殊なレイヤーで、たとえば全レイヤーに一括して同じエフェクトを適用したい場合などに利用します。主に色調補正やブラー、ノイズ処理など全体の見た目の調整用として使われます。
ここでは[photo_01]レイヤーと[photo_02]レイヤーに同じエフェクトをかけるために調整レイヤーを作成します。

● **調整レイヤー**

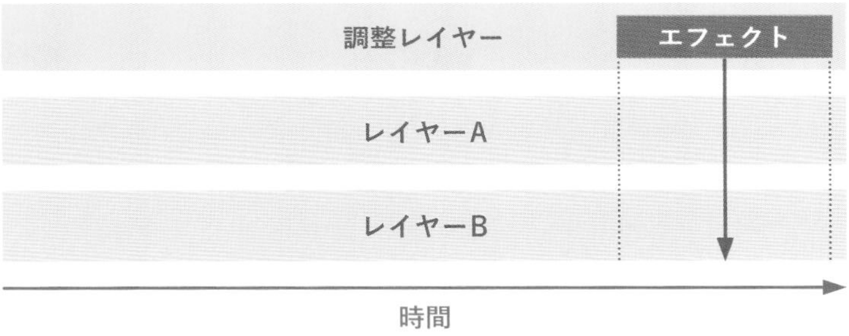

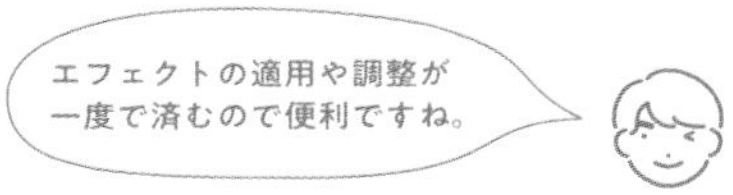

1. 練習用ファイル「4-8.aep」を開きます（レッスン7の続きから進めることもできます）。[transition]コンポジションタブをクリックします❶。

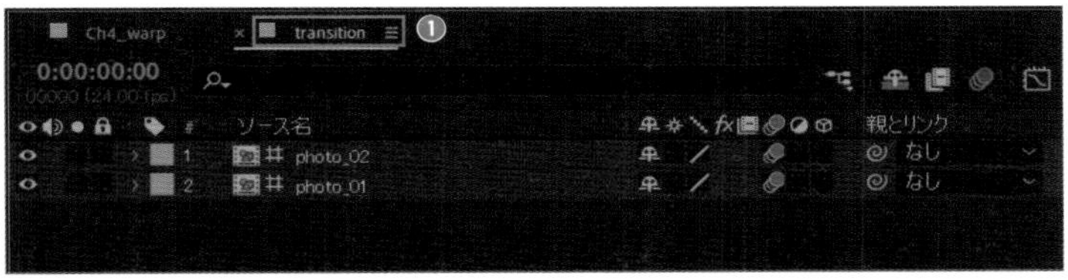

2. [レイヤー]メニュー→[新規]→[調整レイヤー]を選択します❷。

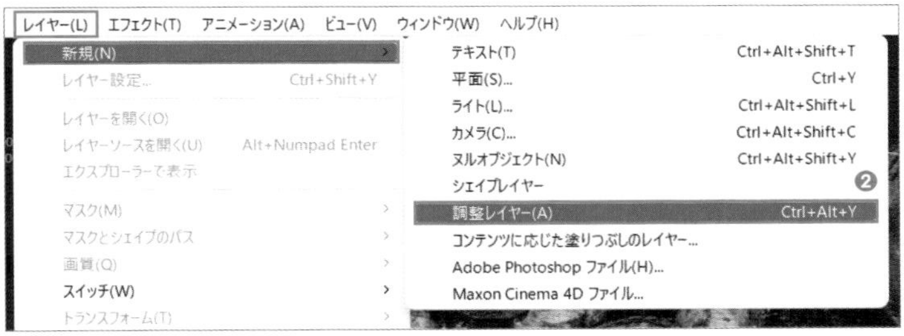

3. タイムラインの一番上に調整レイヤーが作成されました❸。
次の手順で[タービュレントディスプレイス]エフェクトを適用するので、レイヤー名は「turbulent」に変更しておきましょう❹。

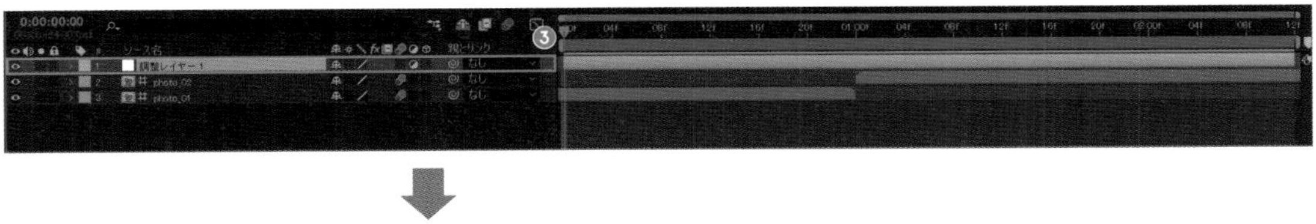

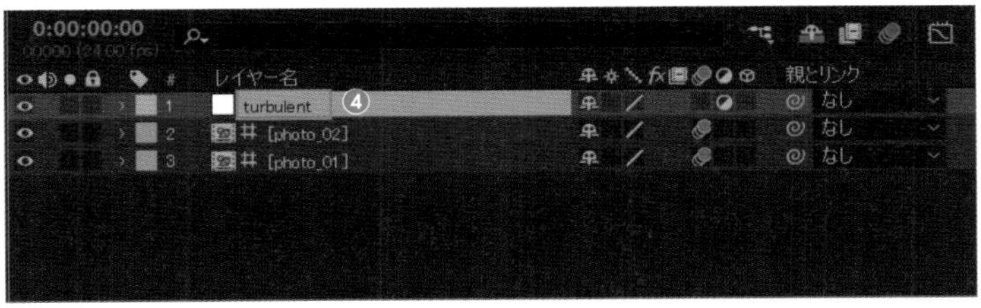

ここがPOINT

レイヤー名を素早く変更するには？

レイヤーを選択した状態で、Enter（Return）キーを押すと、レイヤー名を入力できる状態になります。

調整レイヤーにエフェクトを適用して、ゆがみを加える

1 [turbulent] レイヤーを選択し、[エフェクト] メニュー→[ディストーション]→[タービュレントディスプレイス] をクリックします❶。

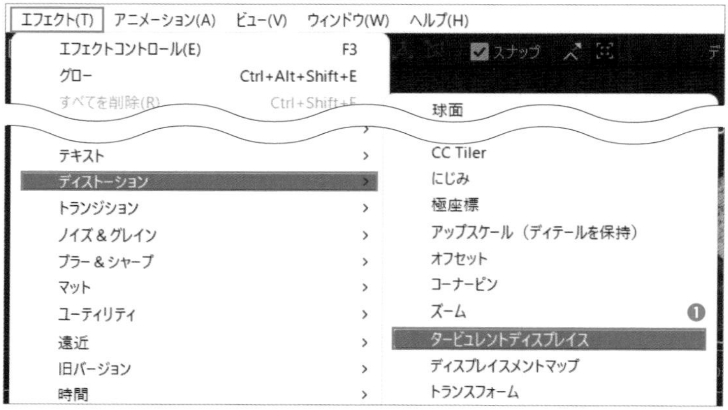

2 レイヤーがゆがみます。

157ページでは稲妻を表現するのに[タービュレントディスプレイス]を使いましたね。

調整レイヤーに[タービュレントディスプレイス]を適用したことで、調整レイヤーの下のすべてのレイヤーにゆがみが加わります。

エフェクトにアニメーションを設定する

[タービュレントディスプレイス]の[量]のキーフレームを作成して、エフェクトが1秒かけてゆがみ、そのあとゆがみがなくなっていくアニメーションを設定します。

1 タイムラインのインジケーターを0秒の位置に移動します❶。

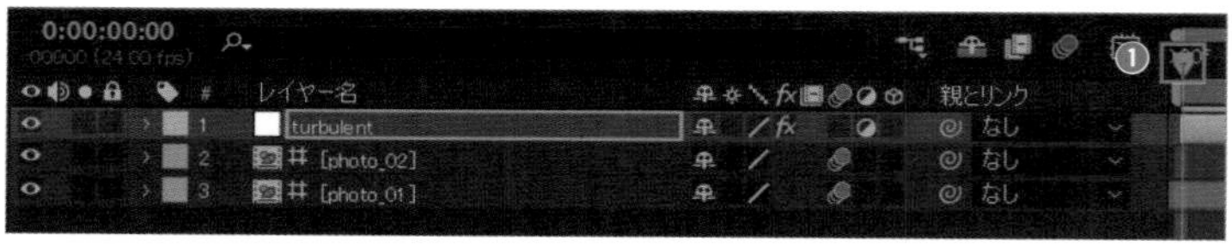

2 [エフェクトコントロール] パネルで [タービュレントディスプレイス] の [量] のストップウォッチをクリックし❷、「0.0」に設定します❸。

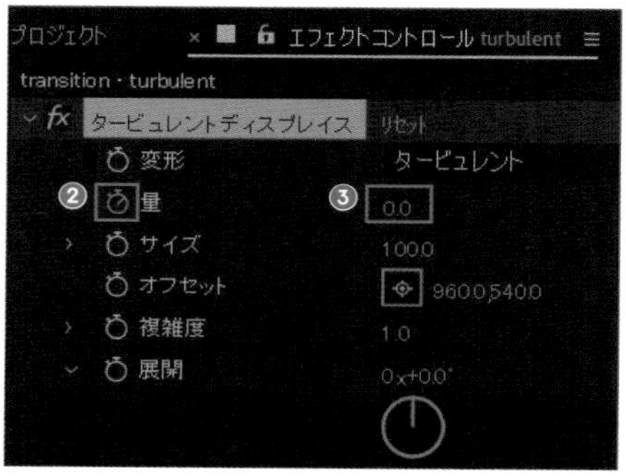

[量]を0にすると、ゆがみの効果がなくなります。

3 Uキーを押すと、タイムラインにキーフレームが設定された[量]のプロパティのみが表示されます。インジケーターを1秒の位置に移動し❹、[量]を「50.0」に設定します❺。

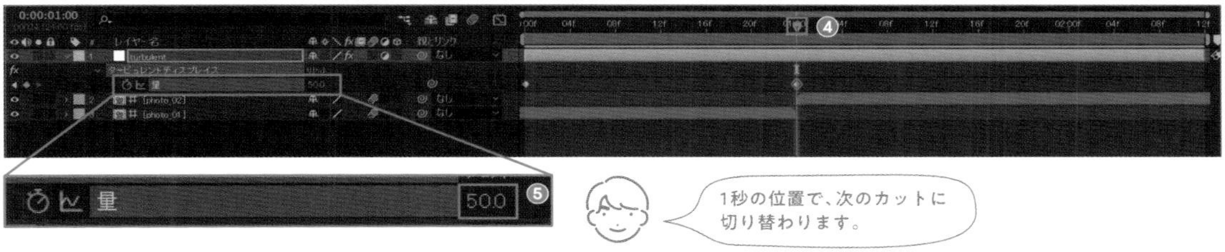

4 インジケーターを右端に移動し❻、[量]を「0.0」に設定します❼。

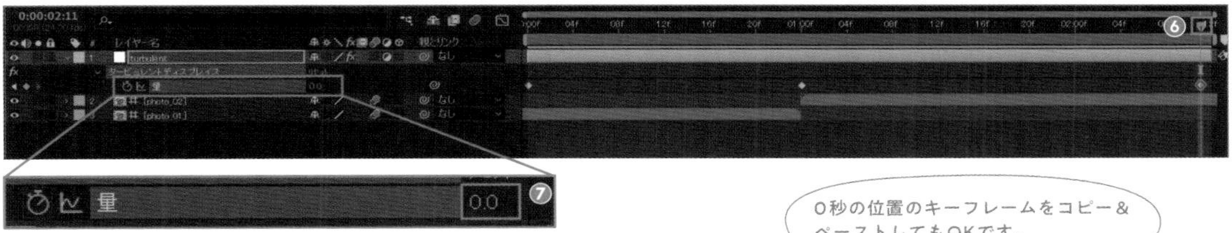

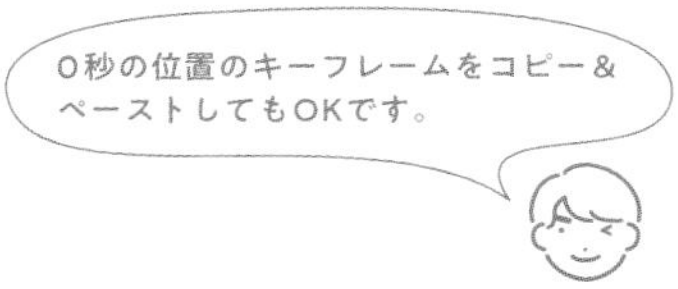

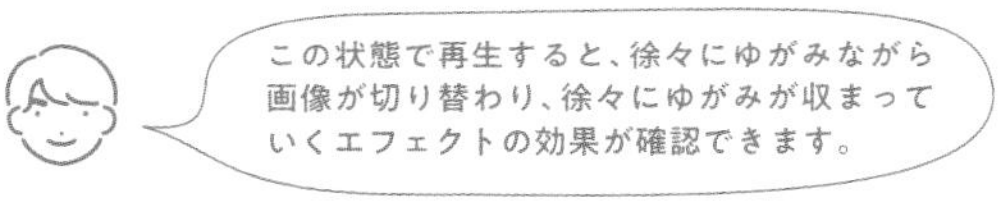

2つ目の調整レイヤーを作成する

次に別のエフェクト用の調整レイヤーを作成します。

1 調整レイヤーを作成し❶、レイヤー名を「scale」にします❷。

［トランスフォーム］エフェクトを適用する

［Photo_01］［Photo_02］にサイズが変化するアニメーションをつけるため、回転やサイズ、位置などを調整できる［トランスフォーム］エフェクトを調整レイヤーに適用します。

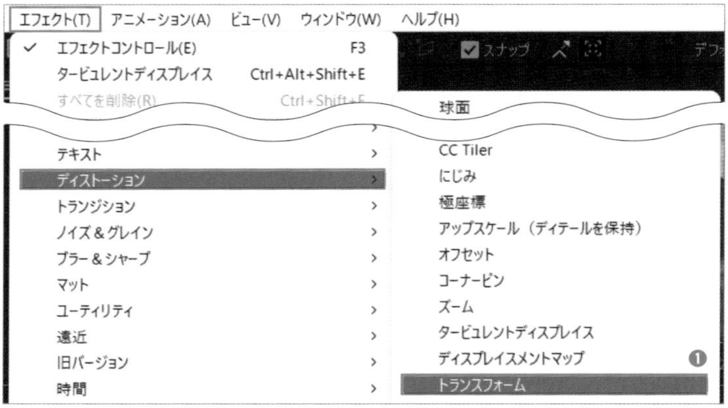

1 ［scale］レイヤーを選択し、［エフェクト］メニュー→［ディストーション］→［トランスフォーム］をクリックします❶。

ここがPOINT

［トランスフォーム］エフェクトは
レイヤーにもともとある［トランスフォーム］と何が違うの？

調整レイヤーにもともとある［トランスフォーム］プロパティは調整レイヤー単体に対するプロパティです。そのため、調整レイヤー以外のレイヤーには影響しません。ここでは下のレイヤーのサイズを変化させるため、調整レイヤーに新しく［トランスフォーム］エフェクトを適用しています。

サイズが大きくなるアニメーションを設定する

［トランスフォーム］エフェクトの［スケール］の値を調整して、1秒かけてサイズが170％になるアニメーションを設定します。

1 タイムラインのインジケーターを0秒の位置に移動し、［エフェクトコントロール］パネルで［スケール］のストップウォッチをクリックします❶。

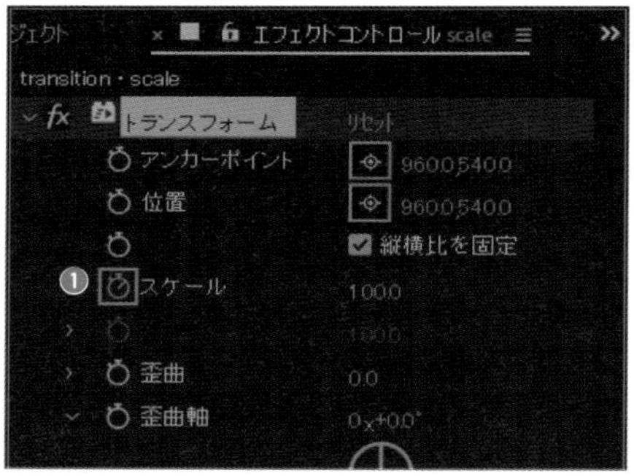

2 Uキーを押すと、［scale］レイヤーの［スケール］のプロパティが表示されます。インジケーターを1秒の位置に移動し❷、数値を「170.0」に設定します❸。

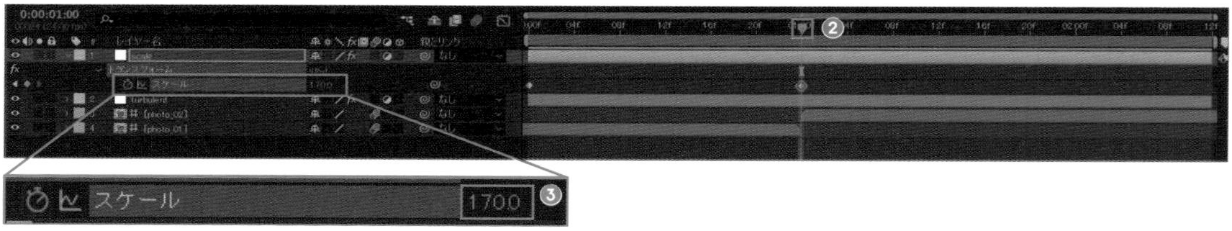

③ インジケーターを動かして確認してみましょう。1秒かけて［photo_01］がゆがみながら大きくなっていき、1秒の位置で［photo_02］に切り替わるアニメーションになりました。

［photo_01］がゆがみながらだんだんと大きくなっていき、1秒の位置で［photo_02］に切り替わる

レイヤーを分割して1秒以降の［スケール］の値を設定する

［photo_01］レイヤーのデュレーションは1秒間です。つまり1秒までの［スケール］の変化は［photo_01］レイヤーにのみ反映されています。［photo_02］レイヤーに［photo_01］レイヤーとは異なる［スケール］の値を反映するにはレイヤーを分割して値を設定する必要があります。

① ［scale］調整レイヤーが選択されている状態で❶、インジケーターを1秒の位置に移動し❷、Ctrl（⌘）+ Shift + D キーを押します。

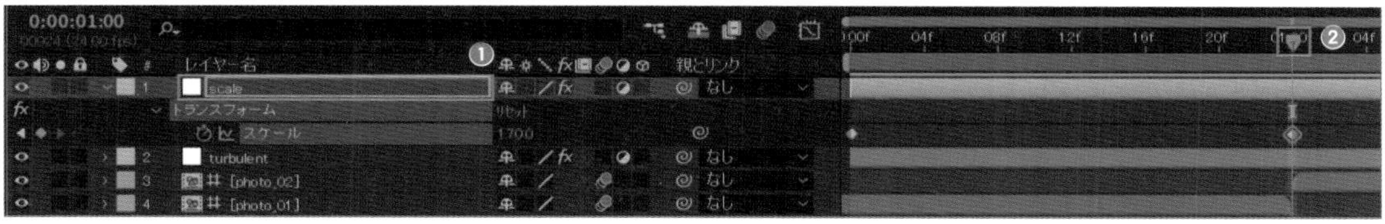

② レイヤーがインジケーターの位置で分割され❸、新しく［scale2］の調整レイヤーが作成されました❹。

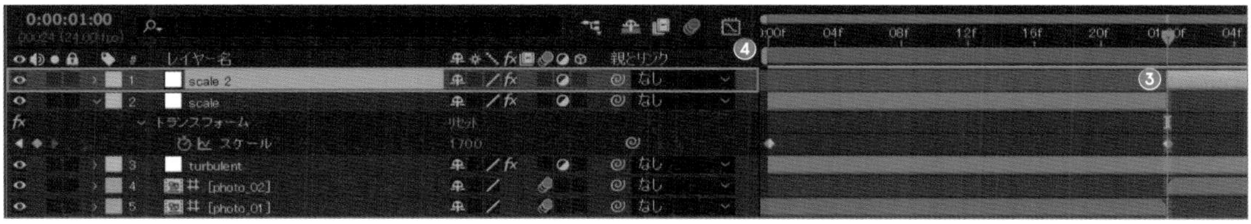

ここがPOINT

Ctrl（⌘）+ Shift + D キーでインジケーターの位置で分割できる！

Ctrl（⌘）+ Shift + D キーは［レイヤーを現在の時間で分割］のショートカットキーです。［レイヤーを現在の時間で分割］はインジケーターの位置でレイヤーを分割できる機能です。分割すると、分割した位置が開始点となる新しいレイヤーがもとのレイヤーの上に作成されます。

3 [scale2] レイヤーを選択した状態で、[エフェクトコントロール]パネルの[スケール]の値を「70.0」に設定します❸。

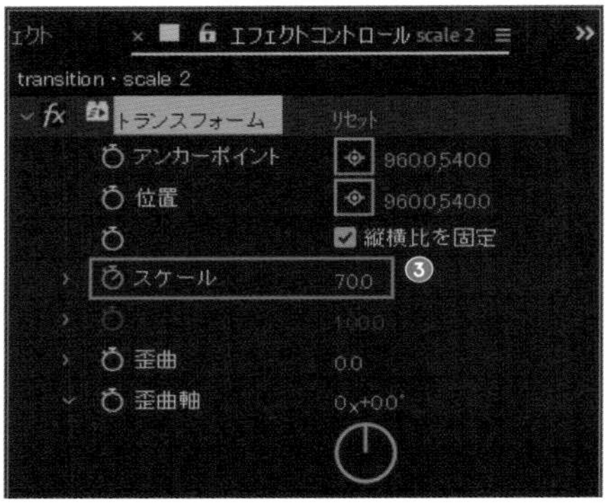

4 Uキーを押すと、[scale2]レイヤーの[スケール]のプロパティが表示されます。インジケーターを右端に移動し❹、[スケール]を「100.0」に設定します❺。

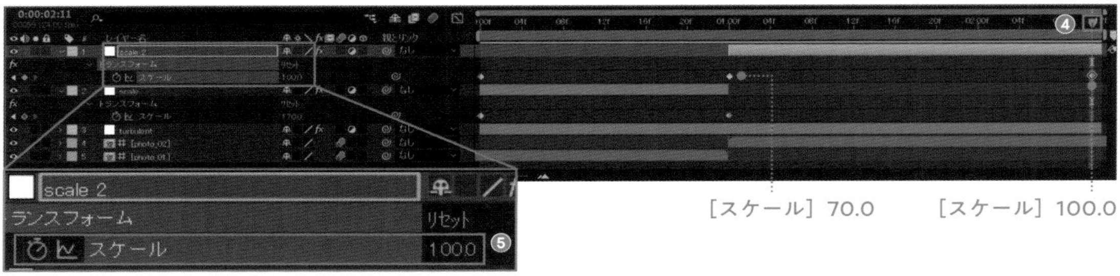

5 インジケーターを動かして1秒以降の動きを確認してみましょう。1秒の位置で70％サイズの[photo_02] レイヤーがもとの大きさに戻っていくアニメーションになりました。

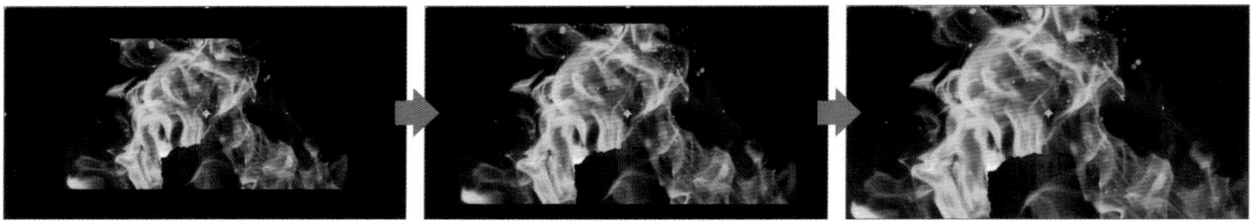

余白を補完する

[photo_02] レイヤーは1秒の位置で70％サイズに設定しているため、画面に余白が生じています。これを[モーションタイル]を使って補完しましょう。

1 [scale2] レイヤーを選択した状態で、[エフェクト] メニュー→[スタイライズ] →[モーションタイル] を選択します❶。

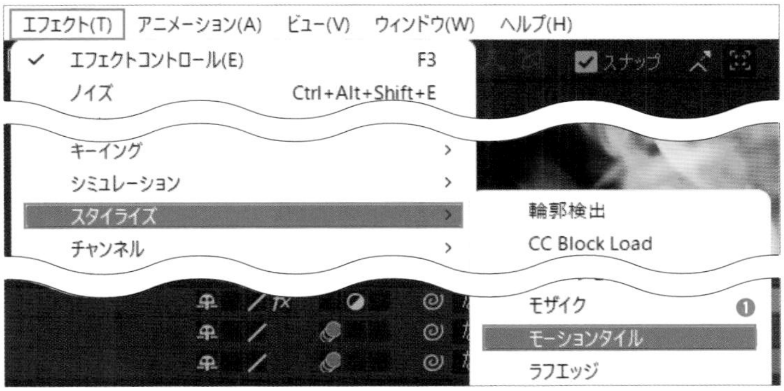

炎が大きくなっていく演出を維持しつつ余白を埋めるにはこの[モーションタイル]を使った補完が必要です。

2 [エフェクトコントロール] パネルで[モーションタイル] エフェクトを[トランスフォーム] エフェクトの上にドラッグします❷。

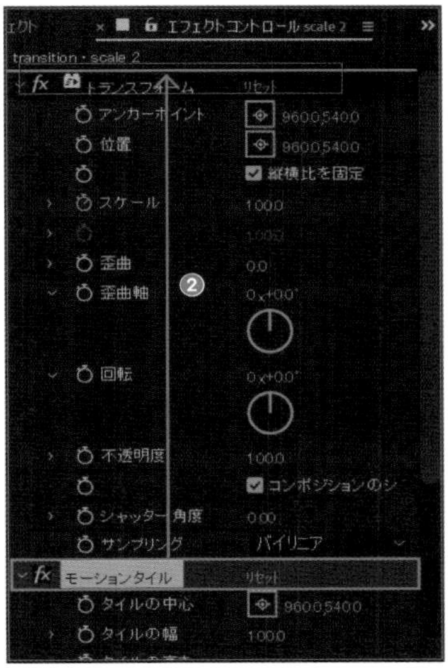

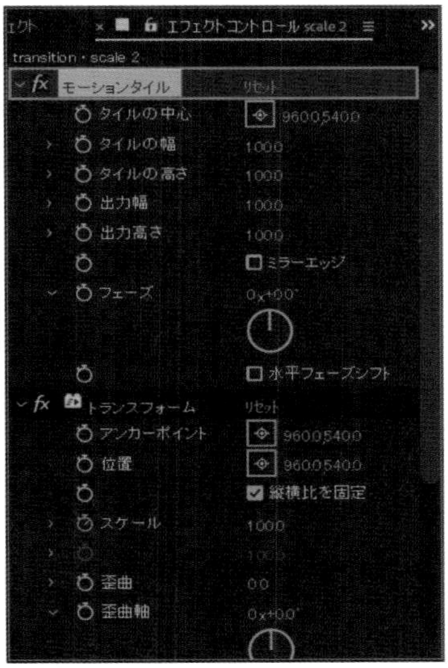

エフェクトにも階層というものがあって、適用する順番が変わると結果も変わってくる場合があります。[トランスフォーム] エフェクトの下にあると [モーションタイル] エフェクトが反映されないので、上に移動しましょう。

3 余白部分を補完するために[出力幅][出力高さ]を「150.0」に設定し❸、[ミラーエッジ]にチェックを入れます❹。

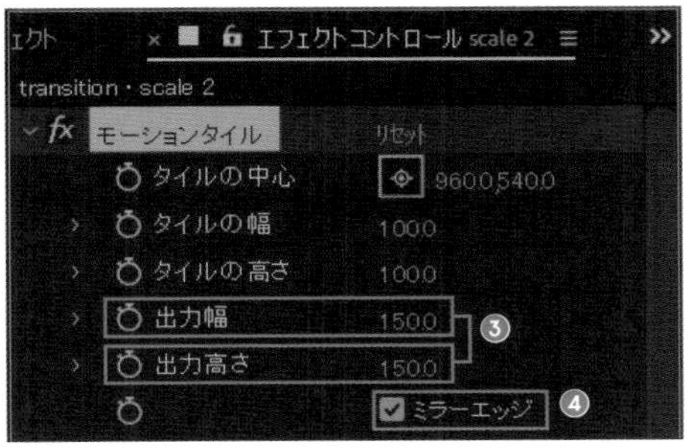

4 インジケーターを1秒の位置に移動すると、余白部分が補完されたことがわかります。

ここがPOINT

［モーションタイル］の機能

［モーションタイル］はレイヤーを複製してタイルを敷きつめるようにアニメーションをつけることができるエフェクトです。
［タイルの幅］［タイルの高さ］で設定した値を基本のタイルとして、その基本のタイルを［出力幅］で横に、［出力高さ］で縦に引き伸ばします。

［タイルの幅］［タイルの高さ］は初期設定では「100」となっており、これはもとのレイヤーと同じ大きさであることを示します。ここではもとのレイヤーと同じ大きさのタイルを左右上下に150％引き伸ばしているイメージです。

さらに［ミラーエッジ］にチェックを入れるともとの画像が反転して上下左右に複製されます。それにより、境目が滑らかになります。

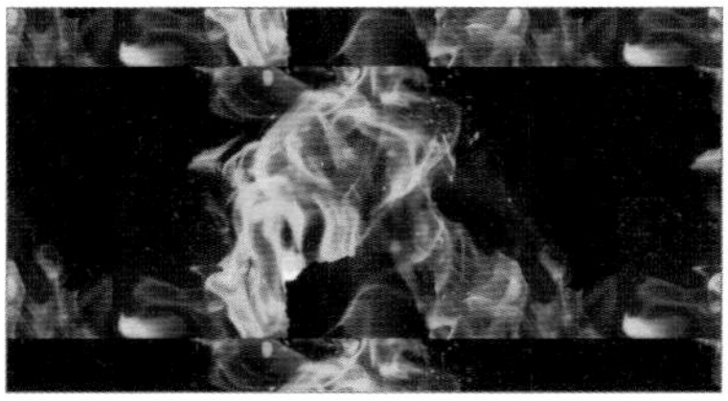

［ミラーエッジ］がオフの場合
境界線がはっきりする

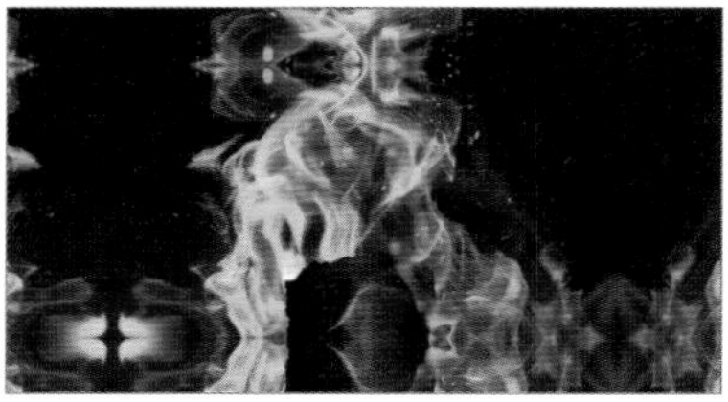

［ミラーエッジ］がオンの場合
境界線が滑らかになる

スケールにモーションブラーを設定する

1 ［scale］レイヤーと［scale 2］レイヤーのアニメーションにスピード感を出したいので、動きにブレをつけることができる［モーションブラー］をオンにします❶。

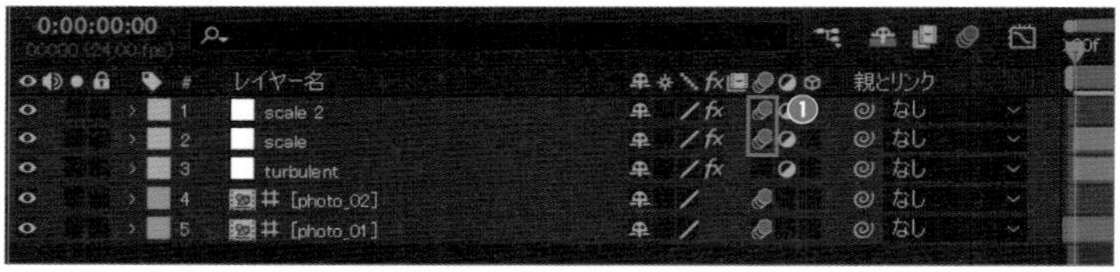

展開しているプロパティを閉じるとわかりやすいです。

できた！ インジケーターを0秒の位置に移動して再生してみましょう。

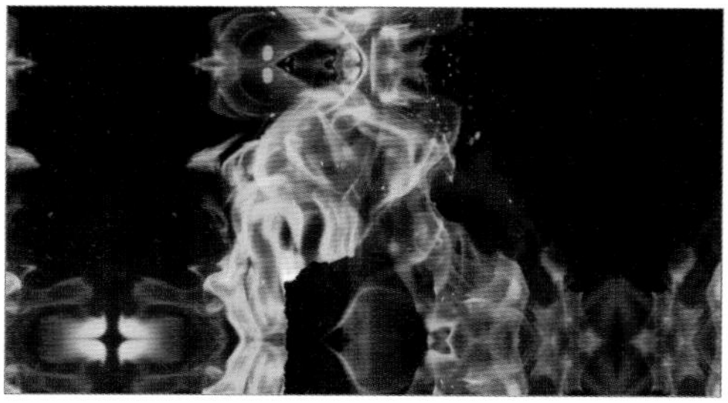

CHAPTER 4
LESSON 9

#レンズ補正 #高速ボックスブラー

シームレスなトランジションを作成しよう②

動画でもチェック!
https://dekiru.net/yae_409

練習用ファイル
4-9.aep

レッスン9では、レッスン8で作成したトランジションにさらにエフェクトをかけて、カットの境目が自然でシームレスなトランジションに仕上げていきます。

カット1とカット2が切り替わる瞬間

ここではレッスン8で作成したトランジションに[レンズ補正]で外側に引っ張られるような演出を加え、[高速ボックスブラー]で映像にブレを生じさせて、スピード感を出していきます。さらにカットが切り替わるタイミングにエフェクトの値が最も変化するようにイージングをかけて、シームレスなトランジションを作っていきます。

エフェクトを重ねていくことで、迫力やスピード感が増します。

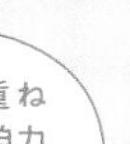

ワープのようなゆがみを作る

レッスン8で作成したアニメーションにさらに[レンズ補正]エフェクトを適用して、画面の外側が引っ張られてワープするようなゆがみを加えます。1秒かけてゆがみ、またもとの状態に戻っていくアニメーションを設定しましょう。

1 練習用ファイル「4-9.aep」を開きます(レッスン8の続きから進めることもできます)。[transition]コンポジションに調整レイヤーを作成し❶、レイヤー名を「lens」にします❷。

調整レイヤーの作成 ➡ 173ページ

2 [lens]レイヤーを選択した状態で、[エフェクト]→[ディストーション]→[レンズ補正]を選択します❸。

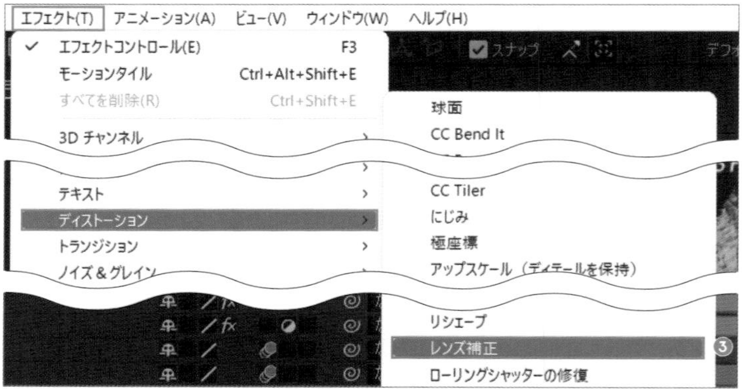

ここがPOINT

レンズ補正とは?

レンズ補正は、カメラで撮影したときに生じるようなレンズのゆがみを追加したり補正したりできるエフェクトです。

[エフェクト&プリセット]パネルで[レンズ補正]と検索して適用してもOKです。

3 インジケーターを0秒の位置に移動し、[エフェクトコントロール]パネルで[視界]のストップウォッチをクリックし❹、[レンズディストーションを反転]にチェックを入れます❺。

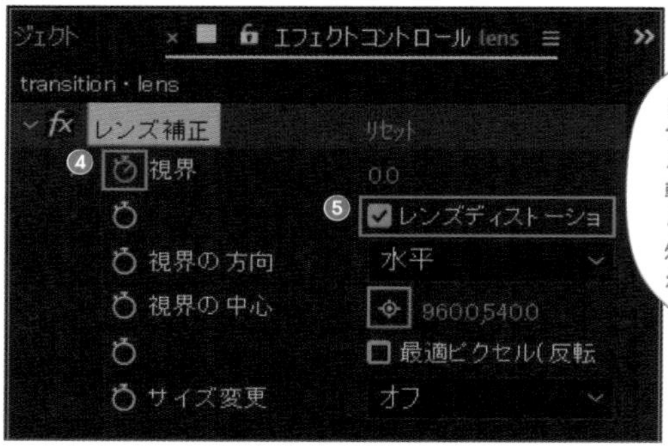

[視界]でゆがみの湾曲具合を調整します。[レンズディストーションを反転]にチェックを入れると、湾曲の向きが反転し、外側に引っ張るようなゆがみ方になります。

4 Uキーを押すと、[lens]レイヤーの[視界]のプロパティが表示されます。インジケーターを1秒の位置に移動し❻、[視界]を「120.0」に設定します❼。

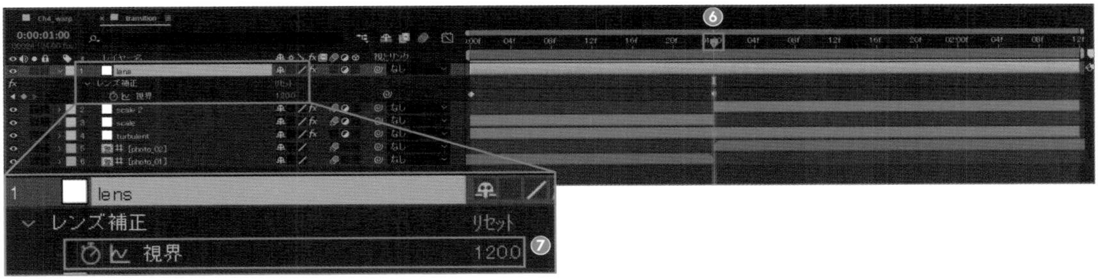

5 インジケーターを右端に移動し❽、[視界]を[0.0]に設定します❾。

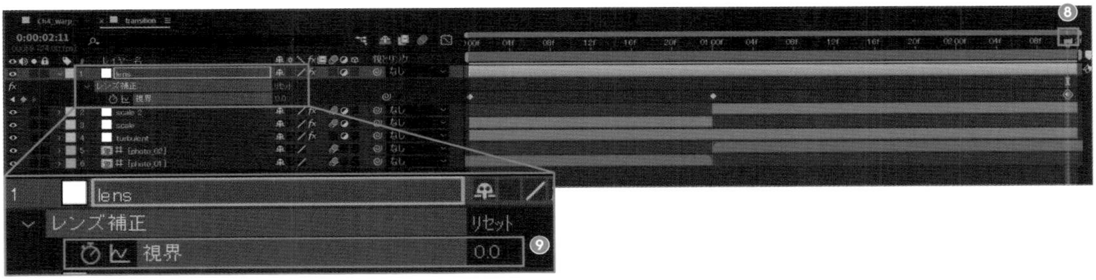

6 インジケーターを0秒の位置に移動して再生してみましょう。
レイヤーの外側が引っ張られるようにしてゆがみ、また戻っていくアニメーションができました。

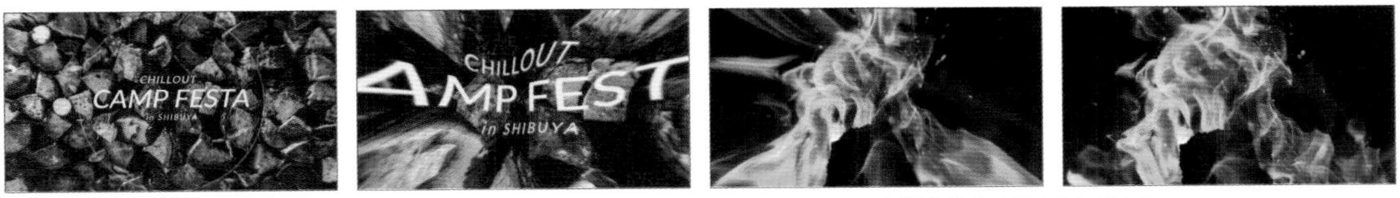

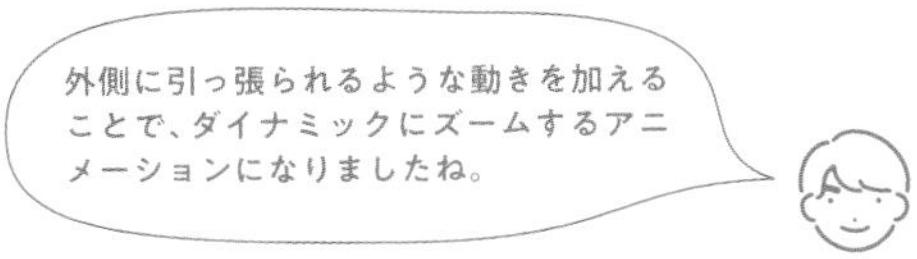

遠近感を出す

さらにひと手間かけてクオリティをアップしましょう。ブラー(ブレ)を加えてズームしていく動きに遠近感を出します。

1 調整レイヤーを作成し、レイヤー名を「blur」にします❶。

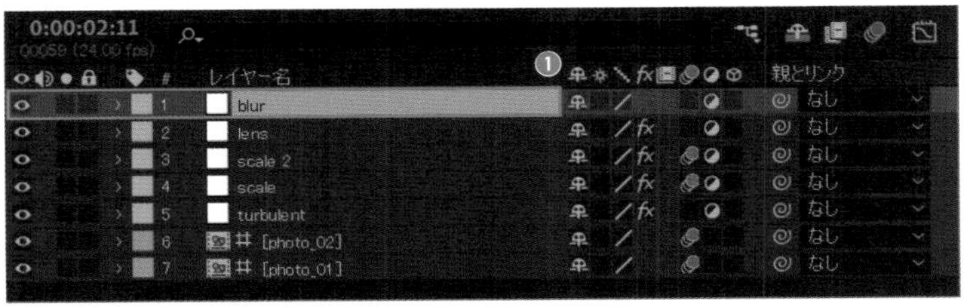

② [blur]レイヤーを選択した状態で、[エフェクト]→[ブラー＆シャープ]→[高速ボックスブラー]を選択します❷。

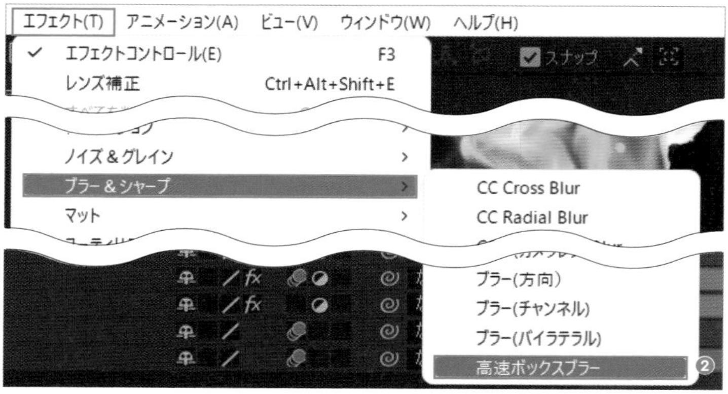

ブラーには種類がいっぱいあって、単純なボカしで使うなら[高速ボックスブラー]か[ブラー(ガウス)]がクセがなく処理が軽めなのでおすすめです。

③ インジケーターを0秒の位置に移動し、[エフェクトコントロール]パネルで[ブラーの半径]のストップウォッチをクリックします❸。

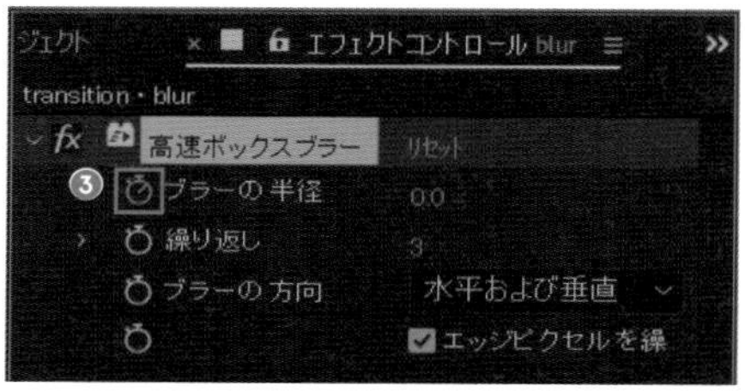

ここがPOINT

ブラーの半径

[ブラーの半径]でブラー(ボケ)の範囲を調整できます。数値を大きくするほど、ボケの範囲が大きくなります。

④ Uキーを押すと、[blur]レイヤーの[ブラーの半径]のプロパティが表示されます。インジケーターを1秒の位置に移動し、[ブラーの半径]を「3.0」に設定します❹。さらにインジケーターを右端に移動し、[ブラーの半径]を[0.0]に設定します❺。

❹ [ブラーの半径] 3.0　❺ [ブラーの半径] 0.0

⑤ インジケーターを0秒の位置に移動して再生してみましょう。
適用前と比べると1秒の位置を中心にブレが加わったことがわかります。

ブラー適用前

ブラー適用後

イージングを設定し、効果のかかり具合に緩急をつける

ここまでに調整レイヤーを使って適用したエフェクトすべてに、まとめてイージングをかけていきます。カットが切り替わる1秒あたりに速度が急激に変化するように緩急をつけましょう。

1 レイヤーの選択を解除した状態でUキーを押すとすべてのキーフレームが表示されます。すべてのキーフレームを選択します❶。

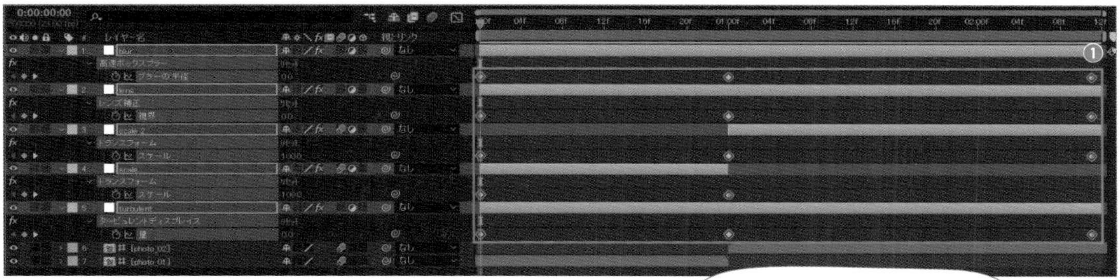

2 F9キーを押してイージーイーズをかけたら❷、[グラフエディター]ボタンをクリックします❸。

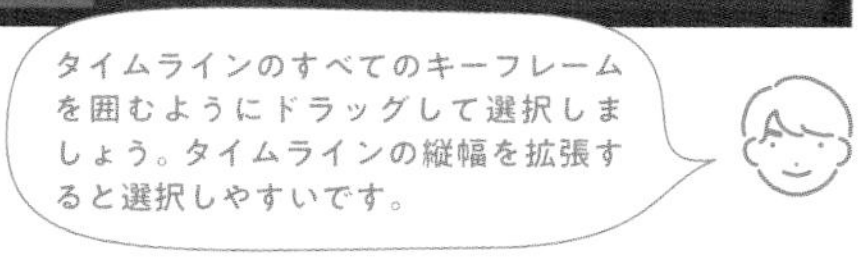
タイムラインのすべてのキーフレームを囲むようにドラッグして選択しましょう。タイムラインの縦幅を拡張すると選択しやすいです。

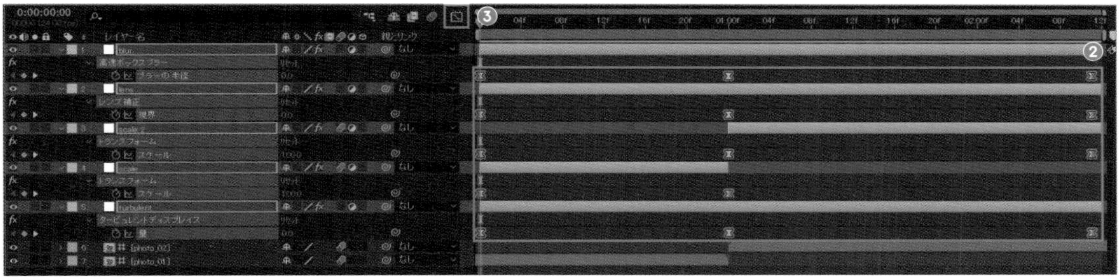

3 速度グラフを表示したら、終了点のキーフレームをまとめて選択して❹、ハンドルを表示します。

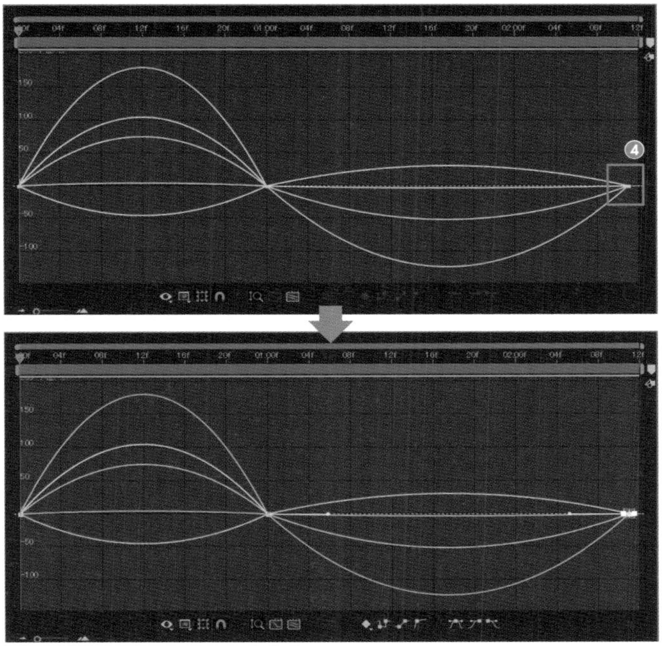

まとめて選択する場合は、囲むようにドラッグしましょう。

値グラフが表示される場合は、速度グラフに切り替えましょう。

④ 終了点のハンドルを左にドラッグして❹、中央に寄せます。

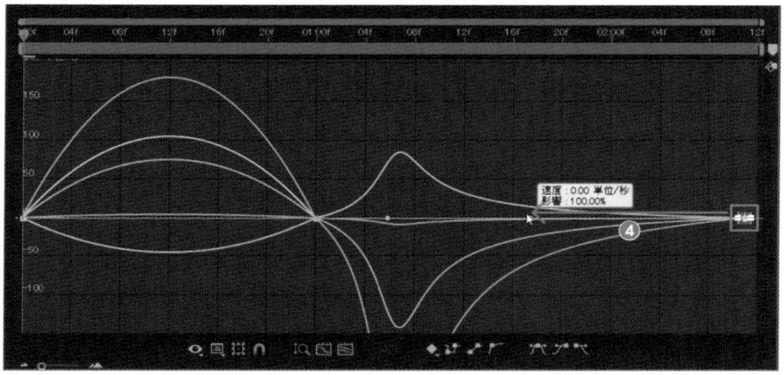

⑤ 1秒の位置にあるキーフレームをまとめて選択し❺、ハンドルを表示します。1秒の位置にあるキーフレームの右側のハンドルを左にドラッグ❻、左側のハンドルを右にドラッグして❼、中央に寄せます。

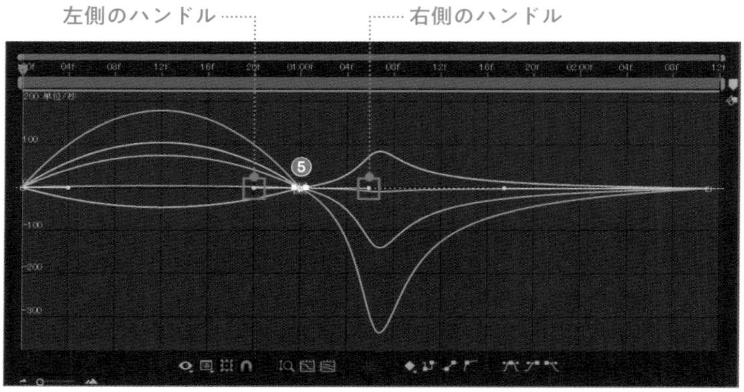

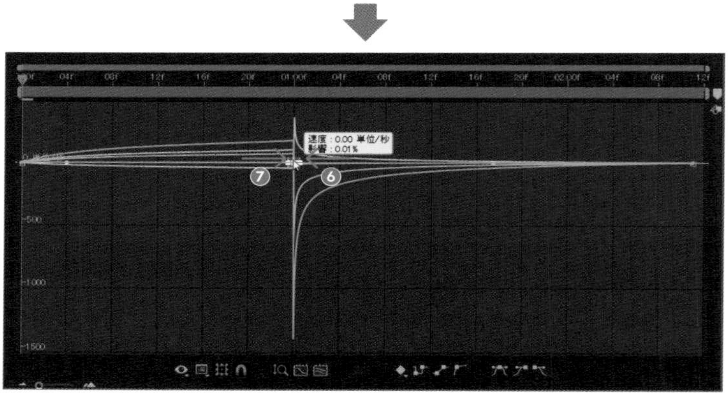

⑥ 開始点のキーフレームをまとめて選択し❽、ハンドルを表示します。

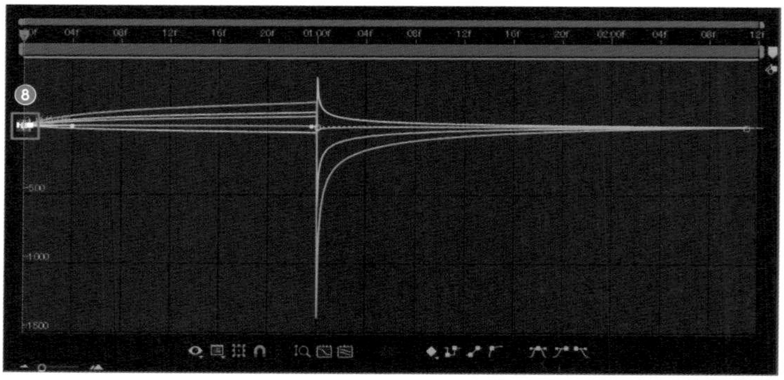

7 ハンドルを右にドラッグして❾、中央に寄せます。

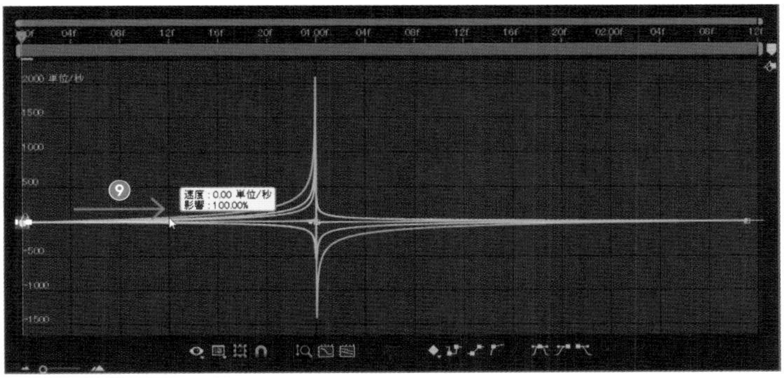

できた！ タイムラインの表示をもとに戻して、再生してみましょう。カットが切り替わるタイミングで一気に加速してエフェクトの値が変化するため、シームレスで迫力のあるトランジションができました。

CHAPTER 4 LESSON 10

#ミニフローチャート #マーカー

トランジションのタイミングを揃えよう

動画でもチェック!

https://dekiru.net/yae_410

練習用ファイル
4-10.aep

別のコンポジションに作成したトランジションを、タイミングを揃えてメインのコンポジションに合成しましょう。

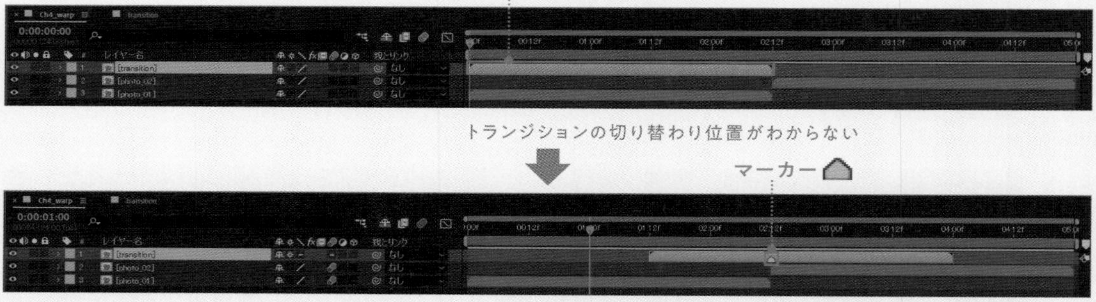

レッスン6～9にかけてトランジションを作成してきました。最後に[Ch4_warp]コンポジションに[トランジション]コンポジションを合成して完成させましょう。合成する際、2つのコンポジションのタイミング(カットが切り替わるタイミングとトランジションのタイミング)を揃えるための方法も解説します。

メインのコンポジションにトランジションを配置する

メインの[Ch4_warp]コンポジションに[トランジション]コンポジションを配置します。

1 練習用ファイル「4-10.aep」を開きます(レッスン9の続きから進めることもできます)。[プロジェクト]パネルの[pre comp]フォルダーにある[transition]コンポジションを[Ch4_warp]コンポジションの[photo_02]レイヤーの上にドラッグします❶。

2 トランジションを配置できました❷。

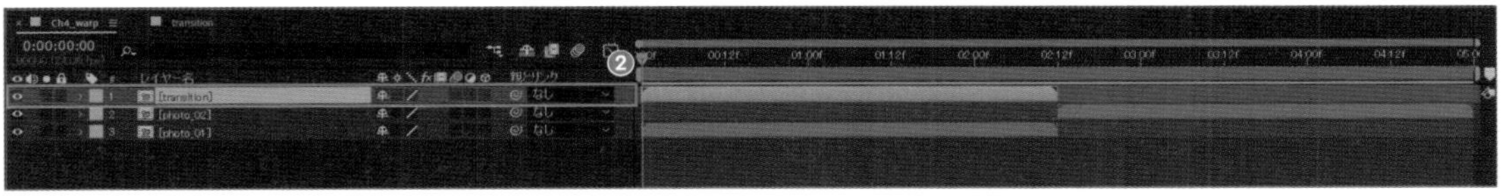

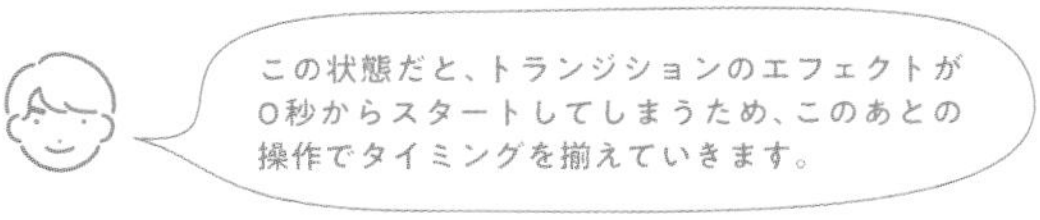

トランジションの切り替わりの位置にインジケーターを移動する

[Ch4_warp]コンポジションのカットが切り替わる位置に、配置した[transition]コンポジションのトランジションが切り替わる位置を合わせる必要があります。まずはミニフローチャートを使って切り替わる位置にインジケーターを移動しましょう。

1 [transition]コンポジションタブをクリックし❶、インジケーターをトランジションの切り替わり位置に移動します❷。

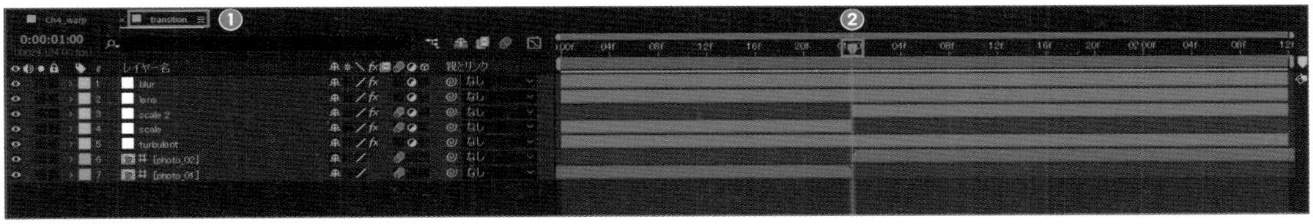

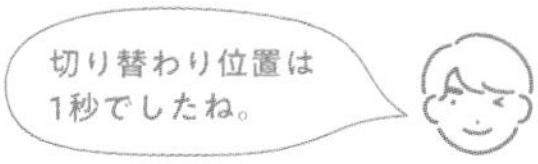

2 Tab キーを押すと、ミニフローチャートが表示されるので[Ch4_warp]をクリックします❸。

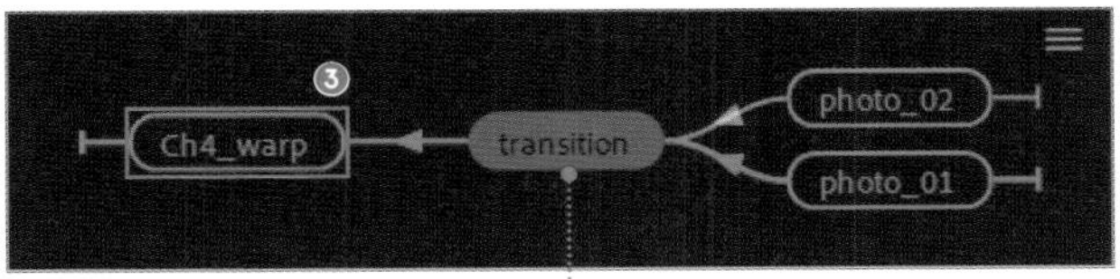

開いているコンポジション名がグレーになる

ここがPOINT

ミニフローチャートとは？

ミニフローチャートとはプロジェクトデータの階層を表すもので、どういう階層で、今どのコンポジションを開いているかがわかります。タイムラインを選択している状態で Tab キーを押すと表示されます。青い線はどういうフローでそのコンポジションにたどり着いたかを表します。コンポジション名をクリックすると、そのコンポジションに移動できます。その際インジケーターの位置は引き継がれます。

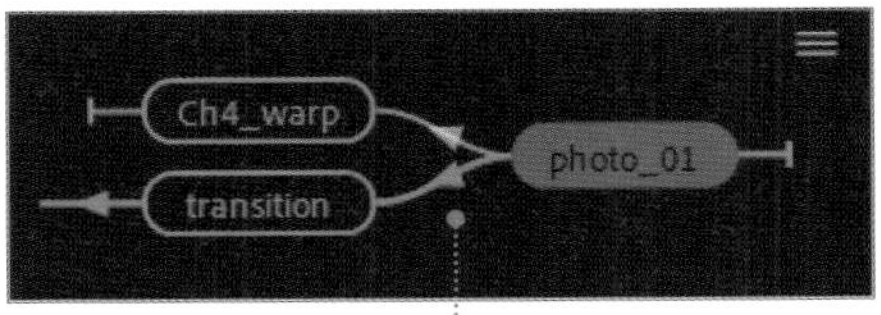

[transition]コンポジションを経由して[photo_01]コンポジションが開かれている状態

3 ［Ch4_warp］コンポジションに切り替わり、［transition］コンポジションのインジケーターの位置が反映されます❹。

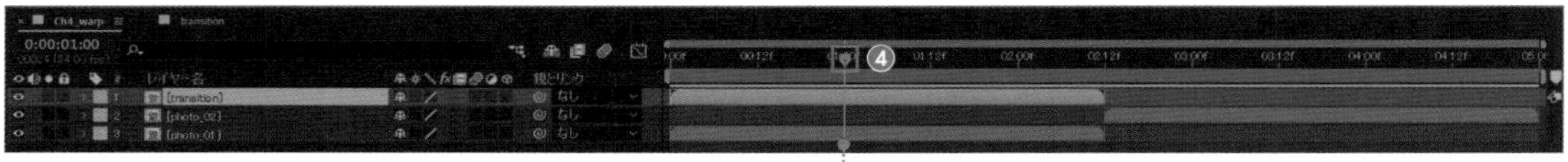

トランジションが切り替わる位置

これで切り替わりの位置がわかりましたね。

インジケーターの位置にマーカーをつける

インジケーターの位置に目印としてマーカーをつけましょう。

1 ［transition］コンポジションレイヤーを選択して右クリックし❶、［マーカー］→［マーカーを追加］を選択します❷。

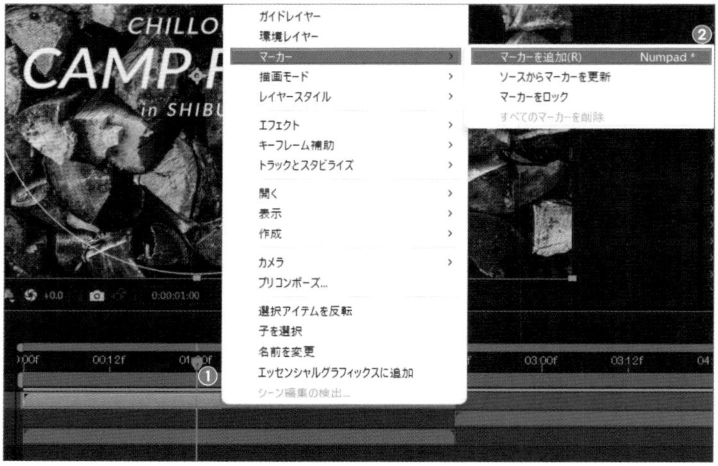

ここではタイムラインにあるコンポジションをコンポジションレイヤーと呼んでいます。

2 インジケーターの位置にマーカーが追加されました❸。

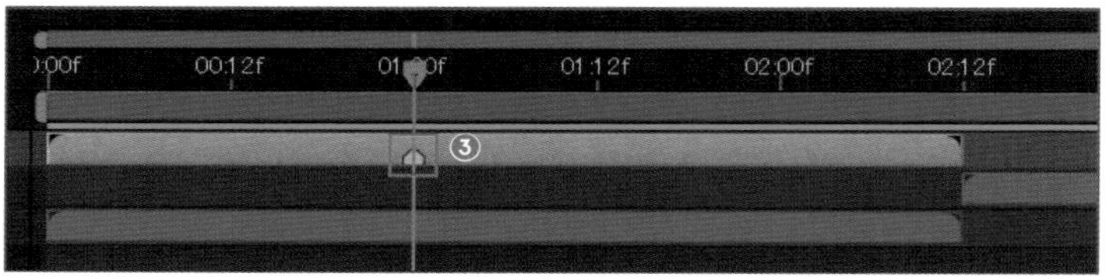

マーカーは目印として使用する以外にも、共同作業においてコメントを残したり、エクスプレッションと連動させて動きを制御したりできます。

マーカーをカットが切り替わる位置に合わせる

デュレーションバーを移動して、カットが切り替わるタイミング（2秒12フレームの位置）にマーカーを合わせます。

1 ［transition］コンポジションレイヤーのマーカーが、カットの切り替わり位置にくるようにデュレーションバーを右にドラッグします❶。

トランジションが切り替わる位置

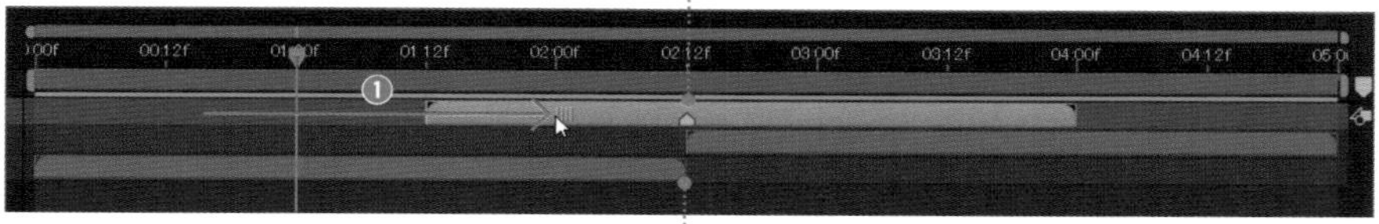

カットが切り替わる位置

マーカーではなく、デュレーションバーを移動するようにしましょう。

エフェクトを反映させる

再生すると、[transition] コンポジションの調整レイヤーに適用していたエフェクトが反映されていないことがわかります。本来、調整レイヤーは、コンポジション内の下の階層レイヤーにしか適用されませんが、[コラップストランスフォーム] をオンにすることで、調整レイヤーの影響範囲をプリコンポジション外にまで広げることができます。

1 [transition] コンポジションレイヤーの [コラップストランスフォーム] をオンにします❶。

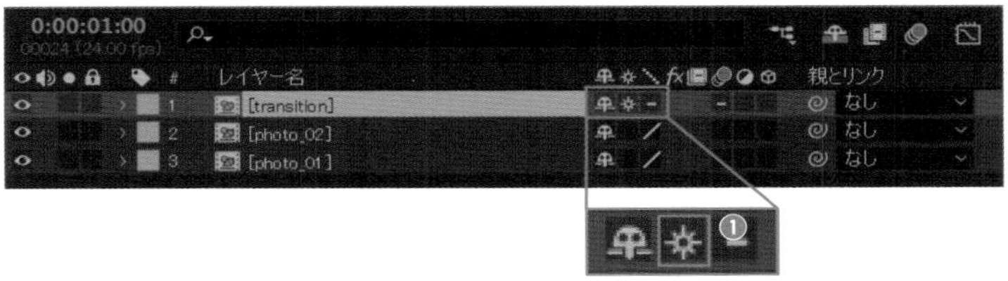

モーションブラーを設定する

最後に、トランジションにスピード感を持たせるためにモーションブラーを設定します。

1 [photo_01][photo_02] のモーションブラーをオンにします❶。

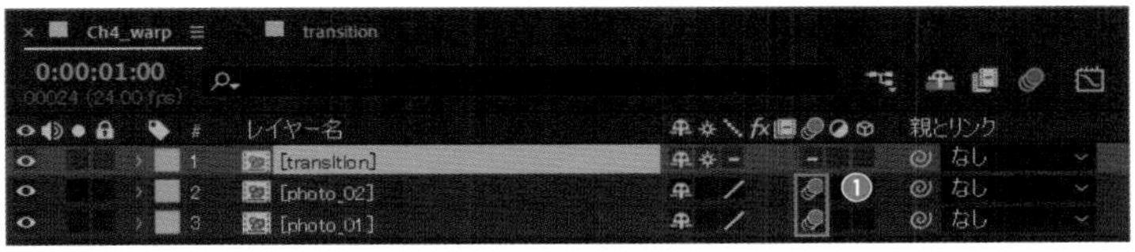

できた！ これでトランジションの完成です。インジケーターを0秒の位置に戻して再生してみましょう。

この作例にはたくさんのレイヤーやコンポジションが含まれていますね。慣れるまではプリコンポジションの作成やフォルダー整理がめんどくさいと感じるかもしれませんが、作品が複雑になればなるほど必要な作業です。作業しやすいデータ、見やすいデータ作成を心がけましょう。

CHAPTER 4

LESSON 11

#カラー調整 #Lumetriカラー #RGBカーブ #色相vs彩度

カラー調整の基本を知ろう

[Lumetriカラー]エフェクトを適用して、明るさや彩度を調整しましょう。

動画でもチェック！

https://dekiru.net/yae_411

練習用ファイル

4-11.aep

アニメーション作成のついでに色調などを調整することもあるので、After Effectsを使ったカラー調整の基本を覚えておきましょう。

このレッスンでは[Lumetriカラー]エフェクトを使って映像のコントラスト（明るい部分と暗い部分の差）を強めます。さらに、空の部分の彩度を上げて鮮やかでメリハリのある印象に仕上げていきます。

知りたい！

● カラーコレクションとカラーグレーディングの違い

動画編集のカラー調整にはカラーコレクションとカラーグレーディングという2つの概念があります。カラーコレクションは撮影された素材を本来のカラーに整える作業のことです。暗すぎる、明るすぎる、色被りしているといった素材を本来のカラーに「補正」するという意味合いがあります。それに対して、カラーグレーディングは演出としてのカラー調整を指します。作品の全体の雰囲気やシーンに合わせて、あえて青みがかった色にしたり、あたたかみのある色合いに調整したりします。

このレッスンでは色や彩度を整えて見映えをよくしていくのでカラーコレクションといえますね。

[Lumetriカラー]エフェクトを適用する

Lumetriカラーとはカラー調整ができるエフェクトです。基本補正、クリエイティブ、トーンカーブ、カラーホイール、HSLセカンダリ、ビネットの6つの項目を使って、全体または特定の部分の明るさや、色合いを調整したり、映像の四隅に影をつけたりできます。

1 練習用ファイル「4-11.aep」を開きます。
レイヤーを選択し❶、[エフェクト]メニュー→[カラー補正]→[Lumetriカラー]を選択します❷。

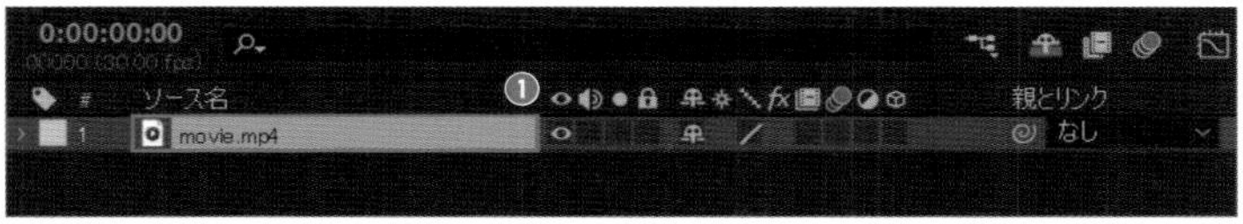

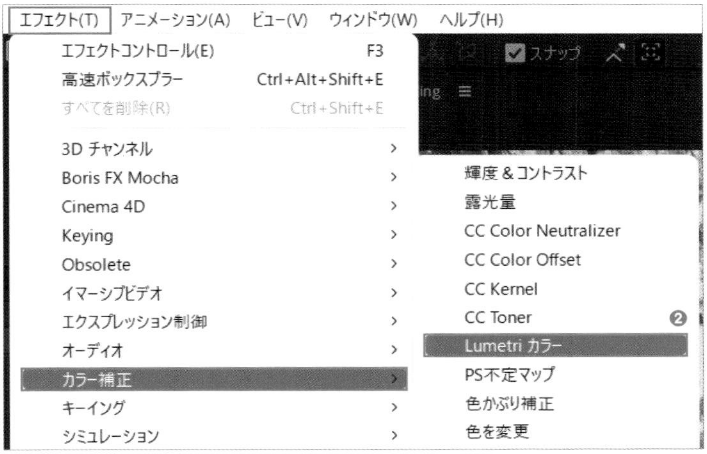

Lumetri(ルメトリ)カラーは、Premiere Proにもあるカラー調整エフェクトなので、覚えておくといろいろな場面で役立ちますよ！

2 [エフェクトコントロール]パネルに[Lumetriカラー]エフェクトが追加されます。
各項目の[>]をクリックして、展開して操作しましょう。

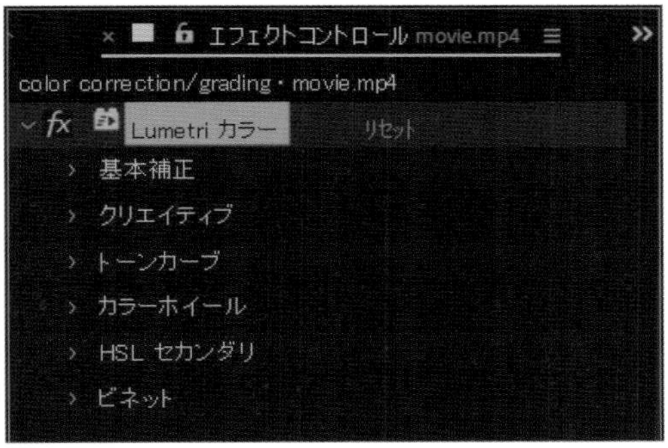

ここがPOINT

[Lumetriカラー]の6つの項目

6つの項目それぞれで調整方法やできることが異なります。

基本補正・・・・・・・・・・明るさや色合いを数値で調整できます。またLUT(あらかじめパラメーターが設定されたカラー調整のためのプリセット)を適用することができます。
クリエイティブ・・・・主にカラーグレーディングで使用するプロパティです。色褪せた表現や、カラーフィルムをかけたような表現ができます。
トーンカーブ・・・・・・色相や彩度などをカーブを使って調整します。[基本補正]に比べて、より細かい調整が可能です。
カラーホイール・・・・明暗別に色合いを調整できます。
HSLセカンダリ・・・・特定箇所の色を調整できます。
ビネット・・・・・・・・・・フレーム周辺(四隅)の明暗を調整できます。

次の手順からは[トーンカーブ]を使ってカラーを調整してみましょう。

[RGBカーブ]を理解する

[エフェクトコントロール]パネルの[トーンカーブ]の[>]をクリックして展開すると、[RGBカーブ]が表示されます。[RGBカーブ]は初期状態では斜めの直線が表示されますが、この直線をカーブさせることで映像の明るさや色調(輝度やRGBそれぞれの出力レベル)を調整できます。
カーブの上部には輝度(明るさ)とRGBを表す白、赤、緑、青のボタンがあり、初期設定では全体の明るさを調整する白いボタンがオンになっています。直線の右上部分はハイライト(明るい部分)、真ん中はミッドトーン(中間部分)、左下部分はシャドウ(暗い部分)を表し、この線上にポイントを打ち、上下に移動することで、明るさを調整します。たとえば、映像のハイライト部分をさらに明るくしたい場合は線の右上のあたりにポイントを打ち、その点を上に移動します。

カーブの操作がしやすいように[エフェクトコントロール]パネルの幅は適宜調整してください。

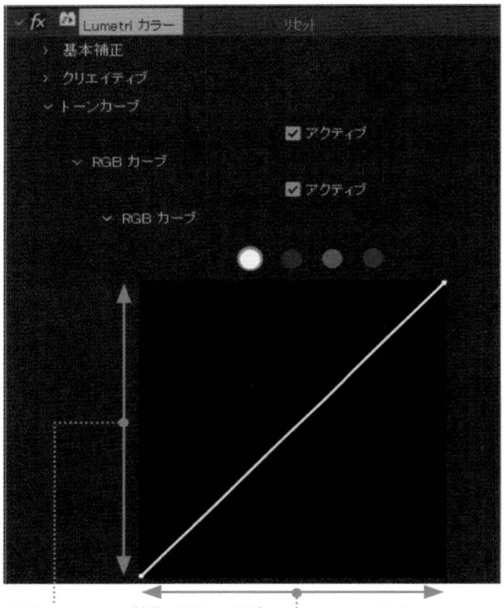

出力レベル(補正後の値)
上にいくほど明るくなる

入力レベル(補正前の値)
右にいくほど明るくなる

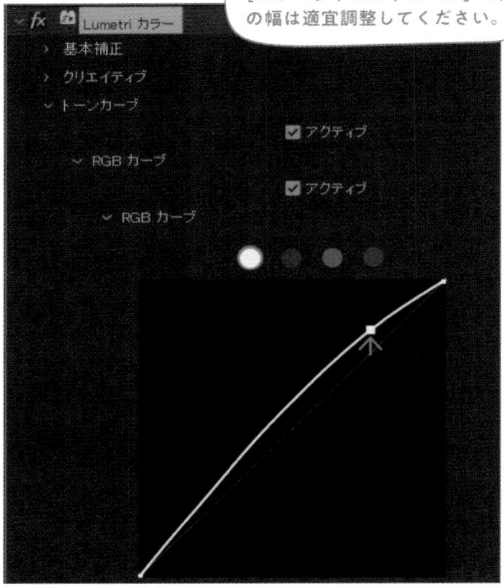

調整前(カーブは直線の状態)

ハイライト(明るい部分)を中心に全体が明るくなる

ここがPOINT

RGBごとの値も調整できる

映像のRGBをそれぞれ調整したい場合は、赤(R)、緑(G)、青(B)ボタンをクリックしてカーブを切り替えましょう。全体の明るさを調整するときと同様に、カーブに変化をつけて調整します。

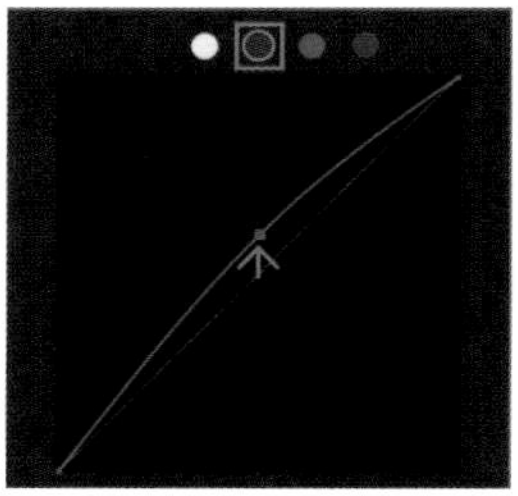

赤(R)のカーブにポイントを打ち、上に移動すると、赤みが強くなる

コントラストを強くする

コントラストとは明暗差のことです。映像のシャドウ部分をさらに暗くし、ハイライト部分をさら明るくすることで、コントラストが強く、メリハリのついた映像になります。

1. 白がオンになっていることを確認し❶、図を参考にシャドウ側をクリックしてポイントを打ちます❷。そのポイントを下にドラッグします❸。

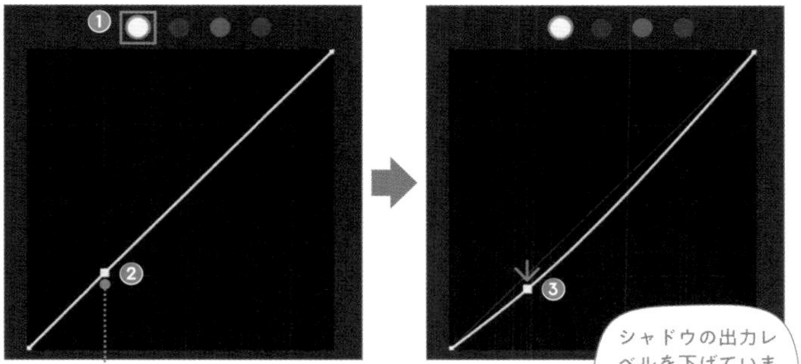
1
2
3

シャドウを調整するポイント

シャドウの出力レベルを下げています。このとき中間部やハイライトの出力レベルも下がっていますね。

2. 映像がシャドウ（暗い部分）を中心に全体が暗くなりました。

3. ハイライト側をクリックしてポイントを打ち❹、上にドラッグします❺。

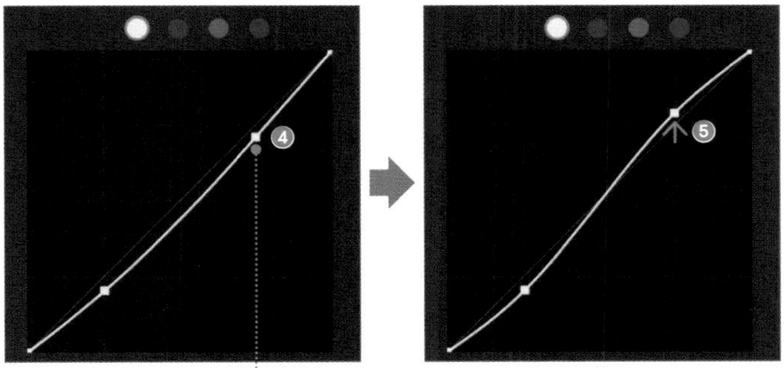
4
5

ハイライトを調整するポイント

できた！ コントラストを強くすることができました。
木の幹や地面の影などのシャドウ部分は暗いままで、空など明るい部分がさらに明るくなったことがわかります。

カーブでポイントを打った部分は、その値で固定されます。そのため、シャドウ部分は暗いままに、明るい部分だけを調整することができました。

空の色を鮮やかにする

[トーンカーブ]の中にある[色相vs彩度]では、色相を指定して彩度を調整できます。横軸は色相、縦軸は彩度を表します。ここでは空の色を鮮やかにしたいので、[色相vs彩度]の水色の部分にポイントを打ち調整します。

1 [トーンカーブ]の下部にある[色相/彩度カーブ]の[>]をクリックします❶。[色相vs彩度]の彩度を変更したい水色の部分をクリックしてポイントを打ちます❷。

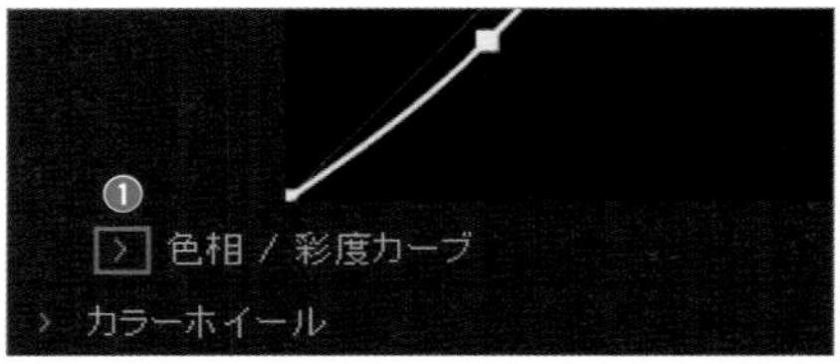

[色相vs彩度]は[RGBカーブ]の下にあります。表示されていない場合はスクロールしましょう。[色相vs彩度]の下には[色相vs色相][色相vs輝度]など似たような名前の項目があるので間違えないようにしましょう。

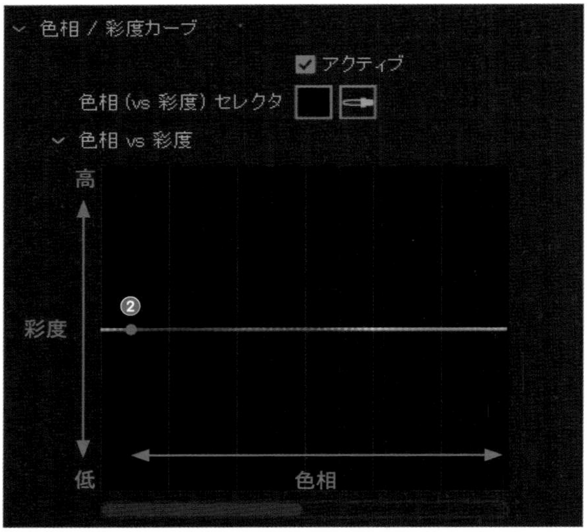

横軸は色相、縦軸は彩度を表す

2 手順①で打ったポイントを挟むようにして2つのポイントを打ちます❸。

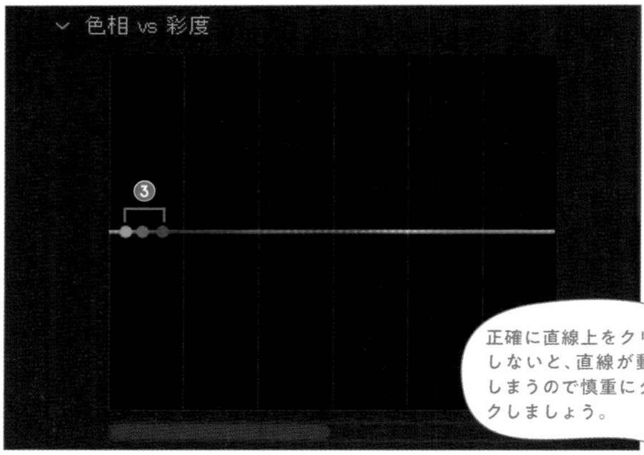

正確に直線上をクリックしないと、直線が動いてしまうので慎重にクリックしましょう。

ここがPOINT

色相とは？彩度とは？

色相とは赤や青といった色味のこと、彩度とは色の鮮やかさのことをいいます。「色相」で調整したい色を選び、その色をより鮮やかにしたい場合は「彩度」を上げ、よりくすんだ色にしたい場合は「彩度」を下げます。

3 最初に打った真ん中のポイントを上にドラッグします❹。

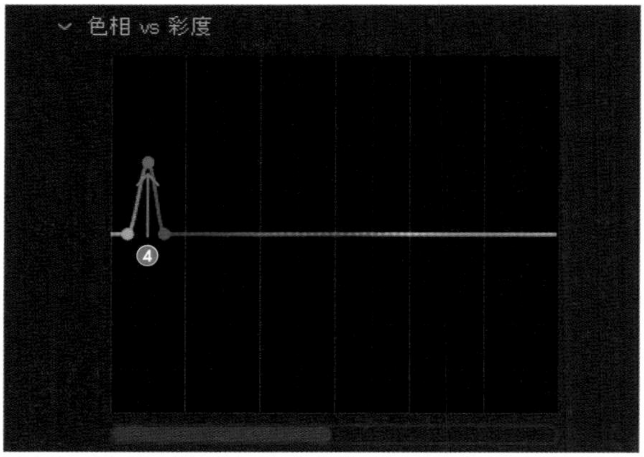

ここがPOINT

調整前と比べるには？

[アクティブ]のチェックを外すと、調整前の状態が確認できます。チェックを入れたり外したりしながら、カーブを調整しましょう。

ここがPOINT

3つのポイントの意味は？

ポイントが1つだけだと、そのポイントを上下に動かして調整した際に、ほかの色も連動して変化してしまいます。特定の色を調整する場合は、ほかの色が変化しないように固定するためのポイントを打ちましょう。

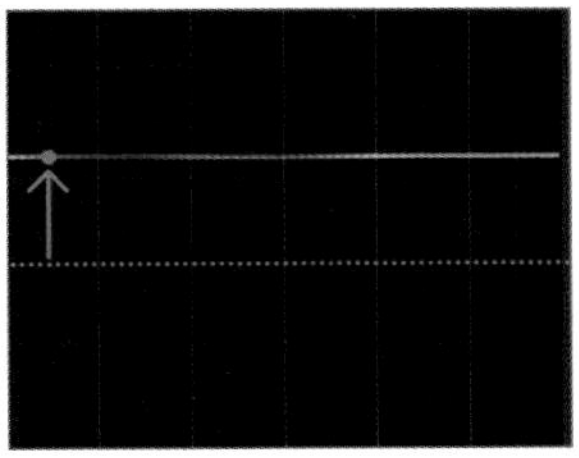

ポイントを1つだけ打って、上にドラッグすると、連動してほかの色相の彩度も上がる

色の彩度を上げすぎると色飽和状態になり、色が潰れてしまうこともあるので注意が必要です。

できた！ 空の色だけが鮮やかになりました。

調整前

調整後。木々の間に見える青空がより青くなったことがわかる

もっと 知りたい！

● [Lumetriスコープ]で白飛びや黒つぶれを防ごう

195ページでは[トーンカーブ]を使ってコントラストを調整しましたが、その際ハイライトを上げすぎると、素材の明るい部分が必要以上に白く抜けてしまう「白飛び」という現象が起きてしまいます。逆にシャドウを下げすぎても、暗い部分が潰れて真っ黒になる「黒つぶれ」という現象が起きます。これを防ぐために[Lumetri]スコープを使いましょう。

1. [ウィンドウ]メニューから[Lumetriスコープ]を選択します❶。[Lumetriスコープ]パネルが表示されるので、パネル上で右クリックし、[波形タイプ]→[輝度]を選択します❷。

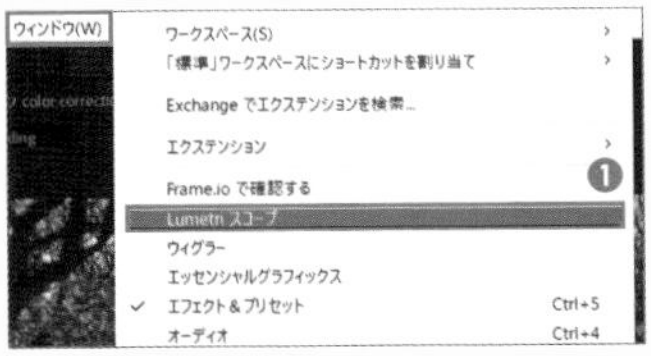

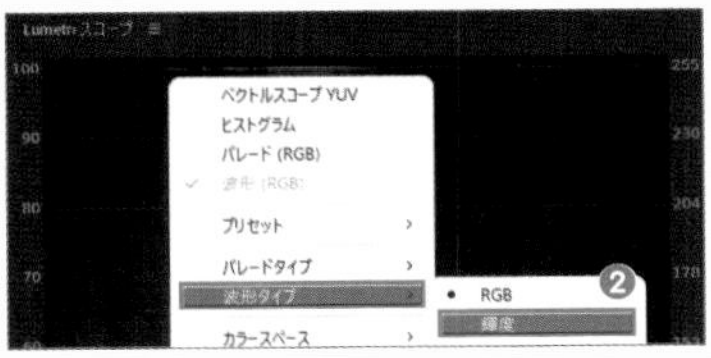

2. 輝度の分布を表すスコープが表示されます。輝度の基準は0〜100です。分布が100を超えていないか、または0を下回っていないか左側の目盛りで確認しましょう。

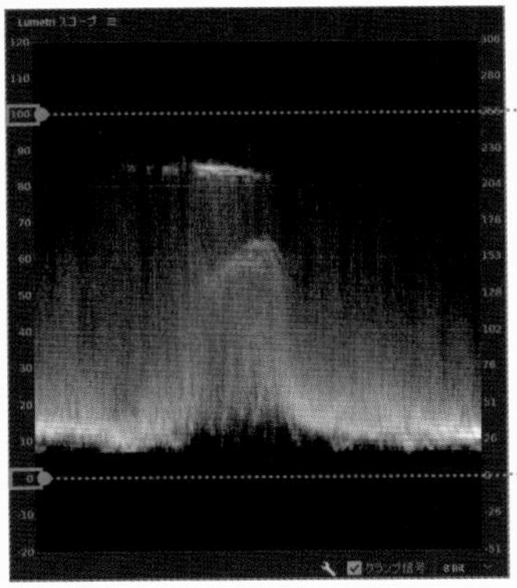

輝度が最も高い部分が100を超えると白飛びしてしまう

輝度が最も低い部分が0を下回ると黒つぶれしてしまう

CHAPTER 4

LESSON 12

#トライトーン #色かぶり補正 #色抜き

カラーを調整して映像の雰囲気をガラッと変えよう

動画でもチェック!

https://dekiru.net/yae_412

色褪せた色調やモノクロ、特定の色だけを残すなど、さまざまなカラー調整の方法を紹介します。

練習用ファイル

4-12.aep

ピンク色だけ残す

色褪せた雰囲気

モノクロ

ここではさまざまな種類のエフェクトを適用して、カラーを調整します。セピア調や色褪せた雰囲気にするなら［トライトーン］、モノクロにするなら［色かぶり補正］、特定の色だけ残したいなら［色抜き］エフェクト、というように作りたいイメージに合わせて、エフェクトの種類を変えて試してみましょう。

このレッスンでは、演出としてのカラー調整を学んでいきましょう。

セピア調にしよう

［トライトーン］エフェクトを適用して、セピア調の色合いにしてみましょう。

① 練習用ファイル「4-12.aep」を開きます。
レイヤーを選択し❶、［エフェクト］メニュー→［カラー補正］→［トライトーン］を選択します❷。

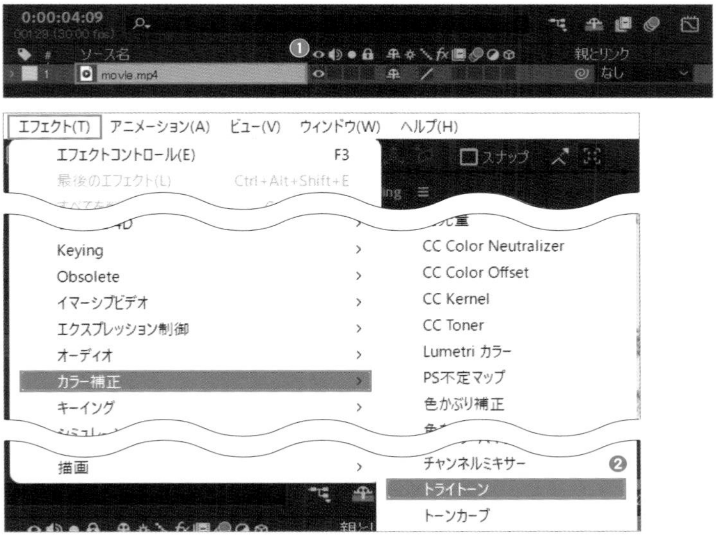

トライトーンとは、3つの色のことです。この機能を使うと、映像のハイライト、ミッドトーン、シャドウごとに3つの色で表現されます。

② セピア調になりました。

「セピア」とはイカ墨を原料とした絵の具のことです。いわれてみるとイカ墨で描いた絵のように見えてきませんか？

ブレンド具合を調整して色褪せた雰囲気にする

もとの映像（画像）とのブレンド具合を調整して、色褪せた雰囲気を出していきます。

① ［エフェクトコントロール］パネルで［元の画像とのブレンド］を「50.0」%に設定します❶。

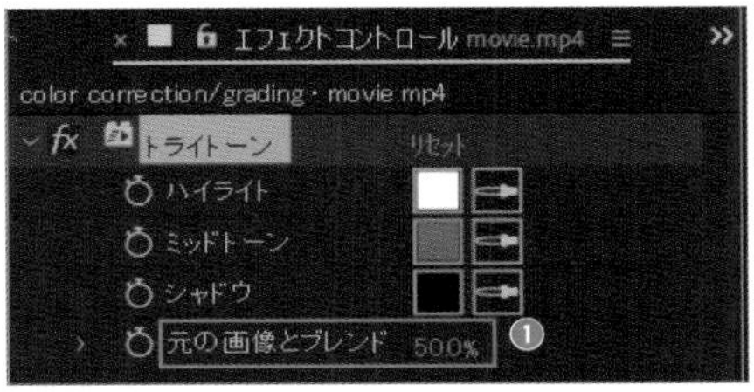

＼できた！／ もとの映像の色合いが50%ブレンドされ、色褪せた雰囲気になりました。

［元の画像とのブレンド］はもとの映像の色をどれくらいの割合にするか指定するものです。50%に設定するともとの映像の色調が50%、トライトーンの色調が50%で混ざり合います。

モノクロにする

次にモノクロの映像にしてみましょう。前の手順で適用した［トライトーン］は無効にするか削除して、新しく［色かぶり補正］エフェクトを適用しましょう。

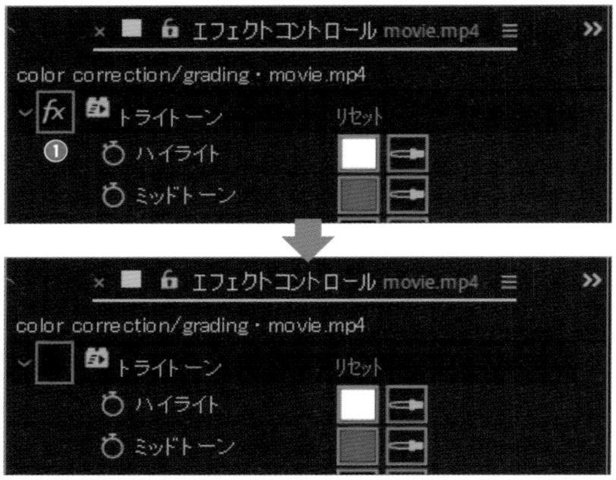

1. ［エフェクトコントロール］パネルで［トライトーン］のfxをクリックして❶、エフェクトを無効にします。

ここがPOINT

fxアイコンでエフェクトの有効と無効を切り替えよう

fxをクリックして非表示にすると、エフェクトが無効になります。エフェクトの有無で見た目がどのように変化するかを一時的に切り替えてチェックしたいときにも使います。

エフェクトを完全に削除するには［エフェクトコントロール］パネルでエフェクトを選択し Delete キーを押します。

2. レイヤーを選択した状態で、［エフェクト］メニュー→［カラー補正］→［色かぶり補正］を選択します❷。

After Effectsの［色かぶり補正］は、映像をハイライトとシャドウごとに白と黒の2値と中間色に分け、それぞれにカラーを設定できる機能です。ツートーンカラーの演出をしたい場合などに利用します。

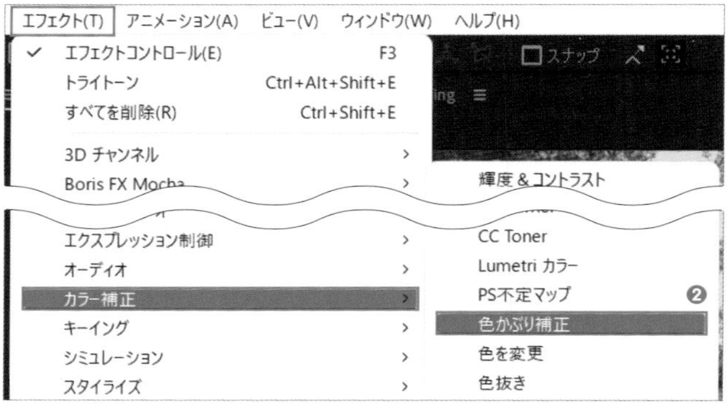

できた！ モノクロになりました。

ここがPOINT

［白黒］エフェクトの適用でもモノクロにできる

［エフェクト］メニュー→［カラー補正］→［白黒］を選択しても、モノクロにできます。［白黒］エフェクトは［色かぶり補正］エフェクトと比べるとプロパティが細かく複雑です。適用後にプロパティを調整するには［色かぶり補正］を使うのがおすすめです。

［白黒］エフェクトを適用

ピンク色以外をモノクロにする

[色抜き]エフェクトを使うと、指定した色だけを残してほかをモノクロにできます。

1 [エフェクトコントロール]パネルで[色かぶり補正]の*fx*をクリックして、エフェクトを無効にします❶。

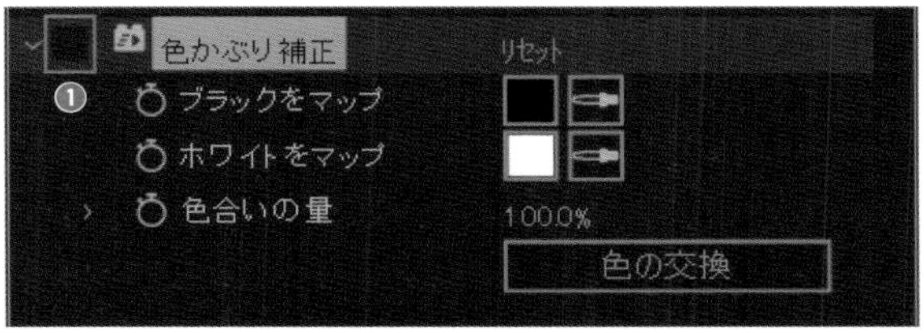

2 レイヤーを選択した状態で、[エフェクト]メニュー→[カラー補正]→[色抜き]を選択します❷。

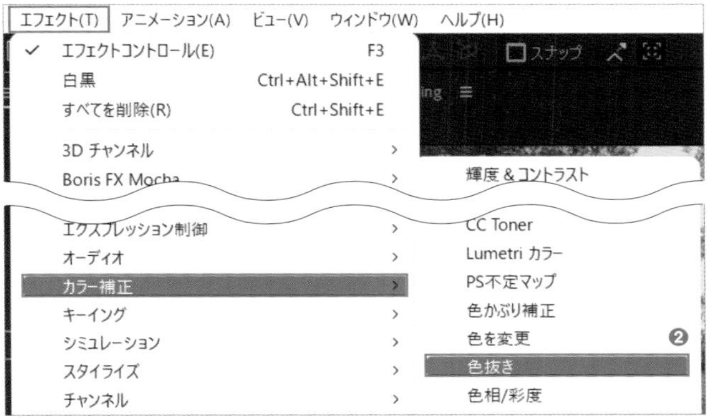

3 [エフェクトコントロール]パネルに[色抜き]が追加されるので、[マッチングの適用]を[色相を使用]に変更します❸。

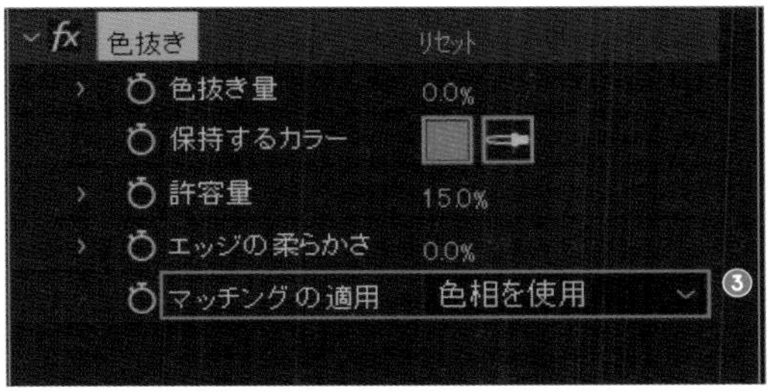

ここがPOINT

[マッチングの適用]とは？

[マッチングの適用]は色抜きにおける色の抽出方法を指定します。初期設定では[RGBを使用]になっていますが、[色相を使用]に切り替えると、濃い赤、薄い赤も同じ色とみなされ、色抜きされる部分が多くなります。

ピンクの色を抜きたいので[保持するカラー]は初期設定の赤色のままでOKです。

4 [色抜き量]で削除する色の量を設定しましょう。ここでは「100.0」%に設定します❹。

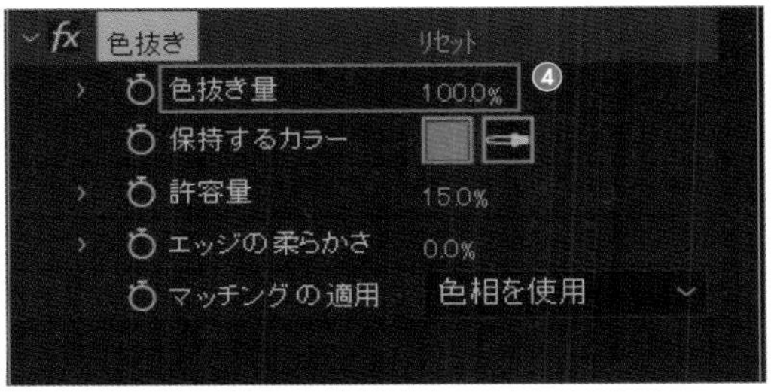

5 ［保持するカラー］で指定した色以外がすべて削除されました。

6 ［許容量］を「20.0」％に設定します。

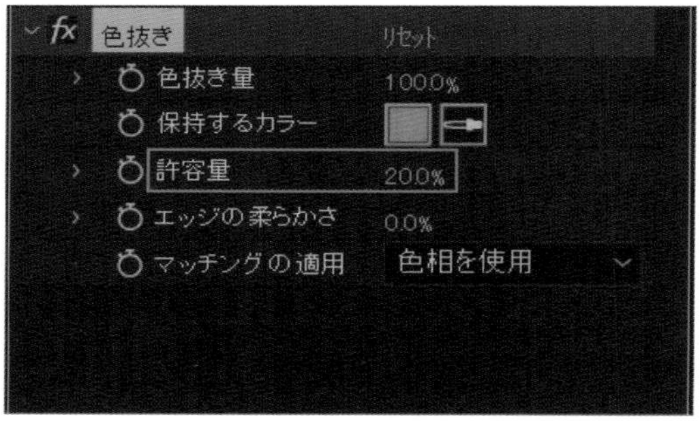

ここがPOINT

［許容量］とは？

［許容量］では［保持するカラー］で指定した色以外をどれくらい残すかを設定できます。ここでは葉の緑色や空の水色がきれいに抜ける程度に設定しました。

できた！ ピンク色以外がすべて抜けてグレースケールになりました。

画質の低いものや近似色の多いもの、ディテールが細かく複雑なものはうまく色が抜けないことが多いです。色抜きをする場合は、そのあたりを踏まえて、素材を選ぶようにしましょう。

もっと 知りたい！

● 徐々に色が抜けていくアニメーションを作ろう

［色抜き量］にキーフレームをつけると徐々に色が抜けていくアニメーションが作れます。

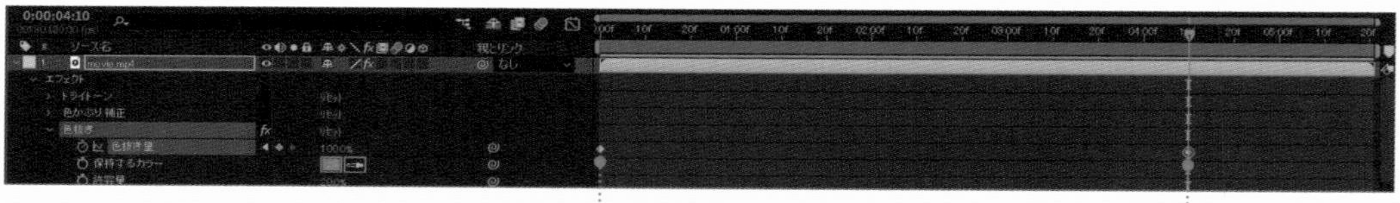

［色抜き量］0%　　［色抜き量］100%

CHAPTER 4 LESSON 13

#3Dカメラトラッカー #ヌル #3D変形ギズモ

実写にオブジェクトを合成しよう

動画でもチェック!
https://dekiru.net/yae_413

練習用ファイル 4-13.aep

[3Dカメラトラッカー]を使って、映像のカメラの動きに合わせて、オブジェクトが動くアニメーションを作りましょう。

カメラの動きに合わせてオブジェクト（テキスト）も動く

[3Dカメラトラッカー]を使うと実写の映像からカメラの動きと3D情報を検出することができます。そのデータにAfter Effects上で作成したテキストなどのオブジェクトを紐づけて、位置や角度を調整することで、オブジェクトが実際にそこに存在するような表現ができます。実写の中にアニメーションを合成する手法は視聴者の目を惹く演出として、さまざまな動画で使用されています。

映像から空間情報を検出する

このレッスンでは、堤防の上に実際に存在しているようにテキストを配置します。そのためにまずは［3Dカメラトラッカー］を使って、ベースとなる実写映像の空間情報を検出します。

1. 練習用ファイル「4-13.aep」を開きます。
   レイヤーを選択し❶、［エフェクト］メニュー→［遠近］→［3Dカメラトラッカー］を選択します❷。

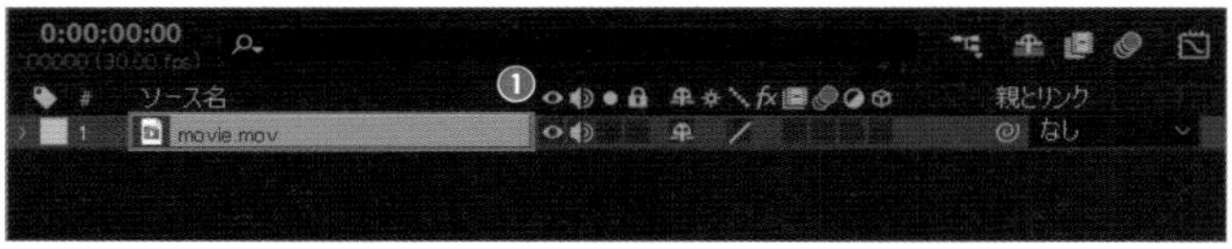

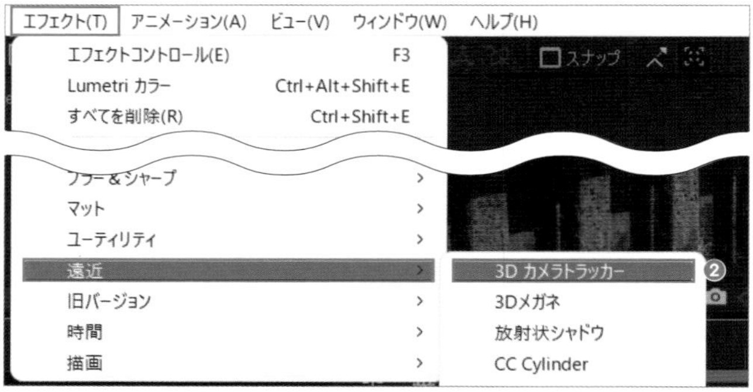

2. 分析が開始されます。

ここがPOINT

［エフェクトコントロール］パネルで進捗率をチェック！

［エフェクトコントロール］パネルで全体の何パーセントまで分析が進んでいるかが確認できます。

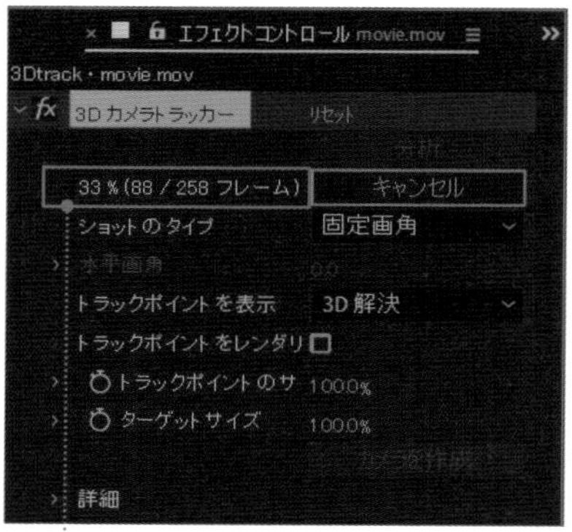

分析が進んだ割合がわかる

3 分析が終わるとトラックポイント（色のついた×）が表示されます。

ここがPOINT

トラックポイントとは

トラックポイントは、映像をトラッキング（追従）するための点です。After Effectsが解析した映像の色や濃淡などを基準に手前や奥を表す点にトラックポイントが打たれます。

堤防の側面に沿ってトラックポイントが打たれている

基準となる面（ターゲット）を作る

トラッキングの基準となるターゲットを設定します。ここではテキストを防波堤の上に配置します。防波堤に対して垂直になるターゲットを作るために3つのトラックポイントを設定します。

1 トラックポイントにマウスポインターを近づけると3つのトラックポイントを基点とする赤いターゲットが表示されます❶。

3つのトラックポイントが基点になっている

2 ターゲットがテキストが配置される面に対して垂直になる位置を探し、その位置でクリックします❷。

ターゲットは、弓道の的のように円を重ねた構造になっています。形を見ながら映像と自然な奥行きで合成できるように調整しましょう。

テキストを配置する面

テキストを配置する面に対して垂直になるように設定

ここがPOINT

ポイント選びが重要！

面は3点で表せます。トラックポイント同士の内側にマウスポインターを合わせると、3つのトラックポイントをつなぐ薄い三角形が表示されます。その三角形がターゲットの面となります。面の方向は選ぶポイントによって変わります。選ぶポイントによっては、面が上を向いてしまったり、下を向いてしまったりします。ここではターゲットがテキストの設置面に対して垂直になる位置を探しましょう。

テキストを配置する面に対して垂直ではない

3 3つのポイントが黄色で表示され、ターゲットが設定されました❸。

設定後に画面上をクリックすると設定が解除されます。その場合はもう一度やりなおしましょう。

ここがPOINT

トラックポイントは1つずつ選ぶこともできる

トラックポイントは Shift キーを押しながらクリックして選ぶこともできます。トラックポイントを1つずつ選びたい場合はこの方法を使いましょう。その際、選択するトラックポイントは任意の数だけ選択できます。面の角度をより細かく設定したい場合は、トラックポイントの数を増やして調整してみましょう。

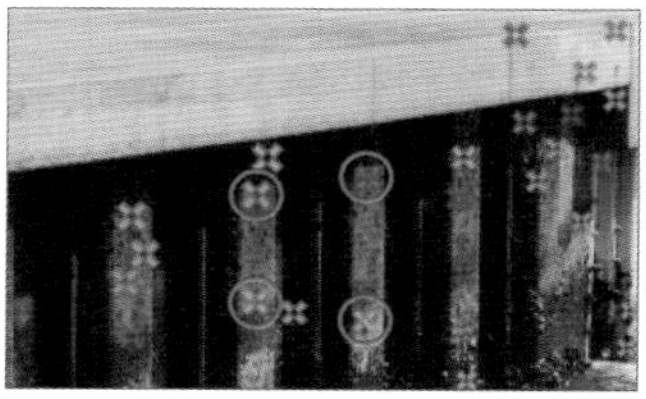

Shift キーを押しながらポイントをクリック（ここでは4つのポイントをクリック）

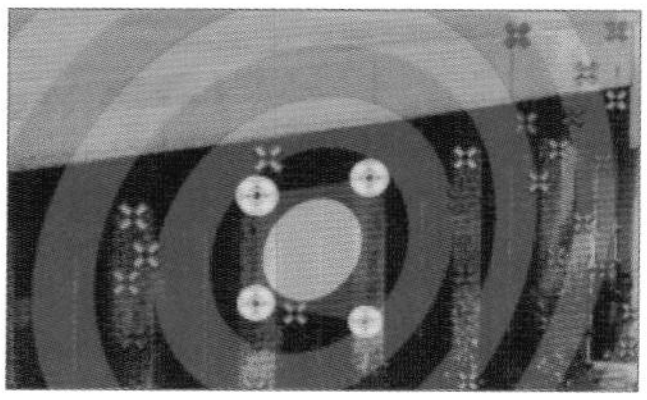

4つのトラックポイントからなるターゲットを作成できる

ここがPOINT

ターゲットはオブジェクトの配置面を意識しよう

このレッスンで使用する映像素材は、堤防の側面を中心にトラックポイントが表示されましたが、素材によっては、もっと広範囲にトラックポイントが表示される場合もあります。その場合は地面や、大きな建物などに沿うようにターゲットを設定することで正確にトラッキングされます。

ターゲットからカメラの動きを抽出する

オブジェクト（このレッスンではテキスト）を映像の動きに追従させるために、前のページで設定したターゲットからカメラワークを抽出します。

1 ターゲット上で右クリックし、[ヌルとカメラを作成]を選択します❶。

2 ［ヌル1をトラック］と［3Dトラッカーカメラ］というレイヤーが作成されました❷。

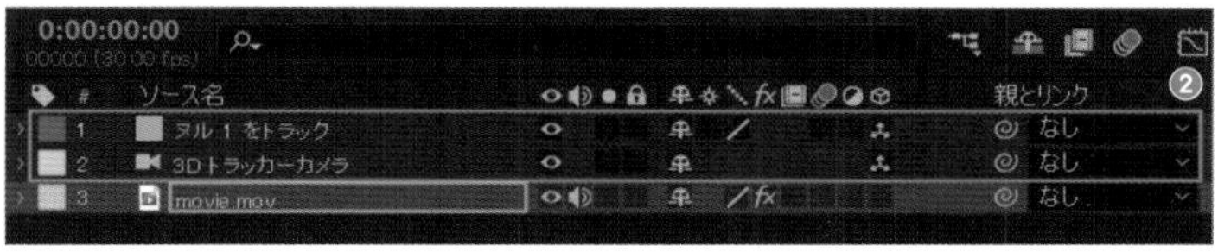

ここがPOINT

［ヌル1をトラック］レイヤーと［3Dトラッカーカメラ］レイヤーの役割

映像の3D情報で作成したターゲットから抽出したカメラの動きが［3Dトラッカーカメラ］レイヤーです。［ヌル1をトラック］レイヤーとはターゲットから生成された実際の書き出しには影響しない空のレイヤーです。このレイヤーを親とし、別のレイヤーを子レイヤーとして紐づけることで、子レイヤーをコントロールできます。ここではテキストをこの［ヌル1をトラック］レイヤーに紐づけて、映像のカメラワークに合わせて動かします。

オブジェクトを作成する

堤防の上に配置するオブジェクト（ここではテキスト）を作成します。

1 ［横書き文字ツール］でテキストを入力します❶。ここでは「YOKUBARI（改行）NYUMON」と入力しました。

2 テキストレイヤーを選択し、次のように設定します。

❷フォントの種類：Bebas Neue Bold
❸フォントのサイズ：405px
❹行送り：320px
❺トラッキング：250px
❻段落：中央揃え

テキストの設定 ➡ 42ページ

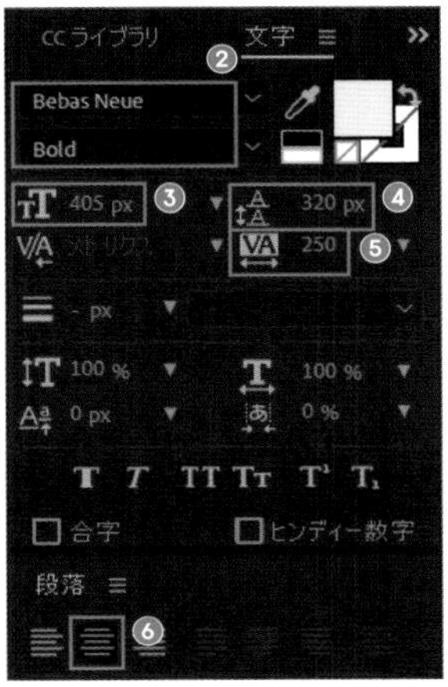

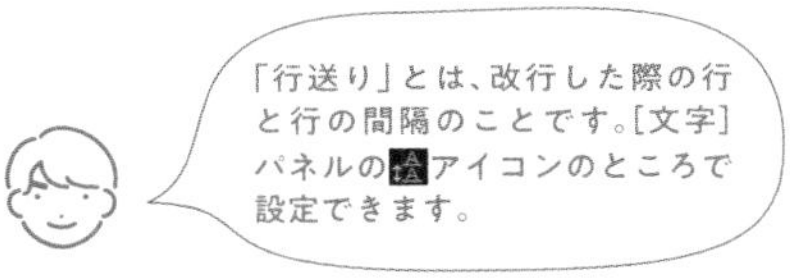

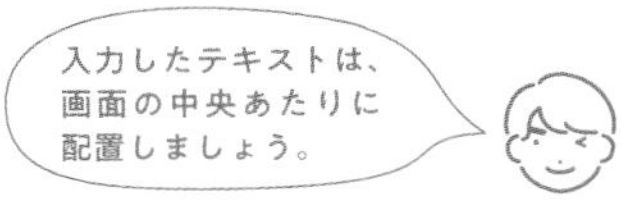

③ テキストの色を設定しましょう。ここでは「YOKUBARI」を「#D56891」❽、「NYUMON」を「#FFFFFF」に設定しました❾。

色の設定方法 ➡ 41ページ

❽ #D56891　❾ #FFFFFF

ここがPOINT

文字単位で色を変えるには？

レイヤーを選択しただけの状態で、テキストの色を変えると、レイヤー内のすべての色が変更されます。文字単位でカラーを変えるには変更したい部分をドラッグして選択し❶、色を設定します。

オブジェクトをカメラの動きに追従させる

テキストをカメラワークに合わせて動かすために、3Dレイヤーに設定し、207ページで作成した[ヌル1をトラック]に紐づけます。

① テキストレイヤーの[3Dレイヤー]をオンにします❶。

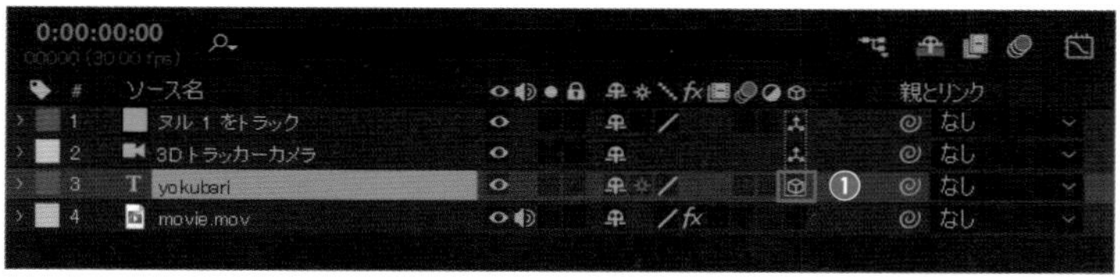

② オブジェクトの変形に使用する3D変形ギズモが表示されます❷。

③ テキストレイヤーのピックウイップのアイコンを［ヌル1をトラック］にドラッグして❸、紐づけます。

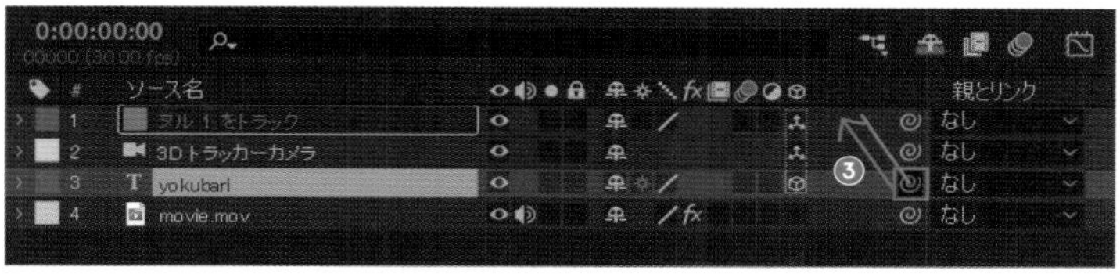

［親とリンク］の欄に「1.ヌル1をトラック」と表示されたことを確認しましょう。

④ インジケーターを0秒の位置に移動して再生してみましょう。カメラの動きに合わせてテキストが動きます。

カメラの動きに合わせてテキストも動く

テキストの位置と角度を調整する

テキストが実際に堤防の上に配置されているように変形します。3D変形ギズモを使って、テキストのX軸（横）、Y軸（縦）、Z軸（奥行き）を調整します。

① インジケーターを0秒の位置に移動します❶。

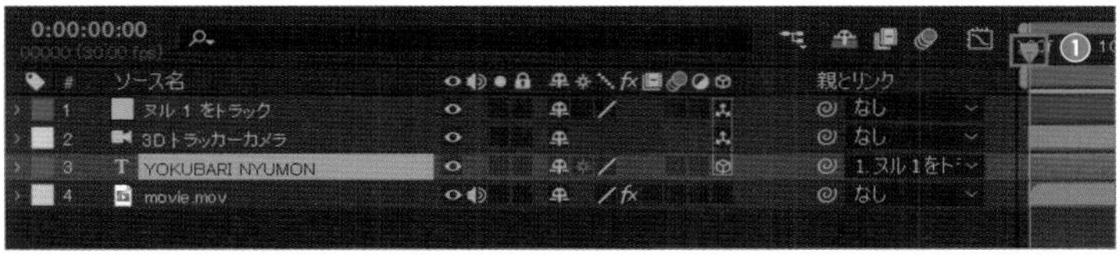

ここがPOINT

3D変形ギズモの操作

3D変形ギズモを使うと、オブジェクトの拡大縮小や位置の変更、回転の操作を行えます。ドラッグする位置により操作が変わります。

線の色
赤がX軸、緑がY軸、青がZ軸を表します。

正方形
ドラッグするとオブジェクトが拡大縮小します。

矢印
ドラッグするとオブジェクトの位置が変更されます。

曲線または円
ドラッグするとオブジェクトが回転します。

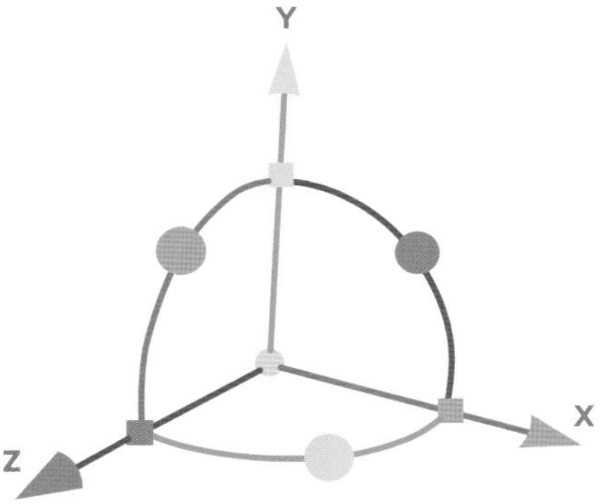

② まずはY軸で回転しましょう。選択ツール で緑の曲線にマウスポインターを合わせると、Yと表示されるので、その状態で右方向にドラッグします❷。

③ テキストがドラッグした軸に沿って回転するので、堤防の側面と平行になる位置でドロップします。

④ 赤い矢印をドラッグして❸、テキストのX軸方向の位置を調整します。

5 緑の矢印をドラッグして❹、テキストのY軸方向の位置を調整します。

6 青い矢印をドラッグして❺、テキストのZ軸方向の位置を調整します。

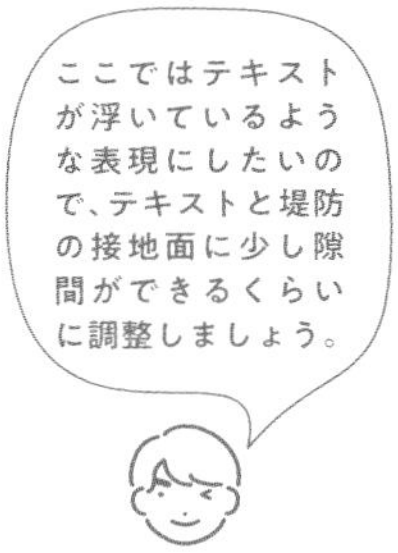

少し隙間を作る

できた！ インジケーターを0秒の位置に移動して再生してみましょう。テキストをカメラの動きに合わせて合成できました。

COLUMN

After Effectsのスキル上達の近道とは？

After Effectsの技術的な面での向上を目指すなら、まずはチュートリアルをやり込むことをおすすめします。本やネット上に公開されているさまざまなチュートリアルの中から自分が魅力的に感じたものをどんどん実践していくとよいでしょう。「かっこいい」「かわいい」と感じた動画のチュートリアルをこなしていくことで楽しみながら自然に技術が身につきます。日本だけでなく海外のチュートリアル動画なども大変参考になります。

ある程度技術が身についてきたら、次のステップとして自分が好きな映画やMV、CMなど完成された作品をたくさん見て、「なぜいい作品と感じたのか」という目線で分析していきましょう。

アプリを使いこなすことがゴールという認識を持った人が多いのですが、そこから先の「どういった表現にするか」ということが映像制作には大切です。あらゆる映像制作を可能とするAfter Effectsはとんでもなく機能が多く、表現の幅と学ぶことが無限に広がっています。
だからこそ、自分のやりたい表現や作りたい作品から逆算して学ぶべきことを探る必要があります。

単純に「図形を動かす」というようなテクニックだけでは映像は成り立ちません。映像の目的や雰囲気、音楽との調和や間の取り方、配色や全体の流れの構築などさまざまな要素が組み合わさって魅力的な映像が完成します。すでに世に出ている作品というのは、そういったテクニックや魅力がぎゅっと詰まったプロフェッショナル達の渾身のアウトプットです。

なぜ自分はこの作品をいいと感じるのか、なぜこの作品がターゲットに刺さったのか、なぜこの動きにしたのか、など「なぜ」を大事にして、1作品1作品に対するそれを追求してみてください。きっと今まで見えなかった世界が見えるようになって、自分の中の表現の引き出しが増えてくると思います。

CHAPTER 5

プロに学ぶ！
こだわりのアニメーション

第5章では、より作品性の高い動画を作るための
プロのテクニックを紹介します。
テキストの輪郭の変形、リアルな光や雪の表現、
カメラワークを使ったスライドショーの作り方など、
こだわりのつまった表現方法を学んでいきましょう。

CHAPTER 5

LESSON 1

#テキストからシェイプを作成 #パスの変形

変形した文字列がもとに戻るアニメーションを作ろう①

動画でもチェック!

https://dekiru.net/yae_501

練習用ファイル

5-1.aep

テキストをシェイプ化すると、輪郭を自由に変形できます。その特性を活かしたアニメーションを作ってみましょう。

このレッスンではバラバラに散らばっていた文字がもとの位置に戻ってくるアニメーションを作ります。

テキストをシェイプ化して、変形できる状態にしたら、文字ごとにレイヤーを分け、キーフレームを作成しアニメーションを設定していきましょう。

文字が変形してバラバラに広がった状態

もとの位置に戻りながら徐々に変形も収まる

もとの状態に戻る

テキストをシェイプ化する

テキストをシェイプ化すると、テキストの輪郭線でパスが作成されます。このパスは自由に変形することができます。

1 練習用ファイル「5-1.aep」を開きます。
テキストレイヤーを右クリックし❶、[作成]→[テキストからシェイプを作成]を選択します❷。

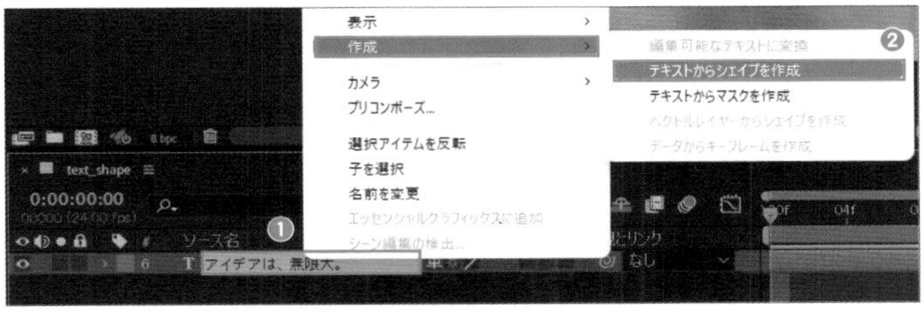

2 テキストがシェイプ化されました❸。このときもとのテキストレイヤーは非表示になり❹、新しくシェイプレイヤーが作成されます❺。

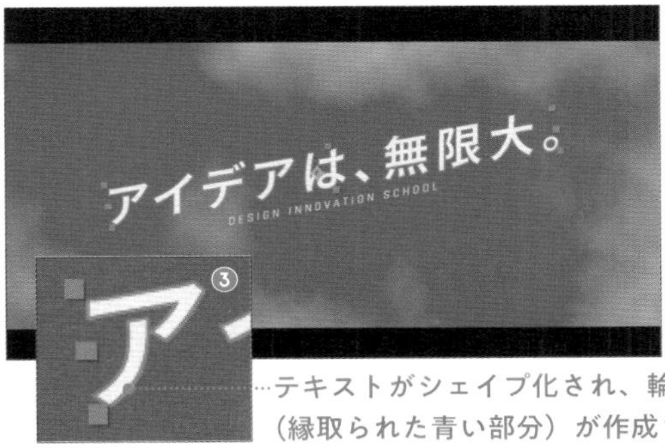

…テキストがシェイプ化され、輪郭線でパス（縁取られた青い部分）が作成される

220ページからこのパスを変形させていきます。

テキストをシェイプ化すると、レイヤー名の末尾に「アウトライン」とつきます。ここでいうアウトラインとはパスに変換されたフォントのことです。

1文字ごとにレイヤーを作る

1文字ごとにアニメーションを設定するため、それぞれをレイヤーに分けます。レイヤーを文字数分複製し、レイヤー名も変更しましょう。

1 シェイプレイヤーを選択し❶、Ctrl（⌘）+Dキーを9回押します。

全部で10文字なので、9回複製します。

2 10文字分のレイヤーが作成できました。

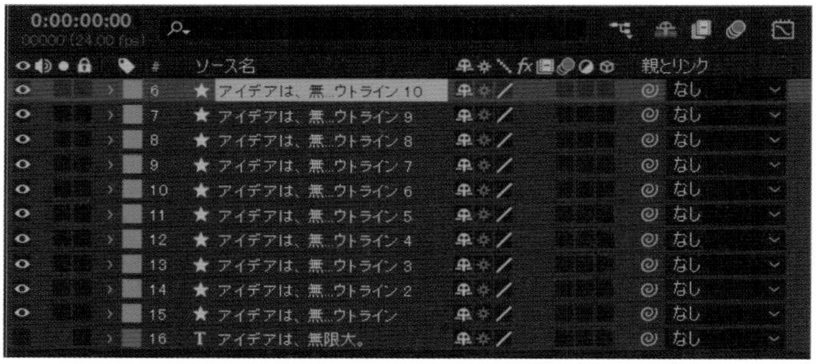

レイヤーを複製すると、レイヤー名の末尾に自動的に連番が振られます。

3 レイヤー名を変更しましょう。テキストの内容に従って、上から順に「ア」「イ」「デ」「ア」「は」「、」「無」「限」「大」「。」とレイヤー名を変更します。

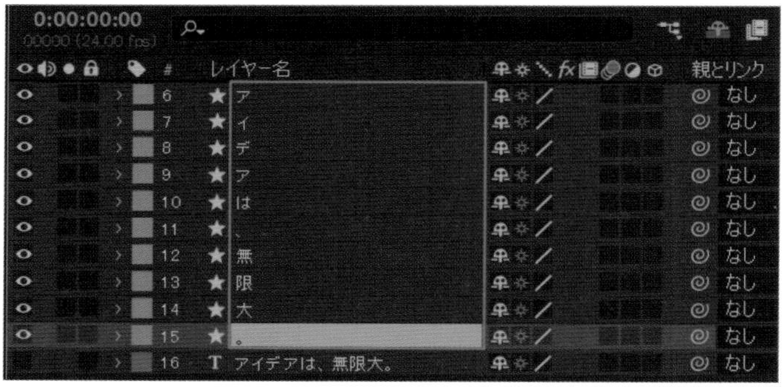

名前を変更したいレイヤーを選択し、Enter（Return）キーを押すと、レイヤー名が入力できる状態になります。

1レイヤーに1文字にする

それぞれのレイヤーには「アイデアは、無限大。」の10文字分のプロパティが入っていますが、これをレイヤー名と同じ文字のみ含まれるように不要な文字を削除します。作業しやすいように[タイムライン]パネルを最大化して行いましょう。

1 [タイムライン]パネルが選択されている状態で❶、@キーを押します。

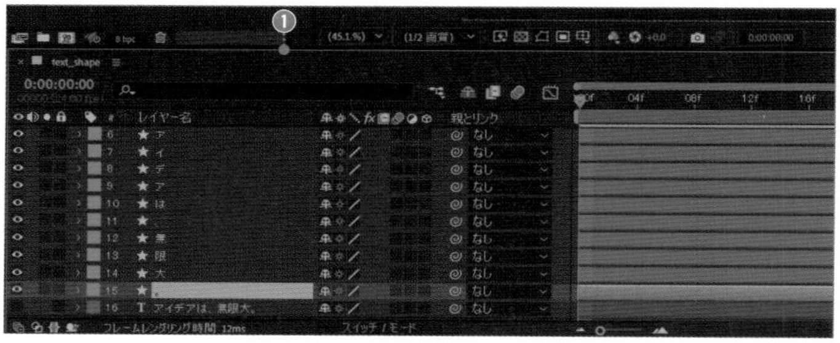

[タイムライン]パネルが選択されているとパネル枠が青いラインで囲まれています。ほかのパネルが選択されている場合は、[タイムライン]パネルの余白をクリックして選択しましょう。

2 パネルが最大化します。

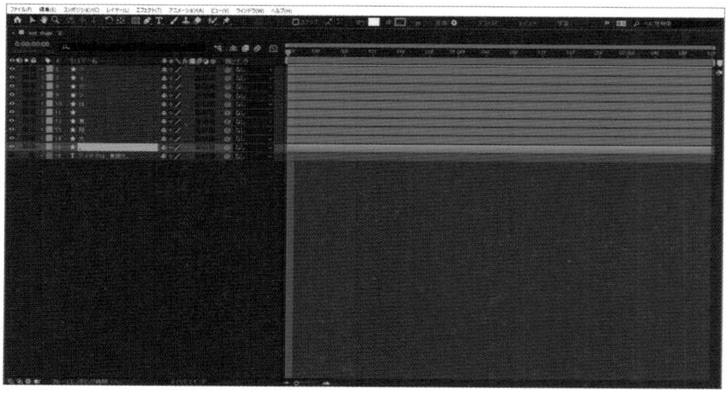

@キーは選択したパネルを最大化するショートカットキーです。

3 最初の[ア]レイヤーを展開し、[コンテンツ]の＞をクリックすると❷、文字ごとのプロパティが表示されます。

4 「ア」以外の「イ」〜「。」までのプロパティを選択し❸、Delete キーを押して選択したプロパティを削除します。

5 [ア]レイヤーは「ア」のプロパティだけになりました❹。

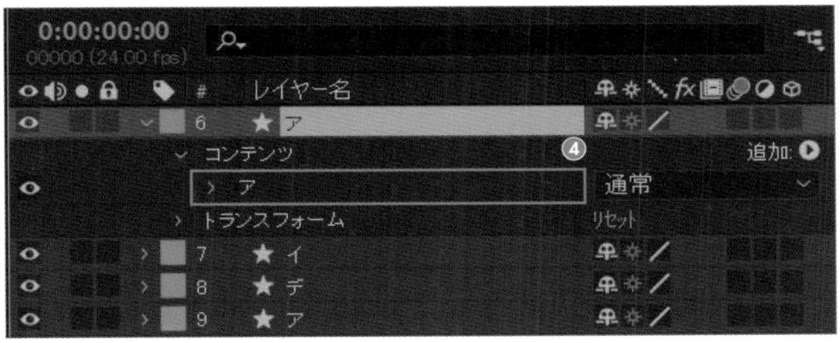

6 ほかのレイヤーも同じように、レイヤー名に合わせて[コンテンツ]の中のプロパティー文字ずつにします。

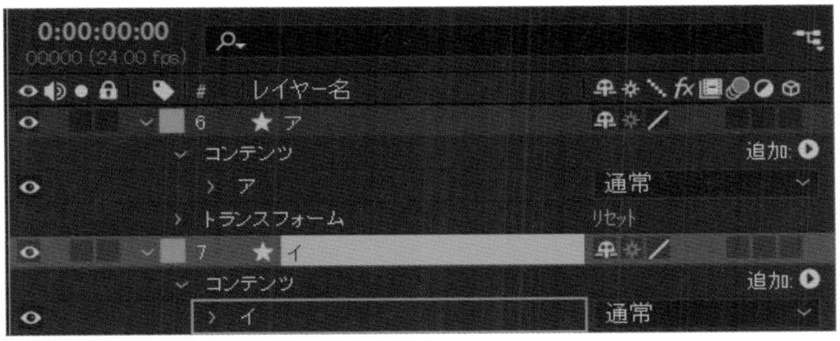

[イ]レイヤーの[コンテンツ]は、「イ」以外のプロパティを削除する

7 1つのレイヤーに1文字が入っている状態になりました。余白をクリックして❺、レイヤーの選択を解除します。

8 @キーを押して[タイムライン]パネルの最大化を解除し、Uキーを押してレイヤーを閉じましょう。

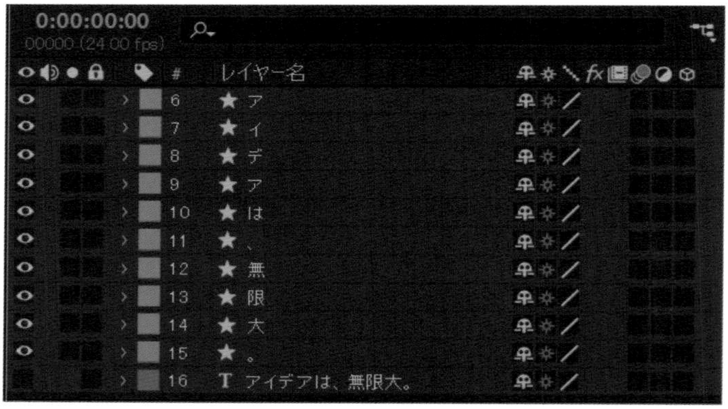

パスのプロパティを表示する

このレッスンでは[パス]のプロパティにキーフレームを作成してアニメーションを設定します。[タイムライン]パネルの検索機能を使って[パス]のプロパティだけが表示されるようにしましょう。

1 最初の[ア]レイヤーを選択し❶、検索欄に「パス」と入力して❷、Enter（Return）キーを押します。

2 ［ア］レイヤーの［パス］のプロパティが表示されました❸。

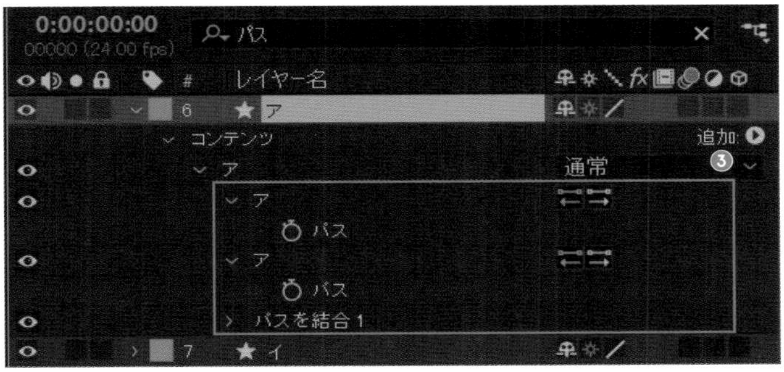

検索すると、操作したいプロパティが一括で表示されるので便利ですね。

ここがPOINT

パスが複数あるのはなぜ？

［ア］レイヤーのパスは2つあります。これは「ア」という文字が2つのパスからできているからです。パスは文字の線が分かれている箇所、線の交わりによってできる空間に生成されています。

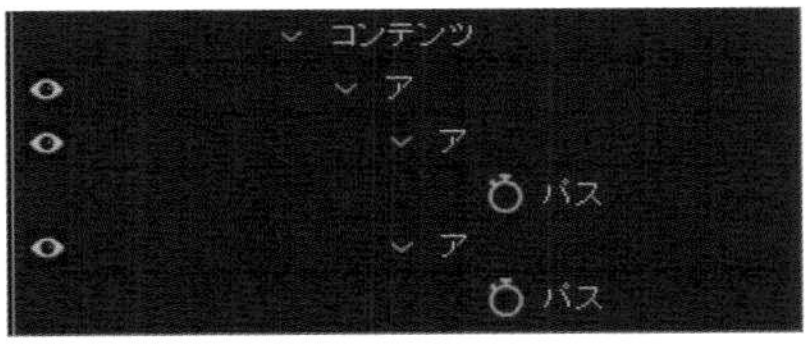

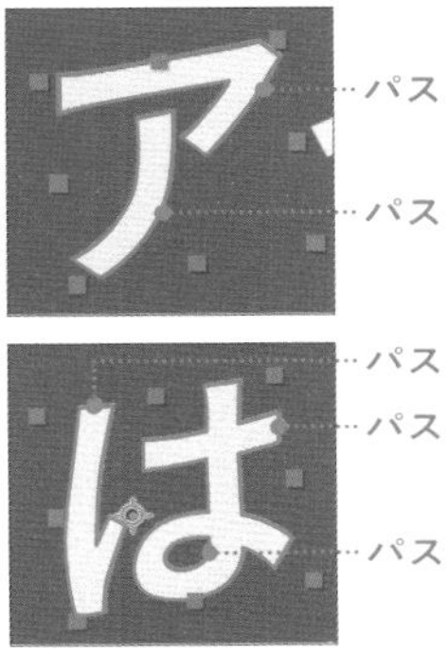

パスは一つなぎの線で構成されたシェイプと考えればよいでしょう。

「ア」は2つのパス、「は」は3つのパスで構成される

「ア」のアニメーションの終了点を設定する

このレッスンではテキストがバラバラの状態から10フレームかけてきれいに並んだ状態、つまり現在の状態が終了点になるアニメーションを設定します。まずは［ア］レイヤーの10フレームの位置に、今の状態のキーフレームを作成しましょう。

1 インジケーターを10フレームの位置に移動し❶、2つのパスのストップウォッチをクリックします❷。

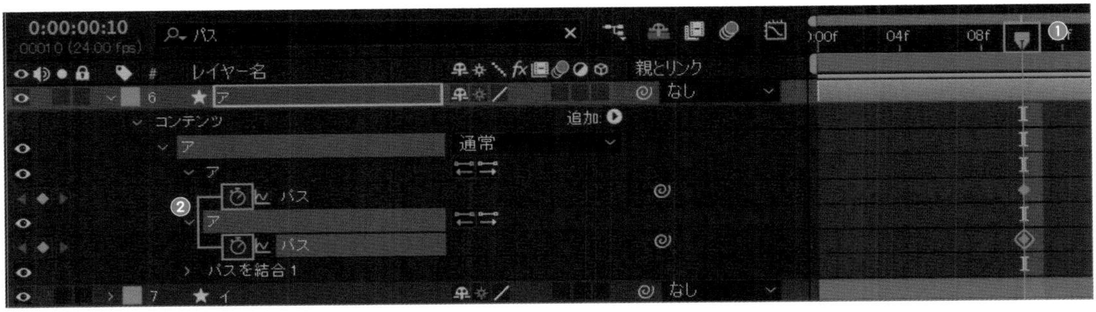

「ア」の0秒の位置のパスを変形して アニメーションの開始点を設定する

0秒の位置ではパスがバラバラの状態になるようにします。パスを1画ごとにずらしたり、部分的に伸ばしたりして変形します。

1. インジケーターを0秒の位置に移動します❶。「ア」の2つのパスを選択し❷、マウスポインターを「ア」のパスの線の部分または頂点に合わせます。マウスポインターの形が▶になったタイミングで、図を参考に「ア」の文字を左斜め下にドラッグします❸。

文字列の延長線上を意識して、左斜め下に移動します。

2. 次に「ア」の1画目左の頂点だけを囲むようにドラッグして選択します❹。

3. 選択した頂点を、図を参考に画面の外側にドラッグして❺、「ア」の一画目を大きく伸ばします。

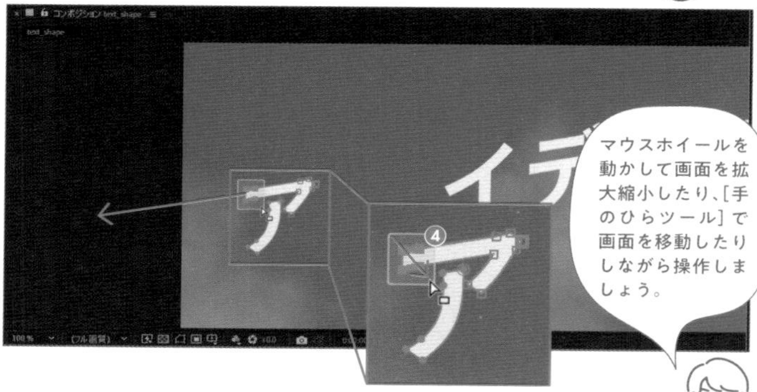

マウスホイールを動かして画面を拡大縮小したり、[手のひらツール]で画面を移動したりしながら操作しましょう。

ここがPOINT

選択を解除してしまったら？

一度選択を解除するとパスを頂点ごとに変形・移動できなくなります。その場合は[パス]のプロパティを選択しなおしましょう。

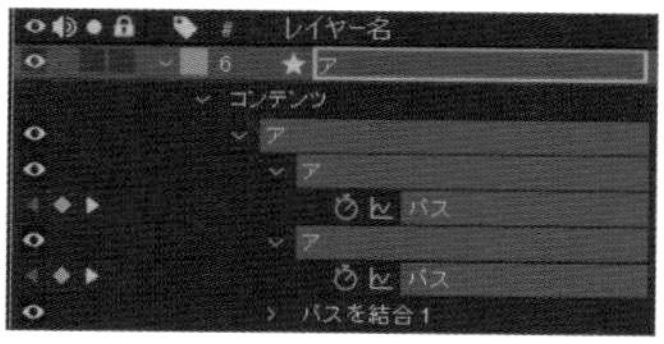

4 下側の［パス］をクリックすると❻、「ア」の2画目だけが選択されます❼。

今回は文字の直線部分を意識して伸ばしましょう。

5 2画目の頂点を左にドラッグすると❽、2画目だけが移動できます。

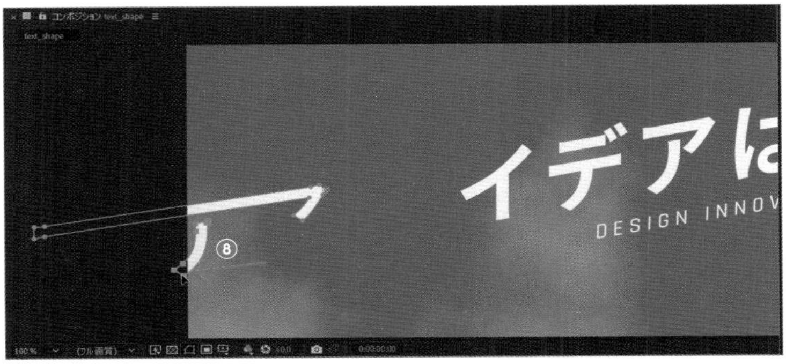

画面から少しはみ出すくらいの位置に移動しました。

ここがPOINT

パスを部分的に、または全体を選択するコツ

パスを部分的に選択するには、選択したい部分の頂点を囲むようにしてドラッグする❶、または選択したい部分に含まれる頂点を Shift キーを押しながらクリックします❷。

● パスを部分的に選択

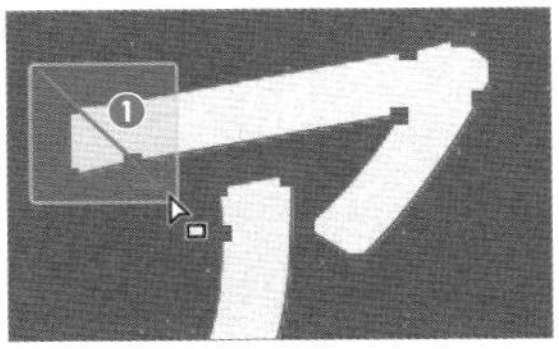

❶囲むようにドラッグする

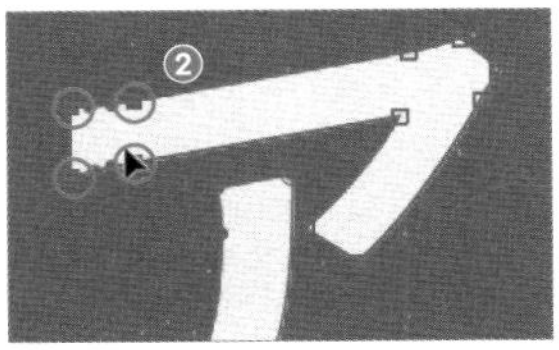

❷ Shift キーを押しながら頂点を複数選択する

パス全体を選択する場合はパス全体を囲むようにしてドラッグする、またはそのパスに含まれるすべての頂点を Shift キーを押しながらクリックします❸。［タイムライン］パネルで［パス］のプロパティを選択しても、パス全体を選択できます❹。

● パス全体を選択（アの一画目）

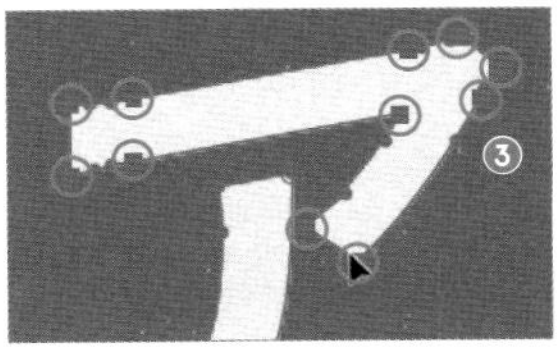

❸ Shift キーを押しながらすべてのパスを選択する

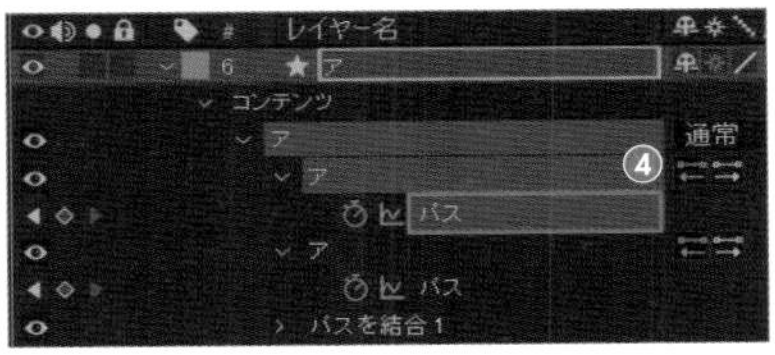

❹［パス］のプロパティを選択する

間違って違う頂点を選択した場合は、Shift キーを押しながら再度その頂点を選択すると、その頂点の選択が解除されます。

「イ」のアニメーションの終了点を設定する

「ア」と同様に、「イ」も10フレームの位置にキーフレームを作成します。

① インジケーターを10フレームの位置に移動します❶。[イ] レイヤーを選択し❷、検索欄で「パス」と入力し❸、表示された [イ] の [パス] のストップウォッチをクリックしましょう❹。

「イ」はパスが1つです。

「イ」のアニメーションの開始点を設定する

「ア」と同様に「イ」も0秒の位置でパスを変形します。

① インジケーターを0秒の位置に移動し❶、図を参考に「イ」を変形します❷。

ここでは「イ」の全体のパスを少し下に移動し、2画目の直線を画面の外に伸ばしました。垂直に伸ばす場合は Shift キーを押しながらドラッグしましょう。

② 再生してみましょう。バラバラに散らばっていた「ア」「イ」がもとの位置に戻るアニメーションができました。

文字の直線部分を伸ばすように変形すると、収縮しながら集まってくるような表現ができます。

残りの文字もアニメーションを設定する

残りの「デ」〜「。」の文字も同様に、10フレームの位置に文字がきれいに並んだ状態でキーフレームを作成し、0秒の位置で変形させましょう。

1 それぞれのパスごとに10フレームの位置でストップウォッチをクリックし、0秒の位置で次の図のように文字を変形させます。

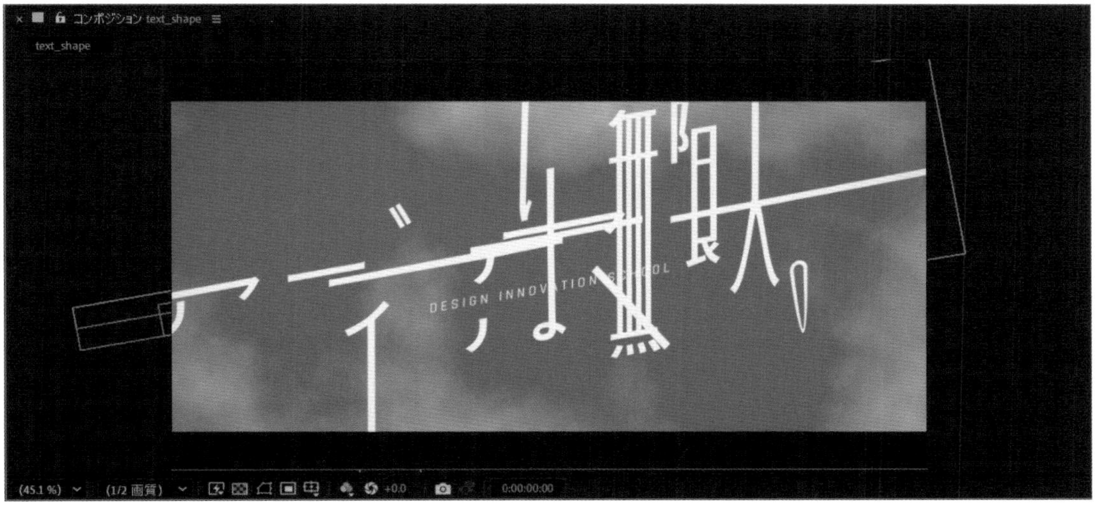

0秒の位置でそれぞれのパスを変形させる

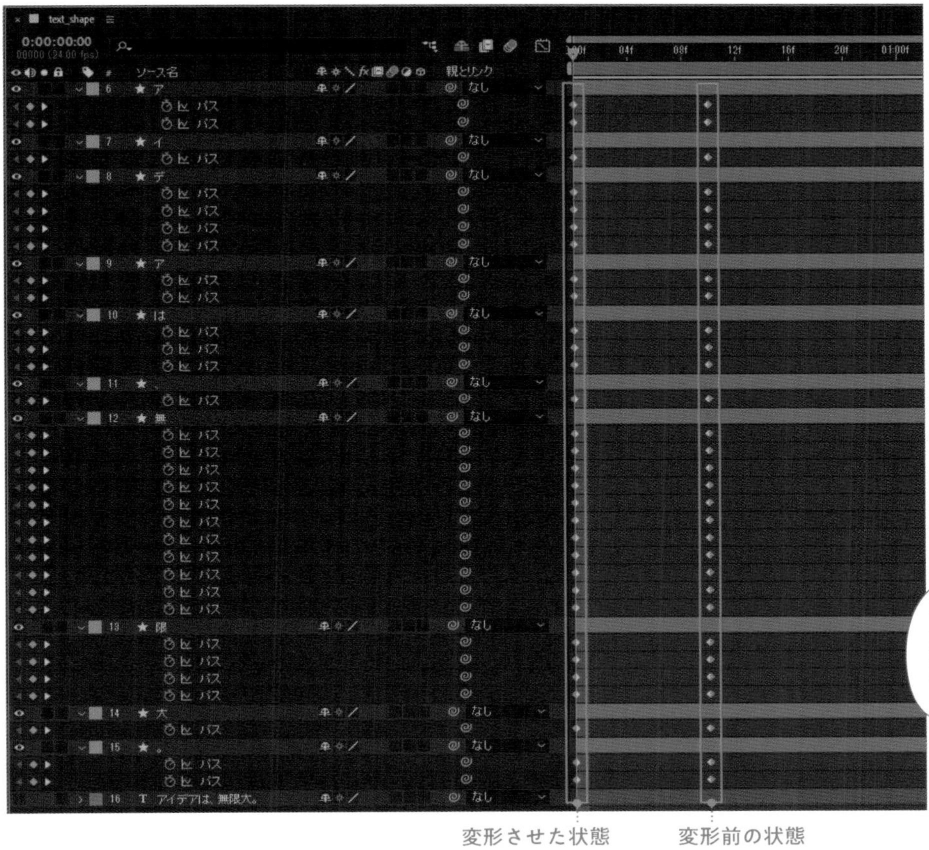

● それぞれの文字（わかりやすくするために、ほかの文字を非表示にした状態）

0秒の位置の「デ」

0秒の位置の2つ目の「ア」

0秒の位置の「は」（赤い部分は画面外に伸ばしたパス）

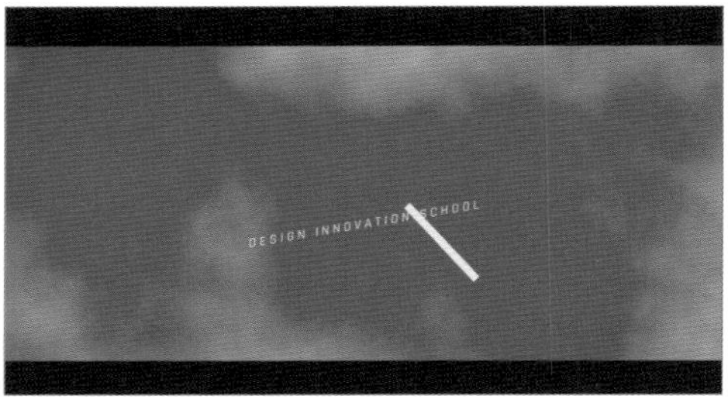

0秒の位置の「、」

0秒の位置の「無」

0秒の位置の「限」

0秒の位置の「大」（赤い部分は画面外に伸ばしたパス）

0秒の位置の「。」

この変形はあくまで一例です。縦や横に文字を伸ばすイメージで自由に変形してみましょう。

＼できた！／ 再生してみましょう。バラバラに散らばっていた文字が中央に集まってくるアニメーションができました。

次のレッスンでアニメーションに強弱をつけるなどして、さらにクオリティをアップしていきます。

CHAPTER 5
LESSON 2

#イージング #グラフエディター #モーションブラー

変形した文字列がもとに戻るアニメーションを作ろう②

レッスン1で作成したアニメーションに緩急をつけたり、文字ごとにアニメーションの開始位置をずらしたりして、作品の細部を調整しクオリティをアップしていきましょう。

動画でもチェック！
https://dekiru.net/yae_502

練習用ファイル
5-2.aep

アニメーションにイージングをかけたら、それぞれのレイヤーのデュレーションバーを移動して、アニメーションの開始位置をずらしていきます。最後にモーションブラーを設定してスピード感を出しましょう。

イージングをかける

レッスン1で作成したアニメーションにイージングをかけます。

1. 練習用ファイル「5-2.aep」を開きます（レッスン1の続きから進めることもできます）。［タイムライン］パネルを選択した状態で、@キーを押し、［タイムライン］パネルを最大化します。

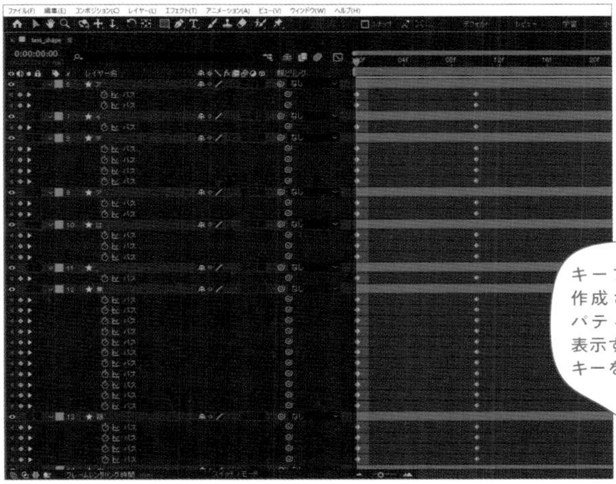

キーフレームが作成されたプロパティをすべて表示するには、Uキーを押します。

2 キーフレームをすべて選択し、F9 キーを押してイージーイーズをかけます❶。

「ア」~「。」までのすべてのキーフレームを選択しましょう。

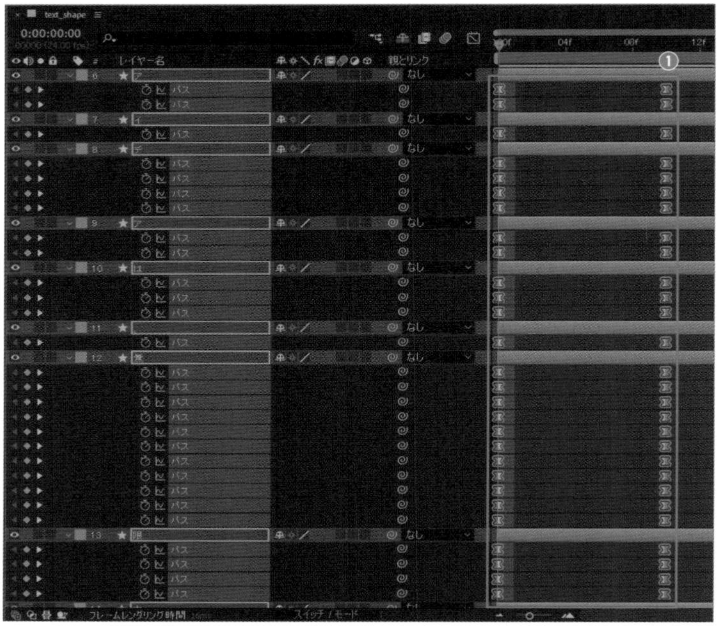

イージーイーズをかけるとキーフレームの形が変わりますね。

速度グラフを調整する

速度グラフを使って、序盤で急激に加速し、そのあと徐々に減速するように調整していきます。

1 ［グラフエディター］ボタンをクリックし❶、速度グラフを表示します。

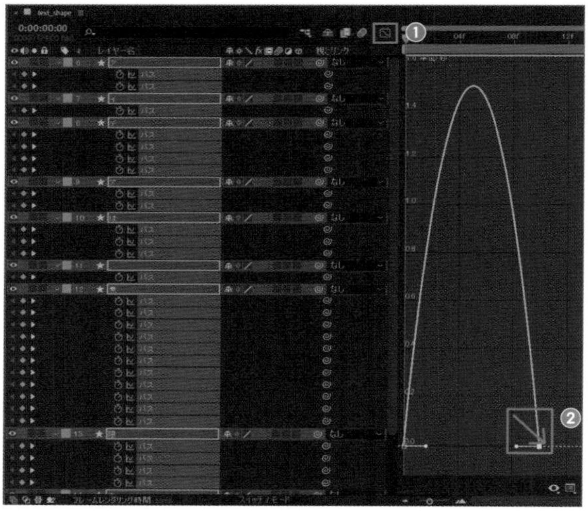

2 終点のキーフレームを囲うようにドラッグして❷、選択します。

3 右側のハンドルを左にドラッグします❸。グラフの一番高いところ（速度が最も速い時点）が左に移動しました。

4 速度グラフの操作が終わったら、［グラフエディター］ボタンをクリックし❹、タイムラインをもとの表示に戻しましょう。@キーを押してパネルの最大化を解除したらUキーを押してプロパティを閉じます。

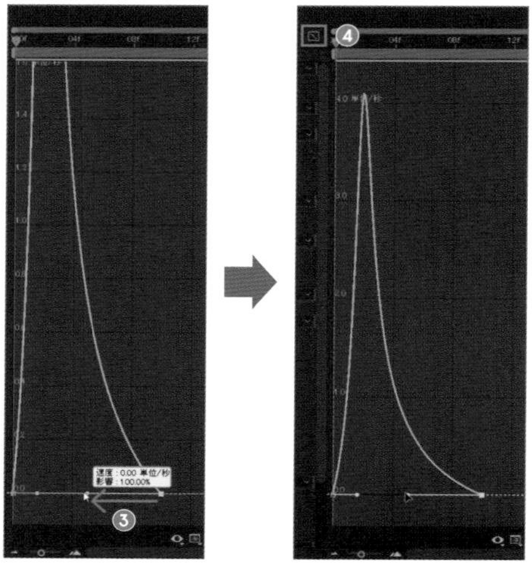

序盤で急激に加速し、そのあと徐々に減速する動きになった

アニメーションの開始位置をずらす

デュレーションバーを移動して、アニメーションの開始位置をずらします。[ア]レイヤーのアニメーションが3フレームから始まり、[イ]レイヤー以降は1フレームずつ開始位置をずらします。

1 すべてのレイヤーが選択されている状態で、デュレーションバーを3フレームの位置にドラッグします❶。

選択しているレイヤーのデュレーションバーは同時に移動できます。

2 タイムラインの余白をクリックし、レイヤーの選択を解除します。[イ]レイヤーのデュレーションバーを1フレーム右にドラッグします❷。

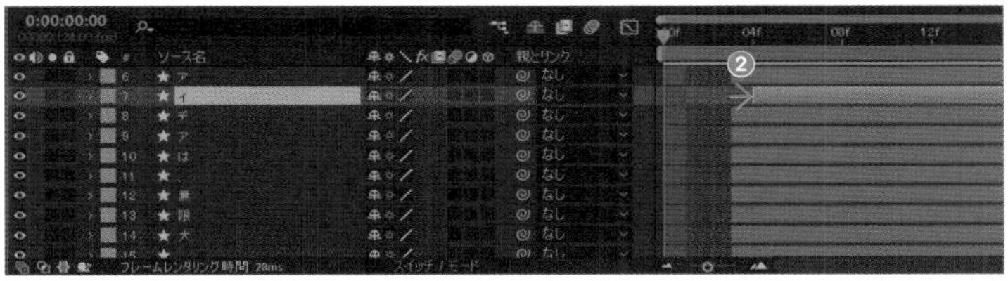

3 図のように、[デ]レイヤー以下のレイヤーのデュレーションバーを上のレイヤーに対して1フレームずつずらします。

モーションブラーを設定する

最後にスピード感を出すためにモーションブラーを設定します。

1 [ア]レイヤー～[。]レイヤーまでの[モーションブラー]をオンにします❶。

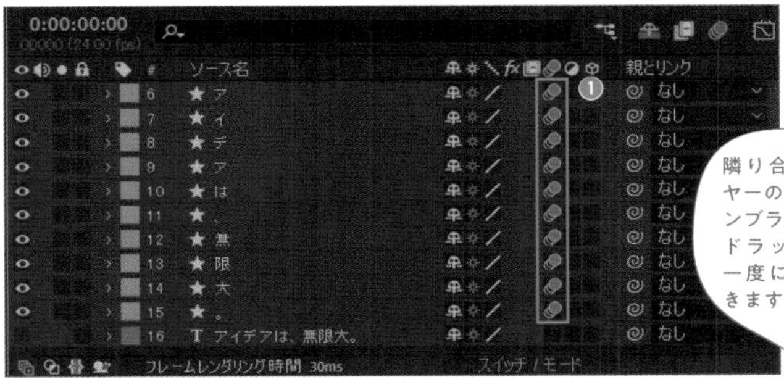

隣り合ったレイヤーの[モーションブラー]の欄をドラッグすると一度にオンにできます。

できた！ インジケーターを0秒の位置に移動して、再生してみましょう。緩急やスピード感が追加されダイナミックなアニメーションが完成しました。

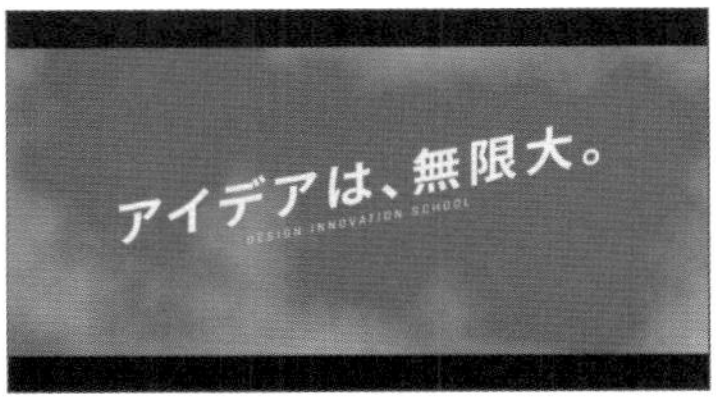

CHAPTER 5
LESSON 3

#フラクタルノイズ #エクスプレッション

シネマティックなタイトルアニメーション①煙がゆらめく背景を作ろう

動画でもチェック!

https://dekiru.net/yae_503

練習用ファイル
5-3.aep

レッスン3～レッスン4では、煙や雪、光などが重なり合う幻想的なアニメーションを作っていきます。このレッスンではアニメーションの土台となる煙の演出を作りましょう。

このレッスンでは、まず[フラクタルノイズ]エフェクトで背景に煙のような効果を加えます。次に煙が左下に流れていく動きに加え、エクスプレッションのtimeを使って、煙の形がゆっくりと変化し続けるアニメーションを作成していきます。

映画の冒頭で目にするような、雰囲気のあるタイトルアニメーションを作りましょう。

煙がかった背景を作成する

新しい平面レイヤーを作成し、[フラクタルノイズ]エフェクトを適用して煙がかった背景を作りましょう。

1 練習用ファイル「5-3.aep」を開きます。[cinematic_title]コンポジションを選択します❶。Ctrl(⌘)+Yキーを押すと[平面設定]ダイアログボックスが表示されるので、[名前]に「smoke」と入力し❷、[カラー]を白(#FFFFFF)に設定し❸、[OK]ボタンをクリックします❹。

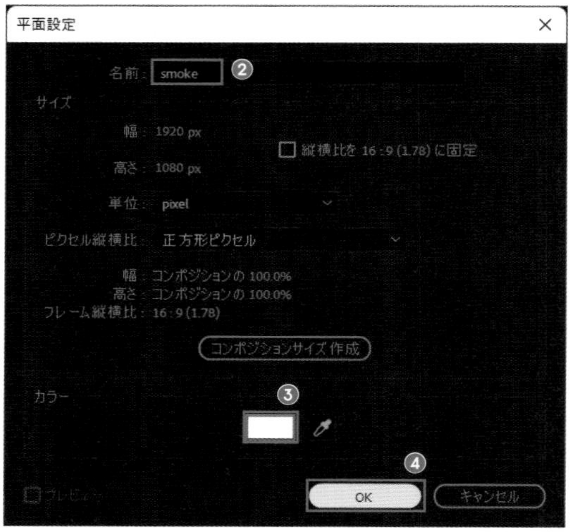

レッスン3の練習用ファイルは、あらかじめタイトルが奥から手前にスクロールするアニメーションが設定されています。

2 ［smoke］レイヤーを選択した状態で❺、［エフェクト］メニュー→［ノイズ＆グレイン］→［フラクタルノイズ］を選択します❻。

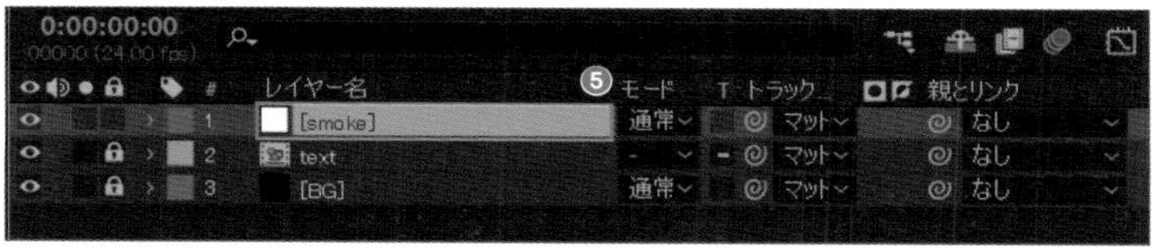

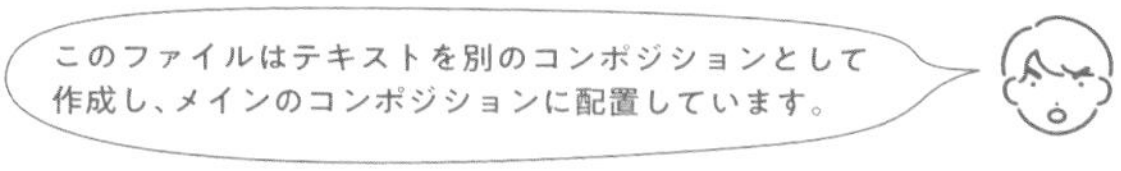

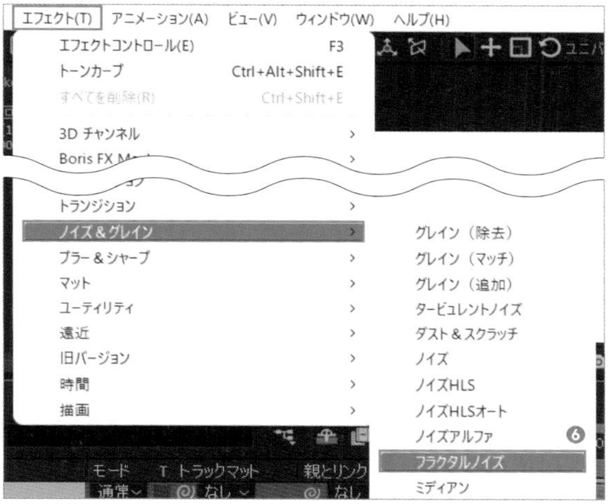

ここがPOINT

［フラクタイルノイズ］とは

フラクタルノイズは煙のような表現を加えられるエフェクトです。プロパティを調整して、ノイズの形を変えることで煙だけでなく、光や雲、水などさまざまなテクスチャを表現できます。

3 煙がかった効果が追加されました。

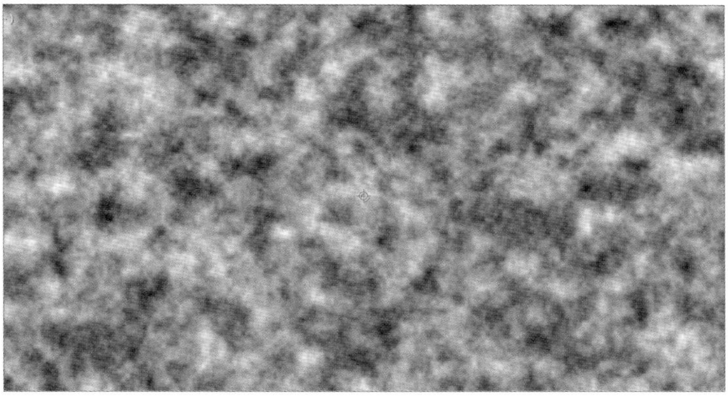

煙の明るさや大きさを調整する

より煙らしく見えるように、煙のもやの明るさや大きさを調整します。

1 ［エフェクトコントロール］パネルで［明るさ］を「-20.0」に設定します❶。

2 ［トランスフォーム］を展開し、［スケール］を「500.0」に設定します❷。

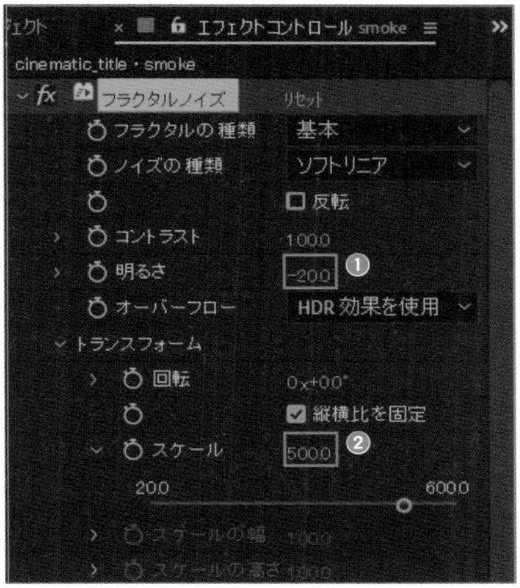

3 全体が少し暗くなり、煙のサイズが大きくなりました。

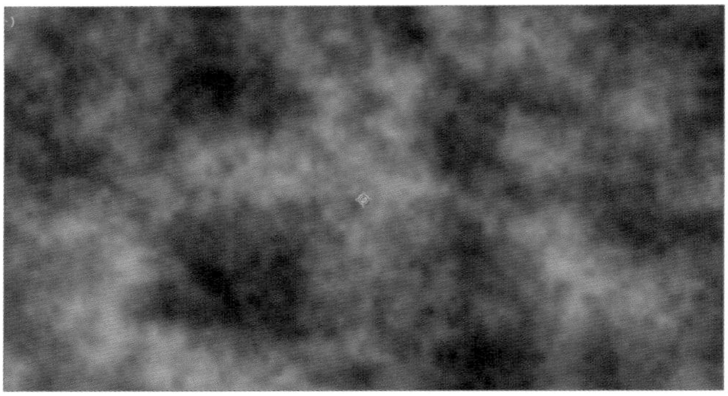

見え方が違うときは、拡大率を[全体表示]にしてみてください。密度の濃い部分と薄い部分ができて、煙らしくなりましたね。

煙の動きを設定する

[乱気流のオフセット]を使って煙が左下に流れていく動きを設定します。

1 インジケーターが0秒の位置にあることを確認し、[エフェクトコントロール]パネルの[トランスフォーム]→[乱気流のオフセット]のストップウォッチをクリックします❶。

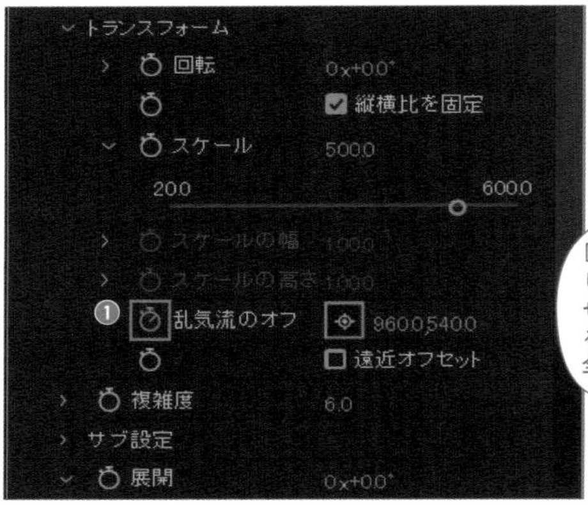

[乱気流のオフ]までしか表示されていませんが、パネルを広げると「オフセット」と全体が表示されます。

2 Uキーを押します。キーフレームが設定されたプロパティが開いたことを確認し、インジケーターをタイムラインの右端に移動して❷、座標を「300.0」「1000.0 」に設定します❸。

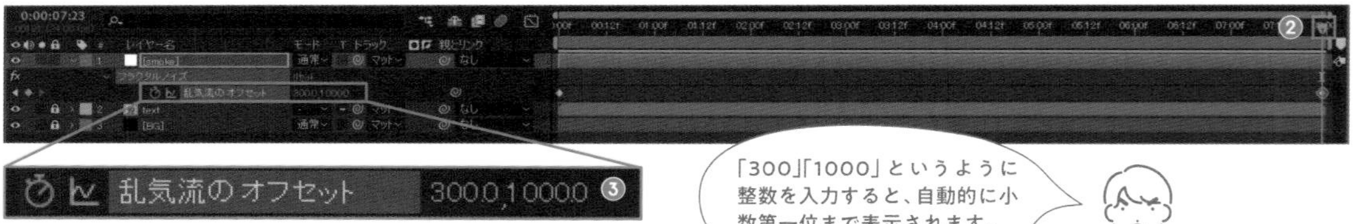

「300」「1000」というように整数を入力すると、自動的に小数第一位まで表示されます。

3 再生して、煙が左下に流れていくことを確認しましょう。

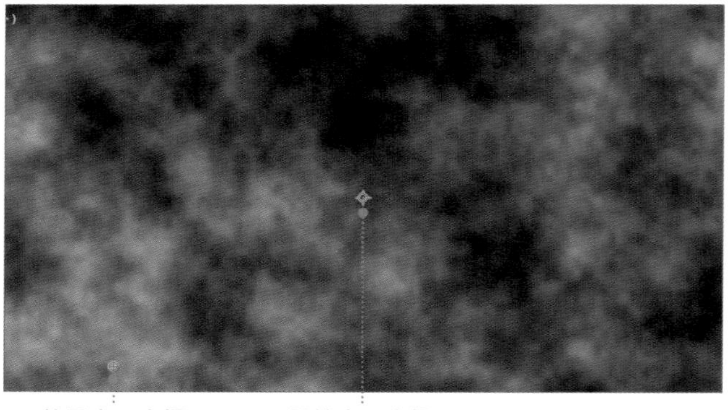

アニメーションの開始点の座標は(960, 540)で画面の中央です。それが(300, 1000)に移動していきます。

煙をさらにリアルにする

[複雑度]の値を大きくすると、その分ノイズのレイヤーが増え、微細な煙の描画を表現できます。[複雑度]を上げ、[サブ設定]でノイズレイヤー同士をどのように合成するかを設定しましょう。

1. [エフェクトコントロール]パネルで[複雑度]を「15.0」に設定します❶。

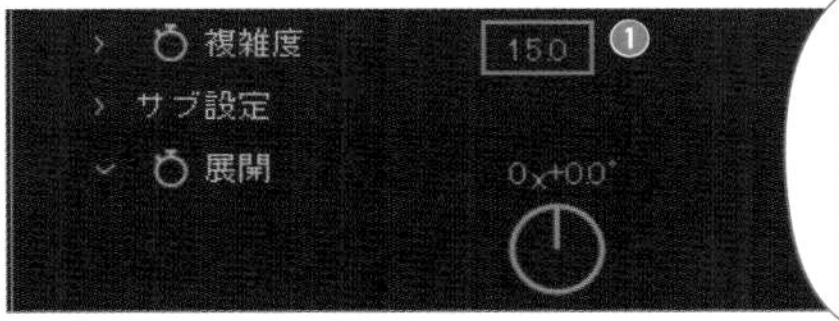

これはノイズのレイヤーを15枚重ねるというイメージです（実際にタイムラインに15枚のレイヤーがあるわけではありません）。複雑度を上げるとその分PCに負荷がかかります。

2. [サブ設定]を展開し、[サブ影響]と[サブスケール]を「40.0」に設定します❷。

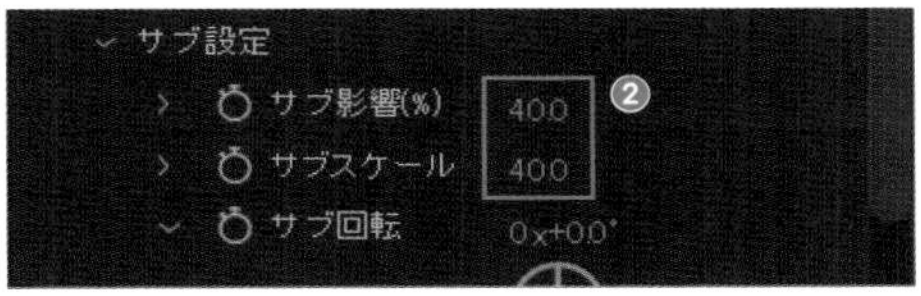

ここがPOINT

[サブ影響]と[サブスケール]

[サブ影響]では[複雑度]で重ねたノイズレイヤーがどの程度下のレイヤーに影響するのかを調整できます。[サブスケール]では増やしたノイズレイヤーのサイズの比率を設定できます。ここではどちらも「40」に設定していますが、これは15枚のノイズレイヤーがそれぞれ40%の割合で影響し合い、40%の大きさで合成されるということを表します。

永続的に煙を変化させる

ノイズ（煙）の動きに変化をつけましょう。[展開]にエクスプレッションのtimeを使うことで、永続的に煙を変化させられます。ここでは1秒間で60ずつ値が変化し続ける設定にしましょう。

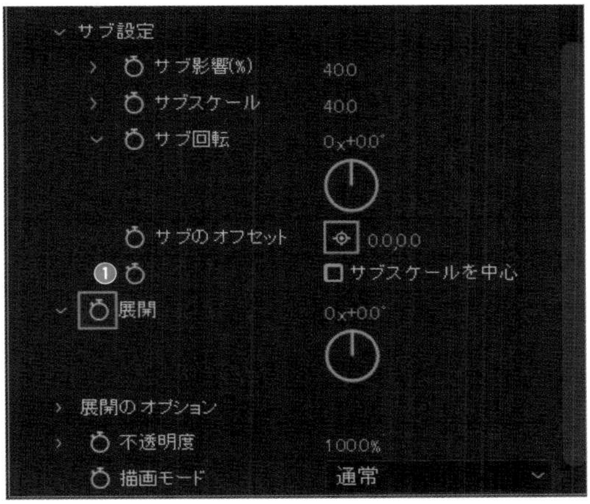

1. [エフェクトコントロール]パネルの[展開]のストップウォッチを Alt （option）キーを押しながらクリックします❶。

2. タイムラインにエクスプレッションを入力するスペースが表示されるので、「effect(“フラクタルノイズ”)(24) 」を「time*60」と書き換え❷、入力スペース以外の部分をクリックします❸。

エクスプレッションとは ➡ 118ページ

timeの値を大きくすればするほど、煙がせわしなく動きます。リアルな煙の動きに近づけるために、ここでは「60」とし、ゆっくりとした動きに設定しています。

3 再生してみましょう。煙の形がゆっくりと変化しながら流れていく動きができました。

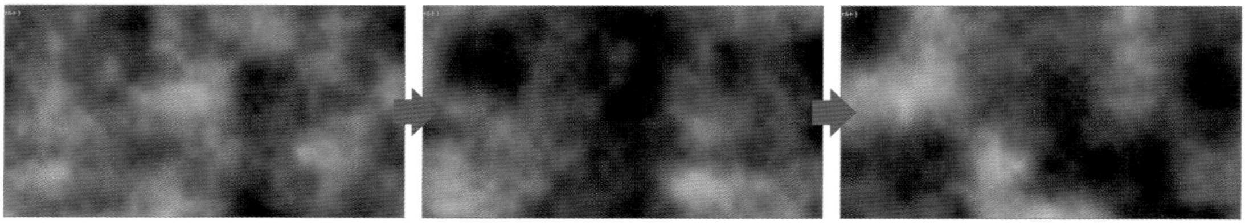

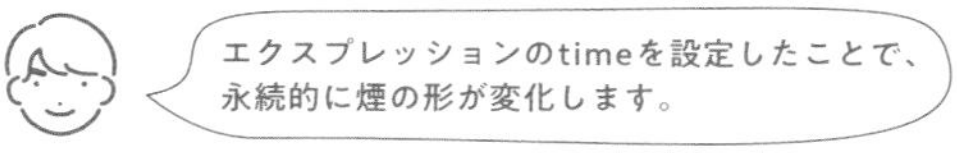

煙のレイヤーに色をつける

[トライトーン]エフェクトを追加して、ハイライト、ミッドトーン、シャドウにそれぞれ色をつけましょう。

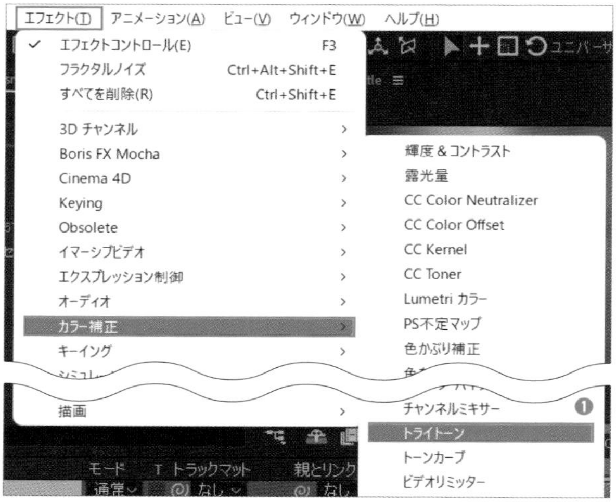

1 [smoke]レイヤーを選択した状態で、[エフェクト]メニュー→[カラー補正]→[トライトーン]を選択します❶。

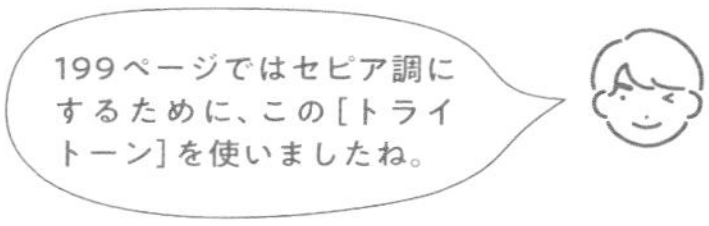

2 [エフェクトコントロール]パネルで[ハイライト]を「#3E839F」❷、[ミッドトーン]を「#1B3C61」❸、[シャドウ]を「#020E1C」❹に設定します。

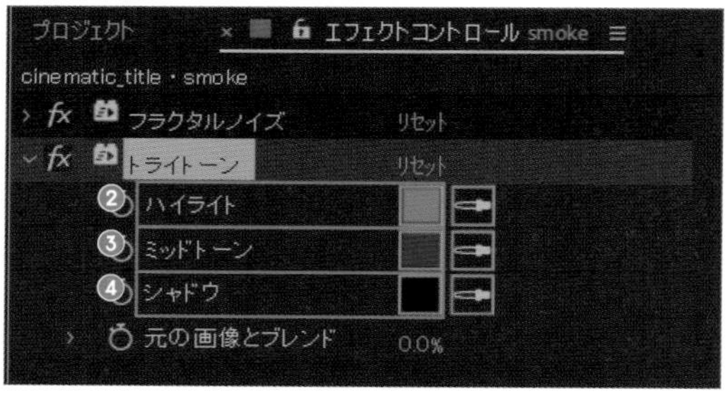

できた! 煙のレイヤーに色がつきました。これで背景の煙のアニメーションは完成です。

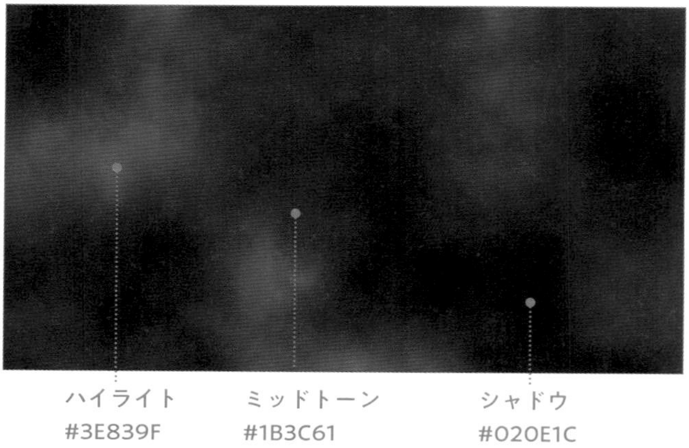

CHAPTER 5 LESSON 4

#CC Snowfall #描画モード #トーンカーブ

シネマティックなタイトルアニメーション②雪と光の効果を追加しよう

雪や光の効果を加えて、幻想的な雰囲気に仕上げていきます。

動画でもチェック！

https://dekiru.net/yae_504

練習用ファイル

5-4.aep

レッスン3で作った背景に、[CC Snowfall]エフェクトで雪を加え、さらに[フラクタルノイズ]エフェクトとブラーを組み合わせて光の筋を作成していきます。[描画モード]を[スクリーン]にし、レイヤー同士を合成し、最後に全体のコントラストを調整しましょう。

雪を降らせる

新しい平面レイヤーを作成し、今度は雪が降っているような効果をつけます。

① 練習用ファイル「5-4.aep」を開きます（レッスン3の続きから進めることもできます）。
228ページを参考に白い平面レイヤーを作成し、レイヤー名を「snow」にします❶。

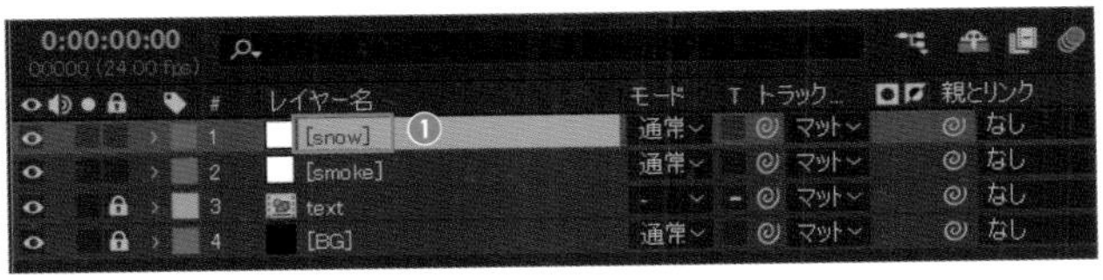

② [snow]レイヤーを選択した状態で、[エフェクト]メニュー→[シミュレーション]→[CC Snowfall]を選択します❷。

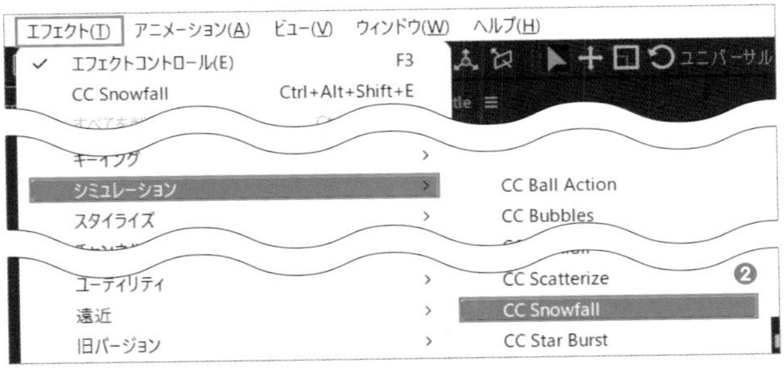

シミュレーションには、ほかにも泡や波紋などさまざまな動きが用意されています。

3 ［エフェクトコントロール］パネルで［Composite With Original］のチェックを外します❸。

4 すると合成結果がプレビューに反映され、雪が降っているような効果が確認できます。

ここがPOINT

［CC Snowfall］エフェクトとは

［CC Snowfall］エフェクトは降り注ぐ雪を生成するエフェクトです。プロパティの調整によって、雪だけでなく、雨や火の粉のような表現も手軽に作れます。

雪の量や大きさ、降る方向、透明度を設定する

初期設定から、雪の量を減らし、サイズを小さくします。さらに降る方向を煙の方向と揃えて左下にし、透明度を下げて、背景になじませます。

1 ［エフェクトコントロール］パネルで以下に設定します。

Flakes……「2000」❶
Size……「1.50」❷
Wind……「-150.0」❸
Opacity……「30.0」❹

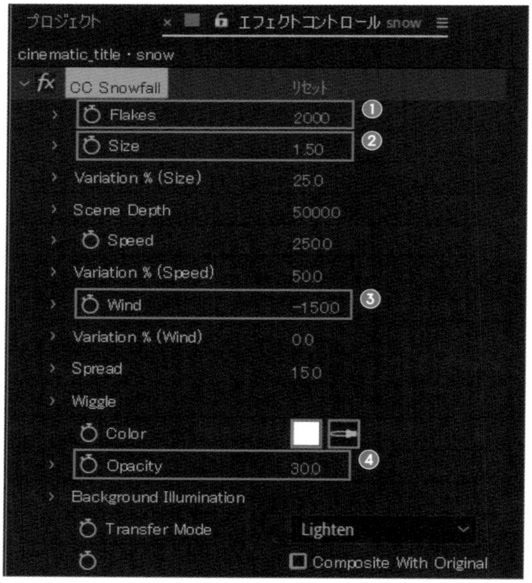

［Flakes］は雪の量、［Size］は雪の粒の大きさ、［Wind］は風の影響（+の値で右方向、-の値で左方向に吹く）、［Opacity］は不透明度を調整するプロパティです。

2 雪が背景になじみました。

雪に輝きを加える

[グロー]エフェクトを適用して雪に輝きを追加します。

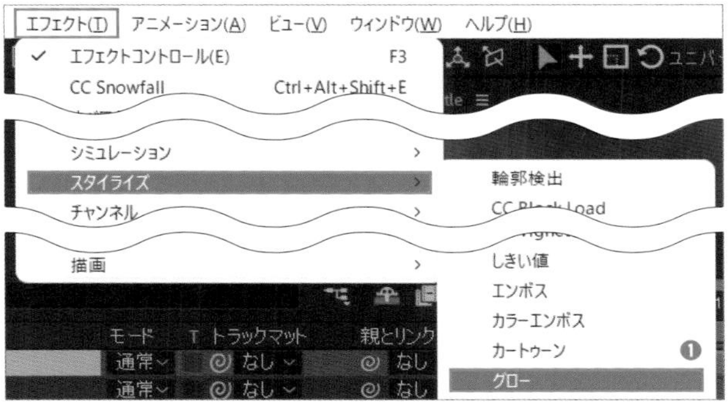

1. [snow]レイヤーを選択した状態で、[エフェクト]メニュー→[スタイライズ]→[グロー]を選択します❶。

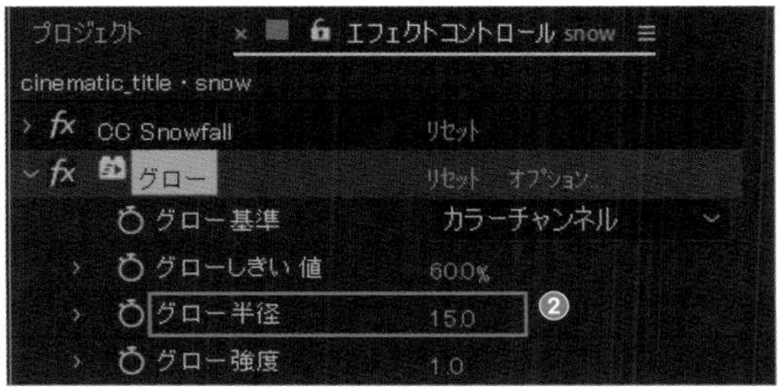

2. [エフェクトコントロール]パネルで[グロー半径]を「15.0」に設定します❷。

[グロー]エフェクトについて ➡ 158ページ

3. 雪の粒にやや輝きが追加されました。

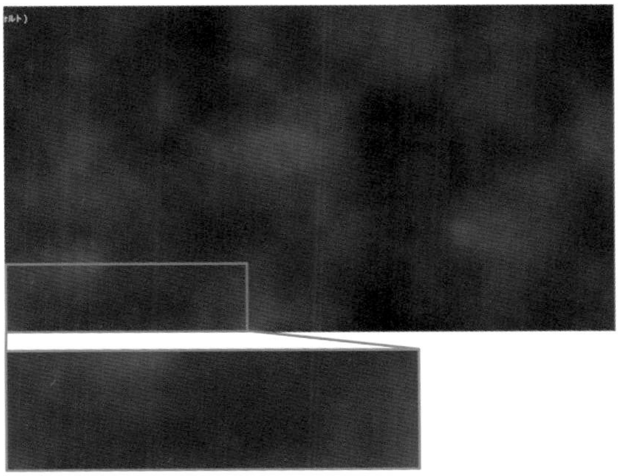

[グロー]エフェクト適用前

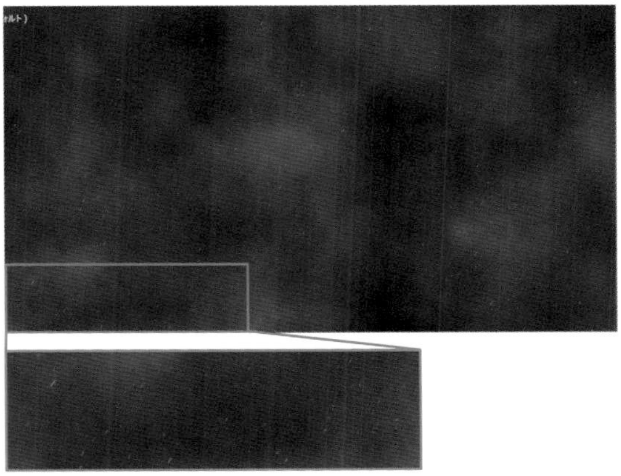

[グロー]エフェクト適用後

背景に光を加える

煙を作るときに使った[フラクタルノイズ]で今度は光を表現してみましょう。[コントラスト]や[明るさ]を調整したら、[展開]にエクスプレッションを入力して1秒間に値が20ずつ変化するようにします。

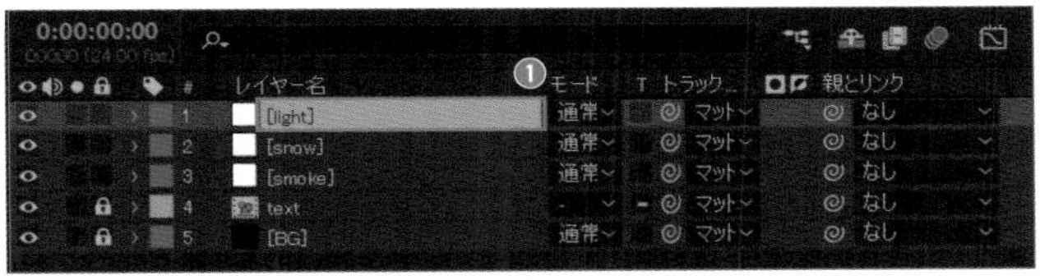

1. 228ページを参考に白い平面レイヤーを作成し、レイヤー名を「light」にします❶。

② 229ページを参考に[light]レイヤーに[フラクタルノイズ]エフェクトを適用し、[エフェクトコントロール]パネルで[コントラスト]を「900.0」❶、[明るさ]を「-80.0」❷に設定します。
Alt（option）キーを押しながら、[展開]のストップウォッチをクリックします❸。

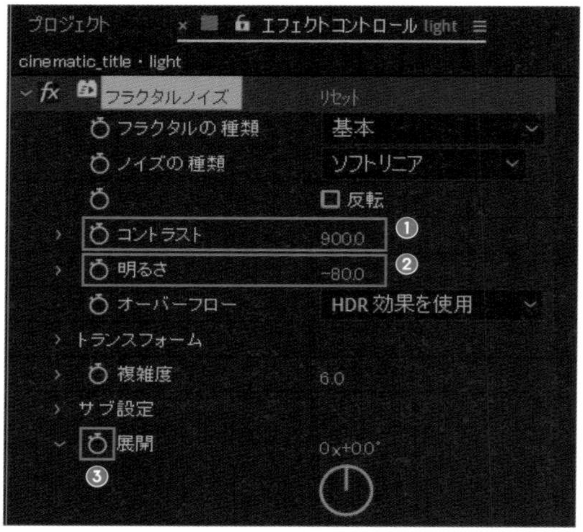

③ タイムラインにエクスプレッションを入力するスペースが表示されるので、「effect(“フラクタルノイズ”)(24)」を「time*20」と書き換え❹、入力スペース以外の部分をクリックします❺。

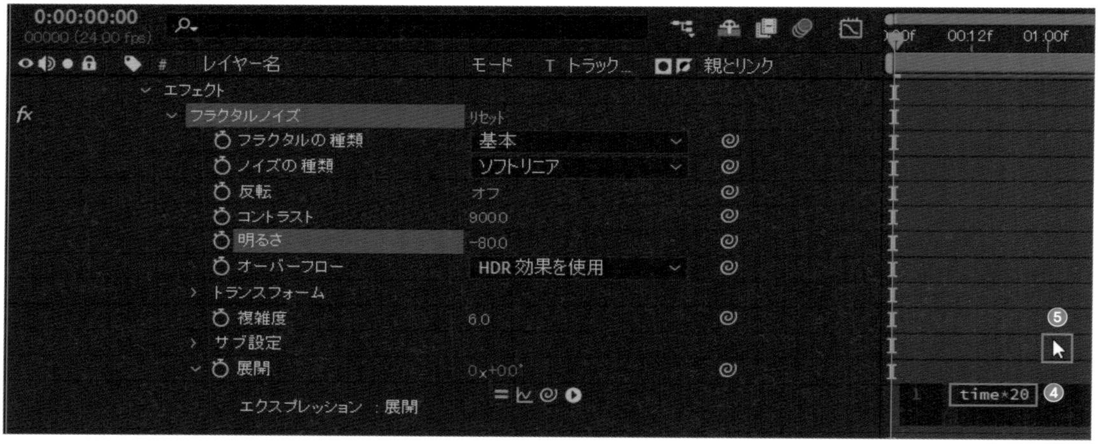

④ 再生してみると、ゆらめく光のような効果が追加されたことがわかります。

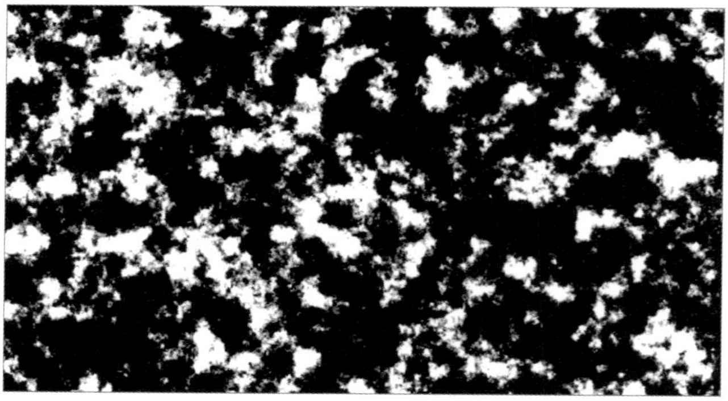

コントラストを強くしたので、白と黒の境界線がはっきりとしていますね。

次の手順でこの光を加工して、画面の右上から光が降り注ぐようなイメージにします。

光の筋を作る

ブラー（ボケ）を追加し、量や位置を調整して、画面の右上から降り注ぐ光の筋を作りましょう。

1 [light]レイヤーを選択した状態で、[エフェクト]メニュー→[ブラー＆シャープ]→[CC Radial Fast Blur]を選択します❶。

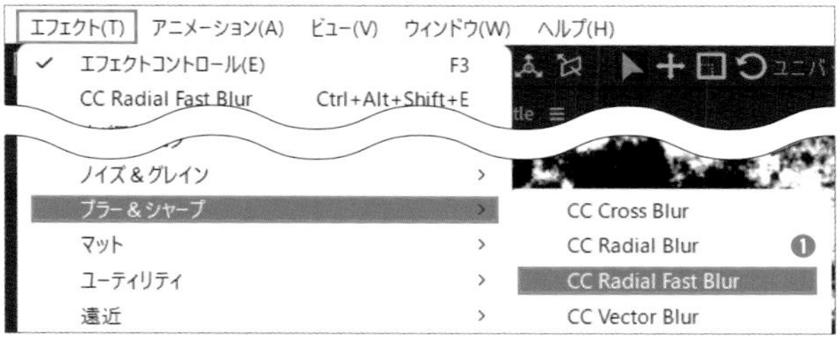

2 [エフェクトコントロール]パネルで、ぼかしの量を表す[Amount]を「100.0」に設定します❷。

3 画面上でぼかしの中心点を右上にドラッグします❸。

ぼかしの中心点

ぼかしの中心点

光の筋に色をつける

[色かぶり補正]を使うと、映像の明るい部分だけ、または暗い部分だけに色をつけられます。ここでは明るい部分である光の筋だけに青色をつけます。

1 [light]レイヤーを選択した状態で、[エフェクト]メニュー→[カラー補正]→[色かぶり補正]を選択します❶。

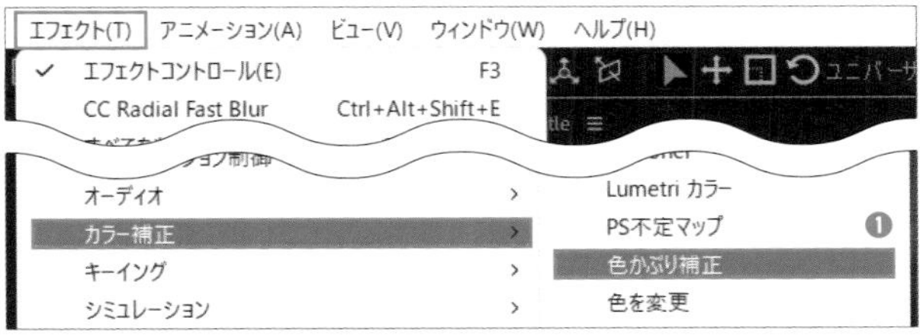

② [エフェクトコントロール]パネルで、[ホワイトをマップ]のカラーを「#2E4D5B」に設定します❷。

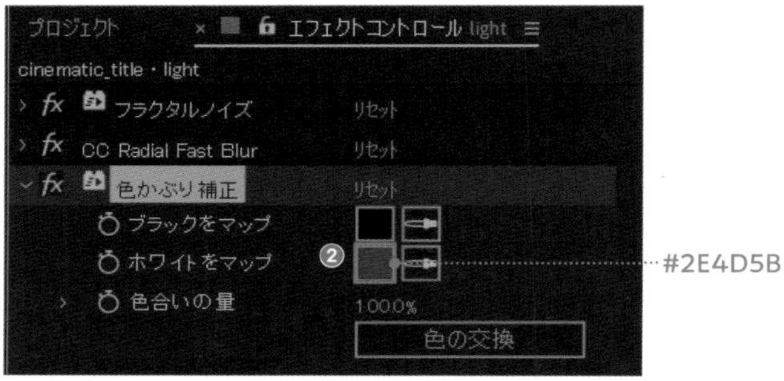

③ 光の筋が青色になりました。

そうすることで、[smoke]レイヤーの色味と統一感を出しています。

レイヤーの[描画モード]を変更する

[描画モード]とは下のレイヤーに対する合成方法を変更する機能です。初期設定では[通常]となっており、下のレイヤーと合成されることはありません。ここでは[スクリーン]に変更し、下のレイヤーと合成しましょう。

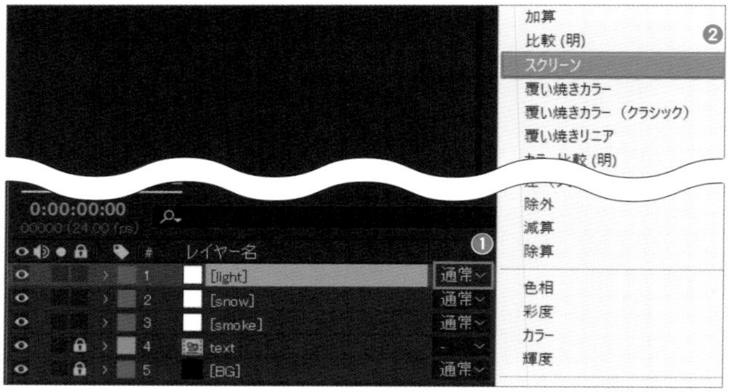

① [light]レイヤーの[描画モード]をクリックして❶、[スクリーン]を選択します❷。

② [light]レイヤーが下のレイヤーと合成されました。

ここがPOINT

スクリーンとは

[描画モード]を[スクリーン]にすると、色が掛け合わさって明るい色になります。黒い部分は透過し、白い部分はそのまま残ります。

[light]レイヤーの黒い部分が透過したことで、下の雪や煙が表示されるようになります。色のついた光の部分もほかの色と掛け合わさって明るくなっていますね。

3 [snow]レイヤーと[smoke]レイヤーも[スクリーン]に変更します❸。

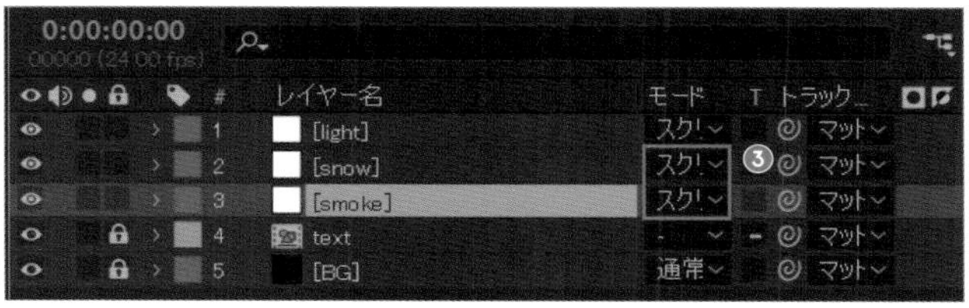

4 タイトルが表示されました。

全体のコントラストを強くする

全体のコントラストを調整しましょう。調整レイヤーを作成し、[トーンカーブ]エフェクトを適用します。暗いところを暗く、明るいところを明るくして、コントラストをつけていきます。
さらに青(B)のカーブを調整して、暗い部分の青みを弱め、明るい部分の青みを強くします。

1 [light]レイヤーを選択し、Ctrl(⌘)+Alt(option)+Yキーを押して、調整レイヤーを作成します❶。

調整レイヤーについて ➡ 173ページ

2 [調整レイヤー1]レイヤーが選択されていることを確認して、[エフェクト]メニュー→[カラー補正]→[トーンカーブ]を選択します❷。

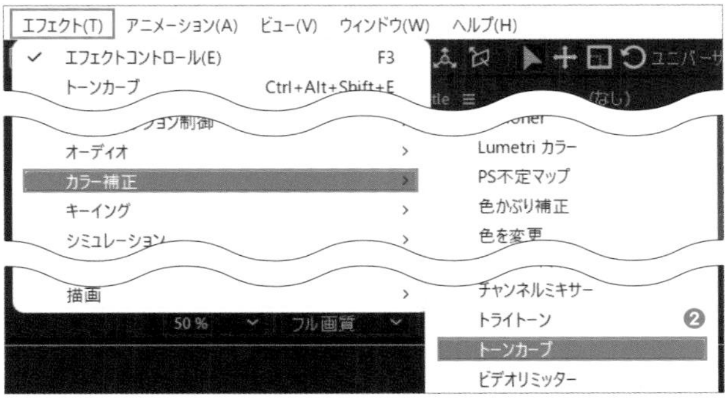

③ [エフェクトコントロール]パネルの[トーンカーブ]でシャドウとハイライトにポイントを打ち、図のようなカーブにします。

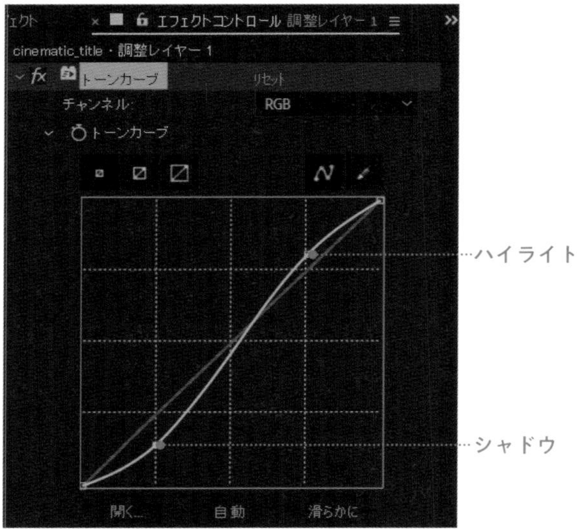

194ページで解説したRGBカーブと使い方は同じです。ここでは、ハイライトに比べてシャドウの変化を大きくしました。

④ [チャンネル]を[青]に変更し❸、手順③のカーブと同じようなカーブを作ります。

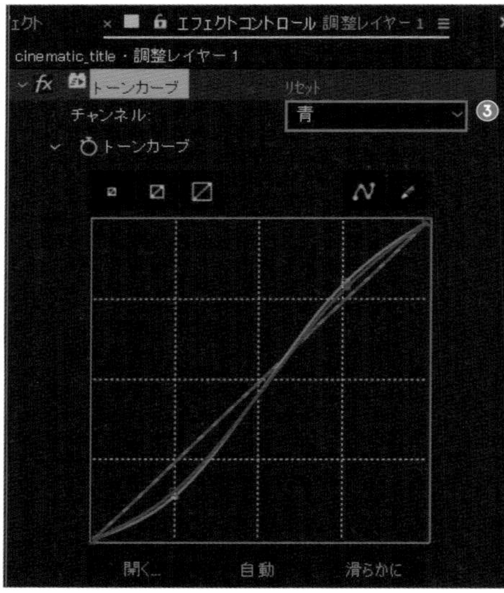

手順③は全体の明るさ(RGB)を調整し、ここでは青色だけを調整します。シャドウ側の青みを弱め、ハイライト側の青みを強くすることで全体に奥行きが出ます。

できた! インジケーターを0秒の位置に移動し、再生してみましょう。映画のタイトルなどで目にするような雰囲気のある背景ができました。

煙、雪、光それぞれが不規則に動くことでリアルな演出になりました。

もっと
知りたい！

●［CC Snowfall］の設定を変更して「ぼたん雪」を降らせてみよう

このレッスンでは粒が小さく、風に舞う雪を降らせましたが、［CC Snowfall］のプロパティを調整すると「ぼたん雪」を降らせることもできます。動画のイメージに合わせて調整しましょう。

1 ［snow］レイヤーを選択し、［エフェクトコントロール］パネルで［CC Snowfall］のプロパティを以下に設定してみましょう。

Flakes・・・・・「1000」❶
Size・・・・・・・「10.00」❷
Speed・・・・・「100.0」❸
Wind・・・・・・・「-60.0」❹
Opacity・・・・・「15.0」❺

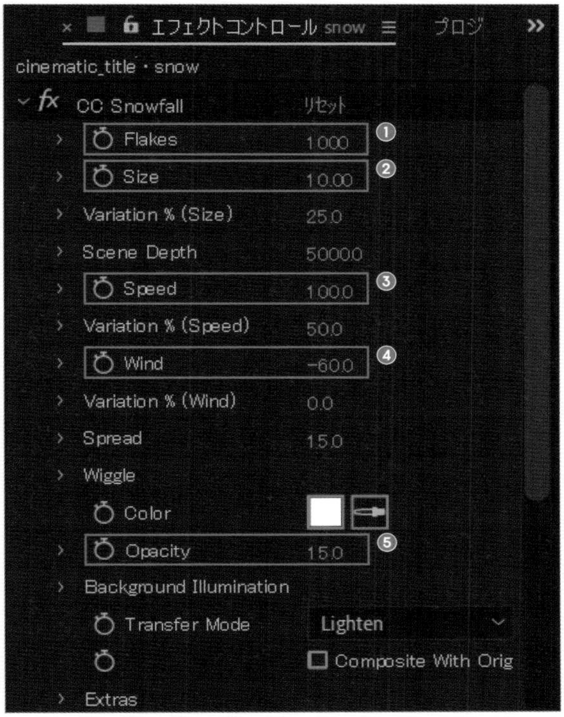

ぼたん雪は粒が大きく、このレッスンで作成したものより、雪の量（［Flakes］）は少なく、雪の粒の大きさ（［Size］）は大きく、風の影響（［Wind］）を小さくし、不透明度（［Opacity］）を上げました。さらに雪が降る速度（［Speed］）を下げています。

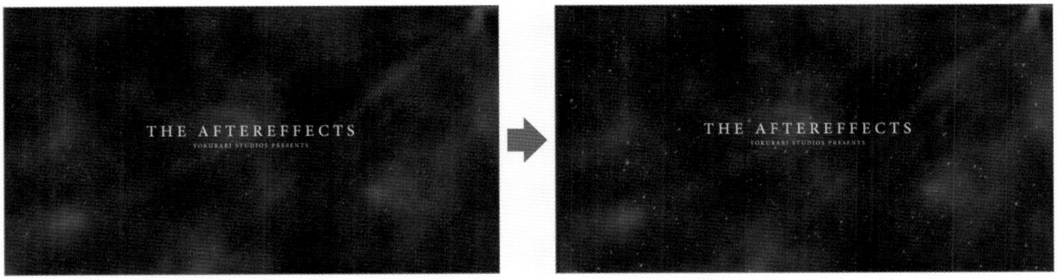

しっとりと降るぼたん雪になりましたね。設定を少し変えるだけで、さまざまな表現ができるので、作りたい動画のイメージに合わせてアレンジしてみましょう。

CHAPTER 5

LESSON 5

#パスのトリミング #スライダー制御 #エクスプレッション

インフォグラフィックアニメーションを作ろう

グラフに連動して、数字が変動するインフォグラフィックアニメーションを作りましょう。

動画でもチェック!

https://dekiru.net/yae_505

練習用ファイル

5-5.aep

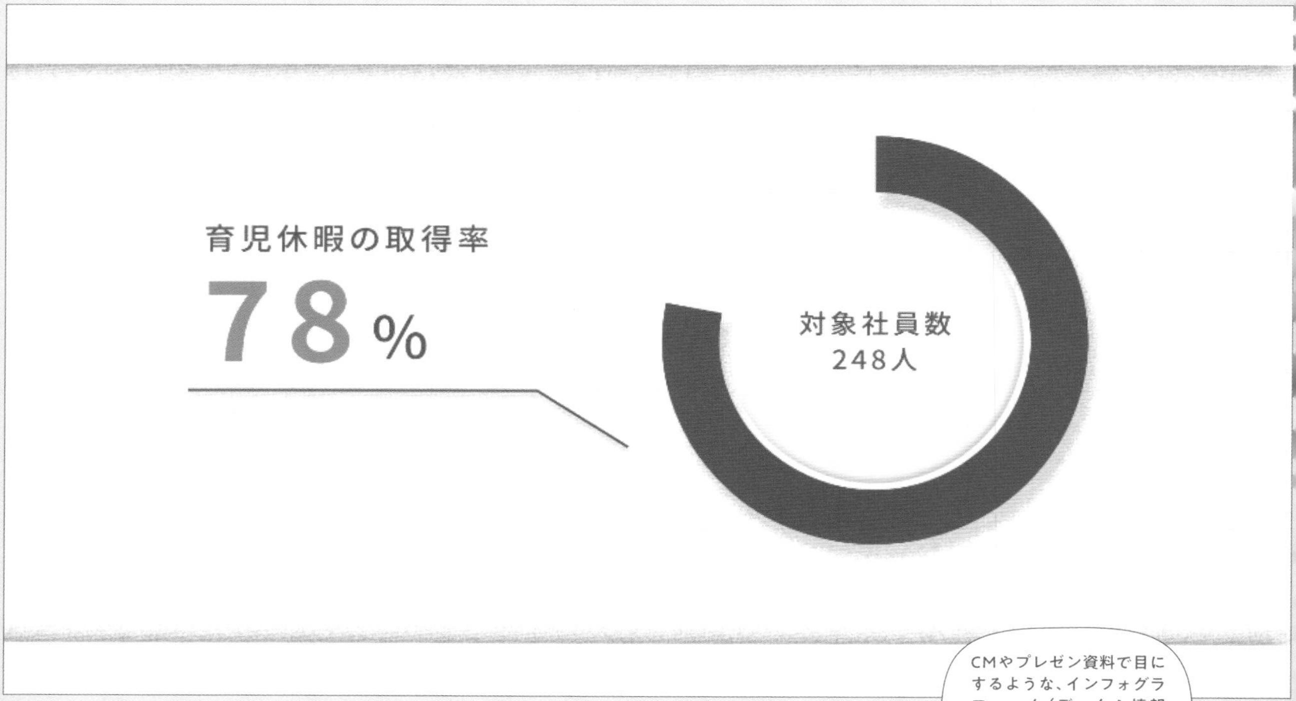

まずは、円のパスに[パスのトリミング]を使って徐々に線が表示されるアニメーションを作ります。そこに、カウントされるように設定したテキストを紐づけることで、グラフに連動して数字が変わるアニメーションを作ります。

CMやプレゼン資料で目にするような、インフォグラフィック(データや情報などを視覚的に表現したもの)のアニメーションを作ってみましょう。

円グラフにアニメーションを設定する

円グラフのパスに[パスのトリミング]を使ってアニメーションを設定しましょう。円の左にある「78%」に合わせて、2秒かけて円グラフのパスが78%に伸びるアニメーションを作ります。

1 練習用ファイル「5-5.aep」を開きます。
[graph]レイヤーを展開します。[コンテンツ]の[追加]の▶をクリックして❶、[パスのトリミング]を選択します❷。

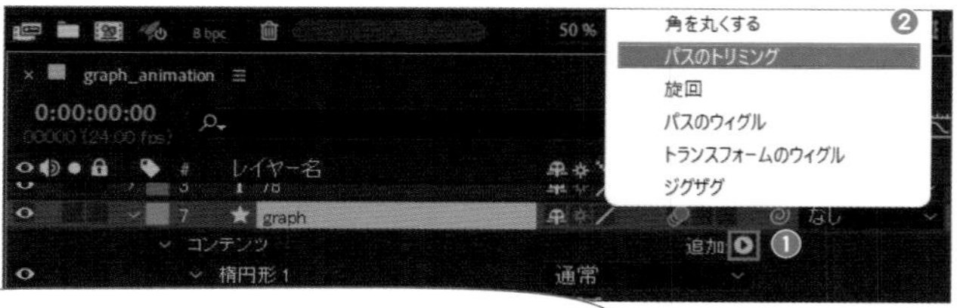

[パスのトリミング]はシェイプツールやペンツールで描いたパスにアニメーションが設定できる機能でしたね。

2 インジケーターを0秒の位置に移動します❸。追加した[パスのトリミング1]を展開し、[終了点]のストップウォッチをクリックし❹、「0.0」%に設定します❺。

パスには開始点と終了点がありましたね。今回のアニメでは、終了点を0%の位置から78%の位置まで動かすので、[パスのトリミング]の[終了点]を設定します。

3 インジケーターを2秒の位置に移動します❻。[終了点]を「78.0」%に設定します❼。

4 インジケーターを0秒の位置に移動して再生してみましょう。2秒かけてグラフが78%描かれるアニメーションができました。

イージングをかける

円グラフのアニメーションにイージーイーズをかけ、[速度グラフ]で速度が序盤で急激に加速し、そのあと徐々に減速するように調整していきます。

1. 2つのキーフレームを選択し、F9 キーを押してイージーイーズをかけます❶。[グラフエディター]ボタンをクリックします❷。

2. [速度グラフ]を表示し、グラフをクリックして❸、ハンドルを表示します。

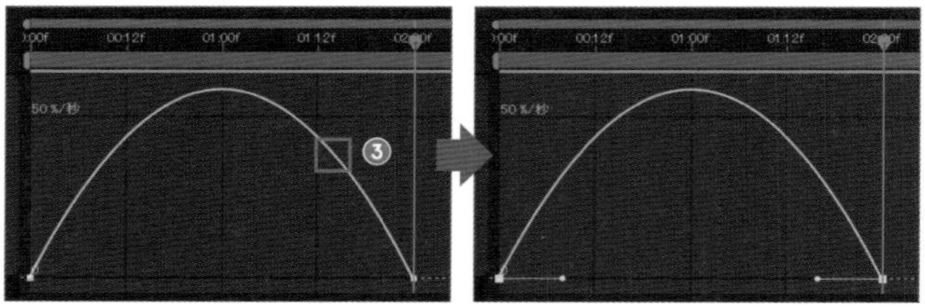

3. 終点のキーフレームのハンドルを左にドラッグします❹。グラフの一番高いところ(速度が最も速い時点)が左に移動しました。
速度グラフの操作が終わったら、[グラフエディター]ボタンをクリックし、タイムラインをもとの表示に戻しましょう。

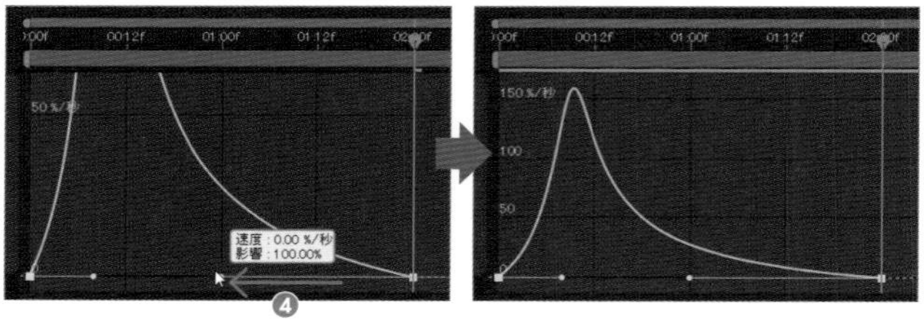

テキストを数値で制御する

「78」と入力済みの数値が動くように設定します。[スライダー制御]という機能にテキストを紐づけることで、テキストを数値で制御できるようになります。

1. [78]レイヤーを選択します❶。

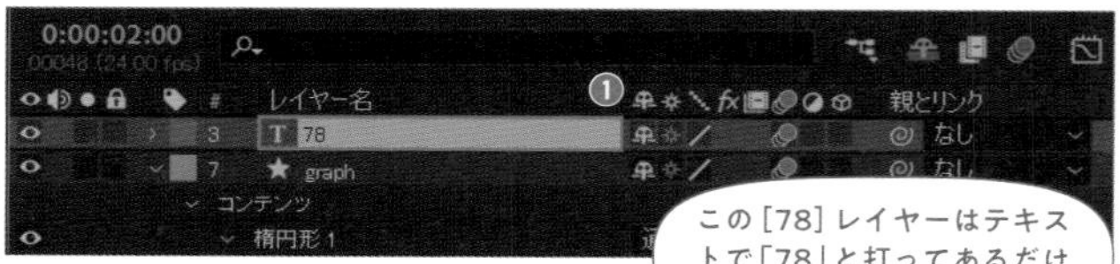

2. [エフェクト]メニュー→[エクスプレッション制御]→[スライダー制御]を選択します❷。

この[78]レイヤーはテキストで「78」と打ってあるだけのテキストレイヤーです。

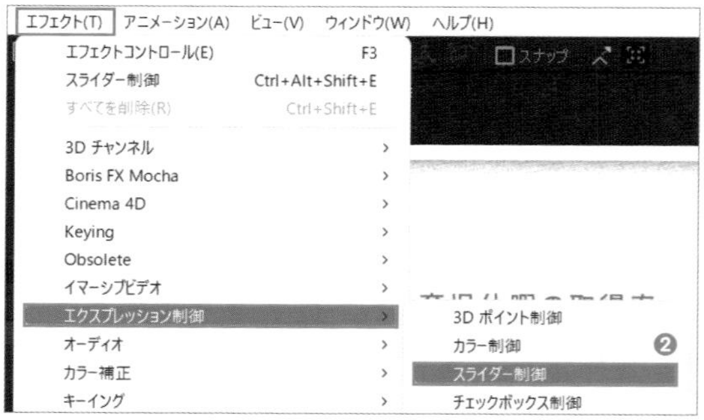

ここがPOINT

[スライダー制御]とは

[スライダー制御]とはエクスプレッションを利用して数値を制御するエフェクトです。ここでは「78」というテキストレイヤーの数値を[スライダー制御]の設定値で制御します。

3 [78]レイヤーを展開し、[テキスト]→[ソーステキスト]のピックウイップを[エフェクトコントロール]パネルの[スライダー]プロパティにドラッグします❸。

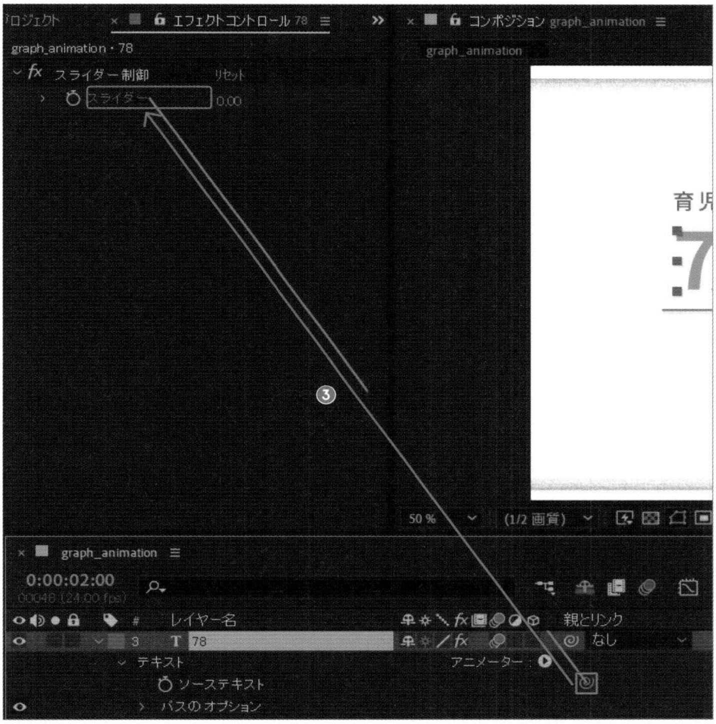

4 [エフェクトコントロール]パネルで[スライダー]の数値を変えると、それに合わせてテキストレイヤー上の%の数値が変動することを確認しましょう。

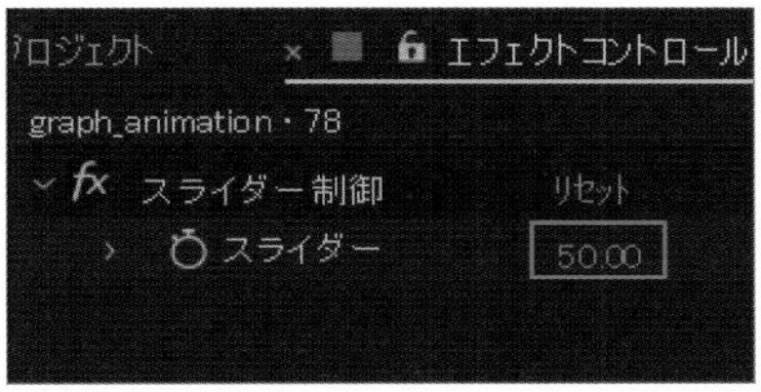

スライダーに入力した数値になる

テキストと円グラフを連動させる

今度はテキストを円グラフに紐づけて、円グラフの変動に合わせてテキストレイヤー上の%の数値が変わるように設定します。

1 [78]レイヤーの[エフェクト]→[スライダー制御]→[スライダー]のピックウイップを[graph]レイヤーの[コンテンツ]→[パスのトリミング1]→[終了点]にドラッグします❶。

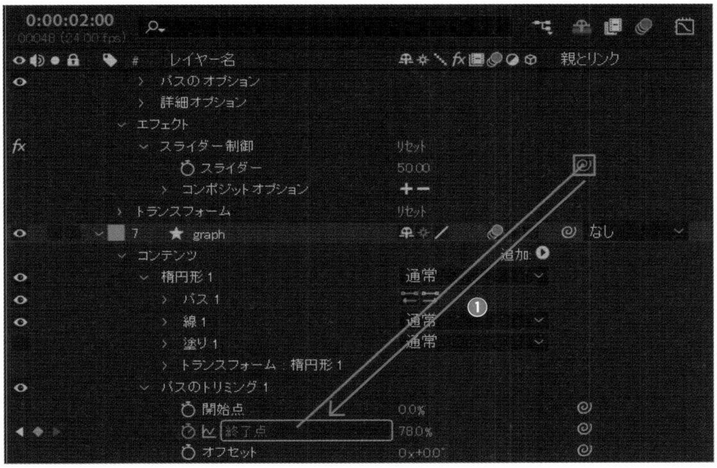

② インジケーターを動かすと❷、グラフの変動に合わせてテキストの数字が変わることを確認しましょう。

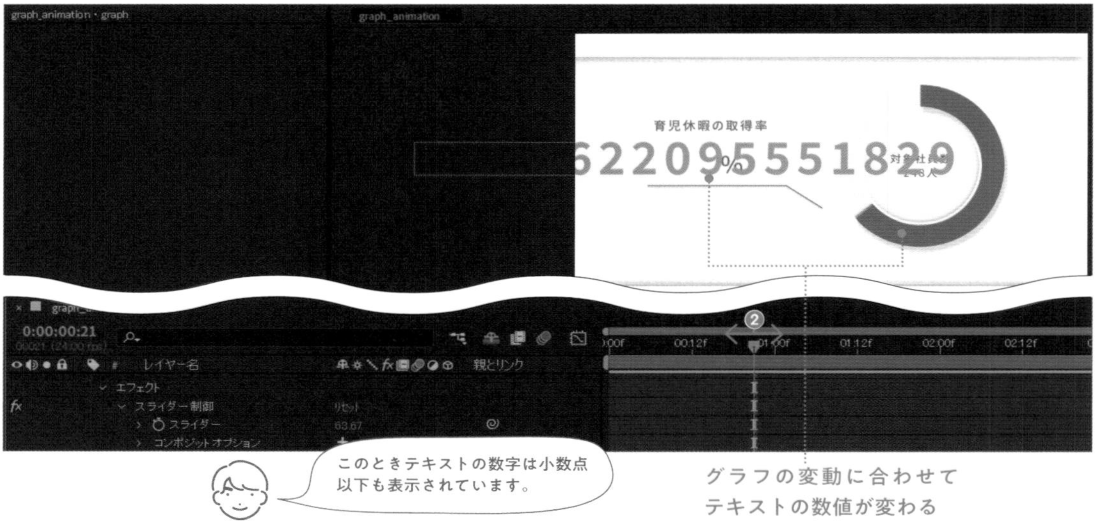

ここがPOINT

スムーズにプレビューされないときは

エフェクトをかけたり、処理が重い操作を行ったりすると、スムーズにプレビューされないことがあります。その場合は［コンポジション］パネルの［解像度］を下げてみましょう。

［解像度］を［フル画質］から［1/3 画質］や［1/4 画質］に下げてみる

小数点以下を四捨五入する

エクスプレッションに変更を加えて、小数点以下を四捨五入した表示にします。

① ［78］レイヤーの［エフェクト］→［スライダー制御］→［スライダー］を展開し、エクスプレッションをクリックします❶。エクスプレッションを書き換えられる状態になるので←キーを押して、先頭に文字が追加できる状態にします。

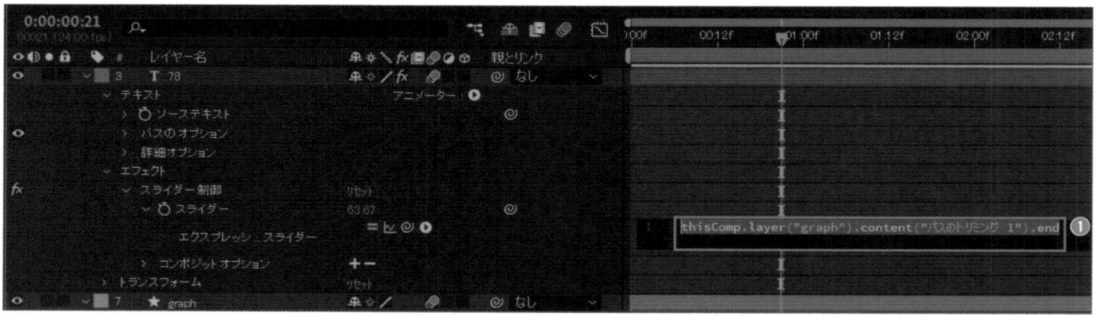

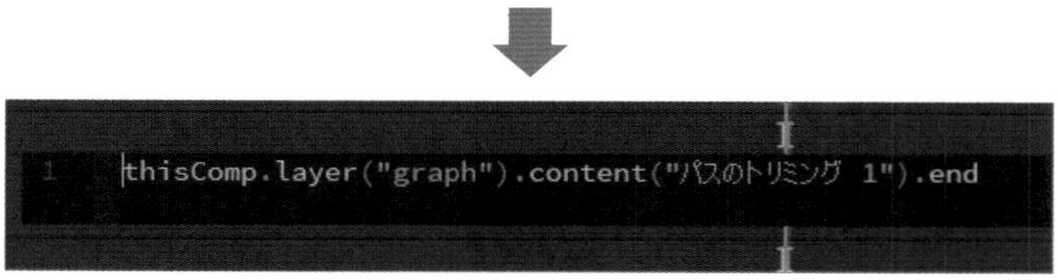

2 「Math.round」と入力し❷、Enter（Return）キーを押します。

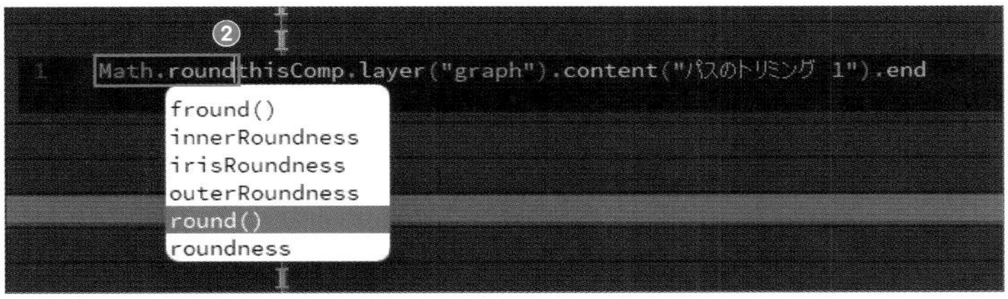

3 「()」が表示されるので❸、右側の「)」を削除し、エクスプレッションの最後に「)」を入力します❹。入力が終わったら余白をクリックしましょう❺。

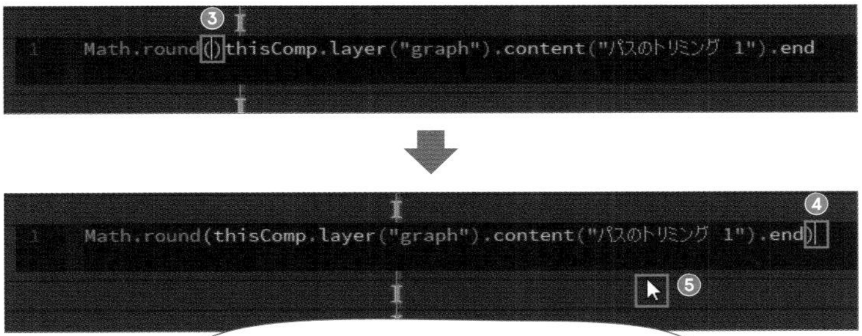

「thisComp.layer(“graph”).content(“パスのトリミング1”).end」を()で囲むということですね。

ここがPOINT

小数点以下を省略するエクスプレッション

小数点を四捨五入するエクスプレッションは「Math.round()」です。()で囲んだ数値の小数点を四捨五入します。小数点以下を切り捨てる場合は「Math.floor()」、切り上げる場合は「Math.ceil()」と入力します。

できた！ インジケーターを0秒の位置に移動し、再生してみましょう。円グラフと数字が連動して動くアニメーションができました。

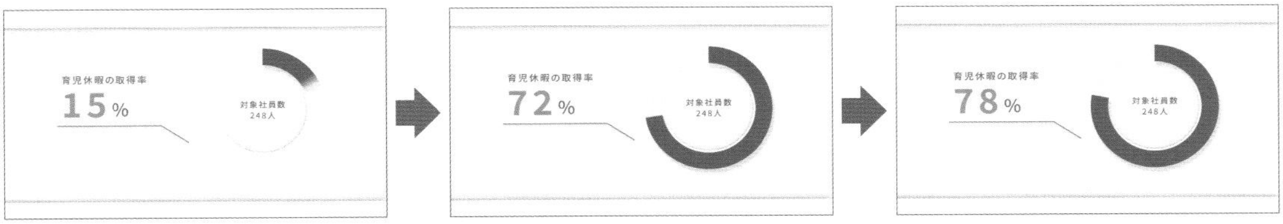

もっと知りたい！

● **少数第一位まで表示させるには？**

少数点第一位まで表示させるには、このレッスンで作成したエクスプレッションから「Math.round()」を削除して、末尾に「.value.toFixed(1)」を追加します。小数点第二位まで表示させるには()内の数字を2、小数点第三位まで表示させるには()内の数字を3にしましょう。

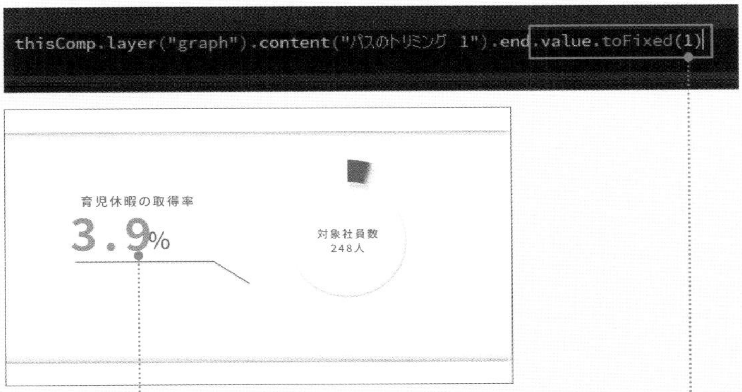

少数点第一位まで表示される

CHAPTER 5
LESSON 6

#Mocha AE #Keylight #輝度&コントラスト

別の映像に はめ込み合成しよう

トラッキングした映像の特定の部分に、別の映像をはめ込んで合成しましょう。

動画でもチェック!

https://dekiru.net/yae_506

練習用ファイル
5-6.aep

はめ込み先の映像（monitor.mp4）

緑のディスプレイ部分をトラッキング（追跡）する

はめ込む映像（movie.mp4）

この映像をディスプレイ部分にはめ込む

このレッスンでは映像内のPCディスプレイ部分に別の映像をはめ込んで合成していきます。まずははめ込み先の映像の動きを追跡する処理（トラッキング）を行います。トラッキングには[Mocha AE]というエフェクトを使います。映像をはめ込んだあとは、より自然な合成にするために、グリーンの部分を透明化したり、輝度やコントラストを調整したりしましょう。

知りたい!

● はめ込み合成する部分がグリーンなのはなぜ？

このレッスンではグリーンに光るディスプレイの素材を使用してはめ込み合成を行います。映像を合成する場合、別の映像を重ねる部分はグリーン（緑色）にするのが一般的です。これはグリーンが被写体の肌や髪などに含まれていない色だからです。たとえば排除したい部分を暖色系の色にしたとしましょう。すると合成の際に被写体の肌に含まれる暖色系の部分も排除されてしまいます。

たとえば被写体の背景全体にグリーンのシートを掛けておけば、被写体だけをきれいに切り抜いて背景だけを別の映像に差し替えることができます。これをグリーンバック合成といい映像制作の現場ではよく使われる手法です。

PC側でディスプレイの背景色をグリーンに指定して撮影した素材

フッテージ(素材)から コンポジションを作る

ここでは実写映像のフッテージに別の映像をはめ込みます。ベースとなるフッテージからコンポジションを作成しましょう。

1 練習用ファイル「5-6.aep」を開きます。
[プロジェクト]パネルの[monitor.mp4]を[タイムライン]パネルにドラッグします❶。

[新規コンポジション]を作成して素材を配置してもよいですが、素材のデュレーションに合わせて作る場合はこの方法が早いです。

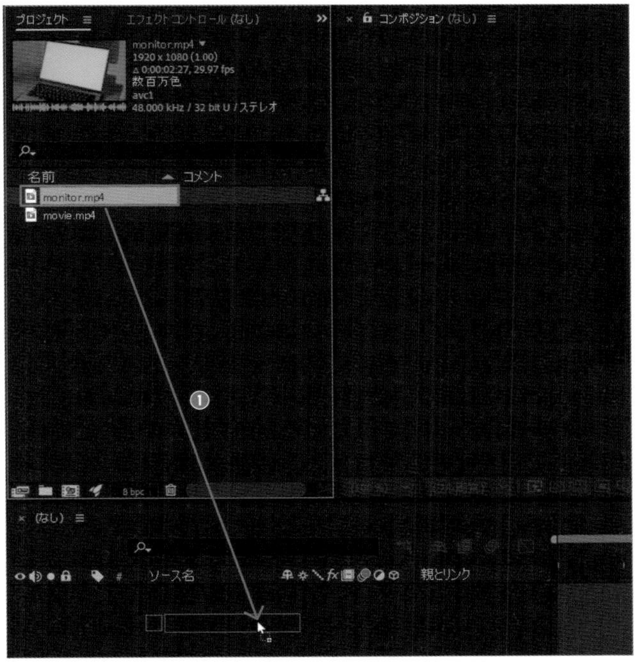

2 [プロジェクト]パネルで、フッテージと同じ名前のコンポジションが作成されたことを確認します❷。

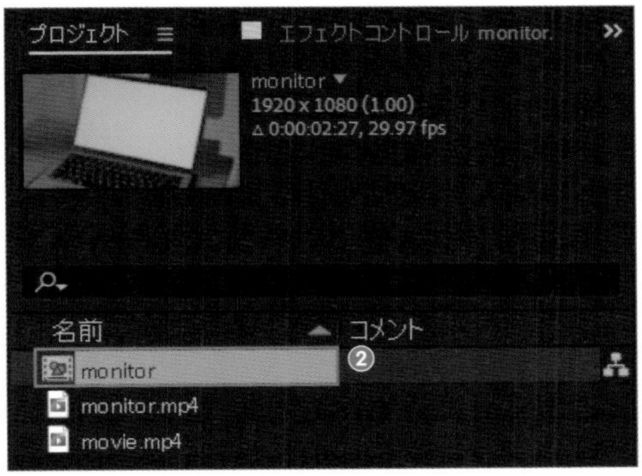

3 [プロジェクト]パネルで[monitor]コンポジションを選択し、Enter (Return) キーを押すとコンポジション名が変更できる状態になるので、名前を変更します。
ここでは「screen」としました❸。

Mocha AEを起動する

ベースとなる映像の動きをトラッキング(追跡)するためにMocha AEを起動します。

1 [monitor.mp4]レイヤーを選択した状態で、[エフェクト]メニュー→[Boris FX Mocha]→[Mocha AE]を選択します❶。

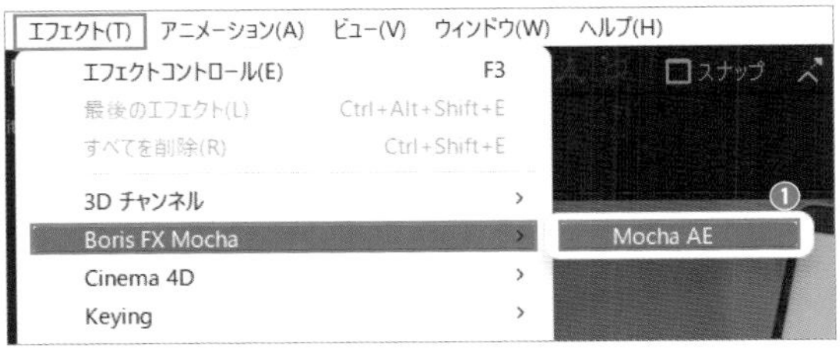

ここがPOINT

Mocha AEとは

Mocha AEとは、映像の動きをトラッキングをするためのエフェクトです。追跡の精度が高く、実写などの細かな動きもトラッキングできます。「Mocha」は「モカ」と読みます。

2 [エフェクトコントロール]パネルのMOCHAのロゴをクリックします❷。

ロゴをクリック後に登録を促す画面が表示される場合がありますが、ここでは登録の必要はありません。同様に関連した情報が表示される場合も[Close]をクリックして閉じましょう。

3 [Welcome to Mocha AE]の画面が表示されるので[Start]ボタンをクリックします❸。

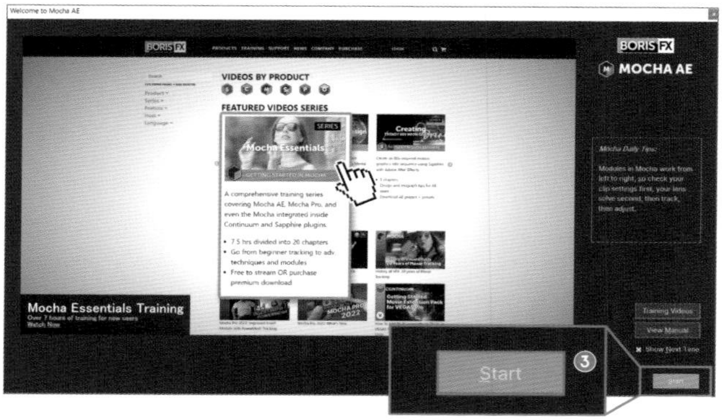

「Collect anonymous usage statistics?」というメッセージが出る場合は、[Decide later]または[Don't collect]をクリックして閉じましょう。

トラッキングする範囲を指定する

映像の動きを追跡する処理のことをトラッキングといいます。トラッキングした映像に別の映像をはめ込むと、トラッキングした部分の動きに合わせて、はめ込んだ映像の位置が移動します。
ここでは、ディスプレイの位置をトラッキングしていきます。トラッキングする範囲を[Create X-Spline Layer Tool]というツールでパスを描いて指定しましょう。

1 Mocha AEの画面の左上にある[Create X-Spline Layer Tool]を選択し❶、ディスプレイの四隅の外側をクリックしていきます。ここではまず左下の部分をクリックしました❷。クリックした箇所には赤いポイントが表示されます。

マウスポインターの形が十になったことを確認してクリックしましょう。

② マウスポインターを動かすと赤い線が表示されるので、図を参考にディスプレイの右下にポイントを打ちます❸。

③ ディスプレイを囲むようにクリックしていき、最後に手順②でクリックした最初のポイントをクリックします❹。これでトラッキング範囲が指定できました。

ここがPOINT

パスは少し大きめに描こう

赤い枠内にトラッキングしたい範囲が収まるように、少し大きめにパスを描きましょう。

ペンツールと同じような使い方ですね。

ここがPOINT

ポイントをドラッグすると、パスの大きさを調整できる

パスのポイントをドラッグすると、パスを部分的に移動できます。パスが完成したあとに微調整したい場合は、この方法で行いましょう。

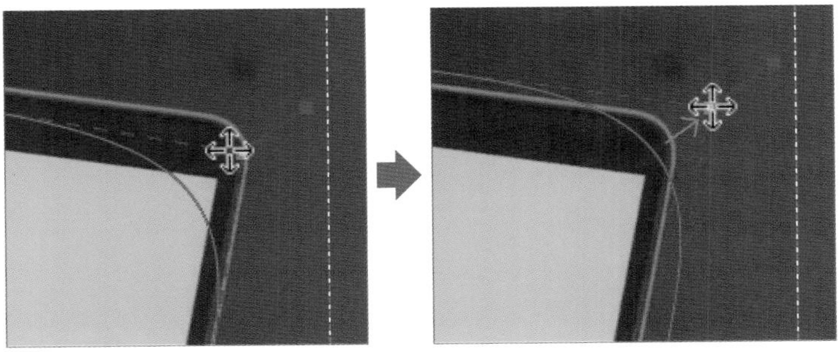

トラッキングする

① [Track]の▶をクリックします❶。

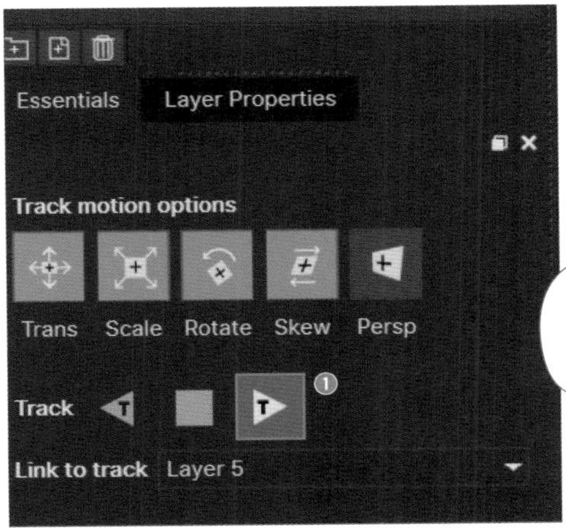

囲んだ範囲が1フレームごとトラッキングされます。

2 トラッキングが始まります。

Mocha AEのインジケーターが動いてますね。トラッキングが終わるまでしばらく待ちましょう。

3 トラッキングが完了すると、タイムラインが青くなります。

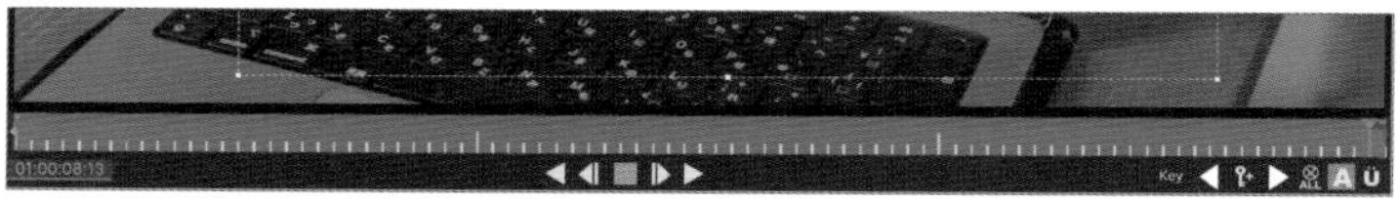

はめ込み位置を指定する

次に［Show planar surface］ではめ込み位置を指定します。

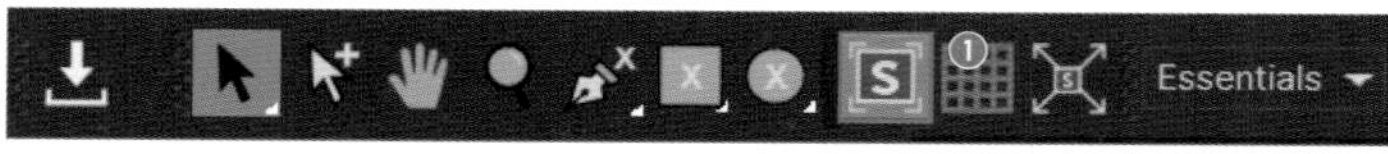

1 ［Show planar surface］をクリックすると❶、青い枠線が表示されます。枠線の角にマウスポインターを合わせると、マウスポインターの形が✥になるのでその状態でドラッグして❷、枠線の角をディスプレイのグリーンの角に合わせます。

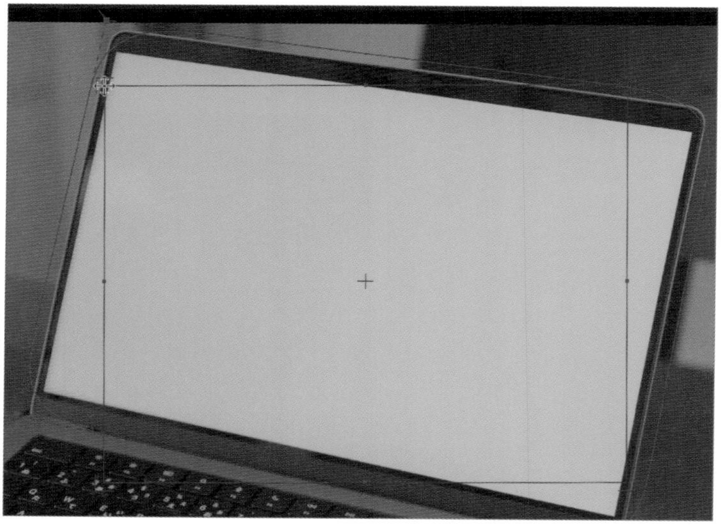

planar surfaceとは、はめ込む平面のことを表しています。

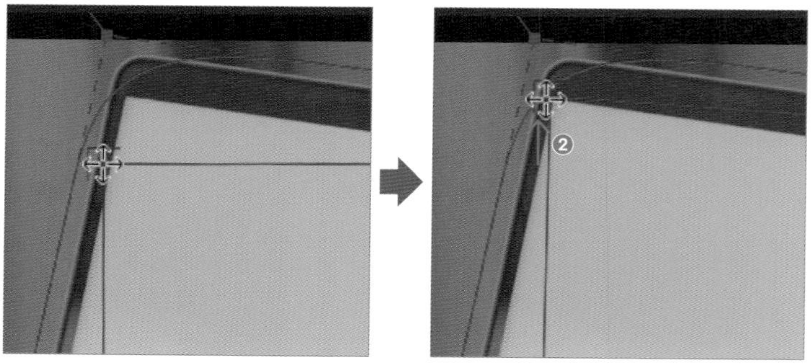

マウスポインターを合わせると、マウスポインターの形が↻に変わります。この状態でドラッグすると、回転してしまうので注意しましょう。

ここがPOINT

ズームと移動を使って正確な位置を指定しよう

Zキーを押すと、マウスポインターの形が🔍になります。Zキーを押したまま上にドラッグすると画面が拡大し、下にドラッグすると縮小します。

Xキーを押すと、マウスポインターの形が✋になります。その状態でドラッグすると、画面の位置を移動できます。
ズームや移動を使って正確な位置に枠線を合わせましょう。

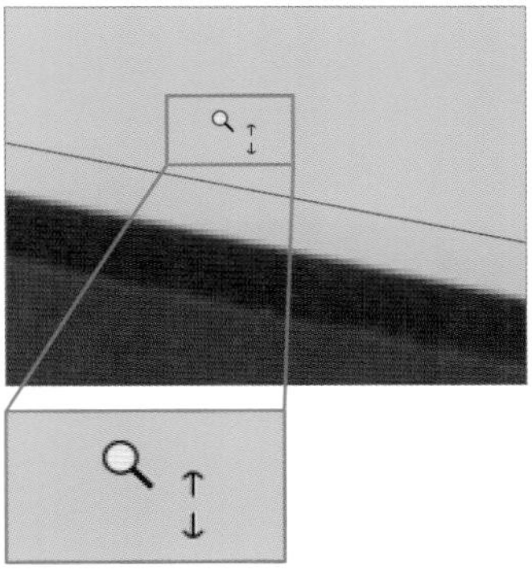

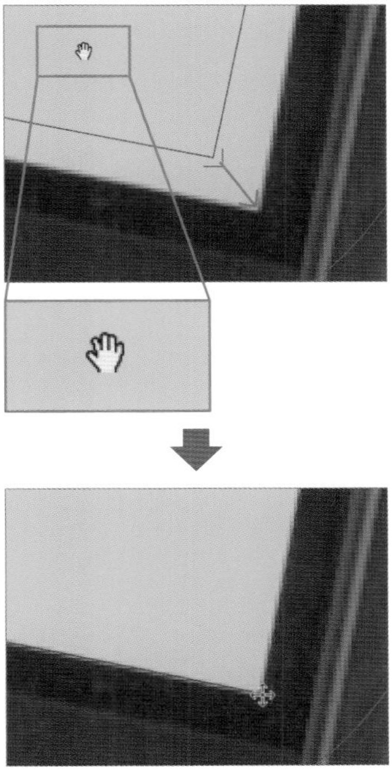

ついついマウスホイールで拡大縮小を操作しようとしてしまいますが、ここでマウスホイールを上下するとフレームが移動してしまいます。

2 青い枠線の四隅とグリーンの部分の四隅がすべて重ねられたら、はめ込み位置の指定は完了です。

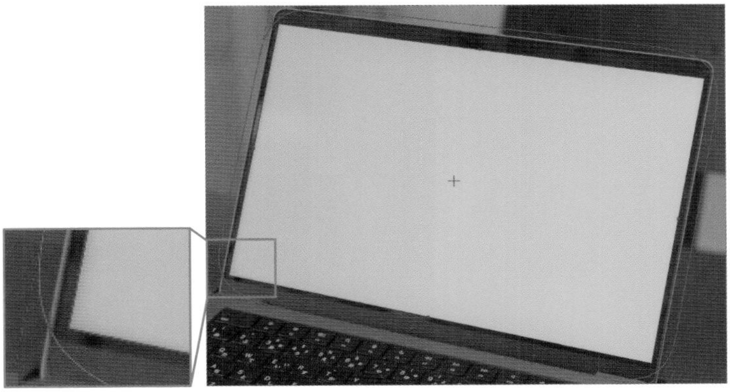

3 [Save the project] をクリックし❸、×ボタンをクリックして❹、Mocha AEを終了します。

[Save the project]でトラッキングが保存されます。

別の映像をはめ込む

ディスプレイの映像［monitor.mp4］に、男性の映像［movie.mp4］をはめ込みます。

1 ［プロジェクト］パネルの［movie.mp4］をタイムラインの［monitor.mp4］レイヤーの上にドラッグします❶。

［エフェクトコントロール］パネルが表示され、［プロジェクト］パネルが表示されていない場合は、パネルの右上にある>>ボタンをクリックして、［プロジェクト］を選択しましょう。

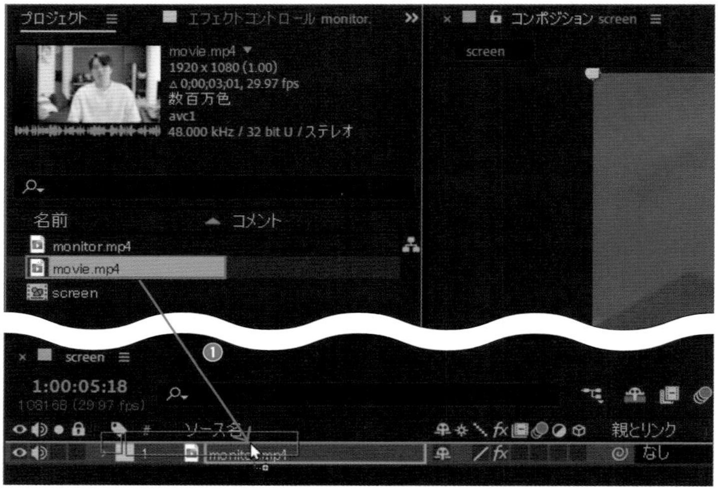

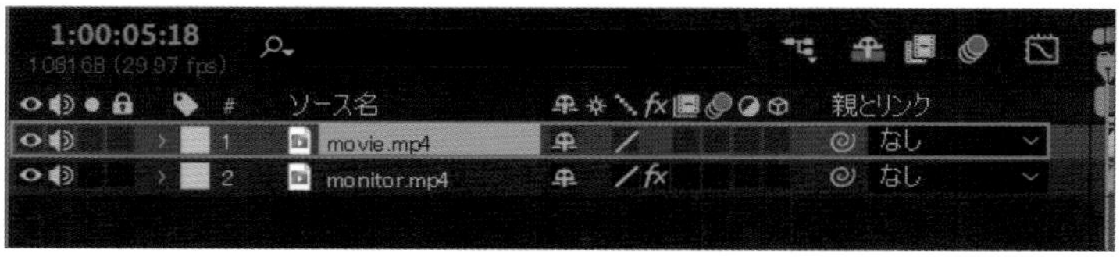

2 ［monitor.mp4］レイヤーを選択します❷。

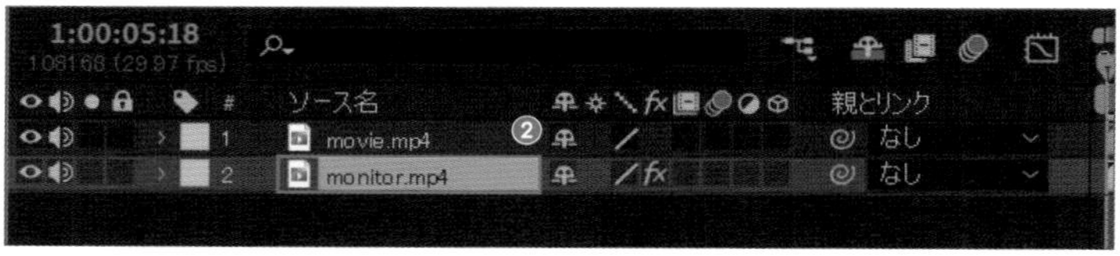

3 ［エフェクトコントロール］パネルに切り替え、［Tracking Data］を展開します。［Layer Export To］の［なし］をクリックして［1.movie.mp4］を選択します❸。

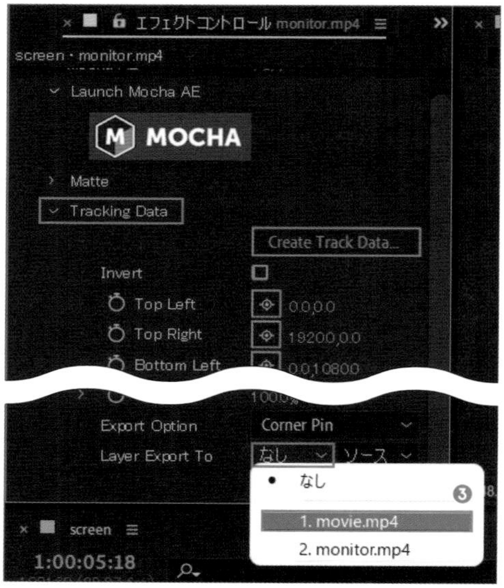

［Layer Export To］はMocha AEでトラッキングしたデータの適用先を選ぶ項目です。ここでは［1.movie.mp4］を選ぶことで男性の映像にトラッキングデータを適用しています。

4 [Apply Export]をクリックします❹。

5 処理が終わると画面が切り替わります。ディスプレイに映像がはめ込まれました。

グリーンの部分を透明化する

ここまでで合成はできましたが、[monitor.mp4]レイヤーのグリーンの部分の上に[movie.mp4]レイヤーを重ねただけの状態です。モニター部分を透明にして、下にある男性の映像が覗いている状態にします。任意のカラーを透明化できる[Keylight(1.2)]エフェクトを使いましょう。

1 [monitor.mp4]レイヤーを[movie.mp4]レイヤーの上に移動し❶、[エフェクト]メニュー→[Keying]→[Keylight(1.2)]を選択します❷。

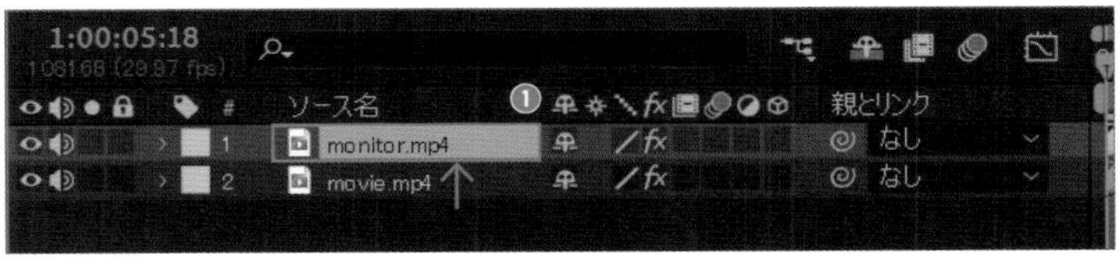

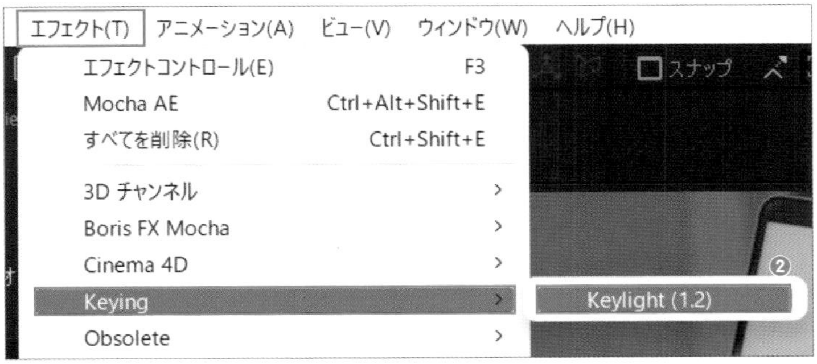

2 ［エフェクトコントロール ］パネルで［Screen Colour］のスポイトを選択し❸、グリーンの部分をクリックします❹。

3 すると［monitor.mp4］レイヤーのグリーンの部分が透明化され、下の［movie.mp4］レイヤーが表示されます。

スポイトで選択した色がすべて透明になりますが、近い色もすべて透明になります。意図しない部分が透明になっている場合があるので、次の操作で透明化の範囲を調整しましょう。

透明化する範囲を調整する

ディスプレイの部分だけがきれいに透明化できるように微調整していきます。

1 ［エフェクトコントロール］パネルの［View］から［Screen Matte］を選択します❶。

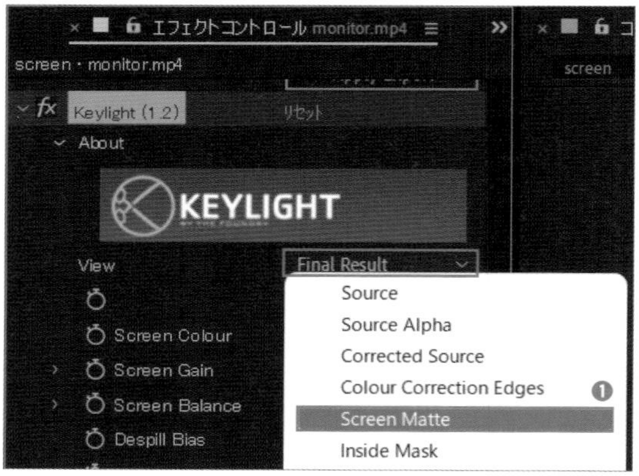

2 白黒の表示に切り替わりました。

ここがPOINT

［Screen Matte］で透明化した部分がわかる

［Screen Matte］は透明化しているところが黒く、していないところが白く表示されます。右の図を見ると、ディスプレイに完全に透明化できていないグレーの部分や、ディスプレイ以外の部分で透明化してグレーの部分があることがわかります。

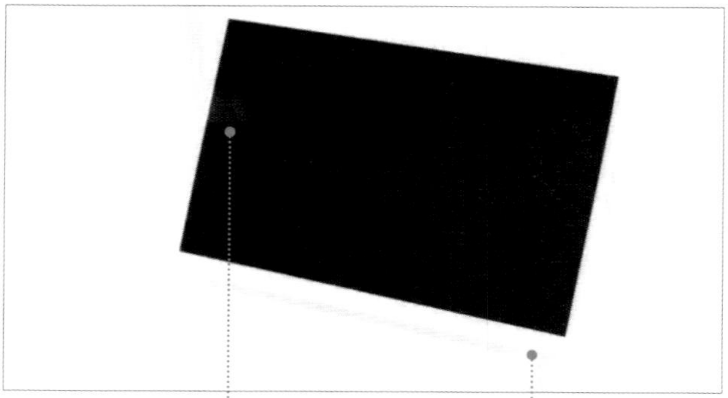

完全に透明化できていない　　不必要に透明化している

3 [Screen Matte]を展開し、黒のレベルを調整する[Clip Black]と白のレベルを調整する[Clip White]の値を画面を見ながら変更しましょう。ここでは[Clip Black]を「20.0」❷、[Clip White]を「65.0」に設定しました❸。

数値部分をドラッグしながら調整してもOKです。

ここがPOINT

[Clip Black]と[Clip White]で白と黒の2階調にする

[Clip Black]の値を上げると黒の中のグレーの部分が黒くなり、[Clip White]の値を下げると白の中のグレーの部分が白くなります。

4 グレーの部分がなくなり、白黒のはっきりとした表示になりました。

黒いディスプレイの部分だけが透明化できたということですね。

2階調にならない場合は数値を微調整してください。

5 [View]をもとの[Final Result]に戻します❹。

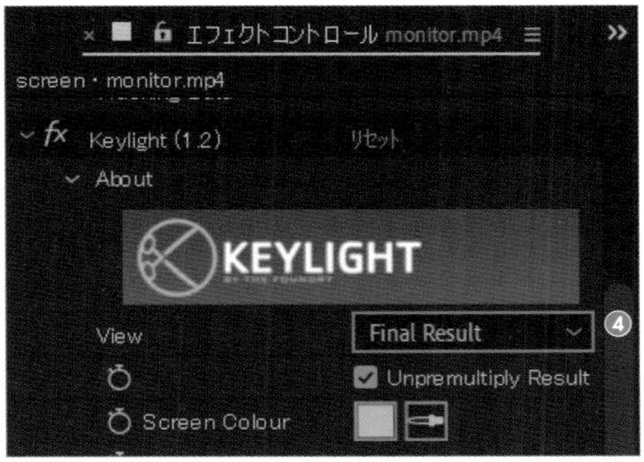

「Final Result」は最終的に出力される表示です。

6 ディスプレイの部分だけがきれいに透明化されました。

はめ込み部分の輝度やコントラストをなじませる

はめ込んだ映像がくっきりしすぎて不自然に見えるので、ディスプレイ部分の輝度やコントラストを調整して、まわりになじませます。

1 ［movie.mp4］レイヤーを選択し❶、［エフェクト］メニュー→［カラー補正］→［輝度＆コントラスト］を選択します❷。

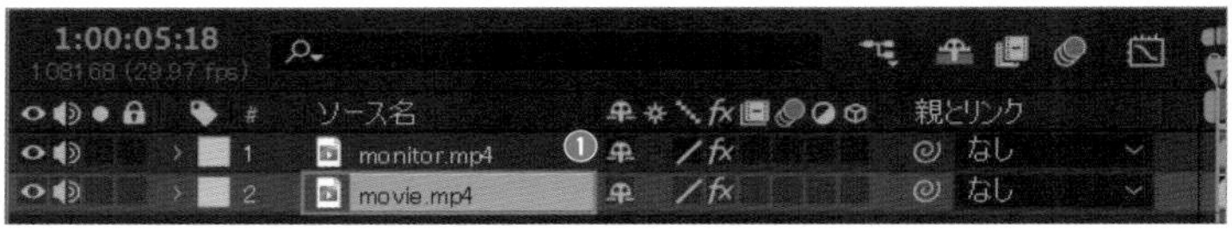

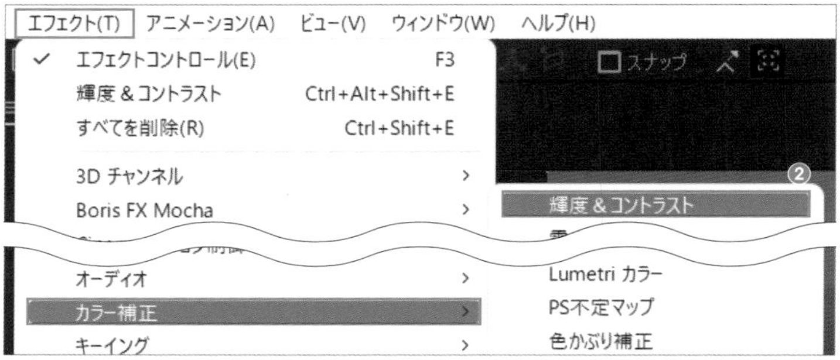

2 ［エフェクトコントロール］パネルで［輝度］と［コントラスト］を調整しましょう。ここでは［輝度］を「-40」❸、［コントラスト］を「-20」に設定しました❹。

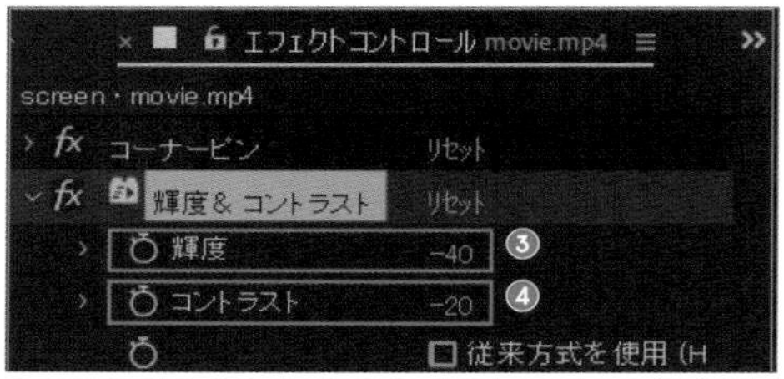

3 はめ込み部分がなじんだことがわかります。

＼できた！／ 再生してみましょう。これではめ込み動画の完成です。

トラッキングしたことで、映像の動きに合わせてはめ込んだ映像も動いているのがわかりますね。
はめ込んでいることがわからないくらい、自然な仕上がりになりました。

CHAPTER 5
LESSON 7

#カメラレイヤー

カメラの動きを取り入れたスライドショーを作ろう

動画でもチェック！
https://dekiru.net/yae_507

練習用ファイル
5-7.aep

カメラレイヤーを使うと、実際のカメラが被写体上を移動して撮影したようなスライドショーをを作ることができます。

コンポジション内に配置された3枚の写真を、カメラレイヤーを使って、順番に映していくことでスライドショーの動画を作っていきます。0秒から5秒にかけては花の写真、5秒から10秒にかけては手をつないだ写真、10秒から15秒にかけては指輪の写真が映るように、カメラの角度や位置を調整しましょう。

知りたい！

● カメラレイヤーとは？

カメラレイヤーとは、コンポジション内の3Dレイヤーに対して、角度や位置を調整したりボケ感などを追加したりして、実際のカメラで撮影したような視点効果をつけられる機能です。カメラレイヤーを使うことで、平面的なシェイプや画像が奥行きのあるダイナミックなアニメーションになります。

カメラレイヤーを使って、コンポジション内の写真のうちの1枚をやや煽りの構図で映した状態

カメラレイヤーを作成する

木目の画像の上に配置された3枚の画像をアングルを変えて表示させるためにカメラレイヤーを作成します。

1 練習用ファイル「5-7.aep」を開きます。
［レイヤー］メニュー→［新規］→［カメラ］を選択します❶。

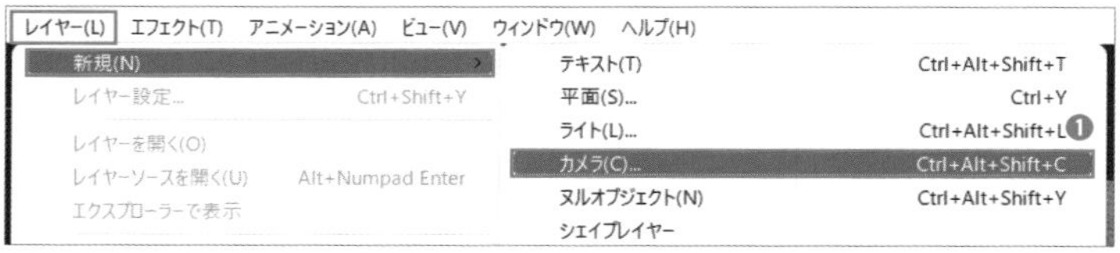

2 ［カメラ設定］ダイアログボックスが表示されます。［種類］を［2ノードカメラ］❷、［プリセット］を［50mm］に設定し❸、［OK］ボタンをクリックします❹。

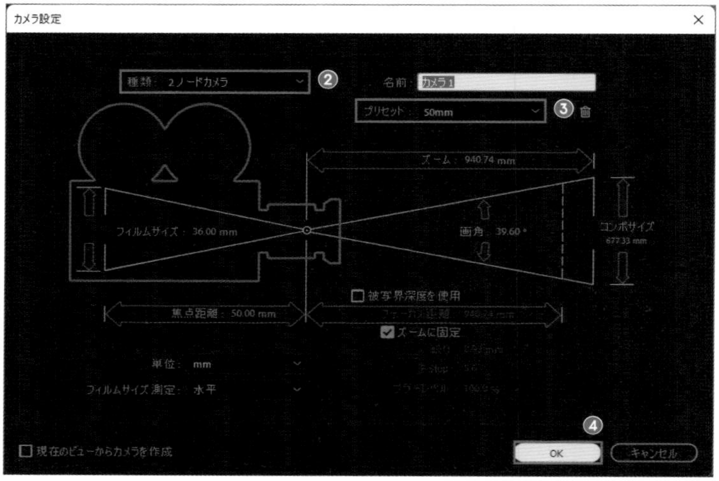

上記は初期設定になります。初めて［カメラ設定］を開く場合は［OK］ボタンをクリックするだけでよいでしょう。

「カメラとライトは2Dレイヤーに影響しません。レイヤーを選択し、レイヤーメニューの3Dレイヤーを選択してください。」という警告画面が出ますが、［OK］ボタンをクリックして操作を続けましょう。

ここがPOINT

［種類］と［プリセット］を理解しよう

種類

カメラの種類を設定します。［1ノードカメラ］と［2ノードカメラ］の2種類あり、［1ノードカメラ］はカメラを中心とする動きをするカメラで、［2ノードカメラ］は設定された目標点（カメラの照準）を中心とする動きをするカメラです。

プリセット

カメラの焦点距離がプリセット名となっています。焦点距離が短いほど広い範囲が映ります。焦点距離などは任意の値に設定できますが、その場合プリセット名は［カスタム］と表示されます。

3 カメラレイヤーが作成されました❺。
［photo_01］レイヤー以下の［3Dレイヤー］をオンにします❻。

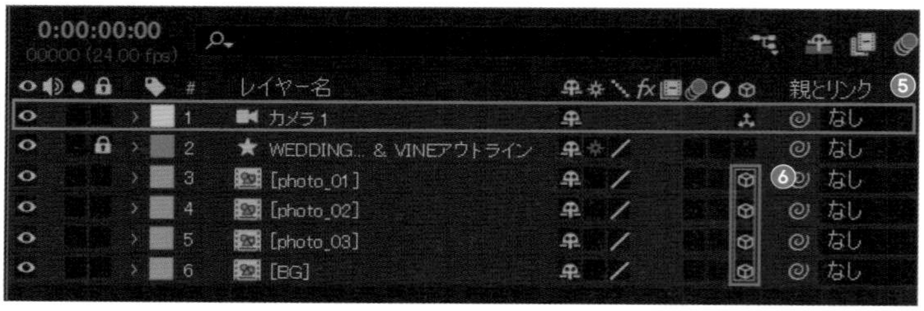

3Dレイヤーに変更しておかないと、カメラレイヤーの機能が使えないので注意しましょう。

カメラのビューを設定する

このレッスンではカメラの位置や角度を変えてアニメーションを作っていきます。操作がしやすいようにカメラ用のビュー(画面)を用意します。

1 [コンポジション]パネル右下の[ビューのレイアウトを選択]から[2画面]を選択します❶。

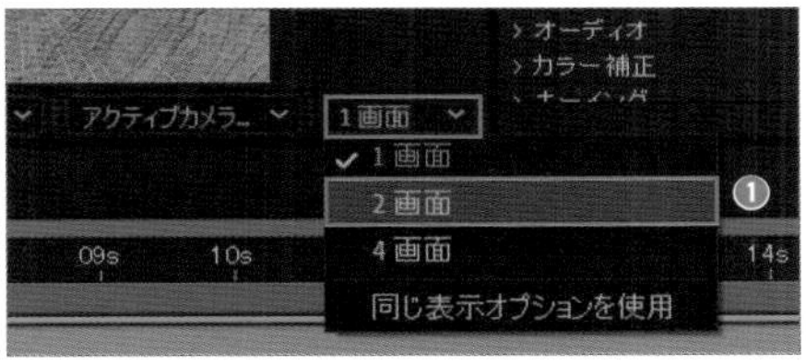

2 ビューが2つになりました。

右がカメラの位置を設定するためのビューになります。

3 [3Dビュー]から[トップビュー]を選択します❷。

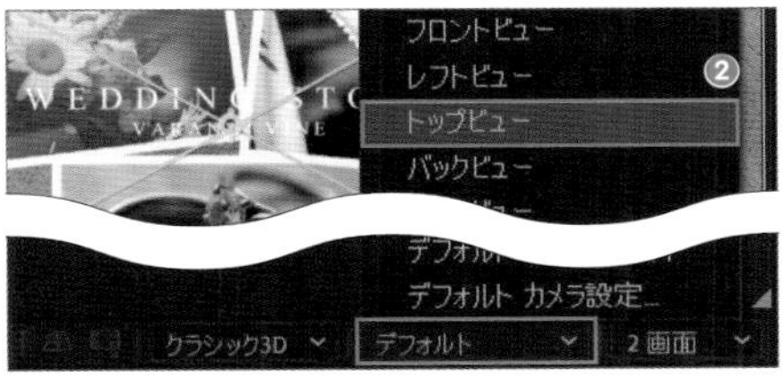

4 右側のビューがレイヤーとカメラの配置を真上から見下ろしたビューに変わりました。[拡大率]を変更して、右側のビューを縮小してみましょう。カメラの位置を調整する3D変形ギズモが表示されていることが確認できます。

拡大率はビューごとに設定できます。

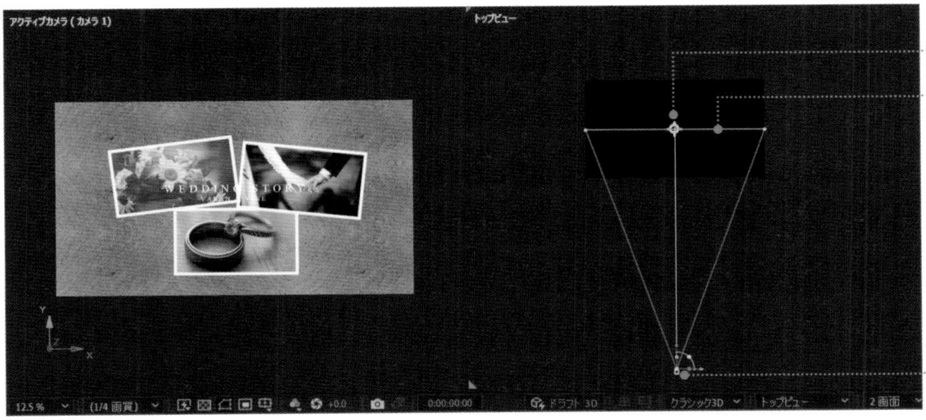

通常のビュー

カメラの位置を設定する用のビュー

初期設定では目標点(カメラの照準)が画面の中央にあります。

カメラの位置を被写体に近づける

ここからは3D変形ギズモを操作して、カメラで被写体を映していきます。まずはカメラのZ軸（奥行き）方向の位置を調整して、カメラを被写体に近づけます。

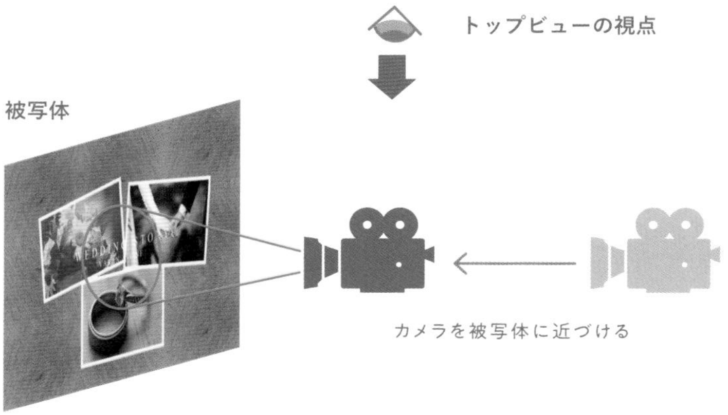

1 青い矢印を上にドラッグします❶。ドラッグ中に、位置を示す数値が表示されるのでZの数値が「-850」くらいになるまでドラッグしましょう。

3D変形ギズモの操作 ➡ 209ページ

space キーを押している間は手のひらツールに切り替わるので、操作しやすいように表示領域を動かしましょう。

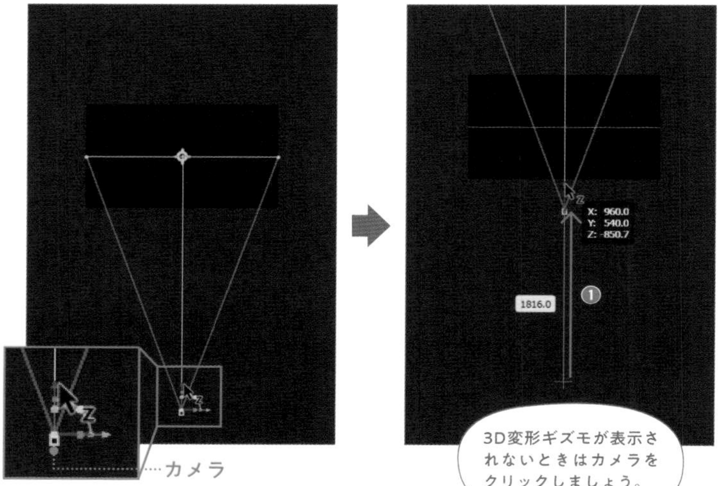

3D変形ギズモが表示されないときはカメラをクリックしましょう。

2 左のプレビューで、カメラが被写体に近づいたことを確認します。

1枚の写真の横幅がプレビュー画面から少しはみ出す程度までカメラを近づけましょう。

ここがPOINT

レイヤーのパラメーターからも調整できる

ここでは直感的に操作できる3D変形ギズモを使ってカメラを調整していますが、レイヤーのプロパティからでも調整できます。たとえばZ軸の位置はカメラレイヤーにある［位置］のZ軸の数値を変更することで調整できます。

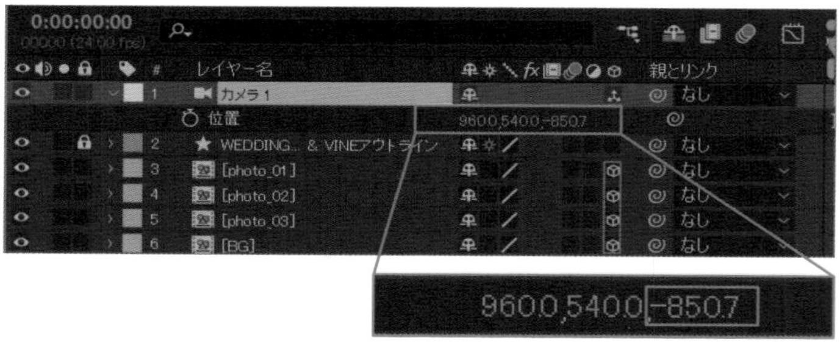

カメラをY軸で回転させて、左側を映す

花の写真をカメラで映していきます。カメラをY軸で回転させることで、照準が中央から左側に移動し、花の写真が映るようになります。

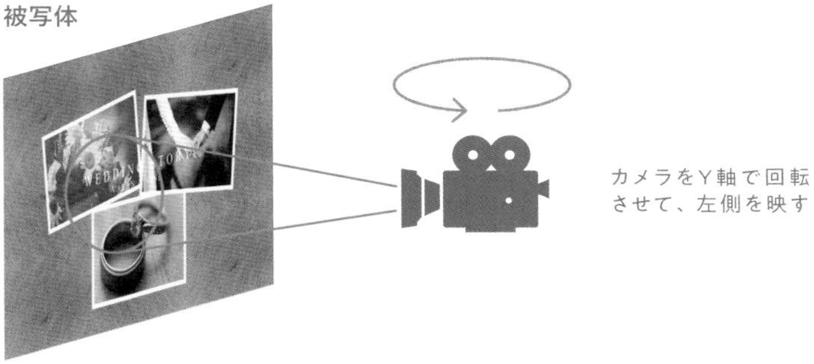

1. 緑の円を左回りにドラッグし❶、カメラをY軸で回転させます。

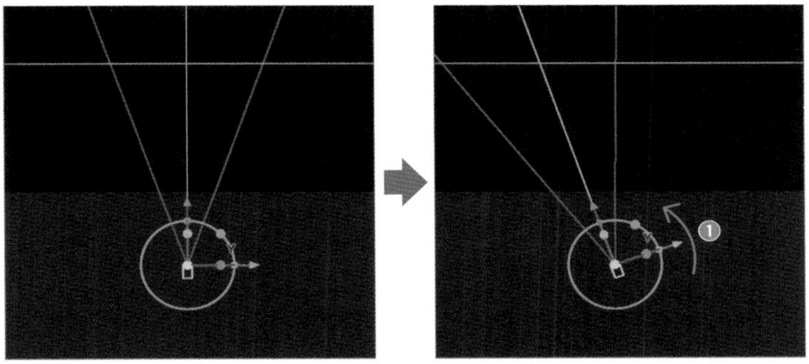

警告が表示されたら、[OK] ボタンをクリックして次の操作に進みましょう。

2. 照準が左に移動したことを確認します。図を参考に花の写真がプレビュー画面に入るようにカメラを回転しましょう。

この時点では、まだ花の写真の上部が切れていますね。

カメラをX軸で回転させて、煽りで映す

花の写真を下から煽るように映しましょう。カメラをX軸で回転させることで煽りの構図になります。

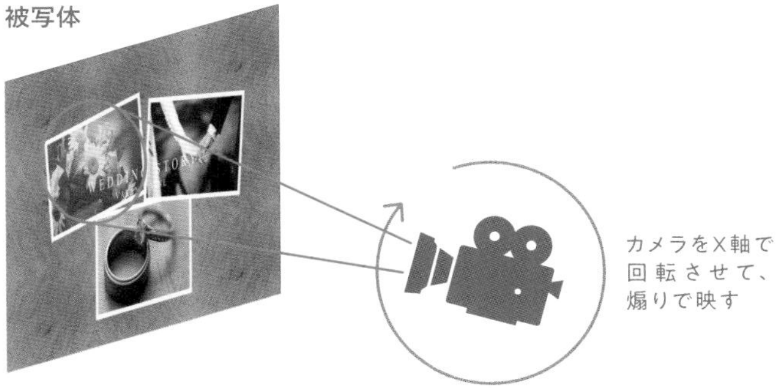

1 赤い円を下にドラッグし❶、カメラをX軸で回転します。

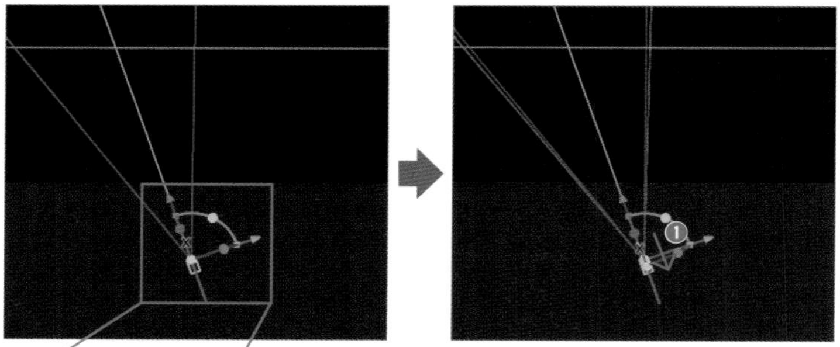

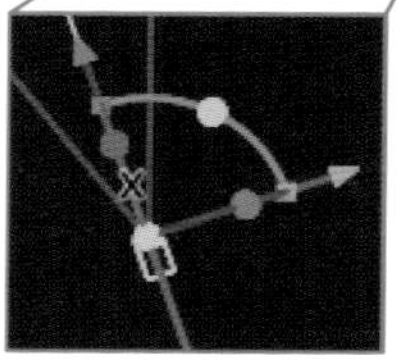

X軸で回転する場合は赤い円を操作します。真上から見ているため、赤い円が線のように見えます。

もし写真や背景が単体で回転する場合は、Zキーを押して操作を取り消してから、[カメラ1]レイヤーを選択してやりなおしましょう。

2 図を参考に花の写真がカメラの中心にくるように調整しましょう。これで花の写真を下から煽る構図ができました。

ピントを合わせる

花の写真にピントが合うように[フォーカス距離]を調整しましょう。

1 カメラレイヤーを展開して、[カメラオプション]の[被写界深度]をオンにします❶。トップビューを見ながら、被写体の位置にピントがくるように[フォーカス距離]の値を調整します❷。

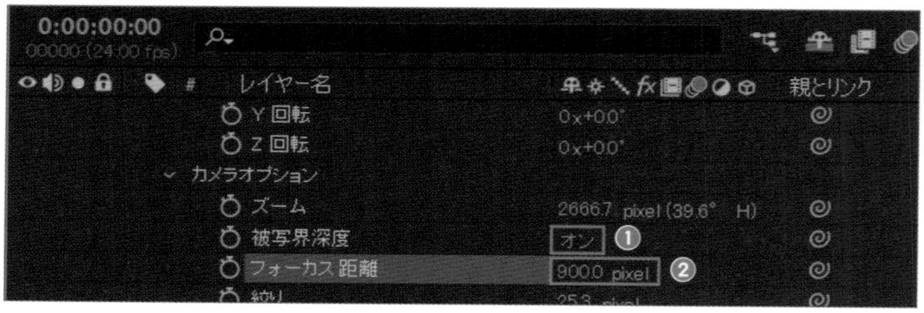

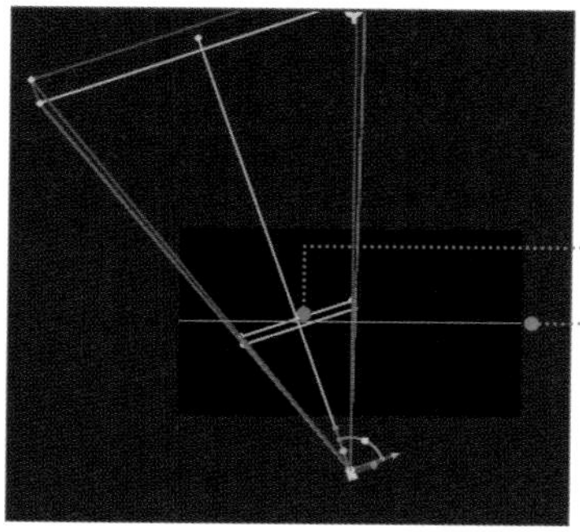

ここがPOINT

[フォーカス距離]とは

[フォーカス距離]とは被写体にピントを合わせるためのカメラと被写体の距離のことです。

[フォーカス距離]の値を調整すると、ピントの位置が変わりますね。

2 花の写真にピントが合いました。

絞りを調整して周りをぼかす

［絞り］の値を小さくすると周りがぼけます。

1 ［カメラオプション］の［絞り］の値を調整します。ここでは「400.0」に設定しました❶。

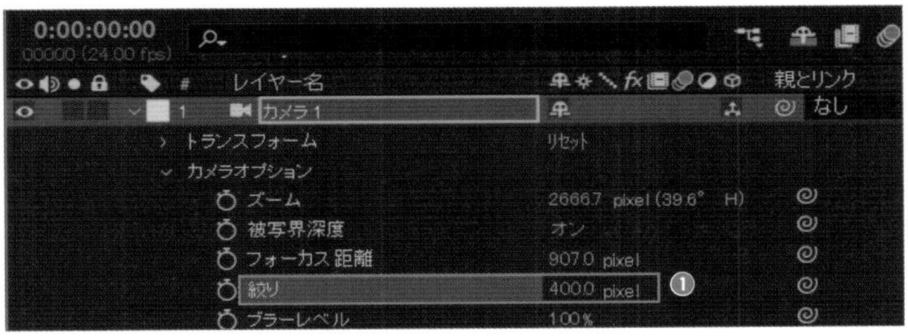

2 写真の周りがややぼけました。

アニメーションをつける

ここからいよいよスライドショーのアニメーションをつけていきます。5秒かけて被写体に対してゆっくりと左に回り込むような動きをつけましょう。

1 インジケーターを0秒の位置に移動し❶、Pキーを押すと［位置］プロパティが表示されるので、ストップウォッチをクリックします❷。

② インジケーターを5秒の位置に移動して❸、[位置]のX軸の値を変更します。ここでは「995.0」に設定しました❹。

ここがPOINT

ドラッグで数値を変更してもOK

プレビューで動きを確認しながら、プロパティの数値をドラッグして調整してもよいでしょう。

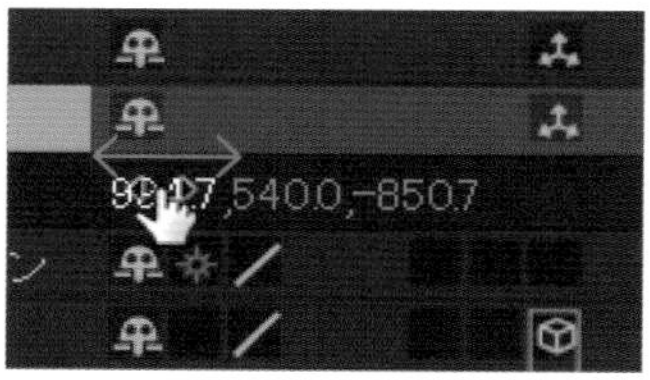

プレビュー

③ インジケーターを0秒の位置に移動して再生してみましょう。ゆっくりと右に回り込むようなカメラの動きができました。

デュレーションを調整する

各写真が5秒で切り替わるように、デュレーションを変更します。

① インジケーターを5秒の位置に移動し❶、[カメラ1]レイヤーのデュレーションバーの右端を❷、インジケーターの位置までドラッグします❸。

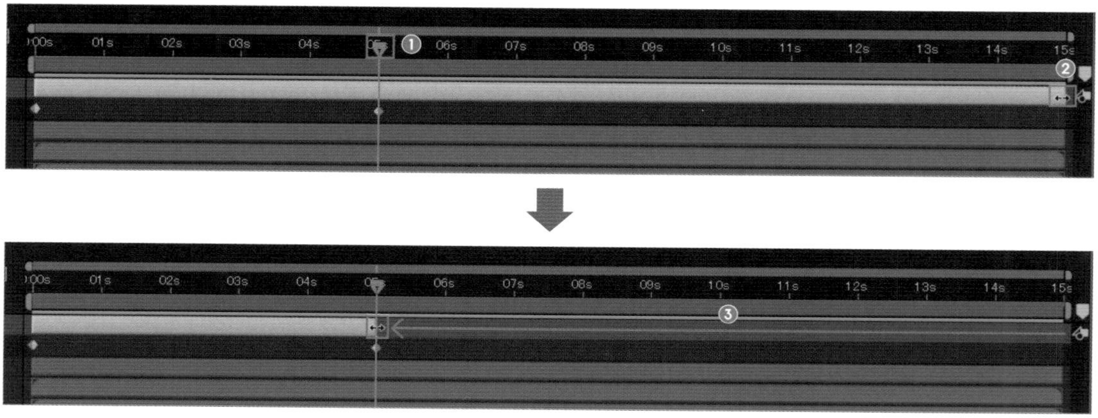

カメラレイヤーを複製する

5秒から10秒にかけては2枚目の写真をカメラで映していきます。2枚目の写真用にカメラレイヤーを複製して、デュレーションバーの位置を調整しましょう。

1 カメラレイヤーを複製します❶。

レイヤーを選択し Ctrl（⌘）+ D で複製できます。

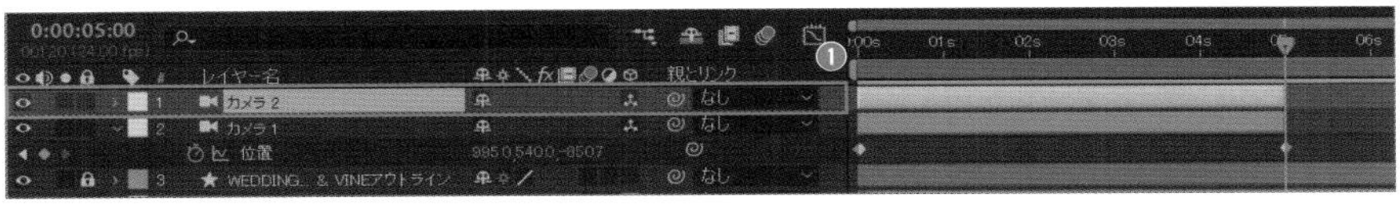

2 [キーを押すと複製した［カメラ2］レイヤーのデュレーションバーの始点がインジケーターの位置に移動します❷。

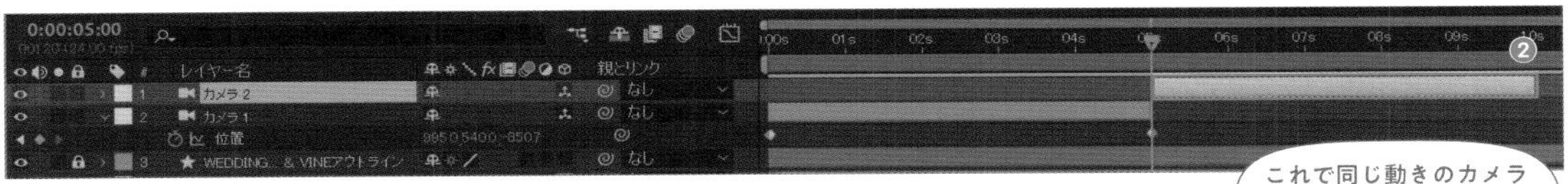

これで同じ動きのカメラレイヤーが5秒の位置に複製されました。

2枚目の写真をカメラに映す

2枚目の写真として、手をつないだ写真をカメラで映していきます。今度はやや俯瞰で映すイメージでカメラの位置を調整しましょう。

1 緑の円を右にドラッグして❶、カメラをY軸で回転させます。手をつないだ写真がプレビュー画面の中央にくるように調整しましょう。

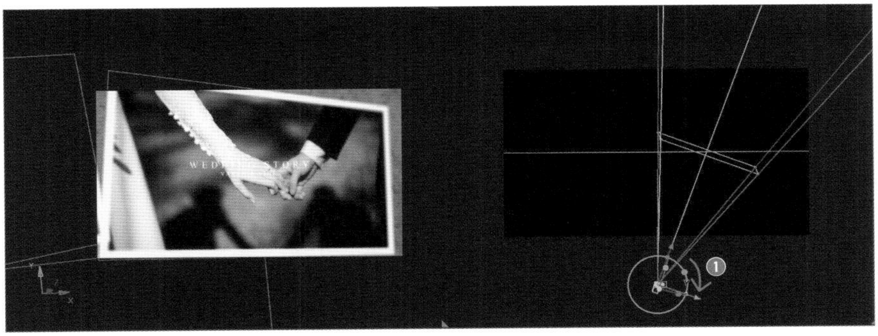

2 ［トップビュー］を［レフトビュー］に変更します❷。

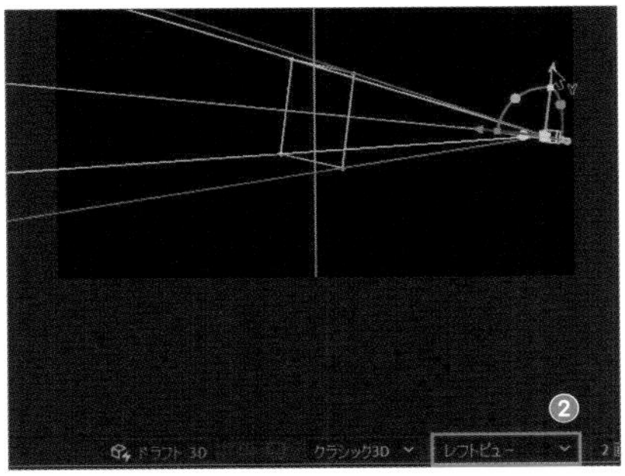

俯瞰で映したいので、次の手順でカメラのY軸の位置を上に移動します。［トップビュー］だとY軸の矢印が見えづらいので、ここでは［レフトビュー］に変更しています。

③ 緑の矢印を上にドラッグして❸、カメラをY軸方向に移動します。図を参考に、写真の下半分が切れるくらいの位置に調整しましょう。

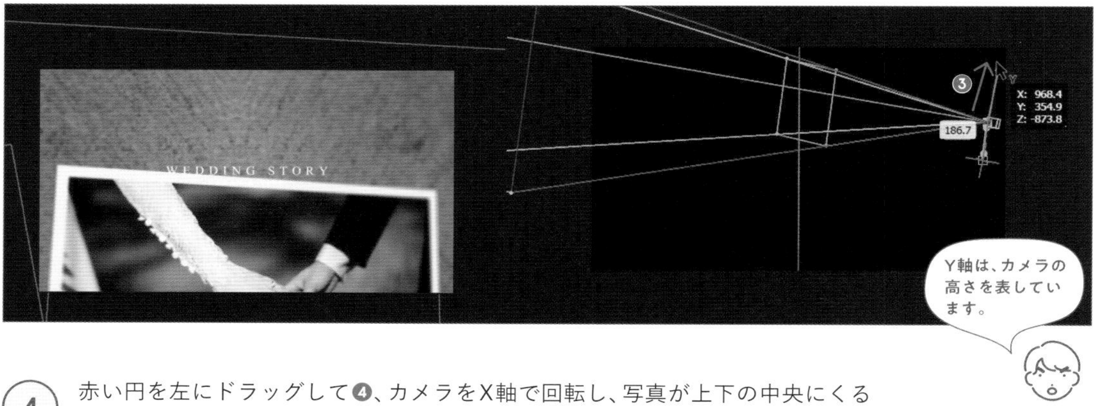

④ 赤い円を左にドラッグして❹、カメラをX軸で回転し、写真が上下の中央にくるように調整します。

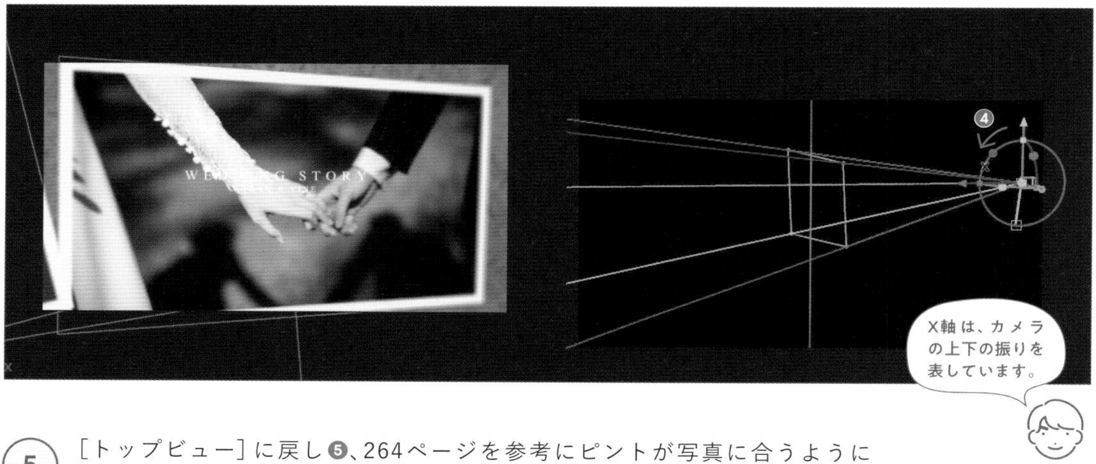

⑤ ［トップビュー］に戻し❺、264ページを参考にピントが写真に合うように［フォーカス距離］を調整しましょう❻。

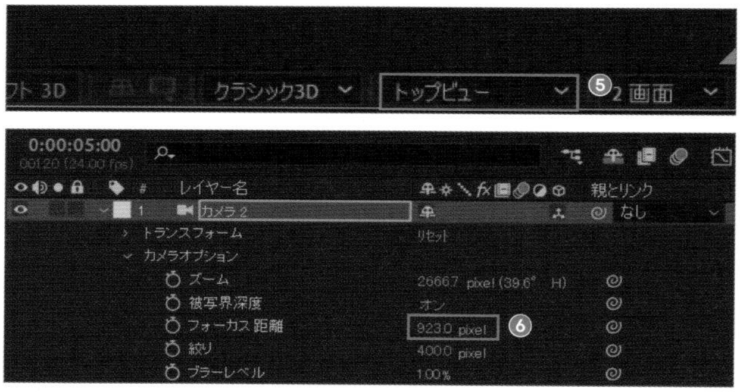

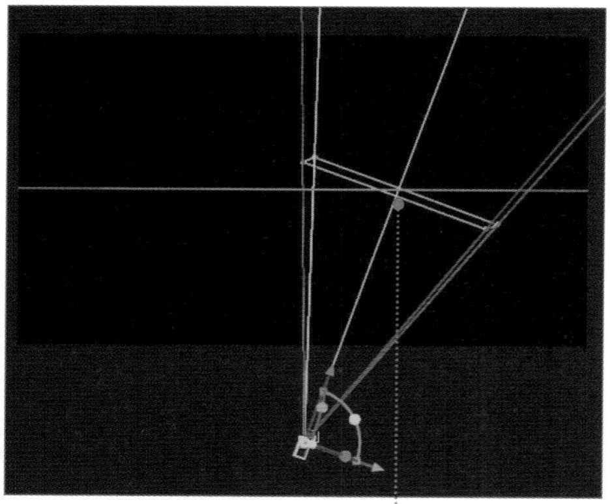

ピントと被写体が重なるように調整する

2枚目の写真を映すカメラレイヤーにアニメーションをつける

2枚目の写真を映す［カメラ2］レイヤーには［カメラ1］レイヤーのキーフレームが残っています。これを削除してキーフレームを打ちなおします。ここでは5秒かけてゆっくりと上に移動する動きをつけていきましょう。

1 ［カメラ2］レイヤーの［位置］プロパティを表示して、ストップウォッチをクリックすると❶、キーフレームが削除されます。

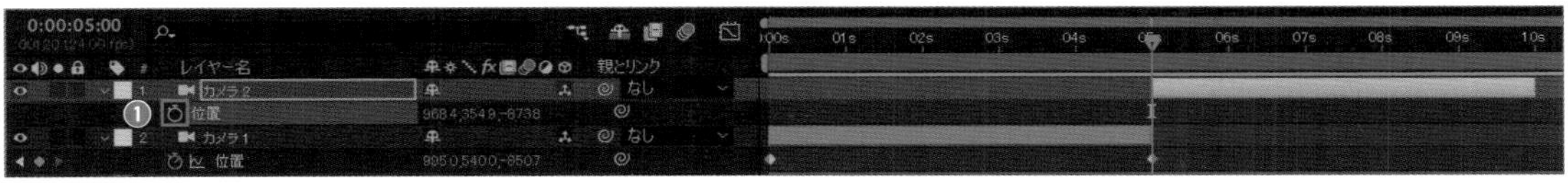

2 インジケーターが5秒の位置にあることを確認し❷、もう一度ストップウォッチをクリックします❸。

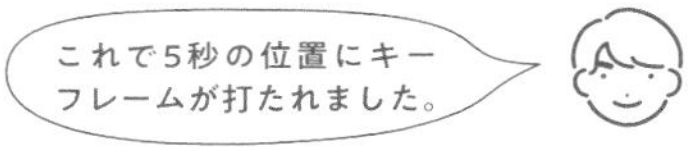

3 インジケーターを10秒の位置に移動します❹。10秒の位置ではカメラレイヤーが表示されないので、デュレーションバーを少し伸ばしたうえで❺、［位置］のY軸の値を調整します。ここでは「385.0」に設定しました❻。

デュレーションバーを少し伸ばす

4 インジケーターを5秒の位置に移動して再生してみましょう。ゆっくりと上に移動するカメラの動きができました。

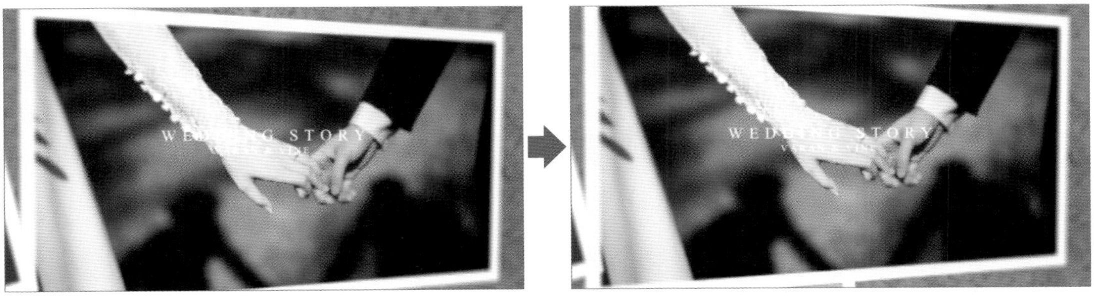

3枚目の写真を映す

10秒から15秒にかけては3枚目の指輪の写真をカメラで映していきます。 ここまでの操作を参考にカメラの位置を調整しましょう。

1 ［カメラ2］レイヤーを複製し❶、デュレーションバーを10秒の位置から始まるように移動します❷。

2 ［レフトビュー］に変更します❸。緑の矢印を下にドラッグし❹、Y軸方向に移動します。

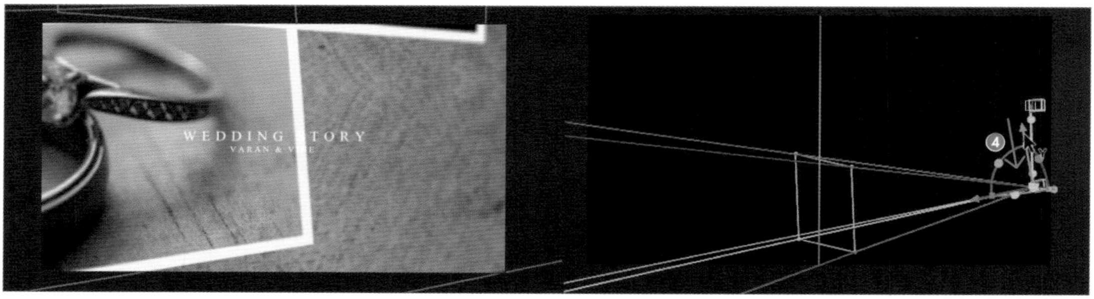

3 緑の円を右にドラッグし❺、カメラをY軸で回転させ、指輪の写真が映るように位置を調整します。

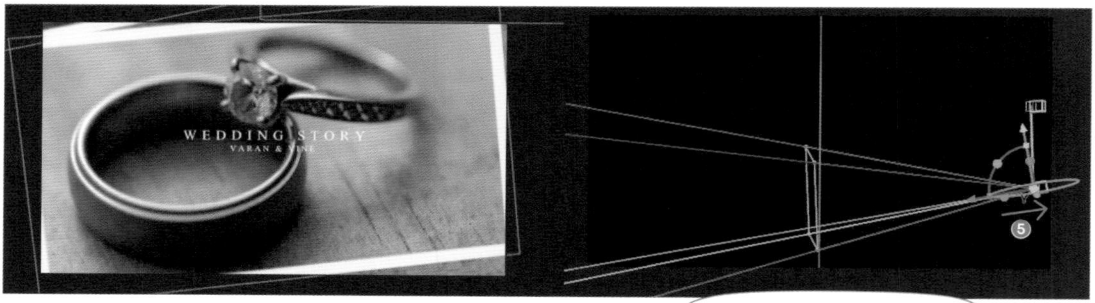

4 ［トップビュー］に変更し、264ページを参考にピントが写真に合うように［フォーカス距離］を調整しましょう。

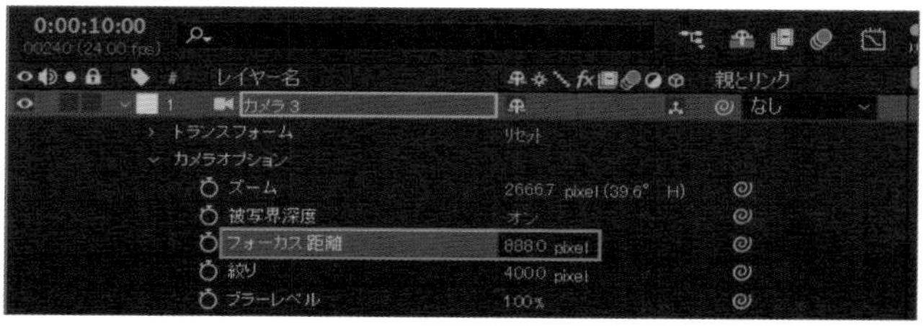

3枚目の写真を映すカメラレイヤーにアニメーションをつける

269ページを参考に［カメラ3］レイヤーにキーフレームを打ってアニメーションをつけましょう。5秒かけてゆっくりと下に移動する動きにします。

① ［位置］のプロパティを表示して、もとからあるキーフレームを一度削除したうえで、10秒の位置にキーフレームを打ちます❶。

② インジケーターを右端に移動して❷、［位置］のY軸の値を調整します。ここでは「715.0」に設定しました❸。

できた！ 再生してみましょう。
5秒ごとに写真が切り替わり、カメラの位置が少しずつ移動するスライドショーの動画ができました。

操作に慣れてきたら、写真の数を増やしたり、構図を変えたりしていろんなスライドショーを作ってみましょう。

COLUMN

環境を改善して作業の効率アップをはかる

After Effectsで、クオリティの高い動画を作ろうと思うと、緻密で時間のかかる作業がどうしても多くなっていきます。
作業環境をアップデートして効率を上げることで、ストレスも減り、より作業に集中して楽しめるようになります。すぐにでも実践できる効率アップの方法を2つ紹介します。

・マウスを使用する
普段ノートパソコンを使っている人は、動画編集に限らず、タッチパッドを使って作業することも多い思います。しかし文章を入力するような作業とは違い、After Effectsでの作業はマウスポインターの移動とクリック操作が多くなります。タッチパッドでは手に負担がかかってしまううえに時間もかかるでしょう。効率をアップさせるならマウスの使用をおすすめします。

・大きいモニターorデュアルモニターを使用する
細かい作業の多いAfter Effectsでは、大きなモニターを使用して作業することをおすすめします。1つひとつのキーフレームやプロパティを大きく確認できることで、作業のしやすさが格段にアップします。おすすめは24インチ以上です。

さらに、デュアルモニターにすると、タブの入れ替えやアプリとWebサイト、データフォルダーなどの同時確認がスムーズになり、ストレスが軽減されます。ワイドモニターを使って横に広い作業環境もよいですが、個人的には、2枚以上のモニターを使用して1つはAfter Effects編集用に、1つはWebブラウザー用にというように、モニターごとに使用するツールを分けて作業するのがおすすめです。
モニターに投資するのが厳しいという人もいると思いますが、高いものを購入する必要はありません。中古などの安いものでもよいのでぜひ導入してみてください。

筆者は映像制作を始めた最初の3年間13インチのノートPCをタッチパッドのみで使用していたのですが、マウスと大きいモニターを導入したときに作業効率が劇的に向上したことを実感しました。もちろん、環境の改善という面でいうと、体格に合ったデスクやチェア、手になじむキーボードなど、求めればきりがないのですが、まずはマウスとモニターの導入から始めてみてください。

CHAPTER 6

ほかのアプリと連携してみよう

After EffectsはPremiere Proとの連携が可能です。
Premiere ProにAfter Effectsで作成したアニメーションを
取り込みたい場合などに活用できます。
またPhotoshopやIllustratorなどで作成したグラフィックを
After Effectsに取り込む方法も解説します。

CHAPTER 6
LESSON 1

#Premiere Pro #Dynamic Link

After Effectsのアニメーションを Premiere Proに配置しよう

動画でもチェック!

https://dekiru.net/yae_601

練習用ファイル
6-1.prproj

Premiere Proと連携することで、幅広い動画を作成できます。ここではPremiere Proで編集中の動画にAfter Effectsでアニメーションを加えてみましょう。

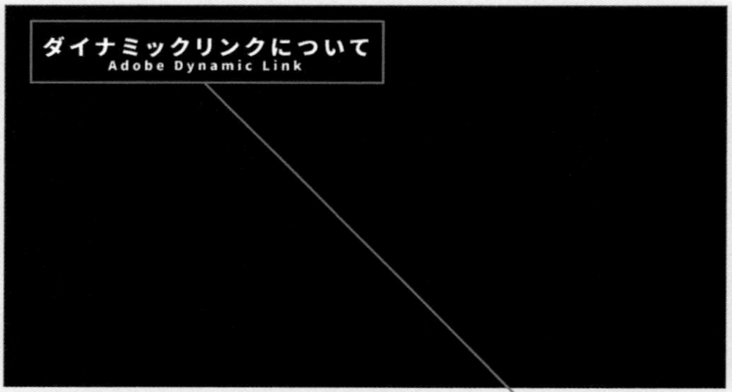

After Effectsで作成したテキストアニメーション

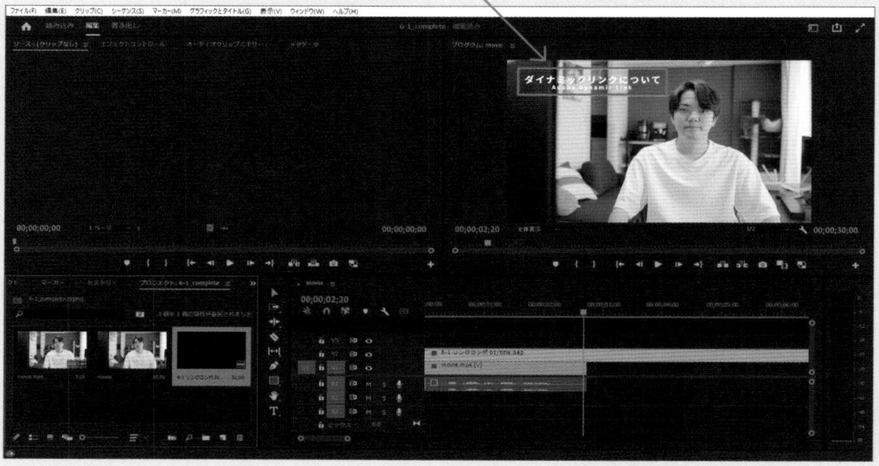

Premiere Proで編集中の動画に挿入する

14ページで解説したとおり、Premiere ProはAfter Effectsと並んで動画編集によく使われるアプリです。2つのアプリを連携させて、Premiere Proで映像素材を編集後にAfter Effectsでエフェクト効果やテロップだけを追加するということもよくあります。ここでは、Premiere ProとAfter Effectsを［Dynamic Link］という機能を使って連携させて、After Effectsで作成したテキストをPremiere Proに挿入する方法を紹介します。連携させることで、After Effects上で編集した内容がリアルタイムにPremiere Proの画面に反映されます。

知りたい!

● **Dynamic Link（ダイナミックリンク）とは？**

Dynamic LinkとはPremiere ProとAfter Effectsを連携させる機能です。After Effectsで編集中のコンポジションをPremiere Proにリンクしたり、Premiere Proで編集中のシーケンスをAfter Effectsにリンクしたりできます。リンク元を編集すると、リンク先にリアルタイムで反映されるのでシームレスな作業が行えます。

Premiere Pro上で新規コンポジションを作成する

Premiere Pro上で[Dynamic Link]という機能で新規コンポジションを作ると、After Effectsと連携することができます。

1 After Effectsでプロジェクトを開いている場合は、[ファイル]メニューの[プロジェクトを閉じる]を選択してプロジェクトを閉じておきましょう。Premiere Proで練習用ファイル「6-1.prproj」を開きます。
Premiere Proの編集画面でタイムラインに映像素材が配置されているのを確認しましょう。また、このときAfter Effectsはプロジェクトを開いていない状態にしておきましょう。

Premiere Proの編集画面

After Effectsでプロジェクトを開いていると、そのプロジェクトの中にPremiere Proと連携(リンク)するコンポジションが作成されてしまうので、ここではAfter Effectsのプロジェクトを閉じた状態で始めましょう。

2 [ファイル]メニュー→[Adobe Dynamic Link]→[新規After Effectsコンポジション]を選択します❶。

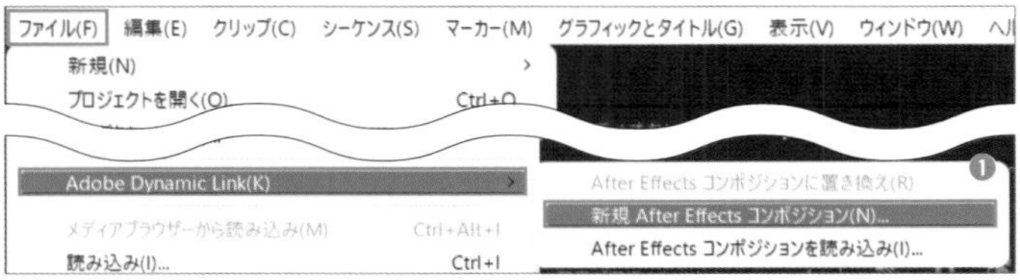

3 [新規After Effectsコンポジション]ダイアログボックスが表示されるので、[OK]ボタンをクリックします❷。

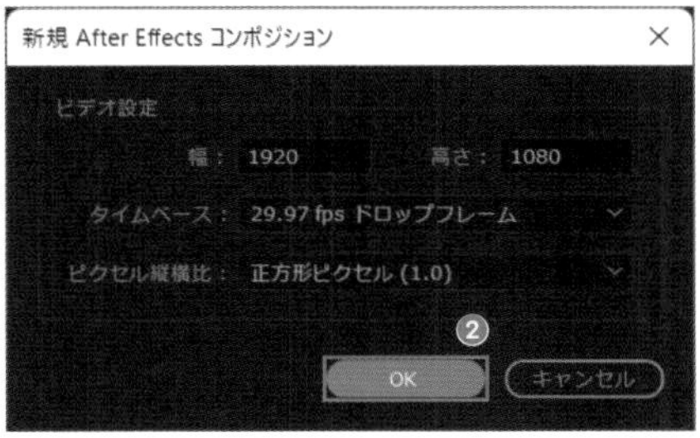

ここがPOINT

[新規After Effectsコンポジション]はシーケンスに合わせて作成できる

Premiere Proでは動画のサイズやフレーム数などを設定できる「シーケンス」という枠組みを作って、その中に動画の素材を並べて編集していきます。[新規After Effectsコンポジション]ダイアログボックスを開いたとき、[幅]や[高さ]、[タイムベース]はこのシーケンスに合わせて設定されています。シーケンスと異なる設定でコンポジションを作成する場合は変更しますが、ここではシーケンスのサイズやフレーム数に合わせた設定にしています。

4 After Effectsで［別名で保存］ダイアログボックスが表示されるので、保存先❸、ファイル名❹を入力し、［保存］ボタンをクリックします❺。ここでは練習用ファイル「6-1.prproj」が格納されている［6-1］フォルダーの［01_Project］フォルダーに「title」というファイル名で保存しました。

Premiere Pro上でAfter Effects用のコンポジションを作成したので、After Effectsのプロジェクトデータも保存する必要があるということですね。

5 After Effects上に［6-1 リンクコンポ 01］という名前のコンポジションが作成されました❻。

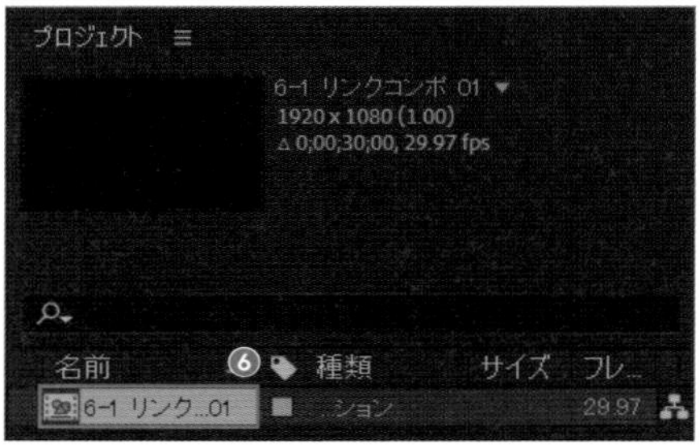

6 Premiere Proに戻り［プロジェクト］パネルに「6-1 リンクコンポ 01/title.aep」という名前のついたコンポジションが作成されていることを確認しましょう❼。

アプリケーションを切り替えるショートカットキーは Alt （⌘）＋ Tab キーです。

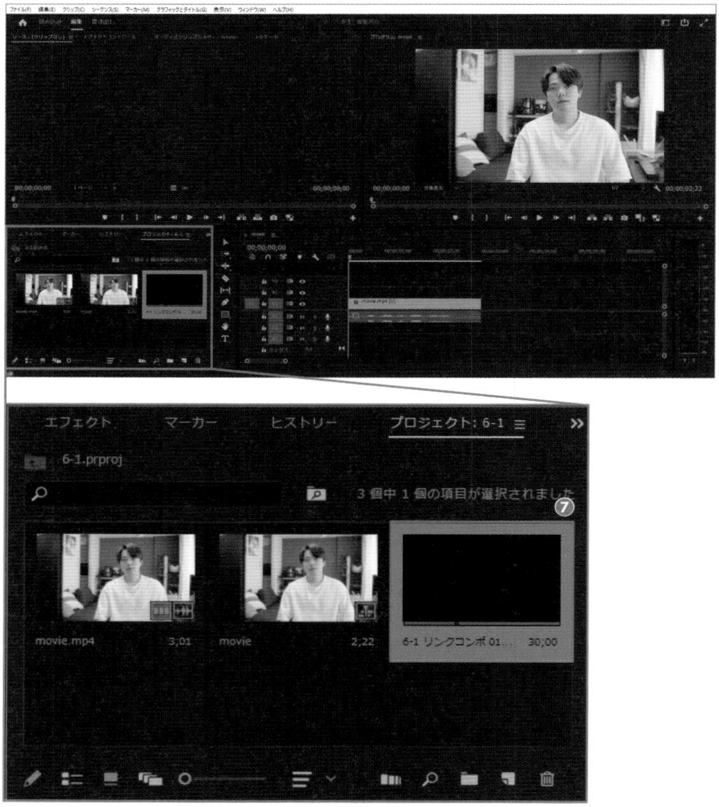

［プロジェクト］パネル

これで連携作業は完了です。

After Effectsでタイトルアニメーションを作成する

連携したコンポジション内にテキストアニメーションを作成しましょう。このとき［コンポジション］パネルにあるテキストの位置がそのままPremiere Proのシーケンスにも反映されます。

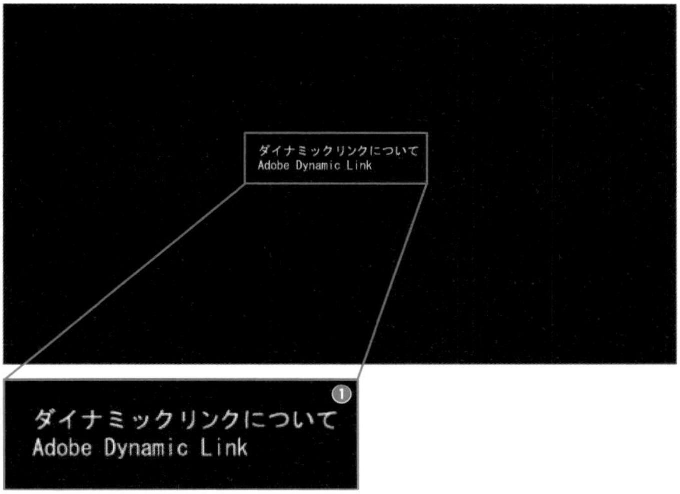

1. After Effectsの［コンポジション］パネルでテキストを入力します❶。ここでは「ダイナミックリンクについて（改行）Adobe Dynamic Link」としました。

2. 右図を参考にテキストの書式を設定し、左上に配置しましょう❷。

テキストのフォントやサイズの調整➡43ページ

［選択ツール］でテキストを左上に移動しましょう。

フォントの種類：源の角ゴシック（Heavy）
行揃え：中央揃え
トラッキング：245
フォントサイズ：1行目58px、2行目35px

3. 次にアニメーションを設定しましょう。ここでは第3章レッスン7を参考に、2秒かけて下から1文字ずつ浮かび上がるアニメーションを設定しました。

3章レッスン7➡97～102ページ

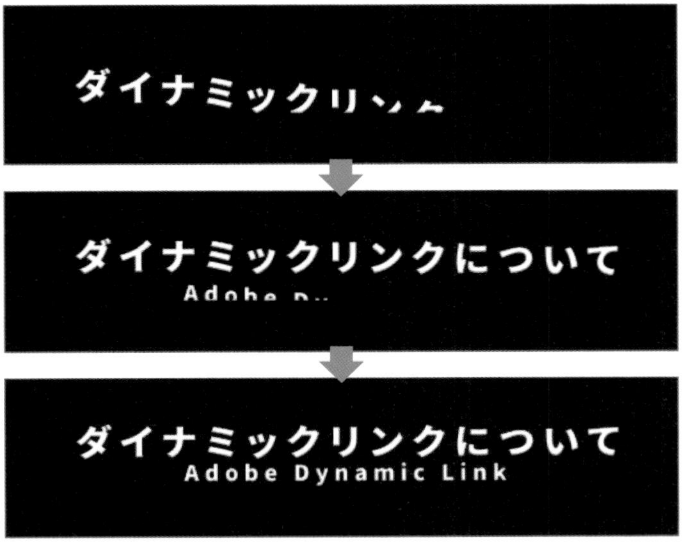

Premiere Proのタイムラインにコンポジションを配置する

連携したコンポジションをPremiere Proのタイムラインに配置してみましょう。

1 Premiere Proの［プロジェクト］パネルにある「6-1 リンクコンポ 01/title.aep」をタイムラインの［V2］トラックの0秒の位置にドラッグします❶。

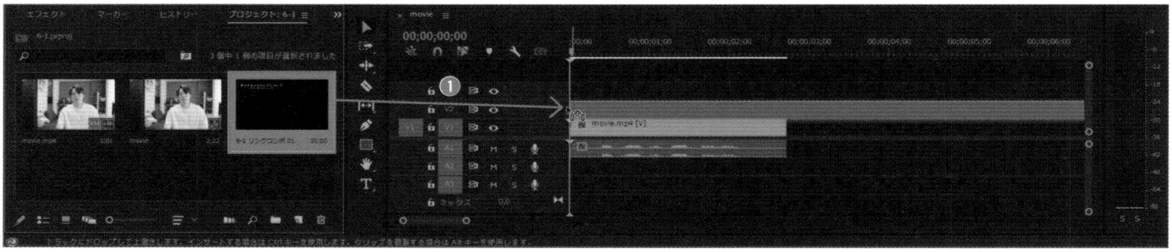

このときAfter Effectsは起動したままにしておきましょう。After Effectsを終了してしまうと、Dynamic Linkが切れてしまいます。

できた！ Premiere Pro上で再生してみましょう。After Effectsで作成したタイトルアニメーションが反映されました。

ここがPOINT

After Effectsで編集した内容がリアルタイムで反映される

Dynamic Linkを使うメリットは、After Effects上の編集がリアルタイムでPremiere Proに反映されるという点です。たとえば配置したテキストの色を変えたい場合、After Effectsでテキストを編集し、Premiere Proの画面に戻ると即座に反映されていることがわかります。

After Effectsでテキストの色を編集

Premiere Pro側にもすぐに反映される

もっと 知りたい！

● Premiere Proで作成したテキストをAfter Effectsで編集しよう

このレッスンではAfter Effectsでゼロからテキストを作成し、Premiere Proのタイムラインに配置しましたが、Premiere Proであらかじめ作成しておいたテキストをAfter Effectsで編集することもできます。

1 Premiere Proでテキストを作成し❶、タイムラインのテキストクリップを右クリックし［After Effectsコンポジションに置き換え］を選択します❷。

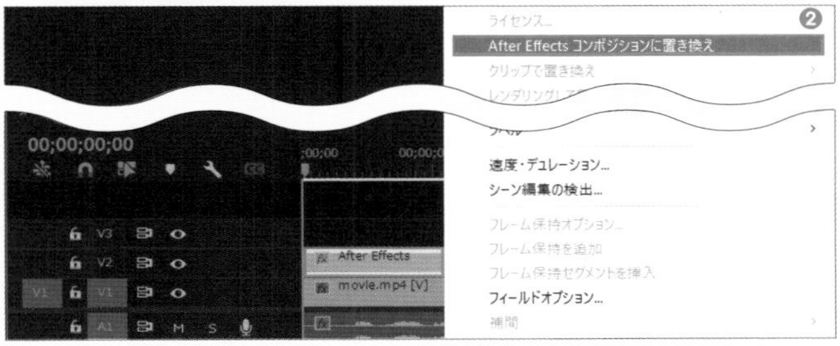

2 After Effectsを開くと、Premiere Proで作成したテキストがコンポジションとしてタイムラインに配置されています❸。タイムラインのコンポジションレイヤーをダブルクリックすると、別タブでテキストの中身が展開されるので❹、色を変えたりアニメーションをつけたりできます。

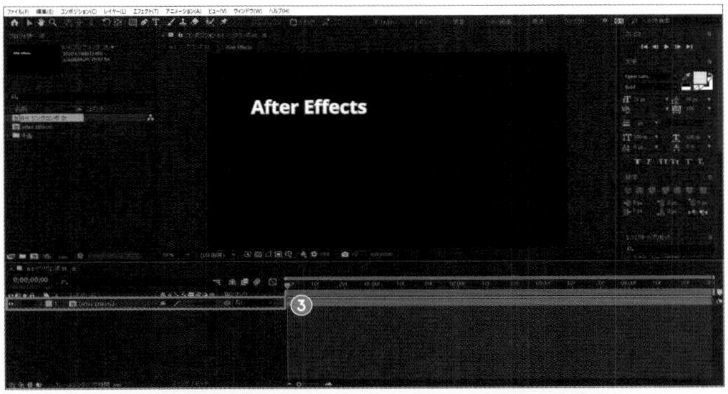

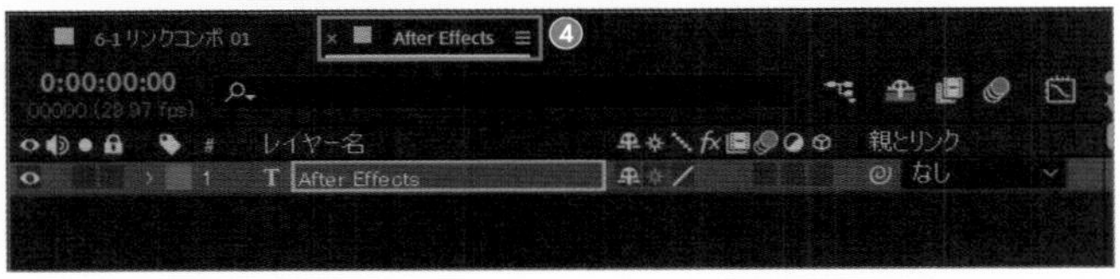

コンポジションレイヤーはダブルクリックで中身が展開され編集できるのでしたね。

CHAPTER 6

LESSON 2

#Premiere Pro #モーショングラフィックステンプレート

書き出したテンプレートをPremiere Proで使おう

動画でもチェック!

https://dekiru.net/yae_602

練習用ファイル

6-2.aep

After Effectsで作成したアニメーションをモーショングラフィックステンプレートとして書き出して、Premiere Proで使用することができます。

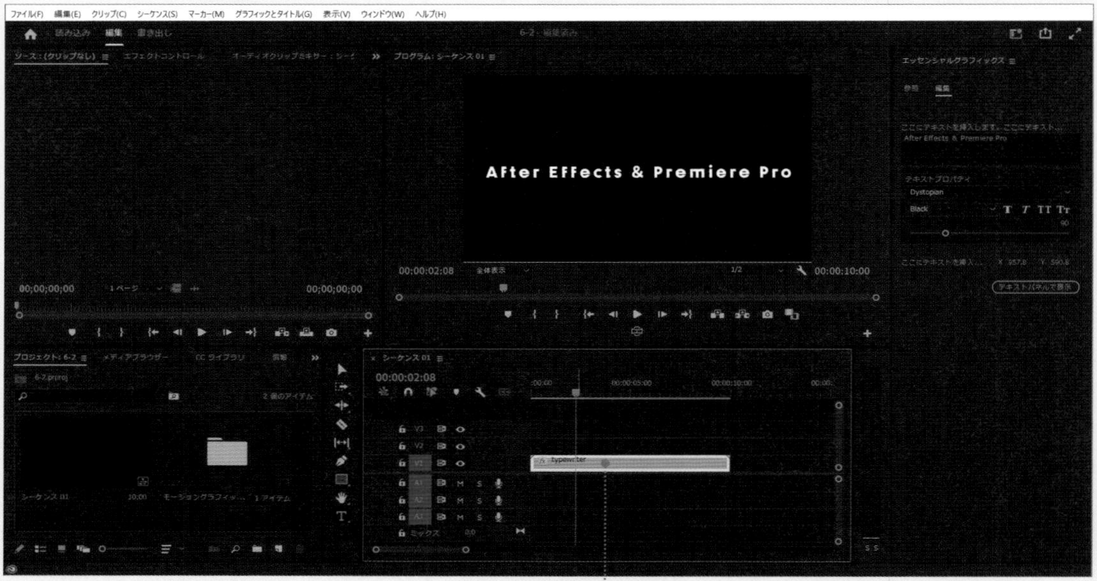

Premiere Proの編集画面

After Effects で作成したモーショングラフィックステンプレート

After Effectsで作成したテキストアニメーションをモーショングラフィックステンプレートとして書き出します。書き出す際にテキストのフォントやサイズ、位置などを変更可能なプロパティとして設定することで、Premiere Proで使用する際に調整できるようになります。

知りたい!

● モーショングラフィックステンプレートとは?

モーショングラフィックステンプレートとは、After Effectsで作成したモーショングラフィックス(テキストや図形などからなるアニメーション)をPremiere Proで編集できるようにしたテンプレートです。After Effectsで作成したものをモーショングラフィックステンプレートとして書き出して使用する以外に、Adobe Stockなどのサービスからダウンロードして使用することもできます。

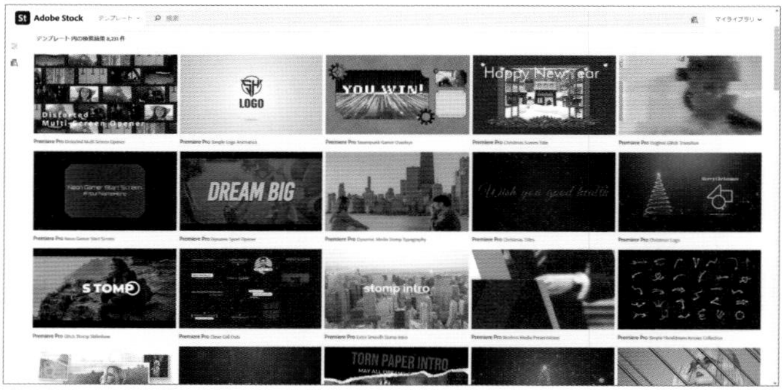

Adobe Stock

※テンプレートによっては使用するために有料プランに加入する必要があります。

[エッセンシャルグラフィックス]パネルを表示する

After Effectsで作成したテキストアニメーションをテンプレートとして書き出すための設定は[エッセンシャルグラフィックス]パネルで行います。

1 練習用ファイル「6-2.aep」を開きます。再生して、テキストにアニメーションが設定されているのを確認しましょう。

練習用ファイルのテキストには、第3章レッスン8で解説した[タイプライタ]プリセットが、あらかじめ適用されています。

2 [ウィンドウ]メニュー→[ワークスペース]→[エッセンシャルグラフィックス]を選択します❶。

3 [エッセンシャルグラフィックス]パネルが表示されます❷。

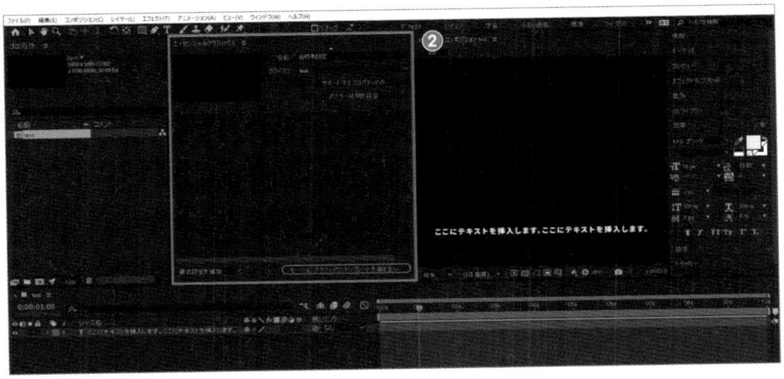

ここがPOINT

[エッセンシャルグラフィックス]パネルとは

After Effectsで作成したモーショングラフィックスをテンプレートとして書き出す機能を持ったパネルです。テキストアニメーションの場合、テキストの書式など、テンプレートに含むプロパティを設定できます。

書き出すプロパティを設定する

ここでは書き出すプロパティとしてテキストアニメーションのフォントの種類、サイズ、位置を設定しましょう。

① テキストレイヤーの［テキスト］を展開し、［ソーステキスト］を［エッセンシャルグラフィックス］パネルにドラッグ＆ドロップします❶。

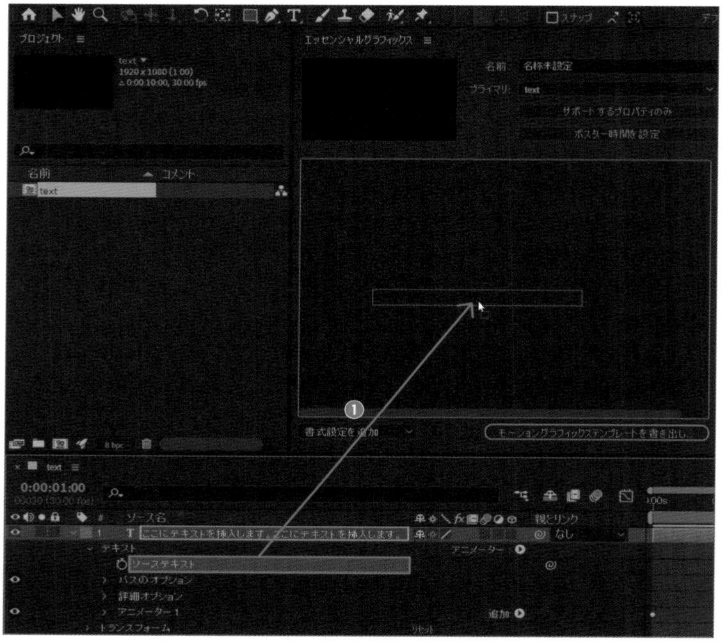

ソーステキストとはテンプレート上で、ユーザーが書き換えることができる文字列です。

② ［エッセンシャルグラフィックス］パネルの［プロパティを編集］をクリックします❷。

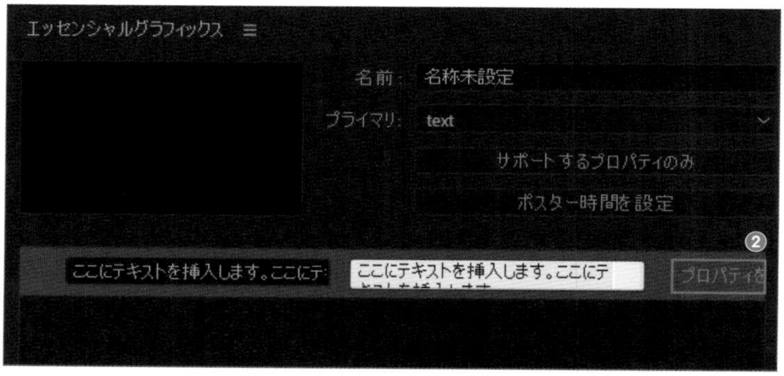

③ ［ソーステキストプロパティ］ダイアログボックスが表示されるので、すべてにチェックを入れて❸、［OK］ボタンをクリックします❹。

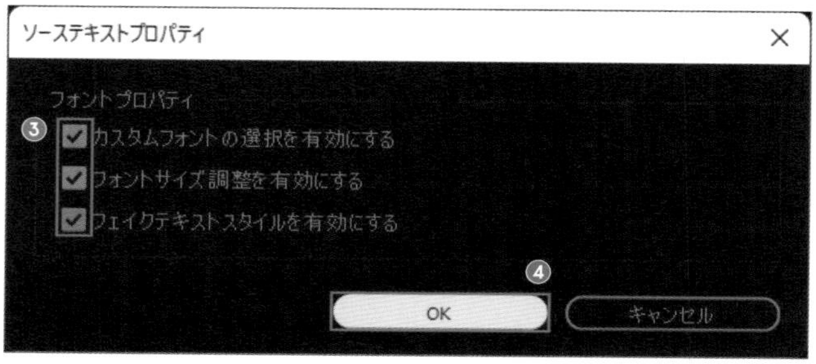

Premiere Proでテンプレートを使うときに、このチェックを入れた項目が調整可能になります。フェイクテキストスタイルというのは太字や斜体など文字の形を変更するプロパティです。

4 テキストレイヤーの［トランスフォーム］を展開し、［位置］を［エッセンシャルグラフィックス］パネルにドラッグ&ドロップします❺。

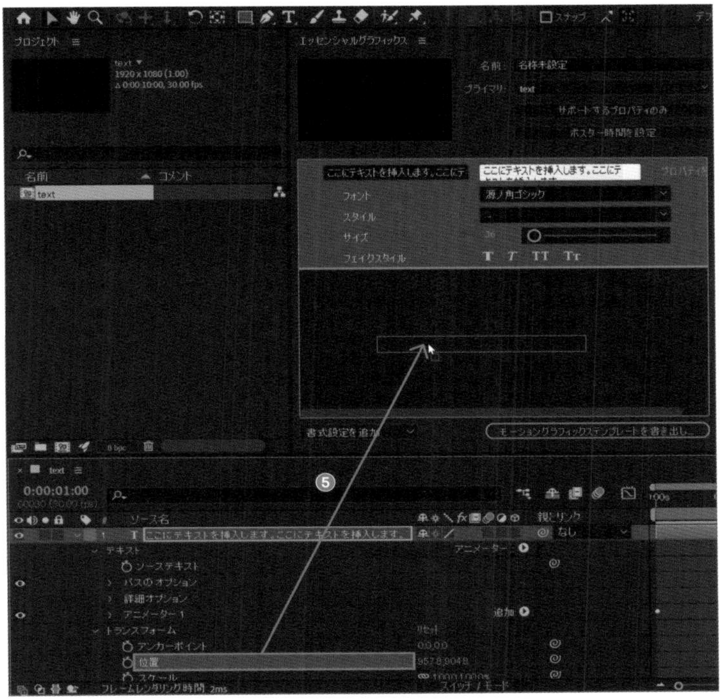

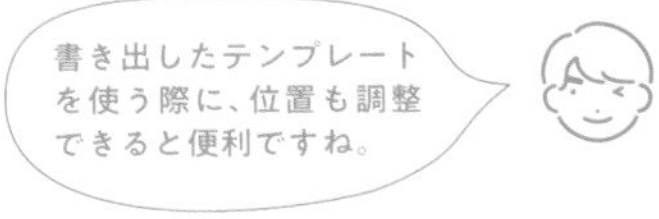

5 テンプレートとして書き出すプロパティを設定できました。

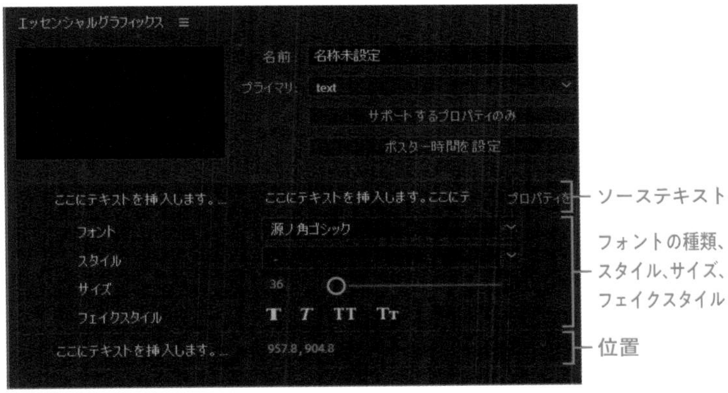

テンプレートとして書き出す

1 テンプレート名を設定します❶。ここでは「typewriter」としました。［モーショングラフィックステンプレートを書き出し］ボタンをクリックします❷。

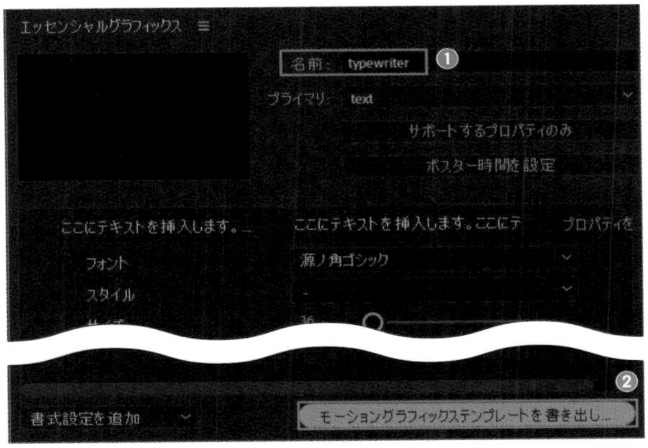

② プロジェクトの保存を促すウィンドウが表示されるので[保存]ボタンをクリックします❸。

③ [モーショングラフィックステンプレートとして書き出し]ダイアログボックスが表示されるので、[OK]ボタンをクリックします❹。

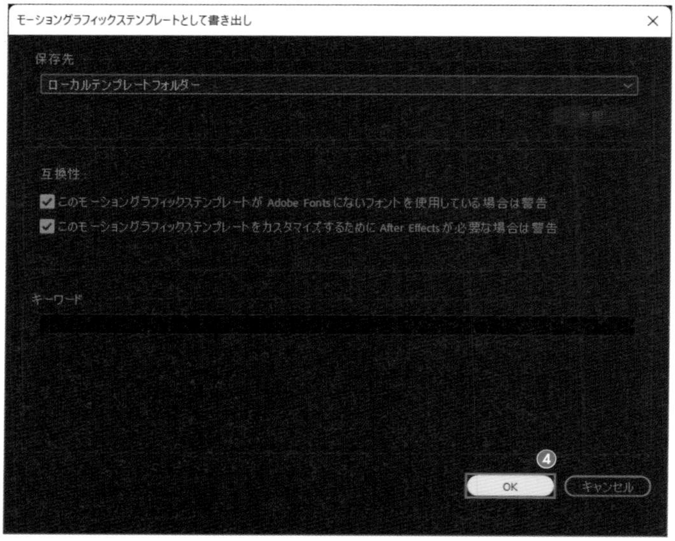

必要に応じて互換性や検索キーワードを設定しましょう。

Premiere Proでテンプレートを使う

書き出したテンプレートをPremiere Proで使用してみましょう。

① Premiere Proの編集画面で[エッセンシャルグラフィックス]パネルを表示します❶。

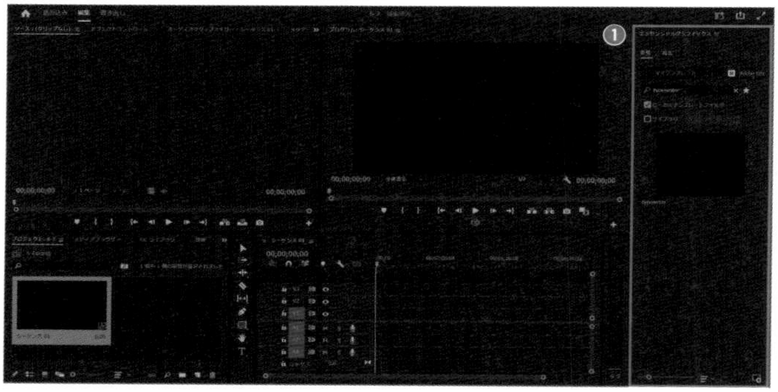

② 検索スペースに「typewriter」と入力すると❷、書き出したテンプレートが表示されます❸。

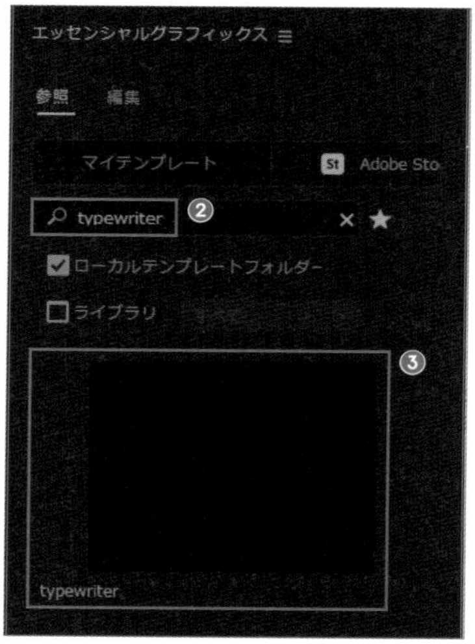

[ウィンドウ]メニューで[エッセンシャルグラフィックス]を選択すると、パネルが表示されます。

3 [typewriter] テンプレートをタイムラインにドラッグ＆ドロップします❹。

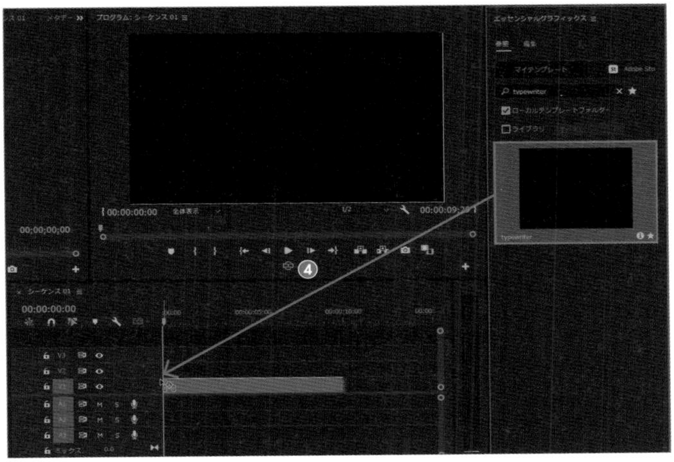

4 After Effectsで作成したテキストアニメーションが表示されました。

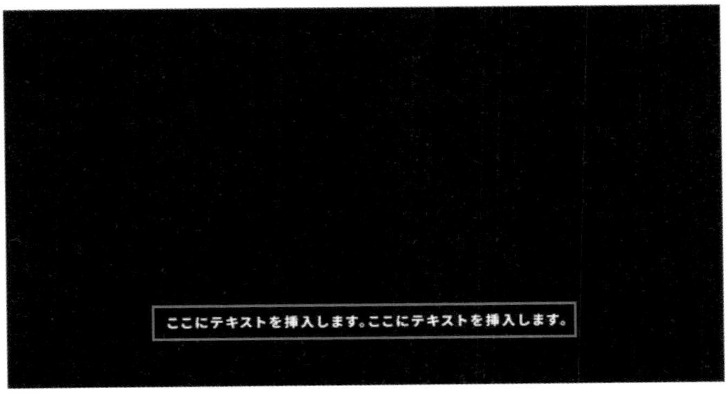

アニメーションが再生されるかもチェックしましょう。

プロパティを調整する

テンプレートのプロパティを調整してみましょう。

1 Premiere Proの[エッセンシャルグラフィックス] パネルでテキストの文字列を変更してみましょう❶。

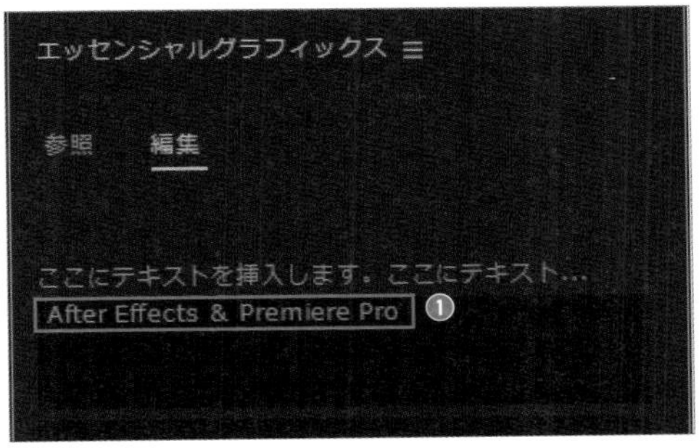

2 入力した内容が反映されます。

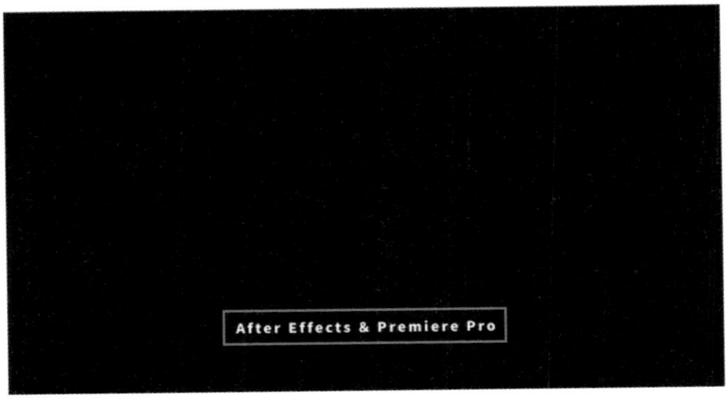

3 同様にフォントの種類❷、サイズ❸、テキストの位置❹を調整してみましょう。

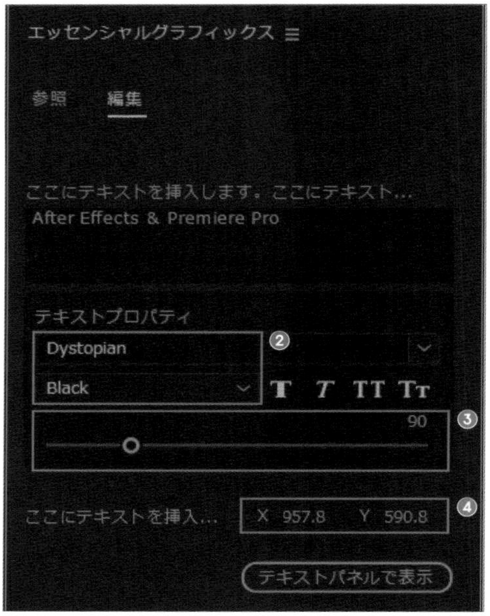

4 フォントの種類やサイズ、位置が反映されました。

できた！ 再生してみましょう。After Effectsで作成したアニメーションをPremiere Proのテンプレートとして利用することができました。

CHAPTER 6 LESSON 3

#Photoshop #psd

Photoshopファイルを読み込もう

Photoshopで作成したファイルをAfter Effectsに読み込む方法を紹介します。

動画でもチェック!

https://dekiru.net/yae_603

練習用ファイル

photoshop_ae.psd

Photoshopのレイヤー構造を維持したままAfter Effectsに読み込むことができる

After Effectsで動画を作る際に、Photoshopで作成したデータを使用することもあるでしょう。Photoshopファイル（拡張子が「.psd」のファイル）はAfter Effectsと同じようにレイヤー構造を持っています。読み込む際に、レイヤーを統合して1枚の画像として読み込むか、レイヤーを維持したまま読み込むかを選択できます。

Dynamic Linkと違いPhotoshopで元データを編集してもAfter Effects側には反映されません。

Photoshopデータをフッテージとして読み込む

Photoshopデータを読み込む際に、どのような状態で読み込むかを選択できます。まずはフッテージとして読み込んでみましょう。フッテージとして読み込むと、Photoshopのすべてのレイヤーを統合するか、任意の1レイヤーを選択して読み込めます。フッテージとして読み込んだ場合は、もとのレイヤー単位で編集することはできません。

1 After Effectsで新規プロジェクトを作成し、［プロジェクト］パネルの下側をダブルクリックします❶。

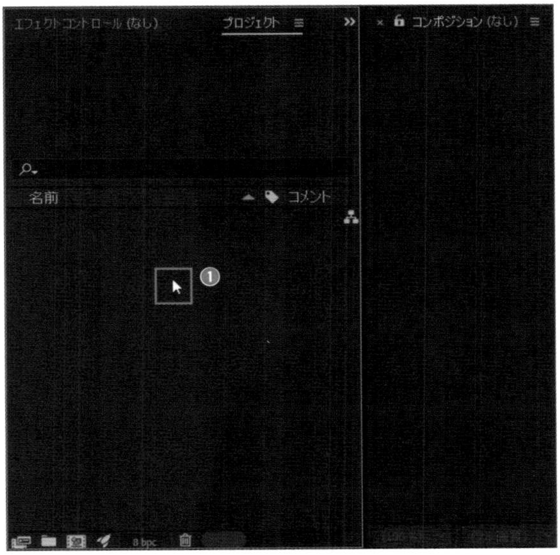

2 ［ファイルの読み込み］ダイアログボックスが表示されるので、「6-3」フォルダーの「02_Material」フォルダーにある「photoshop_ae.psd」ファイルを選択し❷、［読み込み］（Macの場合は［開く］）ボタンをクリックします❸。

［ファイル］メニュー→［読み込み］→［ファイル］から［ファイルの読み込み］ダイアログボックスを表示させることもできます。

3 読み込み方法を選択する画面が表示されるので、［読み込みの種類］を［フッテージ］に設定し❹、［レイヤーオプション］の［レイヤーを統合］を選択し❺、［OK］ボタンをクリックします❻。

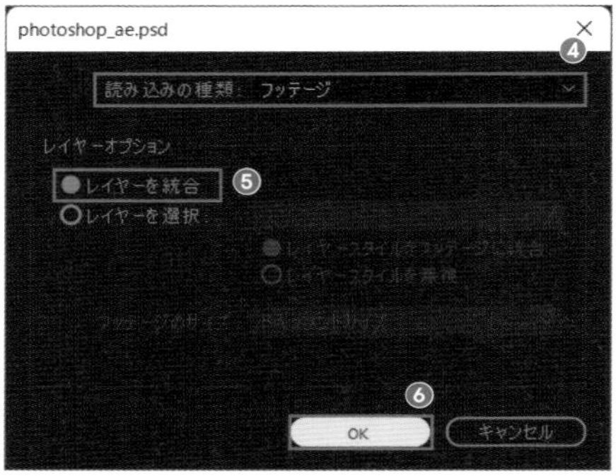

このとき［レイヤーを選択］を選択すると、任意のレイヤーのみを読み込むことができます。

4 ［プロジェクト］パネルにPhotoshopファイルが1つのフッテージとして読み込まれました❼。

できた！ ［photoshop_ae.psd］をタイムラインにドラッグすると❽、通常の画像と同じように使用できます。

フッテージとして読み込んだ場合は1枚の画像になっているのでテキストなどを編集することはできません。

コンポジションとして読み込む

コンポジションとして読み込むと、Photoshopのレイヤー構造を維持したまま読み込めます。そのためAfter Effects上でPhotoshopのデータをレイヤーごとに編集できます。このとき読み込まれたファイルはPhotoshopのカンバスサイズでトリミングされます。

1 前ページの手順③の画面で、[読み込みの種類]を[コンポジション]に設定し❶、[レイヤーオプション]を選択し❷、[OK]ボタンをクリックします❸。

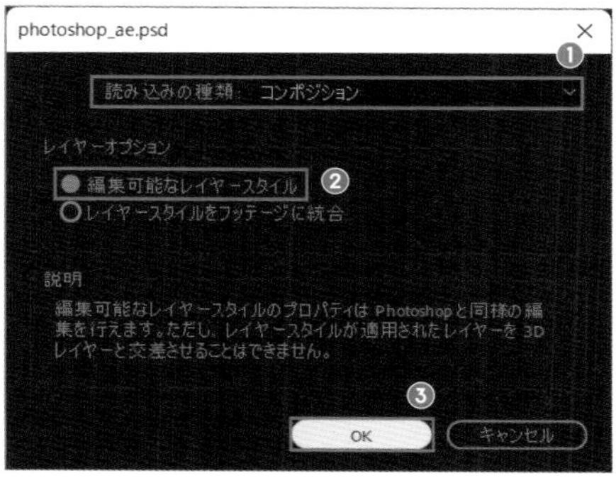

ここがPOINT

レイヤーオプションの選択

[レイヤーオプション]で[編集可能なレイヤースタイル]を選択すると、Photoshop上で適用していたレイヤースタイル(レイヤーにつける特殊効果)もAfter Effects上で編集できます。[レイヤースタイルをフッテージに統合]を選択すると、一部を除きレイヤースタイルは編集できません。ただし、レイヤースタイルが統合される分処理が軽くなります。

2 [プロジェクト]パネルに、コンポジションのほかにそれぞれのレイヤーが読み込まれました❹。

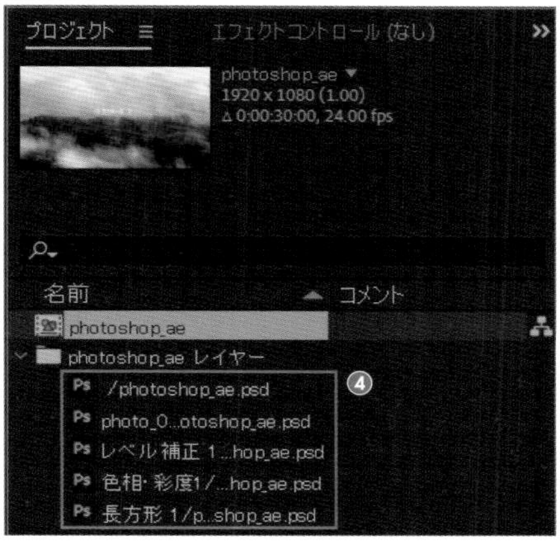

3 「photoshop_ae.psd」の一番上のレイヤーにはテキストが入力されています。ここではこのテキストを編集してみましょう。[プロジェクト]パネルの[photoshop_ae]コンポジションをダブルクリックすると❺、レイヤーに分かれた状態でタイムラインに表示されます。

4 一番上のレイヤーを右クリックし、[作成]→[編集可能なテキストに変換]をクリックします❻。

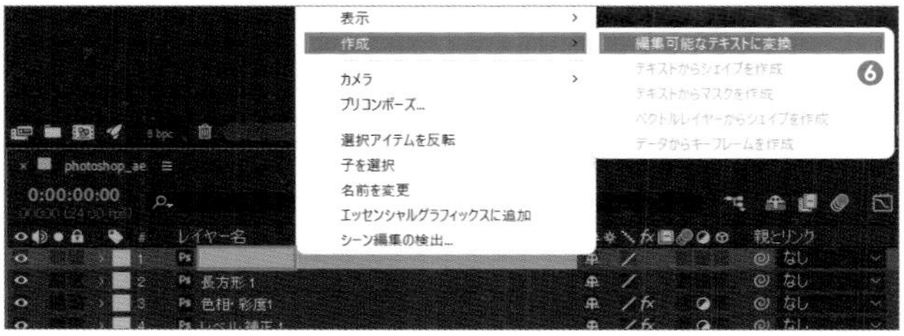

5 テキストレイヤーに変換され、After Effects上で編集できる状態になります。

テキストレイヤーに変換された

\ できた！ / テキストの文字列やフォントを変えることができます。

ここがPOINT

[コンポジション]と[コンポジション-レイヤーサイズを維持]の違い

[読み込みの種類]の[コンポジション]はPhotoshopのカンバスサイズでトリミングされて読み込まれますが、[コンポジション-レイヤーサイズを維持]はカンバスサイズでトリミングされることなく、Photoshopのレイヤーのサイズで読み込まれます。たとえば、Photoshop上で画像をカンバスサイズより大きく配置していた場合、[コンポジション-レイヤーサイズを維持]で読み込むと、その状態を維持したまま読み込むことができます。

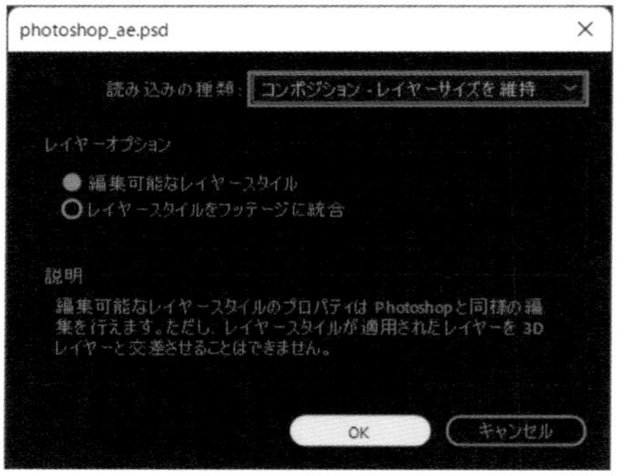

[コンポジション]で読み込むと、Photoshopのカンバスサイズでトリミングされる

[コンポジション-レイヤーサイズを維持]で読み込むと、トリミングされない

CHAPTER 6 LESSON 4

#Illustrator #ai

Illustratorファイルを読み込もう

動画でもチェック!

https://dekiru.net/yae_604

練習用ファイル

illustrator_ae.ai

Illustratorで作成したファイルをAfter Effectsに読み込む方法を紹介します。

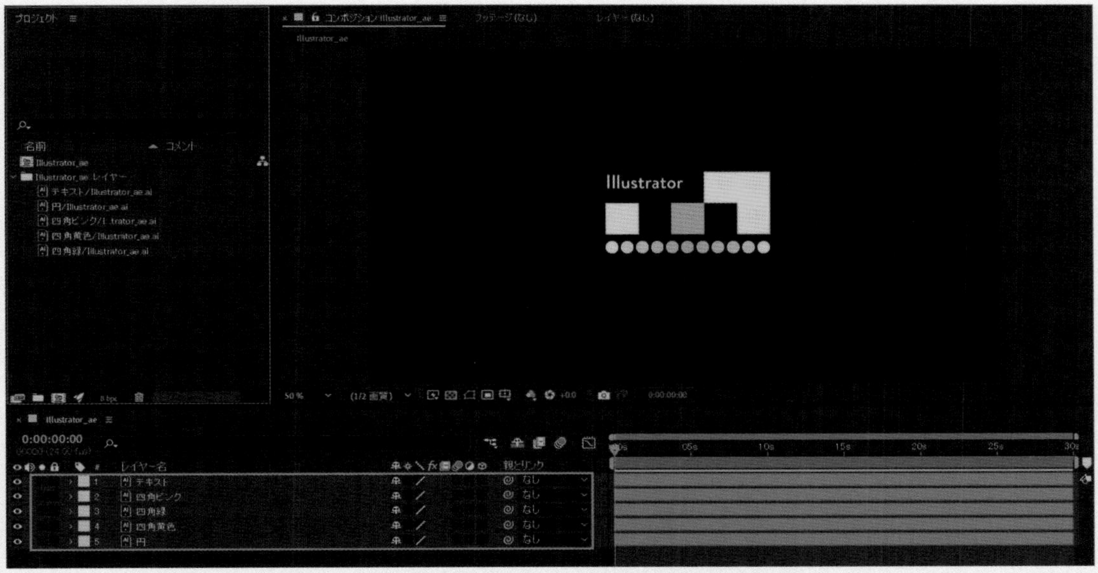

Photoshopファイルと同様にIllustratorファイル（拡張子が「.ai」のファイル）もAfter Effectsに読み込むことができます。ただし、Illustrator上のレイヤー構造をAfter Effectsのレイヤーに反映するには、Illustrator上でデータを整理しておく必要があります。

Illustrator上でレイヤー分けする

Illustratorで作成したオブジェクトをAfter Effectsに読み込んでアニメーションをつける場合は、動かしたいオブジェクトごとにレイヤーを分ける必要があります。また、After Effectに読み込めるのは1つのアートボードのみです。必要なオブジェクトは1つのアートボードにまとめるようにしましょう。

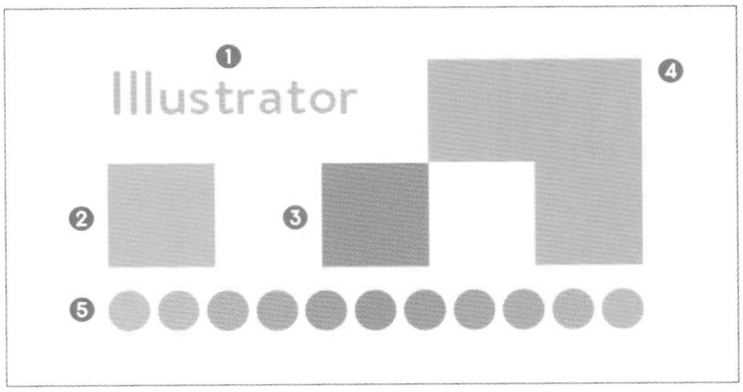

Illustratorのデータ。番号は右図のレイヤーに対応

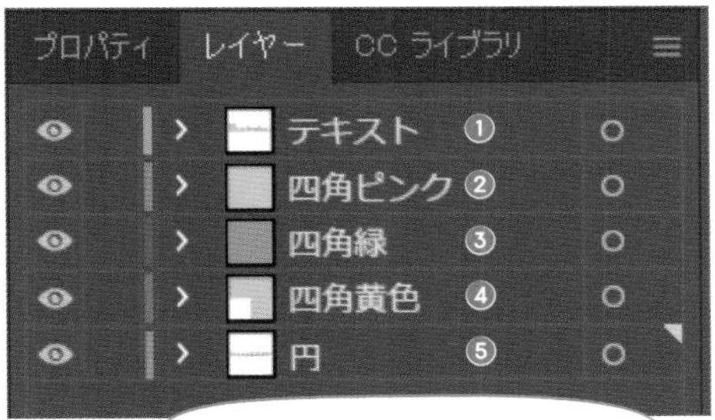

1つのレイヤーにまとめてしまうと読み込む際に1枚の画像として読み込まれてしまうので注意しましょう。

コンポジションとして読み込む

Photoshopファイルと同様にコンポジションとして読み込むと、レイヤー構造を維持したまま読み込めます。

1 287ページを参考に[ファイルの読み込み]ダイアログボックスを表示し、「illustrator_ae_ai」を選択し❶、[読み込み]ボタンをクリックします❷。

2 読み込み方法を選択する画面で、[読み込みの種類]を[コンポジション]に設定し❸、[フッテージのサイズ]を選択し❹、[OK]ボタンをクリックします❺。

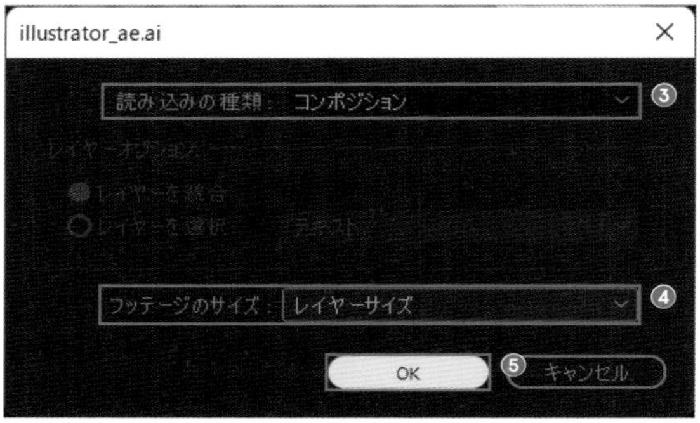

できた！ [プロジェクト]パネルの[Illustrator_ae]コンポジションをダブルクリックすると❻、レイヤーに分かれた状態でタイムラインに表示されます❼。

1枚の画像として読み込みたい場合は、Photoshopファイルの読み込みと同じように[読み込みの種類]を[フッテージ]にしましょう。

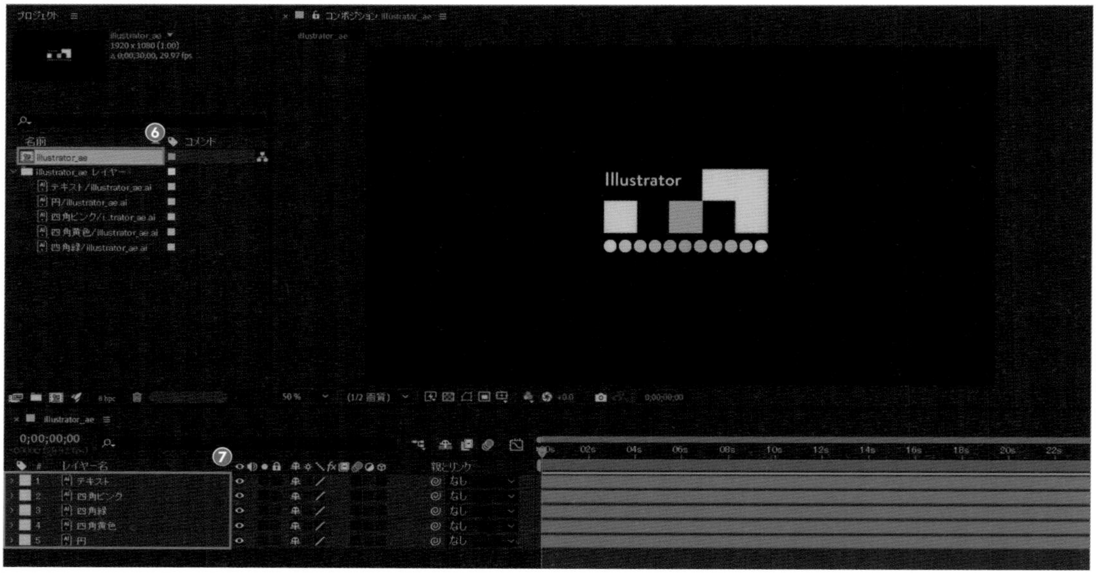

Illustratorで作ったイラストやロゴなどを動画に取り入れられますね。ただし、Photoshopファイルとは違い、Illustratorで作成したテキストはAfter Effectsで編集することができないので注意しましょう。

ここがPOINT

フッテージサイズの選択

読み込み方法を選択する画面の、[フッテージのサイズ]には[レイヤーサイズ]と[ドキュメントサイズ]の2種類があります。[レイヤーサイズ]を選択するとオブジェクトのサイズ、[ドキュメントサイズ]を選択するとIllustratorのアートボードのサイズで読み込まれます。たとえば[レイヤーサイズ]で読み込み、ピンクの四角のレイヤーを選択するとオブジェクトのみを選択できますが、[ドキュメントサイズ]で読み込むと、アートボードのサイズで選択されます。

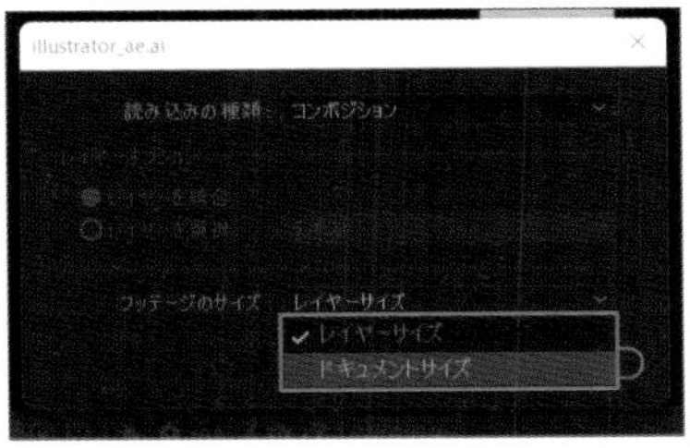

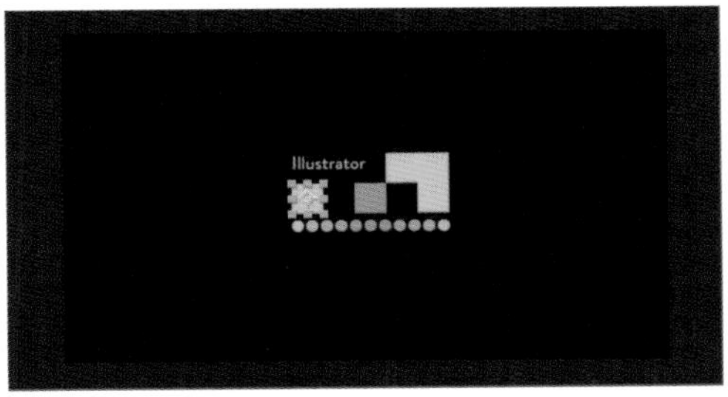

[レイヤーサイズ]で読み込んだ場合

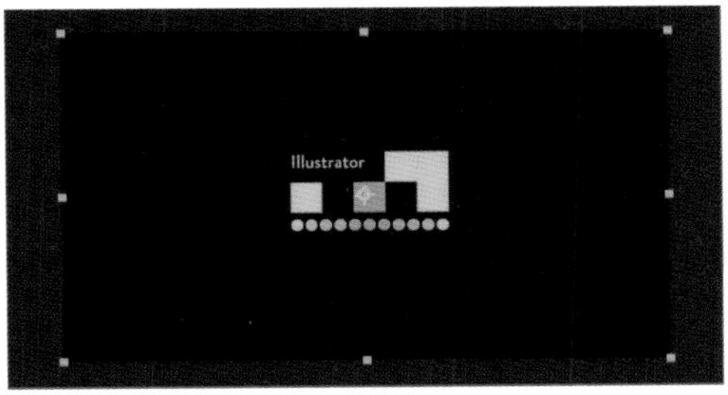

[ドキュメントサイズ]で読み込んだ場合

もっと 知りたい！

● オブジェクトのサイズを変更するには？

読み込んだIllustratorファイルのオブジェクトサイズを調整する場合は、[連続ラスタライズ]をオンにします。この機能を使うことで、[スケール]などを使ったアニメーションを作る際に画質の劣化を防ぐことができます。

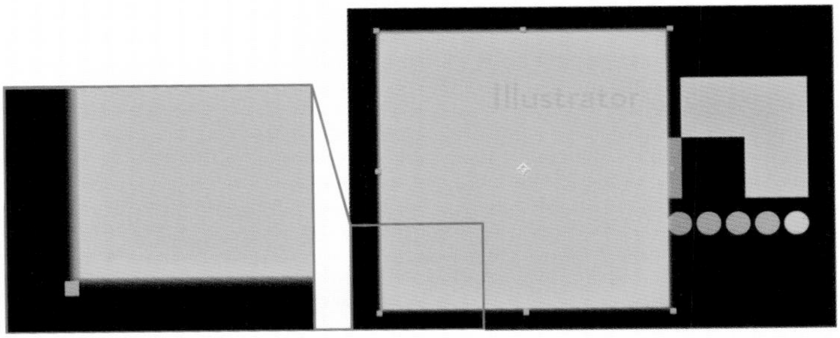

拡大すると画像が粗くなってしまう

1. サイズを調整したいレイヤーの[連続ラスタライズ]をオンにします❶。

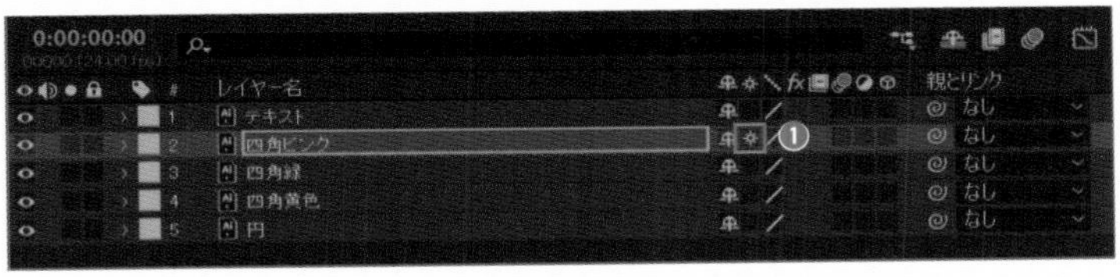

2. 拡大しても劣化しなくなりました。

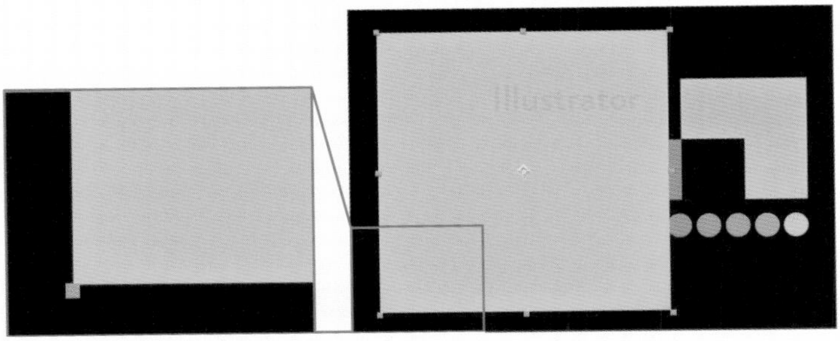

拡大しても劣化しない

ただし、[連続ラスタライズ]はPCの処理が重くなってしまうので、必要な場合にのみオンにするようにしましょう。

COLUMN

好きなことを仕事にする

この本で学んでいる人の中には、After Effectsで仕事をしてみたいと思っている人も少なくないと思います。そして、ゆくゆくは独立をと考えている人もいるかもしれません。
著者はもともと普通の大学生で、独学で映像制作を学び、実績もない中、フリーランスとして独立し、仕事をしてきました。

映像制作の技術的なスキルは第4章のコラムでも紹介したとおり、ひたすらチュートリアルをやり込んだり書籍を読み込んだりして鍛えていきました。 そういった勉強のほかに大事にしてきたのは人とのつながりです。

映像制作は属人性の高いビジネスです。この人にしかできない、この人に依頼したいと思ってもらうために、人とのつながりを大切にしてください。この本もそうやって生まれたものの1つです。

筆者はAfter Effectsを誰よりも好きな自信があって、寝る間も惜しんで向き合って、学んで、たくさん発信してきました。だからこそ多くの人たちと関わることができ、支えてもらっています。作品を発信するだけでなく、映像制作チームに入って、1つの作品を一緒に作り上げるという経験もしてきました。そうやって人の輪がどんどん広がっていき、今につながっています。

みなさんが好きなことにとことん向き合いながら、人とのつながりを大切にしていれば、自然とそれが仕事になっていく瞬間が訪れるはずです。

学び続けること、反省点を見出して次に生かしていくこと、自分の好きなことや活動についてより多くの人に伝えること。
この書籍や筆者の言葉をきっかけに、ぜひ1人でも多くの人が夢や目標をつかんでくれることを望んでいます！

筆者（TETERON）のYouTubeチャンネル：
https://www.youtube.com/c/TETERON
見ている人が楽しめるチェンネルを目指して、After Effects初心者向けのチュートリアルや映像作品などを公開している

MORE

ステップアップに役立つ知識

ここでは困ったときに役立つ豆知識や、よく使うショートカットキーなど、
After Effectsをさらに使いこなすための情報を紹介します。

MORE 困ったときは

After Effectsで起こりやすい、リンク切れ、プレビューのトラブルについて解決方法を紹介します。

フッテージのリンクが切れてしまったときは

プロジェクトに読み込んだフッテージは読み込み時の保存先にリンクして（紐づいて）います。読み込んだあとにフッテージを別の場所に移動したり、名前を変えたり、削除したりしてしまうと、リンクが切れてフッテージが表示されなくなります。その場合は次のように操作して、リンクを再設定しましょう。

1 リンクが切れたプロジェクトファイルを開くと警告ダイアログボックスが表示されるので［OK］ボタンをクリックします❶。

2 ［プロジェクト］パネルのリンクが切れてしまったファイルをダブルクリックします❷。

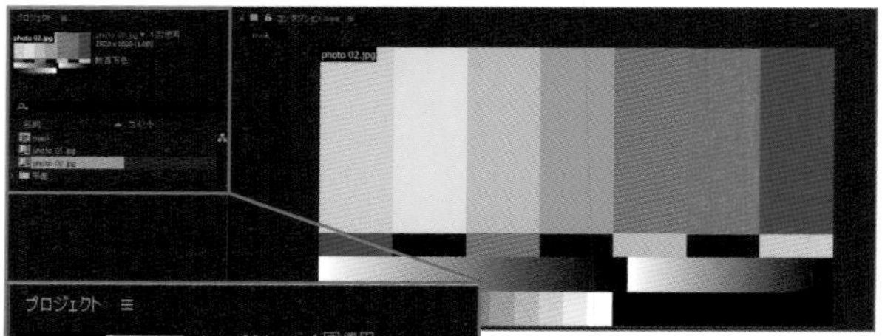

リンク切れが起きると、該当ファイルがカラーバーで表示される

3 ［フッテージファイルを置き換え（ファイル名）］ダイアログボックスが表示されるので、リンクを再設定したいファイルを選択し❸、［シーケンスオプション］のオンオフを設定し❹、［読み込み］（Macの場合は［開く］）ボタンをクリックします❺。

4 フッテージのリンクが再設定されました。

リンクを再設定する際、同じ階層にリンク切れしているほかのファイルがある場合、自動的にリンクが再設定されます。同じ階層にない場合は、1つひとつ再設定する必要があります。

スムーズにプレビューされないときは① 解像度を変更する

編集中にプレビューが遅いと感じたら、まずは解像度を下げてみましょう。

1 ［コンポジション］パネルの［解像度］から現状のものより低い解像度を選択しましょう❶。

スムーズにプレビューされないときは② キャッシュの保存先を変える

After Effectsは読み込みやプレビューの高速化のために編集中の情報を一時的にキャッシュとして保存しています。このキャッシュが蓄積されると、その分PCに負荷がかかります。キャッシュの保存先を外付けのHDDやSSDなどに変えることで、PCの容量が増え全体のパフォーマンスが上がります。

1 ［編集（After Effects）］メニュー→［環境設定（設定）］→［メディア&ディスクキャッシュ］を選択します。表示された画面で［フォルダーを選択］ボタンをクリックし❶、キャッシュの保存先を外付けのHDDなどに変更し❷、［OK］ボタンをクリックします❸。

スムーズにプレビューされないときは③ メモリの使用量を増やす

After Effectsに割り当てるメモリの使用量を増やすことで、全体のパフォーマンスが上がり、プレビューもスムーズに再生されやすくなります。

1 ［編集（After Effects）］メニュー→［環境設定（設定）］→［メモリとパフォーマンス］を選択します。表示された画面で［他のアプリケーション用に確保するRAM］の値を現状のものより下げ❶、［OK］ボタンをクリックします❷。

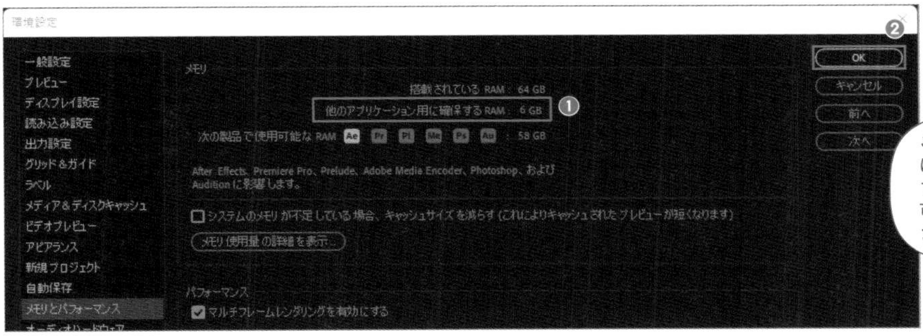

MORE

ショートカットキー一覧

After Effectsの操作効率がアップするショートカットキーを紹介します。

ショートカットキーの使い方

ショートカットキーは、PCのキーボードを使って行う操作です。キーを押すことでさまざまな機能を切り替えられます。操作によっては、キーを押しながらマウスを使うものや、押している間だけ機能する操作もあります。また、パネル内で操作するショートカットキーはそのパネルを選択した状態で機能します。

※Windowsの表記になっています。Macの場合は、Ctrlは⌘、Altはoption、EnterはReturnに置き換えてください。このルールに当てはまらないものは()で示してあります。
※並び順は、メニュー項目の順番＋オススメ順になっています。

●ファイル操作に関するショートカットキー

目的	キー操作
プロジェクトを新規作成する	Ctrl ＋ Alt ＋ N
コンポジションを新規作成する	Ctrl ＋ N
プロジェクトを開く	Ctrl ＋ O
前回開いたプロジェクトを開く	Ctrl ＋ Alt ＋ Shift ＋ P
上書き保存する	Ctrl ＋ S
別名で保存する	Ctrl ＋ Shift ＋ S
[ファイルを読み込み]ダイアログボックスを表示する	Ctrl ＋ I
After Effectsを終了する	Ctrl ＋ Q

●編集全般に関するショートカットキー

目的	キー操作
直前の操作を取り消す	Ctrl ＋ Z
直前の操作をやりなおす	Ctrl ＋ Shift ＋ Z
すべてを選択する	Ctrl ＋ A
すべてを選択解除する	Ctrl ＋ Shift ＋ A

●レイヤーに関するショートカットキー

目的	キー操作
平面レイヤーを新規作成する	Ctrl ＋ Y
調整レイヤーを新規作成する	Ctrl ＋ Alt ＋ Y
現在の時間にレイヤーをペーストする	Ctrl ＋ Alt ＋ V
選択したレイヤーを分割する	Ctrl ＋ Shift ＋ D
選択したレイヤーの編集開始点または編集終了点を現在の時間に移動する	[または]
選択したレイヤーの編集開始点または編集終了点をインジケーターの位置でトリミングする	Alt ＋ [または Alt ＋]
選択したレイヤーやコンポジションなどの名前を変更する	Enter
選択したレイヤーやエフェクトなどを複製する	Ctrl ＋ D
選択したレイヤーからすべてのエフェクトを削除する	Ctrl ＋ Shift ＋ E
選択したレイヤーに最後に使用したエフェクトを適用する	Ctrl ＋ Alt ＋ Shift ＋ E
選択したレイヤーに最後に使用したアニメーションプリセットを適用する	Ctrl ＋ Alt ＋ Shift ＋ F
選択したレイヤーをロックする	Ctrl ＋ L
すべてのレイヤーのロックを解除する	Ctrl ＋ Shift ＋ L

●キーフレームに関するショートカットキー

目的	キー操作
表示されているすべてのキーフレームとプロパティを選択する	Ctrl + Alt + A
選択したキーフレームにイージーイーズを適用する	F9
選択したキーフレームにイージーイーズインを適用する	Shift + F9
選択したキーフレームにイージーイーズアウトを適用する	Ctrl + Shift + F9

●パネルやワークスペースに関するショートカットキー

目的	キー操作
選択したパネルを全画面表示にする／もとに戻す	@
[プロジェクト]パネルを開く／閉じる	Ctrl + O
[ツール]パネルを開く／閉じる	Ctrl + 1
[プレビュー]パネルを開く／閉じる	Ctrl + 3
[エフェクト＆プリセット]パネルを開く／閉じる	Ctrl + 5
[文字]パネルを開く／閉じる	Ctrl + 6
[段落]パネルを開く／閉じる	Ctrl + 7
選択したレイヤーの[エフェクトコントロール]パネルを開く／閉じる	Ctrl + Shift (option) + T
ワークスペースを切り替える	Shift + F10

●現在の時間インジケーターの操作に関するショートカットキー

目的	キー操作
1フレーム先に進む	Ctrl + →
10フレーム先に進む	Ctrl + Shift + →
1フレーム前に戻る	Ctrl + ←
10フレーム前に戻る	Ctrl + Shift + ←
選択したレイヤーの編集開始点(インポイント)に移動する	I
選択したレイヤーの編集終了点(アウトポイント)に移動する	O

●プレビュー、ビューに関するショートカットキー

目的	キー操作
再生／停止	Space
[コンポジション]パネルで100%表示にする	/
[コンポジション]パネルで全体表示にする	Shift + /
定規の表示／非表示	Ctrl + R

●プロパティの表示に関するショートカットキー

目的	キー操作
[アンカーポイント]プロパティのみを表示	A
[マスクパス]プロパティのみを表示	M
[不透明度]プロパティのみを表示	T
[位置]プロパティのみを表示	P
[回転]プロパティのみを表示	R
[スケール]プロパティのみを表示	S
[エフェクト]プロパティのみを表示	E
キーフレームのあるプロパティをすべて表示	U

●ツールのショートカットキー

目的	キー操作
選択ツール	V
手のひらツール	H
手のひらツールを一時的に使用する	Space
ズームツール	Z
回転ツール	W
文字ツール	Ctrl + T
ペンツール	G
ペンツール選択時に一時的に選択ツールを使用する	Ctrl

●そのほかのショートカットキー

目的	キー操作
選択したコンポジションのミニフローチャートを表示する	Tab

索引

数字・アルファベット

あ

か

ま

や

ら

わ